黄渤海典型无居民海岛植物图集

董晓煜 初庆刚 编著

科学出版社
北京

内 容 简 介

本书收录了黄渤海中10个典型无居民海岛（由北向南依次是菜坨子岛、虎平岛、猴矶岛、依岛、海驴岛、苏山岛、千里岩、朝连岛、大公岛和达山岛）上分布的植物种类，分别介绍了每种植物的种属名称、形态特征、国内分布范围以及经济价值，并且配以高清植物图片，为读者认识黄渤海无居民海岛上的植被类型与植物特征提供了丰富的素材。

本书是海岛植被调查专业研究成果的总结，可为科研人员提供参考。同时也可作为了解海岛植物生态的科普书籍，为植物爱好者提供参考。

图书在版编目（CIP）数据

黄渤海典型无居民海岛植物图集/董晓煜，初庆刚编著. —北京：科学出版社，2024.9

ISBN 978-7-03-077694-5

Ⅰ. ①黄⋯　Ⅱ. ①董⋯②初⋯　Ⅲ. ①黄海-岛-植物-图集②渤海-岛-植物-图集　Ⅳ. ① Q948.518.2-64

中国国家版本馆 CIP 数据核字（2024）第 019509 号

责任编辑：罗　静　刘　晶/责任校对：郑金红
责任印制：肖　兴/封面设计：无极书装

科学出版社 出版
北京东黄城根北街 16 号
邮政编码：100717
http://www.sciencep.com
北京汇瑞嘉合文化发展有限公司印刷
科学出版社发行　各地新华书店经销
*
2024 年 9 月第 一 版　开本：889×1194　1/16
2024 年 9 月第一次印刷　印张：52 1/4
字数：1 700 000

定价：980.00 元
（如有印装质量问题，我社负责调换）

编 委 会

主要编著者　董晓煜　初庆刚

其他参编人员（按姓氏汉语拼音排序）

曹志海	陈权文	初腾飞	崔文林	杜　明	方华华
郝振林	霍素霞	纪殿胜	姜军成	李　冉	李思涵
李　婷	刘　艳	刘希刚	刘欣禹	刘允恒	刘哲哲
马　芳	毛玉鑫	聂　品	潘建坤	彭　浩	齐衍萍
曲　琳	任荣珠	尚修煜	宋　洋	宋文鹏	苏世宽
孙同庆	谭玲玲	唐海田	陶金波	王　刚	王　强
王家骏	王尽文	魏小军	温国义	徐子钧	杨洪晓
杨佳城	于　宇	张　祎	张　永	张乃星	赵传庭
周大全	朱建业				

前 言

海岛作为地球生态系统重要的组成部分，拥有丰富的自然资源，具有重要的地理、生态和经济价值。我国是世界上海岛最多的国家之一，共有海岛 11 000 余个，面积约占我国陆地面积的 0.8%，其中无居民海岛 10 000 余个。植被是海岛生境的关键组成部分，是海岛生态系统物质和能量的基础，在维持海岛生态系统多样性、调节区域气候、改造海岛地形等方面具有重要作用。由于海岛的独特生境，海岛植被在区系组成、群落结构、生境分布与演替等方面也极具特色。自 2005 年来，我国组织实施了"我国近海海洋综合调查与评价"专项（简称 908 专项）、"全国海域海岛地名普查"等无居民海岛调查研究，但是对于无居民海岛上的动植物资源、本地物种、珍稀濒危物种和典型生境等信息的系统性调查明显不足，对于无居民海岛的科学管理与可持续开发利用也需要进一步加强。

本书编著者团队对渤海和黄海中的无居民海岛上的植被分布进行了多年的系统调查，拍摄了大量图片，总结形成本套海岛植物图集，分别介绍了菜坨子岛、虎平岛、猴矶岛、依岛、海驴岛、苏山岛、千里岩、朝连岛、大公岛和达山岛共 10 个无居民海岛上的植物种类、形态特征、分布范围与经济价值，并提供了海岛上每种植物的高清图片，以供相关领域的专家和读者参考阅读。

本书编写过程中的植物形态特征主要参考了《中国植物志》《山东植物志》《山东植物精要》等专著，中文种名和拉丁学名参照中国植物物种信息数据库，在此表示感谢。由于编者水平有限，本书难免存在错误，诚挚希望专家和读者给予批评指正。

编著者
2024 年 8 月 1 日

目 录

菜坨子岛

萹蓄 *Polygonum aviculare* ⋯⋯⋯⋯⋯⋯⋯⋯2

春蓼 *Polygonum persicaria* ⋯⋯⋯⋯⋯⋯⋯3

藜 *Chenopodium album* ⋯⋯⋯⋯⋯⋯⋯⋯⋯4

马齿苋 *Portulaca oleracea* ⋯⋯⋯⋯⋯⋯⋯⋯5

长蕊石头花 *Gypsophila oldhamiana* ⋯⋯⋯6

木防己 *Cocculus orbiculatus* ⋯⋯⋯⋯⋯⋯⋯7

龙芽草 *Agrimonia pilosa* ⋯⋯⋯⋯⋯⋯⋯⋯⋯8

兴安胡枝子 *Lespedeza davurica* ⋯⋯⋯⋯⋯9

葛 *Pueraria lobata* ⋯⋯⋯⋯⋯⋯⋯⋯⋯⋯⋯10

野大豆 *Glycine soja* ⋯⋯⋯⋯⋯⋯⋯⋯⋯⋯11

贼小豆 *Vigna minima* ⋯⋯⋯⋯⋯⋯⋯⋯⋯12

紫穗槐 *Amorpha fruticosa* ⋯⋯⋯⋯⋯⋯⋯⋯13

黄刺条 *Caragana frutex* ⋯⋯⋯⋯⋯⋯⋯⋯14

酢浆草 *Oxalis corniculata* ⋯⋯⋯⋯⋯⋯⋯⋯15

花椒 *Zanthoxylum bungeanum* ⋯⋯⋯⋯⋯16

南蛇藤 *Celastrus orbiculatus* ⋯⋯⋯⋯⋯⋯17

紫花地丁 *Viola philippica* ⋯⋯⋯⋯⋯⋯⋯18

早开堇菜 *Viola prionantha* ⋯⋯⋯⋯⋯⋯⋯19

地梢瓜 *Cynanchum thesioides* ⋯⋯⋯⋯⋯⋯20

海州常山 *Clerodendrum trichotomum* ⋯⋯21

益母草 *Leonurus japonicus* ⋯⋯⋯⋯⋯⋯⋯22

枸杞 *Lycium chinense* ⋯⋯⋯⋯⋯⋯⋯⋯⋯23

大车前 *Plantago major* ⋯⋯⋯⋯⋯⋯⋯⋯⋯24

茜草 *Rubia cordifolia* ⋯⋯⋯⋯⋯⋯⋯⋯⋯25

假贝母 *Bolbostemma paniculatum* ⋯⋯⋯⋯26

全叶马兰 *Aster pekinensis* ⋯⋯⋯⋯⋯⋯⋯27

马兰 *Aster indicus* ⋯⋯⋯⋯⋯⋯⋯⋯⋯⋯⋯28

野菊 *Dendranthema indicum* ⋯⋯⋯⋯⋯⋯29

茵陈蒿 *Artemisia capillaris* ⋯⋯⋯⋯⋯⋯⋯30

猪毛蒿 *Artemisia scoparia* ⋯⋯⋯⋯⋯⋯⋯31

南牡蒿 *Artemisia eriopoda* ⋯⋯⋯⋯⋯⋯⋯32

牡蒿 *Artemisia japonica* ⋯⋯⋯⋯⋯⋯⋯⋯33

艾 *Artemisia argyi* ⋯⋯⋯⋯⋯⋯⋯⋯⋯⋯⋯34

翅果菊 *Pterocypsela indica* ⋯⋯⋯⋯⋯⋯⋯35

多裂翅果菊 *Pterocypsela laciniata* ⋯⋯⋯36

抱茎小苦荬 *Ixeridium sonchifolium* ⋯⋯⋯37

朝阳隐子草 *Cleistogenes hackelii* ⋯⋯⋯⋯38

鹅观草 *Roegneria kamoji* ⋯⋯⋯⋯⋯⋯⋯⋯39

野青茅 *Deyeuxia pyramidalis* ⋯⋯⋯⋯⋯⋯40

马唐 *Digitaria sanguinalis* ⋯⋯⋯⋯⋯⋯⋯41

芒 *Miscanthus sinensis* ⋯⋯⋯⋯⋯⋯⋯⋯⋯42

黄背草 *Themeda japonica* ⋯⋯⋯⋯⋯⋯⋯43

韭 Allium tuberosum ································44

射干 Belamcanda chinensis ································45

虎 平 岛

黑弹树 Celtis bungeana ································48

萹蓄 Polygonum aviculare ································49

巴天酸模 Rumex patientia ································50

藜 Chenopodium album ································51

地肤 Kochia scoparia ································52

盐地碱蓬 Suaeda salsa ································53

反枝苋 Amaranthus retroflexus ································54

马齿苋 Portulaca oleracea ································55

女娄菜 Silene aprica ································56

石竹 Dianthus chinensis ································57

华茶藨 Ribes fasciculatum var. chinense ································58

委陵菜 Potentilla chinensis ································59

毛樱桃 Cerasus tomentosa ································60

豆茶决明 Cassia nomame ································61

刺槐 Robinia pseudoacacia ································62

兴安胡枝子 Lespedeza davurica ································63

绒毛胡枝子 Lespedeza tomentosa ································64

尖叶铁扫帚 Lespedeza juncea ································65

鸡眼草 Kummerowia striata ································66

贼小豆 Vigna minima ································67

紫穗槐 Amorpha fruticosa ································68

牻牛儿苗 Erodium stephanianum ································69

一叶萩 Flueggea suffruticosa ································70

乳浆大戟 Euphorbia esula ································71

卫矛 Euonymus alatus ································72

西南卫矛 Euonymus hamiltonianus ································73

南蛇藤 Celastrus orbiculatus ································74

酸枣 Ziziphus jujuba var. spinosa ································75

葎叶蛇葡萄 Ampelopsis humulifolia ································76

野西瓜苗 Hibiscus trionum ································77

东北堇菜 Viola mandshurica ································78

防风 Saposhnikovia divaricata ································79

二色补血草 Limonium bicolor ································80

萝藦 Metaplexis japonica ································81

鹅绒藤 Cynanchum chinense ································82

肾叶打碗花 Calystegia soldanella ································83

牵牛 Ipomoea nil ································84

砂引草 Messerschmidia sibirica ································85

益母草 Leonurus japonicus ································86

枸杞 Lycium chinense ································87

龙葵 Solanum nigrum ································88

曼陀罗 Datura stramonium ································89

平车前 Plantago depressa ································90

茜草 Rubia cordifolia ································91

栝楼 Trichosanthes kirilowii ································92

全叶马兰 Aster pekinensis ································93

小蓬草 Conyza canadensis ································94

苍耳 Xanthium sibiricum ································95

野菊 Dendranthema indicum ································96

海州蒿 Artemisia fauriei ································97

茵陈蒿 Artemisia capillaris ································98

猪毛蒿 Artemisia scoparia ································99

白莲蒿 Artemisia sacrorum ································100

艾 Artemisia argyi ································101

刺儿菜 *Cirsium segetum*	102	远东芨芨草 *Achnatherum extremiorientale*	113
篦苞风毛菊 *Saussurea pectinata*	103	狗尾草 *Setaria viridis*	114
长裂苦苣菜 *Sonchus brachyotus*	104	结缕草 *Zoysia japonica*	115
蒲公英 *Taraxacum mongolicum*	105	白茅 *Imperata cylindrica*	116
朝阳隐子草 *Cleistogenes hackelii*	106	芒 *Miscanthus sinensis*	117
大画眉草 *Eragrostis cilianensis*	107	白羊草 *Bothriochloa ischaemum*	118
芦苇 *Phragmites australis*	108	黄背草 *Themeda japonica*	119
牛筋草 *Eleusine indica*	109	具芒碎米莎草 *Cyperus microiria*	120
虎尾草 *Chloris virgata*	110	鸭跖草 *Commelina communis*	121
狗牙根 *Cynodon dactylon*	111	黄花菜 *Hemerocallis citrina*	122
拂子茅 *Calamagrostis epigeios*	112	绵枣儿 *Scilla scilloides*	123

猴矶岛

银杏 *Ginkgo biloba*	126	藜 *Chenopodium album*	143
雪松 *Cedrus deodara*	127	地肤 *Kochia scoparia*	144
黑松 *Pinus thunbergii*	128	碱蓬 *Suaeda glauca*	145
侧柏 *Platycladus orientalis*	129	盐地碱蓬 *Suaeda salsa*	146
龙柏 *Sabina chinensis* cv. Kaizuca	130	猪毛菜 *Salsola collina*	147
旱柳 *Salix matsudana*	131	北美苋 *Amaranthus blitoides*	148
麻栎 *Quercus acutissima*	132	马齿苋 *Portulaca oleracea*	149
榆 *Ulmus pumila*	133	女娄菜 *Silene aprica*	150
大果榆 *Ulmus macrocarpa*	134	石竹 *Dianthus chinensis*	151
黑弹树 *Celtis bungeana*	135	长蕊石头花 *Gypsophila oldhamiana*	152
桑 *Morus alba*	136	长冬草 *Clematis hexapetala* var. *tchefouensis*	153
柘树 *Cudrania tricuspidata*	137	木防己 *Cocculus orbiculatus*	154
无花果 *Ficus carica*	138	费菜 *Sedum aizoon*	155
大麻 *Cannabis sativa*	139	瓦松 *Orostachys fimbriata*	156
葎草 *Humulus scandens*	140	长药八宝 *Hylotelephium spectabile*	157
萹蓄 *Polygonum aviculare*	141	一球悬铃木 *Platanus occidentalis*	158
巴天酸模 *Rumex patientia*	142	茅莓 *Rubus parvifolius*	159

委陵菜 *Potentilla chinensis*	160
野蔷薇 *Rosa multiflora*	161
玫瑰 *Rosa rugosa*	162
月季花 *Rosa chinensis*	163
苹果 *Malus pumila*	164
桃 *Amygdalus persica*	165
榆叶梅 *Amygdalus triloba*	166
日本晚樱 *Cerasus serrulata* var. *lannesiana*	167
豆茶决明 *Cassia nomame*	168
刺槐 *Robinia pseudoacacia*	169
多花胡枝子 *Lespedeza floribunda*	170
兴安胡枝子 *Lespedeza davurica*	171
绒毛胡枝子 *Lespedeza tomentosa*	172
葛 *Pueraria lobata*	173
贼小豆 *Vigna minima*	174
绿豆 *Vigna radiata*	175
紫穗槐 *Amorpha fruticosa*	176
黄刺条 *Caragana frutex*	177
光滑米口袋 *Gueldenstaedtia maritima*	178
印度草木犀 *Melilotus indicus*	179
酢浆草 *Oxalis corniculata*	180
牻牛儿苗 *Erodium stephanianum*	181
香椿 *Toona sinensis*	182
一叶萩 *Flueggea suffruticosa*	183
铁苋菜 *Acalypha australis*	184
乳浆大戟 *Euphorbia esula*	185
地锦草 *Euphorbia humifusa*	186
黄杨 *Buxus sinica*	187
冬青卫矛 *Euonymus japonicus*	188
西南卫矛 *Euonymus hamiltonianus*	189
酸枣 *Ziziphus jujuba* var. *spinosa*	190
葎叶蛇葡萄 *Ampelopsis humulifolia*	191
地锦 *Parthenocissus tricuspidata*	192
五叶地锦 *Parthenocissus quinquefolia*	193
扁担木 *Grewia biloba* var. *parviflora*	194
圆叶锦葵 *Malva rotundifolia*	195
苘麻 *Abutilon theophrasti*	196
木槿 *Hibiscus syriacus*	197
柽柳 *Tamarix chinensis*	198
东北堇菜 *Viola mandshurica*	199
大叶胡颓子 *Elaeagnus macrophylla*	200
石榴 *Punica granatum*	201
小花山桃草 *Gaura parviflora*	202
狭叶珍珠菜 *Lysimachia pentapetala*	203
二色补血草 *Limonium bicolor*	204
白丁香 *Syringa oblata* var. *alba*	205
女贞 *Ligustrum lucidum*	206
徐长卿 *Cynanchum paniculatum*	207
地梢瓜 *Cynanchum thesioides*	208
鹅绒藤 *Cynanchum chinense*	209
打碗花 *Calystegia hederacea*	210
肾叶打碗花 *Calystegia soldanella*	211
圆叶牵牛 *Ipomoea purpurea*	212
牵牛 *Ipomoea nil*	213
砂引草 *Messerschmidia sibirica*	214
益母草 *Leonurus japonicus*	215
薄荷 *Mentha haplocalyx*	216
虎尾珍珠菜 *Lysimachia barystachys*	217

枸杞 *Lycium chinense* ……218	苦苣菜 *Sonchus oleraceus* ……247
辣椒 *Capsicum annuum* ……219	苣荬菜 *Sonchus arvensis* ……248
龙葵 *Solanum nigrum* ……220	多裂翅果菊 *Pterocypsela laciniata* ……249
茄 *Solanum melongena* ……221	抱茎小苦荬 *Ixeridium sonchifolium* ……250
番茄 *Lycopersicon esculentum* ……222	中华小苦荬 *Ixeridium chinense* ……251
曼陀罗 *Datura stramonium* ……223	蒲公英 *Taraxacum mongolicum* ……252
毛曼陀罗 *Datura inoxia* ……224	紫竹 *Phyllostachys nigra* ……253
车前 *Plantago asiatica* ……225	雀麦 *Bromus japonicus* ……254
大车前 *Plantago major* ……226	朝阳隐子草 *Cleistogenes hackelii* ……255
茜草 *Rubia cordifolia* ……227	小画眉草 *Eragrostis minor* ……256
栝楼 *Trichosanthes kirilowii* ……228	芦苇 *Phragmites australis* ……257
石沙参 *Adenophora polyantha* ……229	纤毛鹅观草 *Roegneria ciliaris* ……258
苍耳 *Xanthium sibiricum* ……230	鹅观草 *Roegneria kamoji* ……259
菊芋 *Helianthus tuberosus* ……231	牛筋草 *Eleusine indica* ……260
狼杷草 *Bidens tripartita* ……232	虎尾草 *Chloris virgata* ……261
小花鬼针草 *Bidens parviflora* ……233	狗牙根 *Cynodon dactylon* ……262
鬼针草 *Bidens pilosa* ……234	京芒草 *Achnatherum pekinense* ……263
野菊 *Dendranthema indicum* ……235	马唐 *Digitaria sanguinalis* ……264
茵陈蒿 *Artemisia capillaris* ……236	狗尾草 *Setaria viridis* ……265
猪毛蒿 *Artemisia scoparia* ……237	金色狗尾草 *Setaria glauca* ……266
白莲蒿 *Artemisia sacrorum* ……238	野古草 *Arundinella anomala* ……267
艾 *Artemisia argyi* ……239	橘草 *Cymbopogon goeringii* ……268
野艾蒿 *Artemisia lavandulaefolia* ……240	芒 *Miscanthus sinensis* ……269
刺儿菜 *Cirsium segetum* ……241	白羊草 *Bothriochloa ischaemum* ……270
篦苞风毛菊 *Saussurea pectinata* ……242	黄背草 *Themeda japonica* ……271
鸦葱 *Scorzonera austriaca* ……243	鸭跖草 *Commelina communis* ……272
桃叶鸦葱 *Scorzonera sinensis* ……244	饭包草 *Commelina bengalensis* ……273
华北鸦葱 *Scorzonera albicaulis* ……245	长花天门冬 *Asparagus longiflorus* ……274
长裂苦苣菜 *Sonchus brachyotus* ……246	黄花菜 *Hemerocallis citrina* ……275

葱 Allium fistulosum	276	绵枣儿 Scilla scilloides	280
长梗韭 Allium neriniflorum	277	有斑百合 Lilium concolor var. pulchellum	281
韭 Allium tuberosum	278	射干 Belamcanda chinensis	282
碱韭 Allium polyrhizum	279		

依 岛

草麻黄 Ephedra sinica	284	菟丝子 Cuscuta chinensis	307
葎草 Humulus scandens	285	肾叶打碗花 Calystegia soldanella	308
萹蓄 Polygonum aviculare	286	田旋花 Convolvulus arvensis	309
巴天酸模 Rumex patientia	287	牵牛 Ipomoea nil	310
齿果酸模 Rumex dentatus	288	砂引草 Messerschmidia sibirica	311
藜 Chenopodium album	289	沙滩黄芩 Scutellaria strigillosa	312
地肤 Kochia scoparia	290	枸杞 Lycium chinense	313
猪毛菜 Salsola collina	291	龙葵 Solanum nigrum	314
刺沙蓬 Salsola ruthenica	292	小马泡 Cucumis bisexualis	315
反枝苋 Amaranthus retroflexus	293	茵陈蒿 Artemisia capillaris	316
马齿苋 Portulaca oleracea	294	艾 Artemisia argyi	317
女娄菜 Silene aprica	295	乳苣 Mulgedium tataricum	318
兴安胡枝子 Lespedeza davurica	296	蒲公英 Taraxacum mongolicum	319
长萼鸡眼草 Kummerowia stipulacea	297	朝阳隐子草 Cleistogenes hackelii	320
紫穗槐 Amorpha fruticosa	298	芦苇 Phragmites communis	321
紫苜蓿 Medicago sativa	299	牛筋草 Eleusine indica	322
牻牛儿苗 Erodium stephanianum	300	狗牙根 Cynodon dactylon	323
铁苋菜 Acalypha australis	301	无芒稗 Echinochloa crusgalli var. mitis	324
乳浆大戟 Euphorbia esula	302	马唐 Digitaria sanguinalis	325
酸枣 Ziziphus jujuba var. spinosa	303	狗尾草 Setaria viridis	326
小花山桃草 Gaura parviflora	304	攀援天门冬 Asparagus brachyphyllus	327
萝藦 Metaplexis japonica	305	葱 Allium fistulosum	328
鹅绒藤 Cynanchum chinense	306	马蔺 Iris lactea	329

海 驴 岛

黑松 *Pinus thunbergii* ········332
刺榆 *Hemiptelea davidii* ········333
葎草 *Humulus scandens* ········334
蚕茧蓼 *Polygonum japonicum* ········335
春蓼 *Polygonum persicaria* ········336
杠板归 *Polygonum perfoliatum* ········337
藜 *Chenopodium album* ········338
反枝苋 *Amaranthus retroflexus* ········339
牛膝 *Achyranthes bidentata* ········340
马齿苋 *Portulaca oleracea* ········341
女娄菜 *Silene aprica* ········342
木防己 *Cocculus orbiculatus* ········343
茅莓 *Rubus parvifolius* ········344
合欢 *Albizia julibrissin* ········345
鸡眼草 *Kummerowia striata* ········346
酢浆草 *Oxalis corniculata* ········347
铁苋菜 *Acalypha australis* ········348
地锦 *Parthenocissus tricuspidata* ········349
五叶地锦 *Parthenocissus quinquefolia* ········350
山茶 *Camellia japonica* ········351
烟台补血草 *Limonium franchetii* ········352
萝藦 *Metaplexis japonica* ········353
牵牛 *Ipomoea nil* ········354
圆叶牵牛 *Ipomoea purpurea* ········355
海州常山 *Clerodendrum trichotomum* ········356
益母草 *Leonurus japonicus* ········357
枸杞 *Lycium chinense* ········358
龙葵 *Solanum nigrum* ········359
忍冬 *Lonicera japonica* ········360
阿尔泰狗娃花 *Heteropappus altaicus* ········361
鳢肠 *Eclipta prostrata* ········362
猪毛蒿 *Artemisia scoparia* ········363
艾 *Artemisia argyi* ········364
翅果菊 *Pterocypsela indica* ········365
芦苇 *Phragmites australis* ········366
虎尾草 *Chloris virgata* ········367
狗牙根 *Cynodon dactylon* ········368
马唐 *Digitaria sanguinalis* ········369
狗尾草 *Setaria viridis* ········370
荻 *Miscanthus sacchariflorus* ········371
黄背草 *Themeda japonica* ········372
具芒碎米莎草 *Cyperus microiria* ········373
鸭跖草 *Commelina communis* ········374
鞘柄菝葜 *Smilax stans* ········375

苏 山 岛

蕨 *Pteridium aquilinum* var. *latiusculum* ········378
全缘贯众 *Cyrtomium falcatum* ········379
黑松 *Pinus thunbergii* ········380
榆 *Ulmus pumila* ········381
刺榆 *Hemiptelea davidii* ········382
黑弹树 *Celtis bungeana* ········383
桑 *Morus alba* ········384
无花果 *Ficus carica* ········385
葎草 *Humulus scandens* ········386
萹蓄 *Polygonum aviculare* ········387

中文名 学名	页码	中文名 学名	页码
杠板归 *Polygonum perfoliatum*	388	贼小豆 *Vigna minima*	417
巴天酸模 *Rumex patientia*	389	紫穗槐 *Amorpha fruticosa*	418
尖头叶藜 *Chenopodium acuminatum*	390	合萌 *Aeschynomene indica*	419
藜 *Chenopodium album*	391	酢浆草 *Oxalis corniculata*	420
皱果苋 *Amaranthus viridis*	392	野花椒 *Zanthoxylum simulans*	421
牛膝 *Achyranthes bidentata*	393	地锦 *Parthenocissus tricuspidata*	422
紫茉莉 *Mirabilis jalapa*	394	五叶地锦 *Parthenocissus quinquefolia*	423
垂序商陆 *Phytolacca americana*	395	扁担木 *Grewia biloba* var. *parviflora*	424
马齿苋 *Portulaca oleracea*	396	石榴 *Punica granatum*	425
女娄菜 *Silene aprica*	397	小蜡 *Ligustrum sinense*	426
石竹 *Dianthus chinensis*	398	辽东水蜡树 *Ligustrum obtusifolium* subsp. *suave*	427
长蕊石头花 *Gypsophila oldhamiana*	399	萝藦 *Metaplexis japonica*	428
木防己 *Cocculus orbiculatus*	400	圆叶牵牛 *Ipomoea purpurea*	429
黄堇 *Corydalis pallida*	401	海州常山 *Clerodendrum trichotomum*	430
北美独行菜 *Lepidium virginicum*	402	沙滩黄芩 *Scutellaria strigillosa*	431
荠 *Capsella bursa-pastoris*	403	益母草 *Leonurus japonicus*	432
瓦松 *Orostachys fimbriata*	404	枸杞 *Lycium chinense*	433
一球悬铃木 *Platanus occidentalis*	405	白英 *Solanum lyratum*	434
牛叠肚 *Rubus crataegifolius*	406	茜草 *Rubia cordifolia*	435
茅莓 *Rubus parvifolius*	407	忍冬 *Lonicera japonica*	436
野蔷薇 *Rosa multiflora*	408	全叶马兰 *Aster pekinensis*	437
月季花 *Rosa chinensis*	409	狗娃花 *Heteropappus hispidus*	438
山槐 *Albizia kalkora*	410	小蓬草 *Conyza canadensis*	439
合欢 *Albizia julibrissin*	411	婆婆针 *Bidens bipinnata*	440
豆茶决明 *Cassia nomame*	412	野菊 *Dendranthema indicum*	441
刺槐 *Robinia pseudoacacia*	413	茵陈蒿 *Artemisia capillaris*	442
尖叶铁扫帚 *Lespedeza juncea*	414	艾 *Artemisia argyi*	443
鸡眼草 *Kummerowia striata*	415	野艾蒿 *Artemisia lavandulaefolia*	444
葛 *Pueraria lobata*	416	苦苣菜 *Sonchus oleraceus*	445

黄瓜菜 Paraixeris denticulata	446
雀麦 Bromus japonicus	447
朝阳隐子草 Cleistogenes hackelii	448
知风草 Eragrostis ferruginea	449
芦苇 Phragmites australis	450
鹅观草 Roegneria kamoji	451
滨麦 Leymus mollis	452
牛筋草 Eleusine indica	453
狗牙根 Cynodon dactylon	454
野青茅 Deyeuxia pyramidalis	455
鼠尾粟 Sporobolus fertilis	456
马唐 Digitaria sanguinalis	457
狗尾草 Setaria viridis	458
野古草 Arundinella anomala	459
芒 Miscanthus sinensis	460
黄背草 Themeda japonica	461
具芒碎米莎草 Cyperus microiria	462
糙叶薹草 Carex scabrifolia	463
鸭跖草 Commelina communis	464
饭包草 Commelina bengalensis	465
华东菝葜 Smilax sieboldii	466
黄花菜 Hemerocallis citrina	467
薤白 Allium macrostemon	468
绵枣儿 Scilla scilloides	469

千 里 岩

全缘贯众 Cyrtomium falcatum	472
胡桃 Juglans regia	473
无花果 Ficus carica	474
葎草 Humulus scandens	475
萹蓄 Polygonum aviculare	476
巴天酸模 Rumex patientia	477
藜 Chenopodium album	478
地肤 Kochia scoparia	479
盐地碱蓬 Suaeda salsa	480
牛膝 Achyranthes bidentata	481
紫茉莉 Mirabilis jalapa	482
马齿苋 Portulaca oleracea	483
女娄菜 Silene aprica	484
木防己 Cocculus orbiculatus	485
黄堇 Corydalis pallida	486
白菜 Brassica pekinensis	487
青菜 Brassica chinensis	488
八宝 Hylotelephium erythrostictum	489
草莓 Fragaria ananassa	490
野蔷薇 Rosa multiflora	491
欧洲甜樱桃 Cerasus avium	492
合欢 Albizia julibrissin	493
刺槐 Robinia pseudoacacia	494
紫穗槐 Amorpha fruticosa	495
酢浆草 Oxalis corniculata	496
花椒 Zanthoxylum bungeanum	497
香椿 Toona sinensis	498
斑地锦 Euphorbia maculata	499
扶芳藤 Euonymus fortunei	500
葡萄 Vitis vinifera	501
蜀葵 Althaea rosea	502
山茶 Camellia japonica	503

大叶胡颓子 *Elaeagnus macrophylla* ……504	知风草 *Eragrostis ferruginea* ……527
芫荽 *Coriandrum sativum* ……505	芦苇 *Phragmites communis* ……528
滨海前胡 *Peucedanum japonicum* ……506	纤毛鹅观草 *Roegneria ciliaris* ……529
萝藦 *Metaplexis japonica* ……507	鹅观草 *Roegneria kamoji* ……530
砂引草 *Messerschmidia sibirica* ……508	牛筋草 *Eleusine indica* ……531
薄荷 *Mentha haplocalyx* ……509	虎尾草 *Chloris virgata* ……532
枸杞 *Lycium chinense* ……510	狗牙根 *Cynodon dactylon* ……533
忍冬 *Lonicera japonica* ……511	鼠尾粟 *Sporobolus fertilis* ……534
金银忍冬 *Lonicera maackii* ……512	马唐 *Digitaria sanguinalis* ……535
栝楼 *Trichosanthes kirilowii* ……513	狗尾草 *Setaria viridis* ……536
南瓜 *Cucurbita moschata* ……514	结缕草 *Zoysia japonica* ……537
阿尔泰狗娃花 *Heteropappus altaicus* ……515	芒 *Miscanthus sinensis* ……538
金盏银盘 *Bidens biternata* ……516	白茅 *Imperata cylindrica* ……539
野菊 *Dendranthema indicum* ……517	白羊草 *Bothriochloa ischaemum* ……540
茵陈蒿 *Artemisia capillaris* ……518	黄背草 *Themeda japonica* ……541
艾 *Artemisia argyi* ……519	具芒碎米莎草 *Cyperus microiria* ……542
野艾蒿 *Artemisia lavandulaefolia* ……520	鸭跖草 *Commelina communis* ……543
苦苣菜 *Sonchus oleraceus* ……521	饭包草 *Commelina benghalensis* ……544
多裂翅果菊 *Pterocypsela laciniata* ……522	葱 *Allium fistulosum* ……545
莴苣 *Lactuca sativa* ……523	韭 *Allium tuberosum* ……546
香蒲 *Typha orientalis* ……524	薤白 *Allium macrostemon* ……547
硬质早熟禾 *Poa sphondylodes* ……525	卷丹 *Lilium lancifolium* ……548
朝阳隐子草 *Cleistogenes hackelii* ……526	薯蓣 *Dioscorea opposita* ……549

朝 连 岛

全缘贯众 *Cyrtomium falcatum* ……552	萹蓄 *Polygonum aviculare* ……557
加杨 *Populus × canadensis* ……553	酸模叶蓼 *Polygonum lapathifolium* ……558
榆 *Ulmus pumila* ……554	春蓼 *Polygonum persicaria* ……559
无花果 *Ficus carica* ……555	杠板归 *Polygonum perfoliatum* ……560
葎草 *Humulus scandens* ……556	巴天酸模 *Rumex patientia* ……561

中文名 学名	页码	中文名 学名	页码
藜 Chenopodium album	562	辣椒 Capsicum annuum	591
地肤 Kochia scoparia	563	列当 Orobanche coerulescens	592
碱蓬 Suaeda glauca	564	茜草 Rubia cordifolia	593
牛膝 Achyranthes bidentata	565	忍冬 Lonicera japonica	594
紫茉莉 Mirabilis jalapa	566	小马泡 Cucumis bisexualis	595
马齿苋 Portulaca oleracea	567	西瓜 Citrullus lanatus	596
女娄菜 Silene aprica	568	狗娃花 Heteropappus hispidus	597
长蕊石头花 Gypsophila oldhamiana	569	钻叶紫菀 Symphyotrichum subulatus	598
木防己 Cocculus orbiculatus	570	小蓬草 Conyza canadensis	599
费菜 Sedum aizoon	571	豚草 Ambrosia artemisiifolia	600
刺槐 Robinia pseudoacacia	572	菊芋 Helianthus tuberosus	601
长萼鸡眼草 Kummerowia stipulacea	573	婆婆针 Bidens bipinnata	602
紫穗槐 Amorpha fruticosa	574	野菊 Dendranthema indicum	603
合萌 Aeschynomene indica	575	茵陈蒿 Artemisia capillaris	604
酢浆草 Oxalis corniculata	576	猪毛蒿 Artemisia scoparia	605
斑地锦 Euphorbia maculata	577	花叶滇苦菜 Sonchus asper	606
冬青卫矛 Euonymus japonicus	578	长裂苦苣菜 Sonchus brachyotus	607
小叶鼠李 Rhamnus parvifolia	579	苦苣菜 Sonchus oleraceus	608
葎叶蛇葡萄 Ampelopsis humulifolia	580	翅果菊 Pterocypsela indica	609
地锦 Parthenocissus tricuspidata	581	多裂翅果菊 Pterocypsela laciniata	610
山茶 Camellia japonica	582	蒲公英 Taraxacum mongolicum	611
月见草 Oenothera biennis	583	香蒲 Typha orientalis	612
滨海前胡 Peucedanum japonicum	584	疏花雀麦 Bromus remotiflorus	613
滨海珍珠菜 Lysimachia mauritiana	585	雀麦 Bromus japonicus	614
木犀 Osmanthus fragrans	586	朝阳隐子草 Cleistogenes hackelii	615
辽东水蜡树 Ligustrum obtusifolium subsp. suave	587	知风草 Eragrostis ferruginea	616
萝藦 Metaplexis japonica	588	芦苇 Phragmites communis	617
肾叶打碗花 Calystegia soldanella	589	鹅观草 Roegneria kamoji	618
枸杞 Lycium chinense	590	牛筋草 Eleusine indica	619

虎尾草 *Chloris virgata* ……………………………620
狗牙根 *Cynodon dactylon* ………………………621
鼠尾粟 *Sporobolus fertilis* ………………………622
稗 *Echinochloa crusgalli* ………………………623
马唐 *Digitaria sanguinalis* ………………………624
狗尾草 *Setaria viridis* ……………………………625
结缕草 *Zoysia japonica* …………………………626
芒 *Miscanthus sinensis* …………………………627
白茅 *Imperata cylindrica* ………………………628
白羊草 *Bothriochloa ischaemum* ………………629
黄背草 *Themeda japonica* ……………………630

萤蔺 *Scirpus juncoides* …………………………631
具芒碎米莎草 *Cyperus microiria* ……………632
糙叶薹草 *Carex scabrifolia* ……………………633
鸭跖草 *Commelina communis* …………………634
饭包草 *Commelina bengalensis* ………………635
黄花菜 *Hemerocallis citrina* …………………636
萱草 *Hemerocallis fulva* ………………………637
薤白 *Allium macrostemon* ……………………638
薤白 *Allium macrostemon* ……………………639
卷丹 *Lilium lancifolium* …………………………640
薯蓣 *Dioscorea opposita* ………………………641

大 公 岛

全缘贯众 *Cyrtomium falcatum* ………………644
银杏 *Ginkgo biloba* ………………………………645
圆柏 *Sabina chinensis* ……………………………646
龙柏 *Sabina chinensis* cv. Kaizuca ……………647
榆 *Ulmus pumila* …………………………………648
朴树 *Celtis sinensis* ………………………………649
构 *Broussonetia papyrifera* ……………………650
柘 *Cudrania tricuspidata* ………………………651
无花果 *Ficus carica* ………………………………652
葎草 *Humulus scandens* …………………………653
萹蓄 *Polygonum aviculare* ……………………654
红蓼 *Polygonum orientale* ……………………655
酸模叶蓼 *Polygonum lapathifolium* …………656
水蓼 *Polygonum hydropiper* …………………657
杠板归 *Polygonum perfoliatum* ………………658
巴天酸模 *Rumex patientia* ……………………659
皱叶酸模 *Rumex crispus* ………………………660

藜 *Chenopodium album* …………………………661
地肤 *Kochia scoparia* ……………………………662
碱蓬 *Suaeda glauca* ……………………………663
紫茉莉 *Mirabilis jalapa* …………………………664
垂序商陆 *Phytolacca americana* ……………665
马齿苋 *Portulaca oleracea* ……………………666
木防己 *Cocculus orbiculatus* …………………667
播娘蒿 *Descurainia sophia* ……………………668
萝卜 *Raphanus sativus* …………………………669
芥菜 *Brassica juncea* ……………………………670
菥蓂 *Thlaspi arvense* ……………………………671
费菜 *Sedum aizoon* ………………………………672
轮叶八宝 *Hylotelephium verticillatum* ………673
八宝 *Hylotelephium erythrostictum* …………674
华茶藨 *Ribes fasciculatum* var. *chinense* …675
白梨 *Pyrus bretschneideri* ……………………676
桃 *Amygdalus persica* …………………………677

中文名 学名	页码	中文名 学名	页码
杏 *Armeniaca vulgaris*	678	茜草 *Rubia cordifolia*	707
刺槐 *Robinia pseudoacacia*	679	接骨木 *Sambucus williamsii*	708
贼小豆 *Vigna minima*	680	绣球荚蒾 *Viburnum macrocephalum*	709
紫穗槐 *Amorpha fruticosa*	681	忍冬 *Lonicera japonica*	710
酢浆草 *Oxalis corniculata*	682	栝楼 *Trichosanthes kirilowii*	711
野花椒 *Zanthoxylum simulans*	683	小马泡 *Cucumis bisexualis*	712
臭椿 *Ailanthus altissima*	684	甜瓜 *Cucumis melo*	713
斑地锦 *Euphorbia maculata*	685	西瓜 *Citrullus lanatus*	714
黄连木 *Pistacia chinensis*	686	小蓬草 *Conyza canadensis*	715
胶州卫矛 *Euonymus kiautschovicus*	687	旋覆花 *Inula japonica*	716
冬青卫矛 *Euonymus japonicus*	688	苍耳 *Xanthium sibiricum*	717
南蛇藤 *Celastrus orbiculatus*	689	鬼针草 *Bidens pilosa*	718
山葡萄 *Vitis amurensis*	690	蒿子杆 *Chrysanthemum carinatum*	719
葎叶蛇葡萄 *Ampelopsis humulifolia*	691	野菊 *Dendranthema indicum*	720
地锦 *Parthenocissus tricuspidata*	692	野艾蒿 *Artemisia lavandulaefolia*	721
乌蔹莓 *Cayratia japonica*	693	大刺儿菜 *Cirsium setosum*	722
光果田麻 *Corchoropsis psilocarpa*	694	长裂苦苣菜 *Sonchus brachyotus*	723
圆叶锦葵 *Malva rotundifolia*	695	苦苣菜 *Sonchus oleraceus*	724
苘麻 *Abutilon theophrasti*	696	多裂翅果菊 *Pterocypsela laciniata*	725
柽柳 *Tamarix chinensis*	697	黄瓜菜 *Paraixeris denticulata*	726
滨海前胡 *Peucedanum japonicum*	698	羽裂黄瓜菜 *Paraixeris pinnatipartita*	727
萝藦 *Metaplexis japonica*	699	蒲公英 *Taraxacum mongolicum*	728
圆叶牵牛 *Ipomoea purpurea*	700	朝阳隐子草 *Cleistogenes hackelii*	729
海州常山 *Clerodendrum trichotomum*	701	秋画眉草 *Eragrostis autumnalis*	730
益母草 *Leonurus japonicus*	702	芦苇 *Phragmites australis*	731
枸杞 *Lycium chinense*	703	牛筋草 *Eleusine indica*	732
龙葵 *Solanum nigrum*	704	无芒稗 *Echinochloa crusgalli* var. *mitis*	733
曼陀罗 *Datura stramonium*	705	马唐 *Digitaria sanguinalis*	734
毛曼陀罗 *Datura inoxia*	706	狗尾草 *Setaria viridis*	735

芒 *Miscanthus sinensis* ·················· 736	饭包草 *Commelina bengalensis* ·················· 742
白茅 *Imperata cylindrica* ·················· 737	黄花菜 *Hemerocallis citrina* ·················· 743
黄背草 *Themeda japonica* ·················· 738	萱草 *Hemerocallis fulva* ·················· 744
具芒碎米莎草 *Cyperus microiria* ·················· 739	韭 *Allium tuberosum* ·················· 745
半夏 *Pinellia ternata* ·················· 740	薤白 *Allium macrostemon* ·················· 746
鸭跖草 *Commelina communis* ·················· 741	

达 山 岛

全缘贯众 *Cyrtomium falcatum* ·················· 748	刺槐 *Robinia pseudoacacia* ·················· 770
银杏 *Ginkgo biloba* ·················· 749	酢浆草 *Oxalis corniculata* ·················· 771
黑松 *Pinus thunbergii* ·················· 750	楝 *Melia azedarach* ·················· 772
龙柏 *Sabina chinensis* cv. Kaizuca ·················· 751	冬青卫矛 *Euonymus japonicus* ·················· 773
旱柳 *Salix matsudana* ·················· 752	葎叶蛇葡萄 *Ampelopsis humulifolia* ·················· 774
春蓼 *Polygonum persicaria* ·················· 753	地锦 *Parthenocissus tricuspidata* ·················· 775
杠板归 *Polygonum perfoliatum* ·················· 754	大叶胡颓子 *Elaeagnus macrophylla* ·················· 776
巴天酸模 *Rumex patientia* ·················· 755	滨海前胡 *Peucedanum japonicum* ·················· 777
藜 *Chenopodium album* ·················· 756	滨海珍珠菜 *Lysimachia mauritiana* ·················· 778
盐地碱蓬 *Suaeda salsa* ·················· 757	圆叶牵牛 *Ipomoea purpurea* ·················· 779
牛膝 *Achyranthes bidentata* ·················· 758	海州常山 *Clerodendrum trichotomum* ·················· 780
紫茉莉 *Mirabilis jalapa* ·················· 759	列当 *Orobanche coerulescens* ·················· 781
马齿苋 *Portulaca oleracea* ·················· 760	忍冬 *Lonicera japonica* ·················· 782
瞿麦 *Dianthus superbus* ·················· 761	全叶马兰 *Aster pekinensis* ·················· 783
长蕊石头花 *Gypsophila oldhamiana* ·················· 762	狗娃花 *Heteropappus hispidus* ·················· 784
木防己 *Cocculus orbiculatus* ·················· 763	小蓬草 *Conyza canadensis* ·················· 785
萝卜 *Raphanus sativus* ·················· 764	菊芋 *Helianthus tuberosus* ·················· 786
芸薹 *Brassica campestris* ·················· 765	大花金鸡菊 *Coreopsis grandiflora* ·················· 787
瓦松 *Orostachys fimbriata* ·················· 766	野菊 *Dendranthema indicum* ·················· 788
海桐 *Pittosporum tobira* ·················· 767	茵陈蒿 *Artemisia capillaris* ·················· 789
一球悬铃木 *Platanus occidentalis* ·················· 768	猪毛蒿 *Artemisia scoparia* ·················· 790
茅莓 *Rubus parvifolius* ·················· 769	艾 *Artemisia argyi* ·················· 791

牛蒡 Arctium lappa ……………………792
华北鸦葱 Scorzonera albicaulis ……………793
苦苣菜 Sonchus oleraceus …………………794
翅果菊 Pterocypsela indica ………………795
朝阳隐子草 Cleistogenes hackelii …………796
芦苇 Phragmites australis …………………797
鹅观草 Roegneria kamoji …………………798
拂子茅 Calamagrostis epigeios ……………799
狗牙根 Cynodon dactylon …………………800
马唐 Digitaria sanguinalis …………………801
狗尾草 Setaria viridis ………………………802

芒 Miscanthus sinensis ………………………803
白茅 Imperata cylindrica …………………804
白羊草 Bothriochloa ischaemum …………805
黄背草 Themeda japonica …………………806
具芒碎米莎草 Cyperus microiria …………807
糙叶薹草 Carex scabrifolia …………………808
饭包草 Commelina bengalensis ……………809
凤尾丝兰 Yucca gloriosa …………………810
黄花菜 Hemerocallis citrina ………………811
射干 Belamcanda chinensis …………………812
大花美人蕉 Canna generalis ………………813

菜坨子岛全貌

菜坨子岛

菜坨子岛隶属于辽宁省大连市长海县，为无居民海岛，地理位置39°16′N、123°00′E。该岛呈纺锤形，近乎东西走向，中间突起，形如山包。最大长度约0.9 km，最宽0.3 km，最高海拔78 m，距大陆最近点约37 km，岛陆投影面积15 hm^2，岛岸线长约2 km。菜坨子岛地处北半球暖温带，空气湿润，雨热同季，光照丰富。气候受海洋影响较大，属于海洋性暖温带季风气候。降水集中于7~8月。岛上土壤为棕壤。东西两侧坡度较缓，南北坡度较大，不容易储存水分，岛上无淡水。

菜坨子岛植被主要以天然植被为主，几乎无人工植被，以灌丛、草丛为主。岛体有2处高点，并排排列在一起，同一类型植被分布具有较好的连续性。岛上共发现22科36属44种植物，其中乔木1种、灌木5种、草本35种、藤本3种。菊科11种，占总数25%；豆科6种，占总数14%；禾本科6种，占总数14%；蓼科2种，占总数4%；堇菜科2种，占总数4%；其余17科均为1种，共占总数的39%。

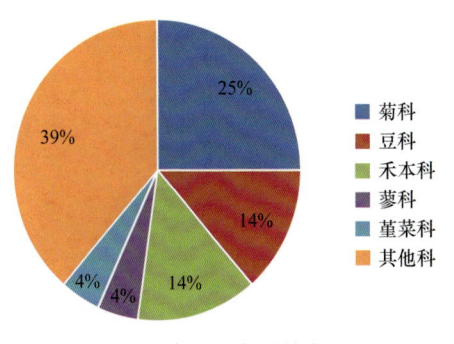

菜坨子岛植物各科的占比

萹蓄 Polygonum aviculare

蓼科 Polygonaceae
蓼属 Polygonum

一年生草本。茎匍匐或斜展，有沟纹。叶片条形至披针形，长 4 cm，宽 1 cm，先端钝或急尖，基部楔形，有关节，两面无毛，全缘；有短柄或近无柄；托叶鞘膜质，有明显脉纹，先端数裂。花 1～5 簇生于叶腋，全露或半露出于托叶鞘之外；花梗短，基部有关节；花被 5 深裂，暗绿色，边缘白色或淡红色；雄蕊 8，比花被片短；花柱 3，甚短，柱头头状。瘦果卵形，有 3 棱，长约 3 mm，黑色或褐色，无光泽，有不明显的线状小点，微露出于宿存花被外。

生于路边、田野。广泛分布于全国各地。

全草药用，有利尿、清湿热、消炎、止泻、驱虫的功效；也可作饲料。

春蓼 Polygonum persicaria

蓼科 Polygonaceae
蓼属 Polygonum

一年生草本。高达 1.5 m；茎直立，无毛或有稀疏的硬伏毛。叶片披针形，长达 10 cm，宽达 2 cm，先端长渐尖，基部楔形，主脉及叶缘有硬毛；叶柄短或近无，下部者较长，长不超过 1 cm，有硬毛；托叶鞘筒状，膜质，紧贴茎上，有毛，先端截形，有缘毛。由多数花穗构成圆锥状花序；花穗圆柱状，直立，较紧密，长达 5 cm；花穗梗近无毛，有时有腺点；苞片漏斗状，紫红色，先端斜形，有疏缘毛；花被粉红色或白色，长 2.5～3 mm，5 深裂；雄蕊 7～8，能育 6，短于花被；花柱 2，稀 3，外弯。瘦果广卵形，两面扁平或稍凸，稀三棱形，黑褐色，有光泽，长 1.8～2.5 mm，包于宿存花被内。

生于水沟、溪边、山坡、路边湿草地。国内分布于东北、华北、西北、华中地区及广西、四川、贵州等省份。

藜 Chenopodium album

藜科 Chenopodiaceae
藜属 Chenopodium

一年生草本。高达 1.5 m；茎直立，有条棱及绿色或紫红色色条，多分枝。叶片菱状卵形至阔披针形，长达 6 cm，宽达 5 cm，先端急尖或钝，基部楔形至阔楔形，上面常无粉，有时嫩叶的上面有紫红色粉，下面多少有粉，边缘有不整齐锯齿；叶柄与叶片多等长。花两性，簇生于枝上部，排列成穗状圆锥花序或圆锥花序；花被 5 裂，阔卵形至椭圆形，背面有隆脊，有粉；雄蕊 5；柱头 2。胞果包于花被。种子横生，双凸镜形，直径 1.2～1.5 mm，黑色，有光泽，表面有浅沟纹，胚环形。

生于田间、路旁、村边荒地。广泛分布于全国各地。

全草药用，能止泻痢、止痒。幼苗可食用。

马齿苋 Portulaca oleracea

马齿苋科 Portulacaceae
马齿苋属 Portulaca

一年生肉质匍匐草本。茎基部分枝，淡绿色或带紫色。叶片长圆形或倒卵形，长达 2.5 cm，宽达 15 mm，无毛，先端钝圆或平截或微凹，基部楔形，上面暗绿色，下面淡绿色或暗红色，中脉微隆起。花小，直径达 5 mm，两性，单生或 3～5 簇生枝端；无花梗；总苞片 4～5，薄膜质；萼片 2，绿色，阔椭圆形，背部有隆脊，基部与子房贴生；花瓣 4～5，黄色，倒卵状长圆形，先端微凹；雄蕊 8～12，基部合生；花柱比雄蕊稍长，顶端 4～5 裂；子房半下位，1 室，特立中央胎座，胚珠多数。蒴果卵球形，棕色，盖裂；种子多数，细小，肾状卵圆形，有小疣状突起，黑褐色，有光泽。花期 6～8 月；果期 8～9 月。

生于菜园、农田、路旁、荒地，为田间常见杂草。广泛分布于全国各地。

全草药用，有清热解毒、治菌痢的功效。种子明目；又可作农药和兽药。嫩茎叶可食，民间常作蔬菜；又可作家畜饲料。

长蕊石头花 Gypsophila oldhamiana

石竹科 Caryophyllaceae
石头花属 Gypsophila

多年生草本。高达 1 m；全株无毛，带粉绿色。主根粗壮。茎簇生。叶长圆状披针形至狭披针形，长达 8 cm，宽达 12 mm，先端尖，基部稍狭，微抱茎。聚伞花序顶生或腋生，再排列成圆锥状，花较小，密集；苞片卵形，膜质，先端锐尖；花梗长达 5 mm；花萼钟状，长达 2.5 mm，萼齿 5，卵状三角形，边缘膜质，有缘毛；花瓣 5，粉红色或白色，倒卵形，长 4～5.5 mm；雄蕊 10，比花瓣长；子房椭圆形，花柱 2，超出花瓣。蒴果卵状球形，比萼长，顶端 4 裂。种子近肾形，长达 1.5 mm，灰褐色。

生于向阳山坡草丛。国内分布于辽宁、河北、山西、江苏、河南、陕西等省份。

根药用，有清热凉血、消肿止痛、化腐生肌长骨之功效。根的水浸剂可防治蚜虫、红蜘蛛、地老虎等。

木防己 Cocculus orbiculatus

防己科 Menispermaceae

木防己属 Cocculus

缠绕性落叶藤本。长达3 m；全株有淡褐色短柔毛。根圆柱形，棕褐色或黑褐色。茎木质化，小枝细，表面密生柔毛；老枝近无毛，有条纹。单叶，互生；叶片阔卵形或卵状椭圆形，有时3浅裂，长达6 cm，宽达4 cm，先端锐尖至钝圆，顶部常有小突尖，基部心形或截形，幼时两面密生灰白色柔毛；叶柄长达3 cm，密生灰白色柔毛。花黄色，雌雄异株；聚伞状圆锥花序腋生；花有短梗，总花轴和总花梗被柔毛，小苞片2，卵形；雄花萼片6，2轮，内轮3片大，外轮3片小，长1～1.5 mm；花瓣6，卵状披针形，长1.5～3.5 mm，先端2裂，基部两侧有耳并内折；雄蕊6，离生，与花瓣对生，花药球形；雌花序较短，花少数，萼片和花瓣与雄花相似，有退化雄蕊6，心皮6，离生；子房半球形，无毛，花柱短，向外弯曲。核果近球形，直径达8 mm，蓝黑色，表面有白粉，内果皮坚硬，背脊和两侧有横小肋。种子1枚。花期5～7月；果期7～9月。

生于山坡、路旁、沟岸及灌木丛中。国内分布于除西北和西藏以外的其他地区。

根状茎入药，有祛风除湿、通经活络、解毒、止痛、利尿、消肿、降血压的功效。根含淀粉，可酿酒。茎含纤维，质坚韧，可作纺织原料和造纸原料。

龙芽草 Agrimonia pilosa

蔷薇科 Rosaceae
龙芽草属 Agrimonia

多年生草本。根状茎粗壮，横走，茎高达 1.2 m，有长短柔毛。叶为间断奇数羽状复叶，通常有小叶 3～4 对，向上减少至 3 小叶，小叶片无柄或有短柄，长达 5 cm，宽达 3 cm，边缘有急尖到圆钝锯齿，上面有疏柔毛或无毛，有腺点；托叶镰形，边缘有尖锐锯齿或裂片，稀全缘，茎下部托叶有时卵状披针形，全缘；穗形总状花序顶生，花序轴有柔毛；花梗长 5 mm，有柔毛；苞片常 3 深裂，裂片条形；小苞片对生，全缘或分裂；花直径达 9 mm；萼片 5；花瓣黄色；雄蕊 5～15；花柱 2，丝状，柱头头状。果实倒卵状圆锥形，外面有肋，顶端有数条钩刺，连钩刺长 7～8 mm。花、果期 5～11 月。

广泛分布于全国各地。

全草药用，有收敛止血及强心作用。全草可提制栲胶。捣烂浸液可治蚜虫及小麦锈病。

兴安胡枝子 Lespedeza davurica

豆科 Leguminosae

胡枝子属 Lespedeza

灌木。高达 60 cm；茎单一或簇生，老枝黄褐色，嫩枝绿褐色，有细棱和柔毛。三出羽叶；托叶刺芒状；小叶披针状长圆形，长达 3 cm，宽达 1 cm，先端圆钝，有短刺尖，基部圆形，全缘；叶柄被柔毛。总状花序腋生，较叶短或等长；总花梗有毛；小苞片披针状条形；无瓣花簇生叶腋；萼筒杯状，萼齿 5，披针状钻形，先端刺芒状，与花冠等长；花冠黄白色至黄色，有时基部紫色，长约 1 cm，旗瓣椭圆形，翼瓣长圆形，龙骨瓣长于翼瓣，均有长爪；子房条形，有毛；花柱宿存，两面凸出，有毛。荚果小，包于宿存萼内，倒卵形或长倒卵形，长达 4 mm，宽达 3 mm。花期 6～8 月；果期 9～10 月。

国内分布于东北、华北经秦岭—淮河以北至西南各地。

为重要的山地水土保持植物；又可作牧草和绿肥。全株药用，能解表散寒。

葛 *Pueraria lobata*

豆科 Leguminosae

葛属 *Pueraria*

多年生藤本。全株有黄色长硬毛。块根肥厚。三出羽叶；顶生小叶菱状卵形，长达 19 cm，宽达 17 cm，先端渐尖，基部圆形，全缘或 3 浅裂，下面有粉霜；侧生小叶偏斜，边缘深裂；托叶盾形，小托叶条状披针形。总状花序腋生，有 1～3 花簇生在有节瘤状突起的花序轴上；花萼钟形，萼齿 5，上面 2 齿合生，下面 1 齿较长，内外两面均有黄色柔毛；花冠紫红色，长约 1.5 cm，旗瓣近圆形，基部有附体和爪，翼瓣的短爪长大于宽。荚果扁平条形，长达 10 cm，密生黄色长硬毛。花期 6～8 月；果期 8～9 月。

国内分布于除新疆、西藏以外的其他地区。

根可制葛粉，供食用和酿酒；亦可药用，有解肌退热、生津止渴的功效。从根中提出的总黄酮可治疗冠心病、心绞痛。花称葛花，可药用，有解酒毒、除胃热的作用。叶可作牧草。茎皮纤维可作造纸原料。全株匍匐蔓延，覆盖地面快而大，为良好的水土保持植物。

野大豆 *Glycine soja*

豆科 Leguminosae

大豆属 *Glycine*

一年生缠绕草本。疏生黄色硬毛。三出羽叶；顶生小叶卵状披针形，长达 5 cm，宽达 2.5 cm，先端急尖或钝，基部圆形，全缘，侧生小叶斜卵状披针形；托叶卵状披针形，小托叶狭披针形，有毛。总状花序腋生；花萼钟状，萼齿 5，上唇 2 齿合生，有黄色硬毛；花冠紫红色，长约 4 mm，旗瓣近圆形，先端微凹，基部有短爪，翼瓣斜倒卵形，有明显的耳和爪，龙骨瓣短小。荚果长圆形或镰刀形，稍扁，长约 3 cm，含种子 2~4；种子椭圆形，黑色。花期 6~7 月；果期 8~9 月。

国内分布于除新疆、青海、海南以外的其他地区。

茎、叶可作牲畜饲草。种子药用，有强壮利尿、平肝敛汗的功效。水土保持植物。

贼小豆 *Vigna minima*

豆科 Leguminosae

豇豆属 *Vigna*

一年生缠绕草本。疏被倒生硬毛。三出羽叶；顶生小叶卵形至卵状披针形，长达 6 cm，宽达 4 cm，先端渐尖，基部圆形或楔形，全缘，两面疏生硬毛；侧生小叶斜卵形或卵状披针形；托叶披针形；小托叶狭披针形或条形。总状花序腋生，远长于叶柄，在花序轴节上的两花之间有矩形腺体；花萼斜杯状，萼齿三角形，最下面 1 片较长；花冠淡黄色，旗瓣近肾形或扁椭圆形，翼瓣倒长卵形，有爪和耳，龙骨瓣卷曲不超过 1 圈，其中 1 瓣中部有角状突起。荚果细圆柱形，长达 7 cm，宽达 6 mm，无毛。种子矩形，扁，褐红色。花期 7～8 月；果期 8～9 月。

生于溪边、灌丛及草地中。国内分布于东北、华北、华东、华中、华南等地区。

紫穗槐 Amorpha fruticosa

豆科 Leguminosae
紫穗槐属 Amorpha

落叶灌木。高达 4 m；幼枝密被毛。奇数羽状复叶，小叶 9～25；小叶椭圆形或披针状椭圆形，长达 4 cm，宽达 15 mm，先端圆或微凹，有短尖，基部圆形或阔楔形，两面幼时有白色短柔毛，有透明腺点。总状花序集生于枝条上部，长达 15 cm；花萼钟状，密被短毛并有腺点；花冠蓝紫色，旗瓣倒心形，无翼瓣和龙骨瓣；雄蕊 10，包于旗瓣之中，伸出瓣外。荚果下垂，弯曲，长达 9 mm，宽约 3 mm，棕褐色，有瘤状腺点。花期 6～7 月；果期 8～10 月。

原产于美国。全国各地均有栽培。

为保持水土、固沙造林和防护林带低层树种。枝条可编筐。嫩枝和叶可作家畜饲料及绿肥。荚果和叶的粉末或煎汁可作农药杀虫。蜜源植物。

黄刺条 Caragana frutex

豆科 Leguminosae

锦鸡儿属 Caragana

直立灌木。高达 3 m；枝条黄灰色至暗灰绿色，无毛。托叶三角形，先端钻状，长枝上托叶脱落或成刺，长达 5 mm；叶轴短，长达 1 cm，在短枝上脱落，在长枝上宿存并硬化成刺，长达 1.5 cm；小叶 4，假掌状排列，形状大小相等，倒卵形，长达 2.5 cm，宽达 2 cm，先端圆或微凹，有细尖，基部楔形。花单生，稀 2～3 簇生，每花梗常有 1 花，稀为 2 花，花梗长多为花萼的 2 倍，在中部以上有关节；花萼管状钟形，基部有浅囊状凸起，萼齿三角形，边缘有绵毛；花冠鲜黄色，长达 2.5 cm，旗瓣阔倒卵形，基部渐狭成爪，翼瓣向上渐宽，三角形，龙骨瓣先端钝，爪短；子房条形，无毛。荚果圆筒形，长达 4 cm，宽达 4 mm，红褐色。花期 5～6 月；果期 7～8 月。

国内分布于河北、新疆等地区。

栽培供观赏。花药用，治痘疮、跌伤。

酢浆草 Oxalis corniculata

酢浆草科 Oxalidaceae
酢浆草属 Oxalis

多年生草本。全株有疏柔毛。根状茎细长。茎匍匐或斜升，多分枝。叶互生；三出掌叶，小叶倒心形，无柄；叶柄长达 4 cm；托叶小，与叶柄贴生。伞形花序腋生；总花梗与叶柄近等长；花黄色；萼片 5，披针形或长圆形，长达 4 mm；花瓣 5，长圆状倒卵形，长达 8 mm；雄蕊 10，花丝基部合生；子房长圆柱形，有毛，花柱 5。蒴果长圆柱形，长达 1.5 cm。种子多数，长圆状卵形，扁平，熟时红褐色。花、果期 4～9 月。

生于山坡、路边、村旁、墙根。广泛分布于全国各地。

全草入药，能解热利尿、消肿散瘀。茎叶含草酸，可用以磨镜或擦铜器，使其具光泽。牛羊食其过多可中毒致死。

花椒 Zanthoxylum bungeanum

芸香科 Rutaceae
花椒属 Zanthoxylum

落叶乔木或灌木。高达 7 m；树皮深灰色，有扁刺及木栓质的瘤状突起；小枝灰褐色，被疏毛或无，点状皮孔白色。托叶刺基部扁宽，对生；奇数羽状复叶；小叶 5～11，小叶片卵圆形或卵状长圆形，长达 7 cm，宽达 3 cm，先端尖或微凹，基部圆形，边缘有细钝锯齿，齿缝间有半透明油点，上面平滑，下面脉上常有细刺及褐色簇毛；总叶柄及叶轴上有不明显的狭翅。聚伞状圆锥花序，顶生；花单性、单被，花被片 4～8，黄绿色；雄花有 5～7 雄蕊，花丝条形，药隔中间近顶处常有 1 色泽较深的油点；雌花有 3～4 心皮，脊部各有 1 隆起膨大的油点；子房无柄；花柱侧生，外弯。蓇葖果圆球形，2～3 聚生，基部无柄，熟时外果皮红色或紫红色，密生疣状油点。种子圆卵形，径 3.5 mm。花期 4～5 月；果期 7～8 月或 9～10 月。

国内分布于北起东北南部，南至五岭北坡，东南至江苏、浙江沿海一带，西南至西藏。

果皮为调料，并可提取芳香油；又可药用，有散寒燥湿、杀虫的功效。种子可榨油。

南蛇藤 Celastrus orbiculatus

卫矛科 Celastraceae
南蛇藤属 Celastrus

落叶木质藤本。长达 12 m；枝皮孔明显。叶倒卵形或长圆状倒卵形，长达 10 cm，宽达 8 cm，先端短尖，基部阔楔形至近圆形，边缘粗钝锯齿，上面绿色，两面无毛；叶柄长达 2.5 cm。聚伞花序，3～7 花，在雌株上腋生，在雄株上腋生兼顶生，顶生者呈短总状；花黄绿色；萼三角状卵形，长约 1 mm；花瓣狭长圆形，长 4 mm；雄蕊生花盘边缘，长约 3 mm，有退化雌蕊；雌花有退化雄蕊，花柱柱状，柱头 3 裂。蒴果近球形，黄色，径约 1 cm。种子红褐色，有红色假种皮。

生于山坡、沟谷及疏林中。国内分布于东北、华北、华东地区及河南、陕西、甘肃、湖北、四川等省份。

根、茎、叶、果药用，有活血行气、消肿解毒之效；又可制杀虫农药。

紫花地丁 Viola philippica

堇菜科 Violaceae
堇菜属 Viola

多年生草本。根状茎粗短，根白色至黄褐色。无地上茎。托叶常2/3～4/5与叶柄合生，离生部分条形，边缘有疏齿或全缘；叶柄有狭翼，上部翼较宽，被短毛或无，花期叶柄长达5 cm，果期长达10 cm；叶片舌形至长圆状披针形，长达4 cm，宽达1 cm，先端圆钝，基部截形、圆形或楔形，边缘有较平的圆齿，两面生短毛，或仅脉上有毛或无毛，果期叶可长达10 cm，宽达4 cm，基部常呈微心形。花紫堇色或紫色，稀白色，花梗少数或多数，超出或等长于叶，被短硬毛或近无，苞片生于花梗中部；萼片5，披针形，基部附属物短，长1.5 mm，常无毛；花瓣5，侧瓣无须毛或稍有须毛，下瓣连距长达2 cm，距细，长达6 mm；子房无毛，花柱基部膝曲，向上渐粗，柱头顶面略平，两侧及后方有薄边，前方有短喙。蒴果长圆形，长达12 mm，无毛。花、果期4～9月。

国内分布于除青海、西藏以外的其他地区。

全草药用，有治疗乳腺炎、阑尾炎、疮疖、肿胀的功效。

早开堇菜 Viola prionantha

堇菜科 Violaceae
堇菜属 Viola

多年生草本。根状茎稍粗，根黄白色。无地上茎。托叶 1/2～2/3 与叶柄合生，离生部分披针形，边缘疏生细齿，叶柄长达 5 cm，果期可达 10 cm，上部有狭翅，被细毛；叶片长圆状卵形、卵状披针形或卵形，长达 4.5 cm，宽达 2 cm，先端钝或稍尖，基部钝圆形、截形，稀微心形，边缘有钝锯齿，两面被细毛，或仅脉上有毛，或近无毛，果期叶可达 10 cm，卵状三角形或长三角形，基部钝圆形或微心形。花紫堇色或淡紫色；花梗较粗壮，有棱，花期超出于叶，果期短于叶；苞片生于花梗中部；萼片 5，披针形，基部附属物长 2 mm；花瓣 5，侧瓣里面有须毛或无毛，下瓣中下部为白色，并有紫色脉纹，连距长达 2 cm，距长达 9 mm；子房无毛，花柱基部微膝曲，柱头前方有短喙，两侧有薄边。蒴果椭圆形至长圆形，长 6.5～11 mm，无毛。花、果期 4～9 月。

广泛分布于全国各地。

全草药用，有清热解毒、凉血、消肿的功效。

地梢瓜 Cynanchum thesioides

萝藦科 Asclepiadaceae
鹅绒藤属 Cynanchum

多年生直立草本。高达 40 cm；全株被灰黄色短柔毛。茎多分枝。叶对生，线形，长达 7.5 cm，宽达 5 mm，先端尖，全缘，叶缘稍反卷，基部楔形，下面淡绿色，叶下面中脉隆起，两面密被灰黄色短柔毛；有短柄。伞状聚伞花序腋生，总花梗长达 5 mm；花萼 5 深裂，裂片披针形，外面被柔毛；花冠钟形，黄白色或绿白色，5 深裂，裂片长圆状披针形；副花冠杯状，5 裂，裂片三角状披针形，长于合蕊柱；花粉块每室 1 个，下垂。蓇葖果宽角状披针形，长达 6.5 cm，直径达 1.5 cm，表面有细纵纹，被灰黄色柔毛。种子褐色或红褐色，扁卵圆形，长 7 mm，宽 5 mm，白绢质种毛长约 2 cm。花期 5~8 月；果期 8~10 月。

广泛分布于全国各地。

全株含橡胶 1.5%、树脂 3.6%，可作工业原料。幼果可食。种毛可作填充料。全草药用，具有止咳平喘的功效。

海州常山 Clerodendrum trichotomum

马鞭草科 Verbenaceae

大青属 *Clerodendrum*

灌木。嫩枝和叶柄有黄褐色短柔毛，枝髓横隔片淡黄色。叶片宽卵形至卵状椭圆形，长达 16 cm，宽达 13 cm，先端渐尖，基部截形或宽楔形，全缘或有波状齿，两面疏生短柔毛或无毛；叶柄长达 8 cm。伞房状聚伞花序顶生或腋生；花萼蕾期绿白色，后紫红色，有 5 棱脊，5 裂几达基部，裂片卵状椭圆形；花冠白色或带粉红色；花柱不超出雄蕊。核果近球形，成熟时蓝紫色。

生于山坡、路旁或村边。国内分布于华北、华东、华中、华南、西南地区。

根、茎、叶、花药用，有祛风除湿、降血压、治疟疾的功效。

益母草 Leonurus japonicus

唇形科 Labiatae
益母草属 Leonurus

一年或二年生草本。茎直立，高达 1.2 m，钝四棱形，有倒向糙伏毛。茎下部叶轮廓为卵形，掌状 3 裂，达基部，裂片再羽状裂；中部叶轮廓为菱形，3 深裂；花序上的叶呈条形或条状披针形，全缘或有齿；叶柄长达 3 cm 或无柄。轮伞花序腋生，有 8～15 花，呈圆球形；小苞片刺状；花萼管状钟形，长达 8 mm，外面有微柔毛，内面上部有微柔毛，有 5 脉，萼齿 5，前 2 齿靠合，后 3 齿较短；花冠粉红色至浅紫红色，长达 1.2 cm，冠筒长约 6 mm，内面近基部有毛环，冠檐二唇形，上唇直伸，内凹，全缘，有缘毛，下唇 3 裂，中裂片倒心形；雄蕊 4，前对较长；花柱顶端 2 浅裂，裂片相等。小坚果长圆状三棱形，长 2.5 mm，淡褐色。花期 6～9 月；果期 9～10 月。

生于山坡、沟谷、路边、村头荒地。广泛分布于全国各地。

全草药用，有治疗月经不调、子宫出血、闭经、痛经等多种妇科疾病的功效。种子药用，称"茺蔚子"，有利尿、治眼疾的功效。

枸杞 Lycium chinense

茄科 Solanaceae

枸杞属 *Lycium*

蔓性灌木。高达 2 m；枝条有短刺或无。单叶互生或簇生，叶片卵形至卵状披针形，先端尖或钝，全缘，基部楔形。花单生或 2～4 簇生叶腋；花萼钟形，3～5 裂，裂片阔卵形；花冠漏斗状，淡紫色，长达 12 mm，5 深裂，裂片先端圆钝，平展或稍向外反曲，边缘有缘毛；雄蕊 5，伸出花冠外，花丝基部及花冠筒内壁密生 1 圈绒毛；子房 2 室，花柱稍伸出雄蕊，细长，柱头球形。浆果卵形或长卵形，长约达 18 mm，直径达 8 mm，熟时鲜红色。

生于田边、路旁、庭院前后及墙边。广泛分布于全国各地。

根皮药用，清热凉血。果实也可药用，滋补肝肾、强壮筋骨、益精明目。

大车前 Plantago major

车前科 Plantaginaceae
车前属 Plantago

多年生草本。全株被毛。根状茎短，着生多数须根。基生叶长达 30 cm，叶片占全长的 1/3 或长于 1/2，狭卵形、阔卵形或近圆形，有 5 条稍平行的脉，边缘有不规则的浅波或不整齐的锯齿，基部下延成柄。花葶以 2～4 为常见，长达 38 cm，有槽，花穗约占全花葶的 1/3 至长于 1/2，狭穗状，下部的花较上部稀疏；苞片近三角卵形，背面有龙骨状凸起；萼片长椭圆形，圆头，边缘白色膜质，背面龙骨状凸起，长约 15 mm；花冠裂片近阔披针形，膜质；雄蕊伸出花冠，花药近圆心形，顶端尖，鲜时紫红色。果实近梭形。种子多为 4，近长圆形、近椭圆形等，长 2 mm，棕褐色。花期 6～9 月；果期 9～10 月。

广泛分布于全国各地。

种子及全草药用，功效同"车前"。

茜草 Rubia cordifolia

茜草科 Rubiaceae
茜草属 Rubia

多年生攀援草本。根赤黄色。茎4棱，棱上生倒刺。叶常4片轮生，纸质；叶片卵形至卵状披针形，长达9 cm，宽达4 cm，先端渐尖，基部圆形至心形，上面粗糙，下面脉上和叶柄常有倒生小刺，基出3脉或5脉；叶柄长达10 cm。聚伞花序通常排成大而疏松的圆锥花序，腋生和顶生；花萼筒近球形，无毛；花冠黄白色或白色，辐状，5裂；雄蕊5，着生于花冠筒上，花丝极短；子房2室，无毛，花柱2，柱头头状。浆果近球形，径约5 mm，黑色或紫黑色；内有1种子。花期6~7月；果期9~10月。

生于山野荒坡、路边灌草丛。广泛分布于全国各地。

根供药用，有凉血、止血、活血祛瘀的功效。

假贝母 Bolbostemma paniculatum

葫芦科 Cucurbitaceae
假贝母属 Bolbostemma

乳白色鳞茎肉质肥厚，多扁球形，直径达 3 cm；茎纤细，长达数米，卷须丝状，单一或 2 分枝。叶片卵状近圆形，长达 11 cm，宽达 10 cm，掌状 5 深裂，每裂片再 3～5 浅裂，基部小裂片先端有 1 腺体；叶柄纤细，长达 3.5 cm。雌、雄异株；圆锥状花序疏松，花序轴丝状，花梗纤细；花黄绿色；花萼与花冠相似，裂片卵状披针形，先端有长丝状尾；雄蕊 5，离生；子房近球形，散生不显著的瘤状凸起，3 室，每室 2 胚珠，花柱 3，柱头 2 裂。果实圆柱状，长达 3 cm，径 1.2 cm，成熟后由顶端盖裂。有 4～6 种子，种子顶端有膜质的翅，表面有雕纹状凸起，边缘有不规则的齿。花期 6～8 月；果期 8～9 月。

广泛分布于全国各地。

鳞茎药用，有清热解毒、散结消肿的功效。

全叶马兰 Aster pekinensis

菊科 Asteraceae

紫菀属 Aster

多年生草本。直根纺锤状。茎直立，高达 70 cm，单生或丛生，被细硬毛，中部以上有近直立的帚状分枝。下部叶在花期枯萎；中部叶多而密，条状披针形、倒披针形，长达 4 cm，宽达 6 mm，先端钝或渐尖，常有小尖头，基部渐狭无柄，全缘，边缘稍反卷，上部叶较小，条形，全缘；全部叶下面灰绿色，两面密被粉状短绒毛，中脉在下面凸起。头状花序单生枝端且排成疏伞房状；总苞半球形，径 8 mm，长 4 mm；总苞片 3 层，覆瓦状排列，外层近条形，长 1.5 mm，内层长圆状披针形，长达 4 mm，先端尖，上部有短粗毛及腺点；舌状花 1 层，管长 1 mm，有毛，舌片淡紫色，长 1.1 cm，宽 2.5 mm；管状花，花冠长 3 mm，管部长 1 mm，有毛。瘦果倒卵形，长 2 mm，宽 1.5 mm，浅褐色，扁，有浅色边肋，或一面有肋而果呈三棱形，上部有短毛及腺；冠毛带褐色，长 0.5 mm，不等长，易脱落。花期 6～10 月；果期 7～11 月。

生于山坡、林缘、灌丛、路旁。国内分布于东北、华中、华东、华北地区及四川、陕西等省份。

马兰 Aster indicus

菊科 Asteraceae

紫菀属 Aster

根状茎有匍匐枝。茎直立，高达 70 cm，上部有短毛。基部叶在花期枯萎，叶倒披针形或倒卵状长圆形，长达 6 cm，宽达 2 cm，先端钝或尖，基部渐狭成有翅的长柄，边缘有尖齿或羽状分裂；上部叶小，全缘，基部急狭无柄，全部叶两面或上面有疏微毛或无毛，边缘及下面沿脉有短粗毛，中脉在下面凸起。头状花序单生于枝端并排列成疏伞房状；总苞半球形，径达 9 mm，长达 5 mm；总苞片 2～3 层，覆瓦状排列；外层披针形，长 2 mm，内层倒披针状长圆形，长达 4 mm，先端钝或稍尖，上部草质，边缘膜质，有缘毛；舌状花 1 层，15～20 花，管部长达 1.7 mm，舌片浅紫色，长达 1 cm，宽 2 mm；管状花长 3.5 mm，管部长 1.5 mm，被短密毛。瘦果倒卵状长圆形，极扁，长 2 mm，宽 1 mm，褐色，边缘浅色而有厚肋，上部被短毛及腺；冠毛长 0.1～0.8 mm，易脱落，不等长。花期 5～9 月；果期 8～10 月。

广泛分布于全国各地。

全草药用，有清热、利湿、解毒的功效。

野菊 Dendranthema indicum

菊科 Asteraceae

菊属 *Dendranthema*

多年生草本。高达 1 m。有地下匍匐茎。茎直立，茎枝有稀疏毛，或上部的毛较密。茎生叶卵形或长卵形，长达 7 cm，宽达 4 cm，羽状深裂或浅裂，裂片边缘有大小不等的锯齿或缺刻状齿，上面绿色，疏被柔毛，下面浅绿色或灰绿色，柔毛较密；叶柄长约 1 cm 或近无柄。头状花序，直径达 2 cm，在枝端排成疏散的伞房圆锥花序；总苞片约 5 层，外层卵形或长卵形，长达 4 mm，中内层卵形至椭圆状披针形，长达 7 mm，边缘及顶部有白色或浅褐色宽膜质，顶端圆钝；舌状花 1 层，黄色，舌片长椭圆形，长达 12 mm，先端全缘或 2~3 浅齿；管状花多数，基部无鳞片。瘦果无冠毛。花、果期 10~11 月。

生于山坡、海滨沙滩上。国内分布于东北、华北、华中、华南及西南地区。

花、叶及全株入药，有清热解毒、疏风散热、明目、降血压的功效。

茵陈蒿 *Artemisia capillaris*

菊科 Asteraceae

蒿属 *Artemisia*

多年生草本。茎直立，基部坚硬，近灌木状，高达 1 m，有纵棱，绿色或老时带紫色，秋季常自基部或茎部发出不育枝。不育枝上的叶密集，呈莲座状，幼嫩时被绢毛，老时近无毛；早春末抽茎前及秋季近果期时自基部重发的基生叶有柄，长或短；叶片轮廓近卵圆形或长卵形，一至三回羽状全裂或掌裂，裂片条形、条状披针形或长卵形，春季基生叶密被顺展的白绢毛，秋季重发者被较疏的白绢毛；茎中部的叶于花期无柄，一至二回羽状全裂；上部的叶逐渐变小，叶最终裂片狭线形，基部半抱茎，上面近光滑。头状花序密，排列成复总状；总苞卵形或近球形，光滑，长约 2 mm，宽约 1.5 mm，暗绿色或黄绿色；苞片 3～4 层，边缘膜质，花序托近球形，有腺毛；雌花花冠初时管状，近果期时呈类壶形，先端 3 裂，黄绿色；两性花不育，花冠近柱形，先端 5 裂，黄绿色，近上部有时带紫红色，花冠外有腺毛。瘦果长圆形，长约 0.8 mm，有纵条纹。花期 8～9 月；果期 9～10 月。

国内分布于华东、华中、华南地区及辽宁、河北、陕西、四川等省份。

幼苗供药用，能清湿热、利肝胆，为治疗黄疸型肝炎的要药。

猪毛蒿 *Artemisia scoparia*

菊科 Asteraceae
蒿属 *Artemisia*

多年生或一、二年生草本。有浓烈香气。主根狭纺锤形；根状茎粗短，常有细的营养枝，枝上密生叶。茎常单生，高达 1.3 m，红褐色或褐色，有纵纹；下部分枝开展，上部枝多斜上展；茎、枝幼时被灰白色或灰黄色绢质柔毛。基生叶与营养枝叶两面被灰白色绢质柔毛。叶近圆形，二至三回羽状全裂，具长柄，花期叶凋谢；茎下部叶初时两面密被灰白色或灰黄色略带绢质的短柔毛，叶长卵形或椭圆形，长达 3.5 cm，宽达 3 cm，二至三回羽状全裂，每侧有裂片 3～4 枚，再次羽状全裂，每侧具小裂片 1～2 枚，小裂片狭线形，长约 5 mm，宽约 1 mm，不再分裂或具小裂齿，叶柄长达 4 cm；中部叶初时两面被短柔毛，叶长圆形或长卵形，长达 2 cm，宽达 1.5 cm，一至二回羽状全裂，每侧具裂片 2～3，不分裂或再 3 全裂，小裂片丝线形或毛发状，长 4～8 mm，宽约 0.3（～0.5）mm，多少弯曲；茎上部叶与分枝上叶及苞片叶 3～5 全裂或不分裂。头状花序近球形，极多数，直径约 1.5（～2）mm，具极短梗，基部有线形小苞叶，在分枝上偏向外侧生长，并排成复总状或复穗状花序，在茎上再组成大型、开展的圆锥花序；总苞片 3～4 层，外层总苞片草质、卵形，背面绿色、无毛，边缘膜质，中、内层总苞片长卵形或椭圆形，半膜质；花序托小，凸起；雌花 5～7，花冠狭圆锥状或狭管状，冠檐具 2 裂齿，花柱线形，伸出花冠外，先端 2 叉，叉端尖；不育两性花 4～10，花冠管状，花药线形，先端附属物尖，长三角形，花柱短，先端膨大，2 裂，不叉开，退化子房不明显。瘦果倒卵形或长圆形，褐色。花、果期 7～10 月。

广泛分布于全国各地。

亦作"青蒿"（即"黄花蒿"）的代用品。

南牡蒿 *Artemisia eriopoda*

菊科 Asteraceae

蒿属 *Artemisia*

多年生草本。茎直立，高达 70 cm，单生或 2～3 丛生，有纵棱，嫩时被绢毛。基生叶叶形的个体差异较大，有长柄，全长达 10 cm，叶片近阔卵形，宽达约 6 cm，常羽状深裂；裂片 5～7，近阔倒卵形，中裂片往往较大，又常 3 裂，裂片深浅不一，裂片边缘有规则或不规则的疏粗齿，裂片基部楔形，嫩时上面被少量绢毛或近光滑，叶下面及叶柄均被较密的绢毛，后仅叶柄基部及叶腋处被密绢毛；茎下部的叶与基生叶同形，茎中部的叶亦类似，然叶柄逐渐短，至近无柄而基部抱茎；有条形假托叶；上部的叶近掌裂，3 裂或不裂，基部抱茎，裂片条形。头状花序较密，有短梗，排列成复总状，花序枝于茎下部、中部均可出现，整个花序呈松散状；头状花序宽卵形或近球形，直径约 2.5 mm，小苞叶线形；总苞片 3～4 层，无毛，外、中层卵形，边缘狭膜质，内层长卵形，半膜质；雌花 4～8，花冠狭圆锥状，先端 2～3 裂，花柱伸出冠外，先端 2 裂；两性花花冠筒状，花药线形，先端附属物长三角形，花柱短，先端不叉开。瘦果长圆形，有纵纹，棕褐色。花期 7～8 月；果期 9～10 月。

广泛分布于全国各地。

全草药用，有祛风、除湿、解毒的功效。

牡蒿 Artemisia japonica

菊科 Asteraceae
蒿属 Artemisia

多年生草本。根状茎粗短。茎直立，单生或丛生，茎上部多分枝，高达 90 cm，初密被柔毛，后疏被柔毛。基生叶及茎下部的叶为倒卵形或宽匙形，上半部边缘齿裂或掌状浅裂，半裂至深裂；中部叶匙形，长达 3.5 cm，掌状裂片 3～5 片；上部的叶由 3 浅裂至不裂；假托叶小型或狭条形至条状披针形；幼嫩的叶两面密被柔毛，后疏被柔毛或无毛；无花茎的叶莲座状，亦呈匙状楔形，上半部边缘多齿裂，两面疏被柔毛。头状花序密，有短梗，排列成圆锥状；头状花序卵球形，径达 2.5 mm，小苞叶线形；总苞片 3～4 层，无毛，黄绿色，外层小，近卵形，内层阔卵形或长卵形，半膜质；花序托稍突，近平凸状；雌花 3～8，花冠狭圆锥形，先端 2～3 裂，花柱伸出冠外，先端 2 叉；不育两性花 5～6，筒状，花药线形，先端附属物长三角形，花柱短，先端 2 裂，不叉开。瘦果近倒卵形，褐棕色，有纵纹，长约 1 mm。花期 9～10 月；果期 10 月。

广泛分布于全国各地。

未开花前的全草药用，有清热、凉血、解毒的功效。

艾 Artemisia argyi

菊科 Asteraceae
蒿属 Artemisia

多年生草本。被绒毛，有香气。常有横卧根状茎。茎高达 1.2 m，上部有开展及斜生的花序枝。茎下部的叶片阔卵形，羽状浅裂或深裂，裂片边缘有锯齿，基部下延成长柄，花期枯萎；茎中部的叶片近长倒卵形，长达 10 cm，宽达 8 cm，羽状深裂或浅裂，侧裂片常 2 对，裂片近长卵形或卵状披针形，全缘或有 1～2 锯齿，齿先端钝尖，顶裂片呈明显或不明显的浅裂，基部近楔形，下延成急狭的短柄，柄长多不及 5 mm，有假托叶；上部叶渐小，2～3 浅裂，或不裂，近无柄，上面绿色，有白色腺点和小凹点，初被灰白色短柔毛，下面被绒毛，呈灰白色。头状花序多数，排列成复总状；总苞近卵形，长约 3 mm，宽约 2.5 mm；总苞片 3 层，被绒毛；雌花约 10，花冠管状，长约 1.3 mm，黄色；两性花 10 余，花冠近喇叭筒状，长约 2 mm，黄色，有时上部带紫色；花冠外被腺毛；子房近柱状，花序托稍突出，呈圆顶状。花期 9～10 月；果期 11 月。

国内除极干旱与高寒地区外，广泛分布于全国各地。

叶供药用，有散寒除湿、温经止血的功效；又为艾绒的原料，供针灸用。

翅果菊 Pterocypsela indica

菊科 Asteraceae
翅果菊属 Pterocypsela

一年或二年生草本。高达 1.5 m；无毛，上部有分枝。叶形变化大，全部叶有狭窄膜片状长毛，下部叶花期枯萎；中部叶披针形、长椭圆形或条状披针形，长达 30 cm，宽达 8 cm，羽状全裂或深裂，有时不分裂而基部扩大戟形半抱茎，裂片边缘缺刻状或锯齿状，无柄，基部抱茎，两面无毛或叶背主脉上疏生长毛，带白粉；最上部叶变小，披针形至条形。头状花序，多数在枝端排列成狭圆锥状；总苞近圆筒形，长达 15 mm，宽达 6 mm；总苞片 3~4 层，先端钝或尖，常带红紫色，外层苞片宽卵形，内层苞片长圆状披针形，边缘膜质；舌状花淡黄色。瘦果宽椭圆形，黑色，压扁，边缘不明显，内弯，每面仅有 1 条纵肋；喙短而明显，长约 1 mm；冠毛白色，长约 8 mm。花、果期 7~9 月。

生于山坡、田间、荒地、路旁。国内分布于华东、华北、华南、华中、西南地区及吉林、陕西等省份。

根及全草药用，有清热解毒、消炎、健胃的功效。为优良饲用植物，可作潴、禽的青饲料。

多裂翅果菊 Pterocypsela laciniata

菊科 Asteraceae

翅果菊属 Pterocypsela

多年生草本。根粗厚，分枝成萝卜状。茎单生，高达 2 m，上部圆锥状花序分枝，茎枝无毛。中下部茎叶倒披针形、椭圆形或长椭圆形，规则或不规则二回羽状深裂，长达 30 cm，宽达 17 cm，无柄，基部宽大，顶裂片狭线形，一回侧裂片 5 对或更多，中上部的侧裂片较大，向下的侧裂片渐小，二回侧裂片线形或三角形，全部茎叶或中下部茎叶极少一回羽状深裂，披针形或长椭圆形，长达 30 cm，宽达 8 cm，侧裂片 1～6 对，镰刀形、长椭圆形，顶裂片线形、披针形、宽线形；向上的茎叶渐小。头状花序多数，在茎枝顶端排成圆锥花序。总苞果期卵球形，长达 3 cm，宽 9 mm；总苞片 4～5 层，外层卵形、宽卵形或卵状椭圆形，长达 9 mm，宽达 3 mm，中内层长披针形，长 1.4 cm，宽 3 mm，全部总苞片顶端急尖或钝，边缘或上部边缘染红紫色；舌状小花 21 枚，黄色。瘦果椭圆形，压扁，棕黑色，长 5 mm，宽 2 mm，边缘有宽翅，每面有 1 条高起的细脉纹，顶端急尖成长 0.5 mm 的粗喙。冠毛 2 层，白色，长 8 层，几为单毛状。花、果期 7～10 月。

国内分布于东北、华东、华北、华中、西南地区及陕西、广东等省份。

幼嫩茎叶可作蔬菜食用。

抱茎小苦荬 *Ixeridium sonchifolium*

菊科 Asteraceae

小苦荬属 *Ixeridium*

多年生草本。高达 80 cm；无毛；茎直立，上部有分枝。基生叶多数，铺散，花期宿存，倒匙形或倒卵状长圆形，长达 8 cm，宽达 2 cm，先端急尖或圆钝，基部下延成翼状柄，边缘有锯齿或尖牙齿，或为不整齐的羽状浅裂至深裂；茎生叶较小，卵状椭圆形或卵状披针形，长达 6 cm，先端锐尖或渐尖，基部扩大成耳状或戟形抱茎，全缘或有羽状分裂。头状花序，小型，密集成伞房状，有细梗；总苞圆筒形，长达 6 mm；总苞片 2 层，外层通常 5 片，短小，卵形，内层 8 片，披针形，长约 5 mm，背部各有中肋 1 条；舌状花黄色，长约 8 mm，先端截形，有 5 齿。瘦果黑褐色，纺锤形，长约 3 mm，有细纵肋及粒状小刺，喙短，长为果身的 1/4。冠毛白色，脱落。花果期 4~7 月。

国内分布于东北、华北地区。

全草药用，能清热、解毒、消肿；亦可作饲料。

朝阳隐子草 Cleistogenes hackelii

禾本科 Gramineae

隐子草属 Cleistogenes

多年生草本。秆丛生，基部具鳞芽，高 30~85 cm，径 0.5~1 mm，具多节。叶鞘长于或短于节间，常疏生疣毛，鞘口具较长的柔毛；叶舌具长 0.2~0.5 mm 的纤毛，叶片长 3~10 cm，宽 2~6 mm，两面均无毛，边缘粗糙，扁平或内卷。圆锥花序开展，长 4~10 cm，基部分枝长 3~5 cm；小穗长 5~7 mm，含 2~4 小花；颖膜质，具 1 脉，第一颖长 1~2 mm，第二颖长 2~3 mm；外稃边缘及先端带紫色，背部具青色斑纹，具 5 脉，边缘及基盘具短纤毛，第一外稃长 4~5 mm，先端芒长 2~5 mm，内稃与外稃近等长。花、果期 7~11 月。

国内分布甘肃、河北、山西、山东、河南、陕西、江苏、安徽、湖北、湖南、四川、福建、贵州等地；多生于山坡林下或林缘灌丛。

鹅观草 Roegneria kamoji

禾本科 Gramineae

鹅观草属 Roegneria

秆直立或倾斜。高达 1 m。叶鞘外侧边缘常有纤毛；叶片长达 40 cm，宽达 13 mm。穗状花序下垂或弯曲，长达 20 cm；小穗绿色或带紫色，含 3～10 小花，长 13～25 mm（芒除外）；颖卵状披针形至长圆状披针形，边缘膜质，先端锐尖、渐尖或有长 2～7 mm 的短芒，有 3～5 明显的脉，第一颖长 4～6 mm，第二颖长 5～9 mm（芒除外）；外稃披针形，边缘宽膜质，背部常无毛或稍粗糙，第一外稃长 8～11 mm，先端有直芒或上部稍曲折；内稃约与外稃等长，先端钝，脊上有明显的翼。花期早春。

生于山坡、林下、路旁、草地。国内分布于除青海、新疆、西藏以外的其他地区。

叶质柔软而繁盛，产草量大，可食性高，可作牲畜的饲料。

野青茅 Deyeuxia pyramidalis

禾本科 Gramineae
野青茅属 Deyeuxia

多年生草本。秆丛生，高达 60 cm。叶稍疏松，多长于节间；叶舌长 2~5 mm，先端常撕裂；叶片长达 25 cm，宽达 7 mm，无毛，两面粗糙，带灰白色。圆锥花序紧缩似穗状，长达 10 cm，宽达 2 cm；小穗长 5~6 mm，草黄色或紫色；颖披针形，先端尖，2 颖近等长或第二颖稍长，第一颖 1 脉，第二颖 3 脉；外稃长圆状披针形，长 4~6 mm，先端常有微齿，基盘两侧的毛长达外稃的 1/5~1/3，芒自外稃的基部至下部 1/5 处伸出，长 7~8 mm，近中部膝曲；内稃与外稃等长或稍短；延伸小穗轴长 1.5~2 mm，有 1~2 mm 长的柔毛；花药长 2~3 mm。花、果期 6~9 月。

国内分布于东北、华北、华中、西南地区及陕西、甘肃。

可作牧草。

马唐 *Digitaria sanguinalis*

禾本科 Gramineae
马唐属 *Digitaria*

一年生草本。秆基部常倾斜，节着土即生根，高达 80 cm。叶鞘常疏生疣基软毛，稀无毛；叶舌长 1～3 mm；叶片长达 15 cm，宽达 12 mm，两面疏生软毛或无毛，边缘变厚而粗糙。总状花序 4～12，指状排列于茎顶端；小穗成对着生穗轴各节，披针形，长 3～3.5 mm，1 有长柄，1 近无柄；第一颖长约 0.2 mm，钝三角形；第二颖长为小穗的 1/2～3/4，狭窄，有不明显的 3 脉，边缘有纤毛；第一外稃与小穗等长，具 7 脉，中部 3 脉明显，脉间距离较宽而无毛，侧脉很接近或不明显，无毛或在脉间贴生柔毛。颖果灰绿色。花、果期 6～9 月。

生于田间、荒地及路边。广泛分布于全国各地。

茎叶为秋季优良牧草。颖果加工后洁白如谷粒。

芒 Miscanthus sinensis

禾本科 Gramineae
芒属 Miscanthus

多年生苇状草本。高达 2 m；无毛或在花序下疏生柔毛。叶鞘长于节间，无毛，仅鞘口有长柔毛；叶舌长达 3 mm，圆钝，先端有小纤毛；叶片长达 50 cm，宽达 1 cm。圆锥花序扇形，主轴只延伸到中部以下，分枝强而直立，长达 40 cm；每节有 1 短柄和 1 长柄小穗；小穗柄无毛，长柄长 4～6 mm，短柄长约 2 mm；小穗披针形，长 4.5～5 mm，基盘有与小穗近等长或稍短的白色或淡黄褐色的丝状毛；第一颖 2 脊 3 脉，无毛；第二颖舟形，先端渐尖，无毛，边缘有小纤毛；第一外稃较颖稍短；第二外稃较颖短 1/3，在先端 2 裂齿间伸出一长 8～10 mm 的芒，芒稍扭转、膝曲；内稃小，长仅及外稃的 1/2。花、果期 7～12 月。

生于山坡、河滩、堤岸。广泛分布于全国各地。

茎秆高而坚强，可作篱墙。幼茎可药用，有散血、去毒的功效。亦可为牧草。秆皮可造纸、编草鞋。花序可做扫帚。

黄背草 *Themeda japonica*

禾本科 Gramineae
菅属 *Themeda*

多年生草本。秆基部压扁，高达 1.5 m。叶鞘紧裹茎秆，常有硬疣毛；叶舌长 1～2 mm；叶片长达 50 cm，宽达 8 mm。伪圆锥花序较狭窄，由具佛焰苞的总状花序组成，总状花序长达 1.7 cm，佛焰苞长达 3 cm，舟形，托在下部；每总状花序有小穗 7 枚，基部 2 对小穗雄性或中性，生在同一平面上，很像轮生的总苞，上部 3 枚小穗中有 1 枚为两性，有一至二回膝曲的芒而无柄，2 枚为雄性或中性，有柄而无芒。花、果期 6～12 月。

生于山坡、草地及道旁。国内分布于除新疆、西藏、青海、甘肃、内蒙古以外的其他地区。

优良的水土保持植物。秆可用于造纸及盖屋。嫩茎叶可作牧草。全草药用，有利尿、祛湿热的功效。

韭 *Allium tuberosum*

百合科 Liliaceae

葱属 *Allium*

　　多年生草本。根状茎横生并倾斜。鳞茎簇生，近圆柱形；鳞茎外皮黄褐色，破裂成纤维状或网状。叶扁平条形，实心，宽达 7 mm，边缘平滑。花葶细圆柱状，常有 2 纵棱，比叶长，高达 50 cm，下部有叶鞘；总苞单侧开裂，或 2~3 裂，宿存；伞形花序近球形，花稀疏；花梗近等长，基部有小苞片；数枚花梗的基部还有 1 片共同的苞片；花白色或微带红色，花被片有黄绿色的中脉。蒴果，有倒心形的果瓣。种子近扁卵形，黑色。花期 7~8 月；果期 8~9 月。

　　原产亚洲东部和南部。广泛分布于全国各地。

　　叶、花葶及花均为蔬菜。种子供药用，为兴奋、强壮、健胃、补肾药。根外用能消瘀止血，内服能止汗。

射干 *Belamcanda chinensis*

鸢尾科 Iridaceae
射干属 *Belamcanda*

多年生直立草本。根状茎为不规则块状，黄色或黄褐色。茎高达 1.5 m。叶剑形，扁平，革质，长达 60 cm，宽达 4 cm，先端渐尖，无中脉，有多数平行脉。花序顶生，二歧分枝，成伞房状聚伞花序；花梗细，长约 1.5 cm；苞片膜质；花橙红色，散生紫褐色的斑点；花被裂片 6，内轮 3 片较外轮 3 片略小；雄蕊 3；花柱上部稍扁，顶端 3 裂，裂片边缘略向外反卷，有细而短的毛。蒴果倒卵形至椭圆形，3 室，熟时室背开裂。种子圆形，黑色，有光泽。花期 7~9 月；果期 10 月。

生于山坡草地或林缘。广泛分布于全国各地。

根状茎药用，能清热解毒、散结消炎、消肿止痛、止咳化痰。亦可栽培供观赏。

虎平岛全貌

虎平岛

虎平岛隶属于辽宁省大连市旅顺口区，为已开发无居民海岛，位于39°06′20″N、121°13′27″E。虎平岛面积约30 hm²，岛岸线长度约2.5 km，距大陆最近点12 km，最高点海拔60 m。虎平岛周围礁石林立，比较大的礁石有东桩石、西桩石等。虎平岛西距猪岛约4 km，猪岛东西两侧分别为牤牛岛和烧饼岛。虎平岛、猪岛、牤牛岛、烧饼岛均位于大连斑海豹国家级自然保护区的核心区内，是斑海豹洄游过程中重要栖息地和途经地。

虎平岛主要以天然植被为主，包括落叶阔叶林、草丛、灌草丛等。土壤主要以棕壤为主。岛体有2处高点，形状似2个小型山丘成犄角状合并在一起。岛上同一类型植被分布具有不连续性，共发现31科69属76种植物，其中乔木3种、灌木10种、草本60种、藤本3种。禾本科14种，占总数18%；菊科13种，占总数17%；豆科8种，占总数11%；藜科、卫矛科、茄科各3种，分别占总数的4%；蓼科、石竹科、蔷薇科、大戟科、萝藦科、旋花科和百合科，各2种，其余18科各为1种，共占总数的42%。

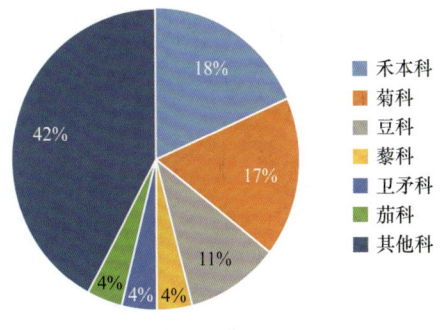

虎平岛植物各科的占比

黑弹树 Celtis bungeana

榆科 Ulmaceae
朴属 Celtis

乔木。高达 20 m；树皮淡灰色，平滑；小枝无毛，幼时萌枝密被毛。叶卵形或卵状椭圆形，长达 8 cm，先端渐尖或尾尖，基部偏斜，边缘上半部有浅钝锯齿或近全缘，两面无毛，近革质，幼树及萌枝叶下面沿脉有毛；叶柄长达 1 cm。核果球形，径达 7 mm，蓝黑色；果梗长于叶柄 2 倍以上；果核白色，表面平滑。花期 3~4 月；果期 10 月。

广泛分布于全国各地。

木材可供家具、农具及建筑用材。茎皮纤维可代麻用。

萹蓄 Polygonum aviculare

蓼科 Polygonaceae
蓼属 Polygonum

　　一年生草本。茎匍匐或斜展，有沟纹。叶片条形至披针形，长4 cm，宽1 cm，先端钝或急尖，基部楔形，有关节，两面无毛，全缘；有短柄或近无柄；托叶鞘膜质，有明显脉纹，先端数裂。花1~5簇生于叶腋，全露或半露出于托叶鞘之外；花梗短，基部有关节；花被5深裂，暗绿色，边缘白色或淡红色；雄蕊8，比花被片短；花柱3，甚短，柱头头状。瘦果卵形，有3棱，长约3 mm，黑色或褐色，无光泽，有不明显的线状小点，微露出于宿存花被外。

　　生于路边、田野。广泛分布于全国各地。

　　全草药用，有利尿、清湿热、消炎、止泻、驱虫的功效；也可作饲料。

巴天酸模 Rumex patientia

蓼科 Polygonaceae

酸模属 Rumex

多年生草本。高 1~1.5 m。主根粗大，断面黄色。茎直立，有沟纹，无毛。基生叶和下部叶长椭圆形或长圆状披针形，长达 30 cm，宽达 10 cm，先端钝或急尖，基部圆形、浅心形或楔形，全缘或边缘皱波状；叶柄腹面有沟，长达 8 cm；茎上部叶狭小，长圆状披针形至狭披针形，有短柄；托叶鞘筒状，膜质。圆锥花序顶生和腋生；花两性，花簇轮生，花梗与花被片等长或稍长，中部以下有关节；花被片 6，2 轮，果期内轮花被片增大，呈宽心形，宽约 5 mm，全缘，有网纹，1 片或全部有瘤状突起；雄蕊 6；柱头 3，画笔状。瘦果三棱形，褐色，有光泽，长约 5 mm。

国内分布于东北、华北、西北、华中地区及四川、西藏等地。

根、叶药用，生品能活血散瘀、止血、清热解毒、润肠通便，酒制品能止泻、补血。根可提取栲胶。

藜 Chenopodium album

藜科 Chenopodiaceae
藜属 *Chenopodium*

一年生草本。高达 1.5 m；茎直立，有条棱及绿色或紫红色色条，多分枝。叶片菱状卵形至阔披针形，长达 6 cm，宽达 5 cm，先端急尖或钝，基部楔形至阔楔形，上面常无粉，有时嫩叶的叶面有紫红色粉，下面多少有粉，边缘有不整齐锯齿；叶柄与叶片多等长。花两性，簇生于枝上部，排列成穗状圆锥花序或圆锥花序；花被 5 裂，阔卵形至椭圆形，背面有隆脊，有粉；雄蕊 5；柱头 2。胞果包于花被。种子横生，双凸镜形，直径 1.2～1.5 mm，黑色，有光泽，表面有浅沟纹，胚环形。

生于田间、路旁、村边荒地。广泛分布于全国各地。

全草药用，能止泻痢、止痒。幼苗可食用。

地肤 Kochia scoparia

藜科 Chenopodiaceae
地肤属 Kochia

一年生草本。高达 1 m；茎直立，淡绿色或带紫红色，有条棱，稍有短柔毛或几无毛。叶披针形或条状披针形，长达 5 cm，宽达 7 mm，无毛或稍有毛，先端渐尖，基部渐狭成短柄，常有 3 条明显主脉，边缘有疏生的锈色绢状缘毛，茎上部叶小，无柄，1 脉。花两性或兼有雌性，常 1～3 朵生于上部叶腋，构成疏穗状圆锥花序；花下有时有锈色长柔毛，花被绿色，花被裂片近三角形，无毛或先端稍有毛，基部合生，黄绿色，果期自背部生出横翅，翅端附属物三角形至倒卵形，有时近扇形，脉不明显，边缘微波状或有缺刻；雄蕊 5；花柱极短，柱头 2。胞果扁球形。种子卵形，黑褐色，长 1.5～2 mm，胚环形，胚乳块状。

生于田边、路边、海滩荒地。广泛分布于全国各地。

果实药用，称"地肤子"，有利尿消肿、祛风除湿的功效。嫩叶可食用。

盐地碱蓬 *Suaeda salsa*

藜科 Chenopodiaceae
碱蓬属 *Suaeda*

一年生草本。高达 80 cm，绿色或紫红色；茎直立，有微条棱，无毛。叶半圆柱形，长达 2.5 cm，宽 2 mm，先端尖或微钝，无柄。团伞花序有 3～5 花，腋生；小苞片卵形，全缘；花两性或兼有雌性，花被半球形，5 裂，裂片卵形，稍肉质，果期背部稍增厚，常在基部延伸出三角形或狭翅状突起；雄蕊 5；柱头 2。胞果包于花被内，果皮膜质。种子横生，双凸镜形或歪卵形，直径达 1.5 mm，黑色，有光泽，表面网点纹不清晰。

生于盐碱荒地。国内分布于华东、东北、西北等地区。

种子可食用。幼苗可作蔬菜。

反枝苋 Amaranthus retroflexus

苋科 Amaranthaceae
苋属 Amaranthus

一年生草本。高达 80 cm；茎直立，淡绿色或带紫红色条纹，有钝棱，密生短柔毛。叶片菱状卵形或椭圆状卵形，长达 12 cm，宽达 5 cm，先端锐尖或微凹，有小凸尖，基部楔形，全缘或波状，两面及边缘有柔毛；叶柄长达 5.5 cm，有柔毛。圆锥花序顶生及腋生，直径达 4 cm，由多数穗状花序组成，顶生花穗较侧生者长；苞片及小苞片钻形，长达 6 mm，白色，背面有 1 龙骨状突起，伸出成白色芒尖；花被片 5，长圆形或长圆状倒卵形，长达 2.5 mm，薄膜质，白色，有 1 淡绿色细中脉，先端急尖或凹，有凸尖；雄蕊 5，比花被片稍长；柱头 3，有时 2。胞果扁卵形，环状开裂，包在宿存花被内。种子近球形，直径约 1 mm，棕色或黑色。

原产热带美洲。生于山坡、路旁、田边、村头的荒草地上。广泛分布于全国各地。

全草药用，治腹泻、痢疾、痔疮肿痛出血等症。茎、叶可作饲料。嫩茎叶可食。

马齿苋 Portulaca oleracea

马齿苋科 Portulacaceae
马齿苋属 Portulaca

一年生肉质匍匐草本。茎基部分枝，淡绿色或带紫色。叶片长圆形或倒卵形，长达 2.5 cm，宽达 15 mm，无毛，先端钝圆或平截或微凹，基部楔形，叶面暗绿色，叶背淡绿色或暗红色，中脉微隆起。花小，直径达 5 mm，两性，单生或 3~5 簇生枝端；无花梗；总苞片 4~5，薄膜质；萼片 2，绿色，阔椭圆形，背部有隆脊，基部与子房贴生；花瓣 4~5，黄色，倒卵状长圆形，先端微凹；雄蕊 8~12，基部合生；花柱比雄蕊稍长，顶端 4~5 裂；子房半下位，1 室，特立中央胎座，胚珠多数。蒴果卵球形，棕色，盖裂。种子多数，细小，肾状卵圆形，有小疣状突起，黑褐色，有光泽。花期 6~8 月；果期 8~9 月。

生于菜园、农田、路旁、荒地，为田间常见杂草。广泛分布于全国各地。

全草药用，有清热解毒、治菌痢的功效。种子明目；又可作农药和兽药。嫩茎叶可食，民间常作蔬菜；又可作家畜饲料。

女娄菜 Silene aprica

石竹科 Caryophyllaceae
蝇子草属 Silene

一年或二年生草本。高达 70 cm；茎直立，密生短柔毛。叶披针形至条状披针形，长达 7 cm，宽达 8 mm，密生短柔毛；上部叶无柄。聚伞花序顶生及腋生；苞片披针形；花梗长短不一，长达 20 mm；萼圆筒形，长 6～8 mm，密被短柔毛，有 10 条脉，先端有 5 齿，萼齿边缘宽膜质，有缘毛，果期萼筒膨大成卵状圆筒形，长达 8～10 mm；花瓣 5，白色或粉红色，与萼片等长或稍长，先端 2 裂，基部渐狭成爪，喉部有 2 鳞片状附属物；雄蕊 10，略短于花瓣，花丝基部密被毛；子房长圆状圆筒形，花柱 3。蒴果卵形，长 8～9 mm，6 齿裂，含多数种子。种子圆肾形，黑褐色，有钝或尖的瘤状突起。

生于山坡、山沟、路边草丛。广泛分布于全国各地。

全草入药，治乳汁少、体虚浮肿等。

石竹 Dianthus chinensis

石竹科 Caryophyllaceae
石竹属 *Dianthus*

多年生草本。高达 60 cm；茎直立，无毛。叶披针形至条状披针形，长达 6 cm，宽达 7 mm，基部渐狭成短鞘抱茎，先端渐尖，全缘，两面无毛。花单生或成疏聚伞花序；萼下有苞片 2~3 对，苞片倒卵形至阔椭圆形，先端渐尖或长渐尖，长约为萼筒之半或达萼齿基部；花萼筒状，长达 2 cm，宽达 6 mm；萼齿 5，直立，披针形，边缘膜质，有细缘毛；花瓣 5，瓣片倒卵状扇形，先端齿裂，淡红色、白色或粉红色，下部有长爪，长达 18 mm，喉部有斑纹并疏生须毛；雌雄蕊柄长约 1 mm；雄蕊 10；花柱 2，丝状。蒴果圆筒形，长约 2.5 cm，比萼长或近等长，顶端 4 齿裂。种子圆形，微扁，灰黑色，边缘带狭翅。

广泛分布于全国各地。

全草药用，有清热、利尿、通经的功效。栽培供观赏。

华茶藨 Ribes fasciculatum var. chinense

虎耳草科 Saxifragaceae
茶藨子属 Ribes

灌木。高达 2 m；老枝紫褐色，片状剥裂，小枝灰绿色，无刺，嫩时被毛。叶互生或簇生短枝；叶片圆形，3～5 裂，裂片阔卵形，有不整齐的锯齿，长达 4 cm，宽几与长相等，基部微心形，两面疏生柔毛，下面脉上密生柔毛，叶柄长达 2 cm，有柔毛。花单性，雌雄异株；雄花 4～9 朵，雌花 2～4 朵，伞状簇生于叶腋，花黄绿色，有香气，花梗长达 9 mm，有关节，上部加粗；花萼浅碟形，裂片长圆状倒卵形，长 3～4 mm，先端钝圆；花瓣 5，极小，半圆形，先端圆或平截；雄蕊 5，花丝极短，花药扁宽，椭圆形；退化雌蕊比雄蕊短，有盾形微 2 裂的柱头；雌花子房无毛。果实近球形，径达 1 cm，红褐色，花萼宿存。花期 4～5 月；果期 8～9 月。

生于山坡疏林中。国内分布于辽宁、河北、山西、河南、江苏、浙江、湖北、陕西、四川等省份。

绿化观赏植物。果实可酿酒或做果酱。

委陵菜 Potentilla chinensis

蔷薇科 Rosaceae
委陵菜属 Potentilla

多年生草本。根粗壮圆柱形。花茎高达 70 cm，有稀疏短柔毛及白色绢状长柔毛。基生叶为羽状复叶，小叶 5～15 对，连叶柄长达 25 cm，叶柄有短柔毛和绢状长柔毛，小叶长 1～5 cm，宽 0.5～1.5 cm，边缘羽状中裂，裂片边缘向下反卷，叶面绿色，有短柔毛或几无毛，叶背有白色绒毛；茎生叶与基生叶相似，基生叶有褐色膜质托叶，茎生叶有绿色草质托叶，边缘锐裂。伞房状聚伞花序，花梗长达 1.5 cm，苞片披针形；苞片外面密生短柔毛；花直径多达 1 cm；萼片三角卵形，先端急尖，副萼片比萼片短 1/2 且狭窄，外面有短柔毛或少数绢状柔毛；花瓣黄色，稍长于萼片；花柱近顶生，柱头扩大。瘦果卵球形，有明显皱纹。花期 5～9 月；果期 6～10 月。

广泛分布于全国各地。

根可提取栲胶。全草药用，有清热解毒、止血、止痢的功效。嫩苗可食用。

毛樱桃 Cerasus tomentosa

蔷薇科 Rosaceae
樱属 Cerasus

灌木。高 2～3 m，胸径 15 cm；树皮深灰黑色，鳞片状浅裂；小枝灰褐色，嫩时被密绒毛；芽尖卵形，长 2～3 mm，常 2～3 芽簇生，鳞片褐色，外被绒毛，幼叶在芽内席卷。叶卵状椭圆形或倒卵状椭圆形，长 2～7 cm，宽 1～3.5 cm，先端急尖或渐尖，基部楔形，叶缘有不整齐的粗锯齿，侧脉 4～7 对，上面叶脉凹陷，呈皱状，被短柔毛，下面叶脉隆起，密被绒毛，有时叶落前毛脱落；叶柄长 2～8 mm；托叶条形，有锯齿。花单生或并生；花梗短；花直径 1.5～2 cm；萼筒筒状，萼片卵形，缘有锯齿，被绒毛；花瓣倒卵形，先端圆或微凹，白色或淡粉红色；雄蕊 15～25；花柱及子房有疏绒毛。核果近球形，顶端急尖或钝，无明显的腹缝沟，径约 1 cm，熟时红色或黄色，有毛；核直径 0.5～1.2 cm，表面光滑或有纵沟纹。花期 3 月下旬～4 月；果期 6 月。

广泛分布于全国各地。

豆茶决明 Cassia nomame

豆科 Leguminosae
决明属 Cassia

一年生草本。高达60 cm。偶数羽状复叶，小叶8～28，条形或披针形，长达1 cm，先端圆或尖，有短尖头，基部圆形，偏斜，叶缘有短毛；叶柄上部有1黑褐色盘状腺体；花常1～2生于叶腋，或数朵排成短的总状花序；萼片5，离生，外面疏生柔毛；花瓣5，黄色，长约6 mm；雄蕊4，稀5；子房密生短柔毛。荚果条形扁平，有毛，长达8 cm，宽5 mm，成熟时开裂；种子6～12，近菱形，深褐色，有光泽。花期7～8月；果期8～9月。

广泛分布于全国各地。

叶可作茶的代用品。

刺槐 Robinia pseudoacacia

豆科 Leguminosae

刺槐属 Robinia

落叶乔木。高达 25 m；树皮褐色，有深沟，小枝光滑。奇数羽状复叶，小叶 7～25；小叶椭圆形或卵形，长达 5 cm，宽达 2 cm，先端圆形或微凹，有小尖头，基部圆形或阔楔形，全缘，无毛或幼时生短毛。总状花序腋生，长达 20 cm，下垂；花萼杯状，浅裂；花白色，长达 2 cm，旗瓣有爪，基部常有黄色斑点。荚果扁平，条状长圆形，腹缝线有窄翅，长 4～10 cm，红褐色，无毛。种子 3～13，黑色，肾形。花期 4～5 月；果期 9～10 月。

原产于美国东部。广泛分布于全国各地。

木质坚硬，可作枕木、农具。叶可作家畜饲料。种子含油 12%，可作制肥皂及油漆的原料。花可提取香精，又是较好的蜜源植物。

兴安胡枝子 Lespedeza davurica

豆科 Leguminosae

胡枝子属 Lespedeza

灌木。高达60 cm；茎单一或簇生，老枝黄褐色，嫩枝绿褐色，有细棱和柔毛。三出羽叶；托叶刺芒状；小叶披针状长圆形，长达3 cm，宽达1 cm，先端圆钝，有短刺尖，基部圆形，全缘；叶柄被柔毛。总状花序腋生，较叶短或等长；总花梗有毛；小苞片披针状条形；无瓣花簇生叶腋；萼筒杯状，萼齿5，披针状钻形，先端刺芒状，与花冠等长；花冠黄白色至黄色，有时基部紫色，长约1 cm，旗瓣椭圆形，翼瓣长圆形，龙骨瓣长于翼瓣，均有长爪；子房条形，有毛；花柱宿存，两面凸出，有毛。荚果小，包于宿存萼内，倒卵形或长倒卵形，长达4 mm，宽达3 mm。花期6~8月；果期9~10月。

国内分布于东北、华北经秦岭—淮河以北至西南各地。

为重要的山地水土保持植物；又可作牧草和绿肥。全株药用，能解表散寒。

绒毛胡枝子 Lespedeza tomentosa

豆科 Leguminosae
胡枝子属 Lespedeza

灌木。高达 1 m；全株密被黄褐色绒毛；茎直立，单一或上部少分枝。托叶线形，长约 4 mm；羽状复叶具 3 小叶；小叶质厚，椭圆形或卵状长圆形，长 3~6 cm，宽 1.5~3 cm，先端钝或微心形，边缘稍反卷，上面被短伏毛，下面密被黄褐色绒毛或柔毛，沿脉上尤多；叶柄长 2~3 cm。总状花序顶生或于茎上部腋生；总花梗粗壮，长 4~12 cm；苞片线状披针形，长 2 mm，有毛；花具短梗，密被黄褐色绒毛；花萼密被毛长约 6 mm，5 深裂，裂片狭披针形，长约 4 mm，先端长渐尖；花冠黄色或黄白色，旗瓣椭圆形，长约 1 cm，龙骨瓣与旗瓣近等长，翼瓣较短，长圆形；闭锁花生于茎上部叶腋，簇生成球状。荚果倒卵形，长 3~4 mm，宽 2~3 mm，先端有短尖，表面密被毛。

国内分布于除新疆、西藏以外的其他地区。

水土保持植物，又可作饲料及绿肥。根药用，可健脾补虚，有增进食欲及滋补之功效。

尖叶铁扫帚 Lespedeza juncea

豆科 Leguminosae
胡枝子属 Lespedeza

半灌木。高达 1 m；茎直立，帚状分枝，小枝灰绿色或绿褐色。三出羽叶；小叶条状长圆形至倒披针形，长达 3 cm，宽达 7 mm，先端锐尖或钝，有短刺尖，基部楔形，叶面灰绿色，近无毛，叶背灰色，密被长柔毛；叶柄长达 3 mm；托叶条形，弯曲。总状花序腋生，2～5 花；总花梗长 2～3 cm，较叶为长；花梗甚短，长约 3 mm；小苞片狭披针形，急尖，长约 1.5 mm，与萼筒近等长并贴生其上；萼长 6 mm，5 深裂，被柔毛，裂片披针形；花冠白色，有紫斑，长 8 mm，旗瓣近椭圆形，翼瓣长圆形，较旗瓣稍短，龙骨瓣与旗瓣等长，无瓣花簇生于叶腋，有短花梗。荚果阔椭圆形，长约 3 mm，被毛，花柱宿存。花期 7～8 月；果期 9～10 月。

国内分布于东北、华北地区及甘肃等省份。

水土保持植物。嫩茎、叶可作牲畜饲料和绿肥。

鸡眼草 Kummerowia striata

豆科 Leguminosae

鸡眼草属 Kummerowia

一年生草本。高达 30 cm；茎匍匐或直立，茎和枝上有向下的硬毛。三出掌叶；小叶倒卵形、长圆形，长达 2 cm，宽达 8 mm，先端圆形或钝尖，基部阔楔形或圆形，全缘，侧脉平行，两面中脉和边缘有白色硬毛；托叶大，长卵圆形，比叶柄长，嫩时淡绿色，干时淡褐色，膜质，边缘有毛。1~3 花簇生于叶腋；花梗下端有 2 苞片，萼下有 4 小苞片，其中较小的 1 片生于关节处；萼钟状，长约 3 mm，萼齿 5，阔卵形，带紫色，有白毛；花冠淡紫色，长达 7 mm，旗瓣椭圆形，与龙骨瓣近等长，翼瓣较龙骨瓣稍短，翼瓣和龙骨瓣上端有深红色斑点。荚果扁平，近圆形或椭圆形，顶端锐尖，长达 5 mm，比萼稍长或长 1 倍，表面有网状纹毛，不开裂。种子黑色，有不规则的褐色斑点。花期 7~8 月；果期 8~9 月。

生于山坡、荒野、路旁。国内分布于东北、华北、华东、华中、华南、西南地区。

全草药用，有利尿通淋、解热止痢的功效。可作牧草及绿肥。

贼小豆 *Vigna minima*

豆科 Leguminosae
豇豆属 *Vigna*

一年生缠绕草本。疏被倒生硬毛。三出羽叶；顶生小叶卵形至卵状披针形，长达 6 cm，宽达 4 cm，先端渐尖，基部圆形或楔形，全缘，两面疏生硬毛；侧生小叶斜卵形或卵状披针形；托叶披针形；小托叶狭披针形或条形。总状花序腋生，远长于叶柄，在花序轴节上的两花之间有矩形腺体；花萼斜杯状，萼齿三角形，最下面 1 片较长；花冠淡黄色，旗瓣近肾形或扁椭圆形，翼瓣倒长卵形，有爪和耳，龙骨瓣卷曲不超过 1 圈，其中 1 瓣中部有角状突起。荚果细圆柱形，长达 7 cm，宽达 6 mm，无毛。种子矩形，扁，褐红色。花期 7～8 月；果期 8～9 月。

生于溪边、灌丛及草地中。国内分布于东北、华北、华东、华中、华南等地。

紫穗槐 Amorpha fruticosa

豆科 Leguminosae

紫穗槐属 Amorpha

落叶灌木。高达 4 m；幼枝密被毛。奇数羽状复叶，小叶 9～25；小叶椭圆形或披针状椭圆形，长达 4 cm，宽达 15 mm，先端圆或微凹，有短尖，基部圆形或阔楔形，两面幼时有白色短柔毛，有透明腺点。总状花序集生于枝条上部，长达 15 cm；花萼钟状，密被短毛并有腺点；花冠蓝紫色，旗瓣倒心形，无翼瓣和龙骨瓣；雄蕊 10，包于旗瓣之中，伸出瓣外。荚果下垂，弯曲，长达 9 mm，宽约 3 mm，棕褐色，有瘤状腺点。花期 6～7 月；果期 8～10 月。

原产于美国。全国各地均有栽培。

为保持水土、固沙造林和防护林带低层树种。枝条可编筐。嫩枝和叶可作家畜饲料及绿肥。荚果和叶的粉末或煎汁可作农药杀虫。蜜源植物。

牻牛儿苗 Erodium stephanianum

牻牛儿苗科 Geraniaceae
牻牛儿苗属 Erodium

一年或二年生草本。高达 50 cm；茎平铺或稍斜升，被柔毛或无。叶对生，柄长达 8 cm，被柔毛或无；叶片卵形或椭圆状三角形，长达 7 cm，二回羽状深裂至全裂，羽片 4~7 对，基部下延至叶轴，小羽片狭条形，全缘或有 1~3 粗齿，两面被疏柔毛；托叶披针形，边缘膜质，被柔毛。伞形花序腋生，总花梗长达 15 cm，花 2~5，花梗长达 3 cm，有柔毛或无；萼片椭圆形，先端钝，有长芒，背面被毛；花瓣淡紫色或紫蓝色，倒卵形，基部有白毛，长约 7 mm；雄蕊 10，外轮者无花药；子房被银白色长毛。蒴果长约 4 cm，顶端有长喙，成熟时 5 果瓣与中轴分离，喙部呈螺旋状卷曲。花期 4~5 月；果期 6~8 月。

广泛分布于全国各地。

全草药用，有强筋骨、祛风湿、清热解毒的功效。

一叶萩 Flueggea suffruticosa

大戟科 Euphorbiaceae
白饭树属 Flueggea

　　落叶灌木。高达 2 m；茎无毛，小枝有棱。叶互生，椭圆形或倒卵形，长达 5.5 cm，宽达 3 cm，先端尖或钝，全缘或有波状齿或细钝齿，基部楔形，两面无毛；叶柄长达 6 mm。花小，雌雄异株，无花瓣；雄花 3～12 朵簇生于叶腋，花梗短，花萼 5，黄绿色，花盘腺体 5，2 裂，与萼片互生，雄蕊 5，花丝超出萼片，有退化子房；雌花单生或数朵聚生于叶腋，花梗稍长，长达 1 cm；花萼 5，花盘全缘；子房球形，3 室，无毛。蒴果三棱状扁球形，直径约 5 mm，黄褐色，无毛，果梗长达 1.5 cm，纤细。种子 6，卵形，褐色，光滑。花期 6～7 月；果期 8～9 月。

　　广泛分布于全国各地。

　　枝条可编制用具。叶和花供药用，对心脏及中枢神经系统有兴奋作用。

乳浆大戟 Euphorbia esula

大戟科 Euphorbiaceae
大戟属 Euphorbia

多年生草本。高达 40 cm；乳汁白色；茎直立丛生，有细纵纹。叶互生，条形，长达 5 cm；有短柄或无柄。多歧聚伞花序顶生，通常有伞梗 5 至多数，每伞梗常有 2～4 级分枝，呈伞状；叶状总苞片 5 至多数，轮生状；各级分枝基部有对生总苞片 2，三角状宽卵形、菱形或肾形，先端尖或钝圆，全缘；杯状总苞先端 4～5 裂，裂片间有腺体 4，弯月形，两端呈短角状；有时伞梗或小伞梗顶端常于花、果期发育成密生条形叶的无性短枝；雄花多数，雄蕊 1；雌花 1，子房宽卵形，花柱 3，顶端 2 裂。蒴果卵状球形，直径达 3.5 mm，光滑。种子卵形，长约 2 mm，灰褐色。花期 5～6 月；果期 7 月。

广泛分布于全国各地。

全草药用，有逐水、解毒、散结的功效。种子含油 3.5%，可供工业用。

卫矛 Euonymus alatus

卫矛科 Celastraceae

卫矛属 Euonymus

落叶灌木。高达 2 m；全体无毛；枝绿色，有 2～4 条纵向的木栓质宽翅，翅宽可达 1.2 cm，分枝有时无翅。叶椭圆形或菱状倒卵形，长达 7 cm，宽达 3 cm，先端尖或短尖，基部宽楔形，缘有细锯齿，叶柄极短或无柄。腋生聚伞花序，常有 3 花；总花梗长达 2 cm，花梗长达 5 mm；花淡黄绿色，4 数，径约 6 mm；萼片半圆形，长约 1 mm；花瓣卵圆形，长约 3 mm；雄蕊花丝短，着生于方形花盘边缘；子房埋入花盘，4 室，每室有 2 胚珠，花柱短。蒴果带紫红色，常 1～2 心皮发育，基部连合。种子有红色假种皮。花期 5～6 月；果期 9～10 月。

国内分布于除新疆、青海、西藏外的其他地区。

茎叶含鞣质，可提取栲胶。根、枝及木栓翅药用，主治漆性皮炎、烫伤及产后瘀血腹痛等症，又为驱虫及泻下药。

西南卫矛 Euonymus hamiltonianus

卫矛科 Celastraceae

卫矛属 Euonymus

小乔木。高达 6 m；小枝的棱上偶有 4 条极窄木栓棱，与栓翅卫矛极相近。但本种叶较大，卵状椭圆形至椭圆状披针形，长达 12 cm，宽 7 cm，叶柄粗长，长达 5 cm。本种叶形多变，以椭圆形、叶基宽圆者最为典型。蒴果较大，直径达 1.5 cm。花期 5～6 月；果期 9～10 月。

生长于海拔 2000 m 以下的山地林中。国内分布于华东、华南、华中地区及甘肃、陕西、四川等省份。

南蛇藤 Celastrus orbiculatus

卫矛科 Celastraceae
南蛇藤属 *Celastrus*

　　落叶木质藤本。长达 12 m；枝皮孔明显。叶倒卵形或长圆状倒卵形，长达 10 cm，宽达 8 cm，先端短尖，基部阔楔形至近圆形，边缘粗钝锯齿，叶面绿色，两面无毛；叶柄长达 2.5 cm。聚伞花序，3～7 花，在雌株上腋生，在雄株上腋生兼顶生，顶生者成短总状；花黄绿色；萼三角状卵形，长约 1 mm；花瓣狭长圆形，长 4 mm；雄蕊生花盘边缘，长约 3 mm，有退化雌蕊；雌花有退化雄蕊，花柱柱状，柱头 3 裂。蒴果近球形，黄色，径约 1 cm。种子红褐色，有红色假种皮。

　　生于山坡、沟谷及疏林中。国内分布于东北、华北、华东地区及河南、陕西、甘肃、湖北、四川等省份。

　　根、茎、叶、果药用，有活血行气、消肿解毒之功效；又可制杀虫农药。

酸枣 Ziziphus jujuba var. spinosa

鼠李科 Rhamnaceae

枣属 Ziziphus

落叶灌木。高达 3 m；树皮灰褐色，纵裂；小枝红褐色，光滑，有托叶刺，刺长达 3 cm，粗直，短刺下弯，长 6 mm，短枝短粗；幼枝绿色，单生或簇生。叶卵形、卵状椭圆形，长达 3 cm，宽达 2 cm，先端钝尖，基部近圆形，边缘有圆锯齿，上面无毛，下面或仅沿脉有疏微毛，基出 3 脉；叶柄长达 6 mm。花黄绿色，两性，5 基数，单生或排成腋生聚伞花序；花梗长 3 mm；萼片卵状三角形；花瓣倒卵圆形，基部有爪与雄蕊等长，花盘厚，肉质，圆形，5 裂；子房下部与花盘合生，2 室，每室 1 胚珠，花柱 2 半裂。核果小，近球形，径达 1.2 cm，熟时红色，中果皮薄，味酸，核两端钝，2 室，种子常 1 枚，果梗长 3 mm。花期 5~7 月；果期 8~9 月。

广泛分布于全国各地。

种仁药用，有镇静、安神之功效。亦为蜜源植物。

葎叶蛇葡萄 Ampelopsis humulifolia

葡萄科 Vitaceae
蛇葡萄属 Ampelopsis

落叶木质藤本。小枝无毛或有微毛。叶近圆形至阔卵形，长达 15 cm，3～5 掌状中裂或深裂，先端渐尖，基部心形或近截形，边缘有粗齿，叶面鲜绿色，有光泽，叶背苍白色，无毛或脉上微有毛；叶柄与叶片等长，无毛。聚伞花序与叶对生，有细长总花梗；花小，淡黄色；萼杯状；花瓣 5；雄蕊 5，与花瓣对生；花盘浅杯状，子房 2 室。浆果球形，径 6～8 mm，淡黄色或蓝色。花期 5～6 月；果期 7～8 月。

生于山坡灌丛及岩石缝间。国内分布于陕西、河南、山西、河北、辽宁及内蒙古等地。

根皮药用，有活血散瘀、消炎解毒的功效。

野西瓜苗 Hibiscus trionum

锦葵科 Malvaceae
木槿属 Hibiscus

一年生直立或平卧草本。茎高达 70 cm；有白色星状粗毛。茎下部的叶圆形，不分裂，上部的叶掌状 3~5 深裂，直径达 6 cm，中裂片较长，两侧裂片较短，裂片倒卵形至长圆形，常羽状全裂，上面有稀疏粗硬毛或无，下面有稀疏星状粗刺毛；叶柄长达 4 cm，有星状粗硬毛和星状柔毛；托叶条形，长约 7 mm，有星状粗硬毛。花单生于叶腋；花梗长约 2.5 cm，果时延长达 4 cm，有星状粗硬毛；副萼 12，条形，长约 8 mm，有粗长硬毛，基部合生；花萼钟形，淡绿色，长达 2 cm，有粗长硬毛或星状硬毛，裂片 5，膜质，三角形，有纵向紫色条纹，合生达中部以上；花淡黄色，内面基部紫色，直径达 3 cm；花瓣 5，倒卵形，长约 2 cm，外面有稀疏极细柔毛；雄蕊柱长约 5 mm，花丝纤细，长约 3 mm，花药黄色；花柱分枝 5，无毛。蒴果长圆状球形，直径约 1 cm，有粗硬毛，果爿 5，果皮薄，黑色。种子肾形，黑色，有腺状突起。花、果期 7~10 月。

生于山野、平原、丘陵、田梗。广泛分布于全国各地。

全草药用，有清热、利湿、止咳的功效。

东北堇菜 *Viola mandshurica*

堇菜科 Violaceae
堇菜属 *Viola*

多年生草本。根状茎短，有密结节，根状茎及根均为赤褐色。无地上茎。托叶约2/3以上与叶柄合生，离生部分条状披针形，全缘，或稍有细齿；叶柄长达9 cm，果期可达20 cm，被细短硬毛或近无毛，上部有狭翅；叶片卵状披针形、舌形或卵状长圆形，果期常呈三角形，长达6 cm，宽达2 cm，果期叶大，长可达10 cm，宽可达5 cm，先端钝，基部钝圆形、截形或稍呈广楔形，边缘有疏而平的圆齿，两面无毛或稍有细毛。花紫堇色或淡紫色；花梗细长，长于叶，无毛或被细短硬毛；苞片生于花梗中部或中下部；萼片5，卵状披针形至狭披针形，基部附属物短而圆，无毛；花瓣5，上瓣呈倒卵圆形，比侧瓣稍短，侧瓣里面有明显的须毛，下瓣的中下部带白色，连距长达2.3 cm，距长达1 cm，微弯或直；子房无毛，花柱基部微膝曲，向上部渐粗，前方有短喙。蒴果长圆形，无毛。花、果期4～9月。

广泛分布于全国各地。

全草药用，有清热解毒、消炎消肿的功效。

防风 Saposhnikovia divaricata

伞形科 Umbelliferae
防风属 Saposhnikovia

多年生草本。主根圆锥形；根颈密被纤维状老叶残基。茎直立，二叉分枝。叶三角状卵形，长达 20 cm，宽达 6 cm，二至三回羽状深裂；羽片长圆形或卵形，有柄，小羽片下部者有柄，上部者无柄；终裂片狭楔形，长达 3 cm，宽达 6 mm，先端有 2～3 缺刻状齿；两面灰绿色，无毛；基生叶有长柄，向上渐短；茎上部叶极简化。复伞形花序；无总苞片；伞幅 5～10；小总苞片 4～6，披针形；小伞形花序有花 4～10；萼齿三角状卵形；花瓣白色，先端有内折小舌片。双悬果椭圆形，长 5 mm，宽 2.5 mm，有小瘤状突起。花、果期 7～9 月。

广泛分布于全国各地。

根药用，有发表祛风、祛湿止痛的功效。

二色补血草 Limonium bicolor

白花丹科 Plumbaginaceae
补血草属 Limonium

多年生草本。高达 50 cm；除萼外全株无毛。叶基生，稀在花序轴下部节上有叶，叶匙形至长圆状匙形，长达 15 cm，宽达 3 cm，先端钝而有短尖头，基部渐狭成叶柄，疏生腺体。花序轴 1～5，有棱角或沟槽，稀圆柱状，末级小枝 2 棱形；有不育小枝，苞片紫红色、栗褐色或绿色；花萼漏斗状，长达 8 mm，萼筒倒圆锥形，沿脉密被细硬毛，萼檐宽阔，开张幅径与萼的长度相等，在花蕾中或展开前呈紫红色或粉红色，后变白色，宿存；花冠黄色，花瓣 5，基部合生；雄蕊 5，下部 1/4 与花瓣基部合生，花柱 5，离生。果实有 5 棱。花、果期 5～10 月。

广泛分布于全国各地。

全草药用，有活血、止血、温中、健脾的功效；又可杀蝇。

萝藦 Metaplexis japonica

萝藦科 Asclepiadaceae
萝藦属 Metaplexis

多年生草质藤本。有乳汁。叶对生，卵状心形，长达 10 cm，宽达 6 cm，先端尖，全缘，基部心形，表面绿色，背面粉绿色，无毛或幼时有毛；有长柄，叶柄顶端有丛生腺体。总状聚伞花序腋生，有长花序梗；花萼 5 深裂，裂片披针形，外面及边缘被柔毛；花冠钟形或近辐状，白色带淡紫红色斑纹，5 深裂，裂片披针形，先端反卷，里面被柔毛；副花冠环状，5 浅裂；雄蕊 5，合生成圆锥状，包围雌蕊，花粉块卵圆形，下垂；子房上位，柱头延伸成 1 长喙，顶端 2 裂。蓇葖果纺锤形，长达 9 cm，直径达 2 cm，表面无毛，有瘤状突起。种子扁卵圆形，褐色，顶端具白色绢质种毛。花期 7~8 月；果期 9~10 月。

生于山坡，林边、荒野、路边。国内分布于东北、华北、华东、华中地区及甘肃、陕西、贵州等省份。

根供药用，可治跌打、蛇咬、疔疮、瘰疬等。种毛可止血。民间用全草治气管炎。茎皮纤维坚韧，可制人造棉。

鹅绒藤 Cynanchum chinense

萝藦科 Asclepiadaceae
鹅绒藤属 Cynanchum

多年生缠绕草本。全株被柔毛。主根圆柱形。叶对生，心形或长卵状心形，长达 8 cm，宽达 6 cm，先端锐尖，全缘，基部心形，两面被白色柔毛，叶柄长达 4.5 cm。伞形二歧聚伞花序腋生，有花多数，花柄和花萼外面被毛，花萼 5，裂片卵状三角形；花冠白色，5 裂，裂片长圆状披针形，先端钝，副花冠杯状，上端裂成 10 个丝状体，分两轮，外轮与花冠裂片近等长，内轮稍短；花粉块长卵形，每室 1 个，下垂；子房上位，柱头略突起，顶端 2 裂。蓇葖果双生或单生，角状披针形，先端渐尖，表面有细纵纹，长达 10 cm，直径达 6 mm。种子扁矩圆形，长约 5 mm，白色绢质种毛长约 3 cm。花期 6～8 月；果期 8～10 月。

生于山坡林边草丛中。国内分布于东北、华北、华东、华中、华南等地区。

全株可药用，作祛风剂。乳汁可涂治寻常疣赘。

肾叶打碗花 Calystegia soldanella

旋花科 Convolvulaceae
打碗花属 Calystegia

多年生草本。茎平卧，不缠绕，有细棱翅，无毛。叶肾形，长达 4 cm，宽达 5.5 cm，先端圆或凹，有小尖头，基部凹缺，边缘全缘或波状，叶柄长于叶片。花单生于叶腋；花梗长达 5 cm，有细棱，无毛；苞片宽卵形，比萼片短，长达 1.5 cm，宿存；萼片 5，外萼片长圆形，内萼片卵形，长达 16 mm；花冠钟状漏斗形，粉红色，长达 5.5 cm，5 浅裂；雄蕊 5，花丝基部扩大，无毛；子房 2 室，柱头 2 裂。蒴果卵形，长约 16 mm。种子黑褐色，光滑。花期 5～6 月；果期 6～8 月。

生于海滨沙滩或海岸岩石缝上。国内分布于辽宁、河北、江苏、浙江、台湾等沿海省份。

牵牛 *Ipomoea nil*

旋花科 Convolvulaceae
番薯属 *Ipomoea*

一年生草本。全株有粗硬毛。茎缠绕。叶互生，卵圆形，3 裂，中裂片基部向内深凹陷，掌状脉，基部心形；叶柄长于花柄。花序腋生，1～3 花，总花梗长达 5 cm，有长柔毛；苞片 2，披针形；萼片 5，花期披针形，果期基部卵圆形，密被金黄色疣基毛，先端长渐尖，外弯；花冠漏斗状，天蓝色、淡紫色、淡红色等；雄蕊 5，不等长，内藏，花丝基部有毛；子房 3 室，每室 2 胚珠。蒴果扁球形。种子三棱形，有极短的毛。花期 6～9 月；果期 9～10 月。

生于山坡、路边、村头荒地的草丛。

入药多用黑丑，白丑较少用。有泻水利尿、逐痰、杀虫的功效；也可供观赏。

砂引草 Messerschmidia sibirica

紫草科 Boraginaceae
砂引草属 Messerschmidia

多年生草本。高达 30 cm。根状茎细长。茎单一或丛生，密生糙伏毛或白色长柔毛。叶披针形或长圆形，长达 5 cm，宽达 1 cm，先端圆钝，稀微尖，基部楔形或圆形，两面密生糙伏毛或长柔毛；近无柄。聚伞花序伞房状，顶生，二叉状分枝；花密集，白色；花萼密生向上的糙伏毛，5 裂至近基部，裂片披针形；花冠钟状，花冠筒较裂片长，裂片 5，外弯，外面密生向上的糙伏毛；雄蕊 5，内藏；子房 4，每室 1 胚珠，柱头 2，下部环状膨大。果实有 4 钝棱，椭圆形，长约 8 mm，径约 5 mm，先端凹入，密生伏毛，核有纵肋，成熟时分裂为 2 个分核。花期 5 月；果期 6～7 月。

生于海滨或盐碱地。国内分布于东北地区及河北、河南、陕西、甘肃、宁夏等省份。

花可提取香料。植株浸泡后，外用消肿、治关节痛。良好的固沙植物。

益母草 Leonurus japonicus

唇形科 Labiatae
益母草属 Leonurus

一年或二年生草本。茎直立，高达 1.2 m，钝四棱形，有倒向糙伏毛。茎下部叶轮廓为卵形，掌状 3 裂，达基部，裂片再羽状裂；中部叶轮廓为菱形，3 深裂；花序上的叶呈条形或条状披针形，全缘或有牙齿；叶柄长达 3 cm 或无柄。轮伞花序腋生，有 8～15 花，呈圆球形；小苞片刺状；花萼管状钟形，长达 8 mm，外面有微柔毛，内面上部有微柔毛，有 5 脉，萼齿 5，前 2 齿靠合，后 3 齿较短；花冠粉红色至浅紫红色，长达 1.2 cm，冠筒长约 6 mm，内面近基部有毛环，冠檐二唇形，上唇直伸，内凹，全缘，有缘毛，下唇 3 裂，中裂片倒心形；雄蕊 4，前对较长；花柱顶端 2 浅裂，裂片相等。小坚果长圆状三棱形，长 2.5 mm，淡褐色。花期 6～9 月；果期 9～10 月。

生于山坡、沟谷、路边、村头荒地。广泛分布于全国各地。

全草药用，有治疗月经不调、子宫出血、闭经、痛经等多种妇科疾病的功效。种子药用，称"茺蔚子"，有利尿、治眼疾的功效。

枸杞 *Lycium chinense*

茄科 Solanaceae

枸杞属 *Lycium*

蔓性灌木。高达 2 m；枝条有短刺或无。单叶互生或簇生，叶片卵形至卵状披针形，先端尖或钝，全缘，基部楔形。花单生或 2～4 簇生叶腋；花萼钟形，3～5 裂，裂片阔卵形；花冠漏斗状，淡紫色，长达 12 mm，5 深裂，裂片先端圆钝，平展或稍向外反曲，边缘有缘毛；雄蕊 5，伸出花冠外，花丝基部及花冠筒内壁密生 1 圈绒毛；子房 2 室，花柱稍伸出雄蕊，细长，柱头球形。浆果卵形或长卵形，长达 18 mm，直径达 8 mm，熟时鲜红色。

生于田边、路旁、庭院前后及墙边。广泛分布于全国各地。

根皮药用，清热凉血。果实也可药用，滋补肝肾、强壮筋骨、益精明目。

平车前 *Plantago depressa*

车前科 Plantaginaceae

车前属 *Plantago*

一年生草本。全株被短毛或无。主根圆锥状。基生叶叶片椭圆状披针形或长椭圆形，长达 14 cm，宽达 5 cm，有 5～7 脉，先端钝尖，近全缘或疏生不整齐的锯齿，基部下延成柄；叶柄长达 5 cm。花葶数个至 10 余个，自叶丛中抽出，长达 35 cm，有浅槽，花穗长达 15 cm，上部的花密生，下部的花疏生；苞片近三角状卵形，比萼短，或近等长，背面龙骨状凸起；萼片近椭圆形，白色膜质，背面龙骨状凸起，长约 2 mm；花冠裂片卵圆形，先端有小齿，膜质；雄蕊伸出花冠，花药椭圆形，顶端圆凸。蒴果近圆锥状，长约 3 mm，盖裂。种子 4～5，长圆形，长约 1.5 mm，黑棕色。花期 5～8 月；果期 7～9 月。

广泛分布于全国各地

种子及全草药用，功效同"车前"。

茜草 Rubia cordifolia

茜草科 Rubiaceae
茜草属 Rubia

多年生攀援草本。根赤黄色。茎4棱，棱上生倒刺。叶常4片轮生，纸质；叶片卵形至卵状披针形，长达9 cm，宽达4 cm，先端渐尖，基部圆形至心形，上面粗糙，下面脉上和叶柄常有倒生小刺，基出3脉或5脉；叶柄长达10 cm。聚伞花序通常排成大而疏松的圆锥花序，腋生和顶生，花萼筒近球形，无毛；花冠黄白色或白色，辐状，5裂；雄蕊5，着生于花冠筒上，花丝极短；子房2室，无毛，花柱2，柱头头状。浆果近球形，径约5 mm，黑色或紫黑色；内有1种子。花期6~7月；果期9~10月。

生于山野荒坡、路边灌草丛。广泛分布于全国各地。

根供药用，有凉血、止血、活血祛瘀的功效。

栝楼 Trichosanthes kirilowii

葫芦科 Cucurbitaceae
栝楼属 Trichosanthes

多年生攀援草本。圆柱状块根肥厚，灰黄色。茎被白色柔毛；卷须有3～7分枝。叶片轮廓圆形，长、宽均达20 cm，常3～5浅裂至中裂，两面沿脉被长柔毛状硬毛，基出掌状脉5条。花单性，雌雄异株；雄花序总状，小苞片倒卵形或阔圆形，长达2.5 cm；雄花花萼筒筒状，顶端扩大，有短柔毛，花萼裂片披针形，全缘，花冠白色，5深裂，裂片倒卵形，先端中央有1绿色尖头，边缘分裂成流苏状，雄蕊3，花药靠合；雌花单生，花萼筒圆筒形，裂片和花冠同雄花，子房椭圆形，绿色。花柱长2 cm，柱头3。果梗粗壮，果实椭圆形或近球形，长达10 cm，成熟时近球形，黄褐色或橙黄色，光滑。种子多数，压扁，卵状椭圆形，淡黄褐色。花期5～8月；果期8～10月。

生于山坡、路旁、灌丛。国内分布于华北、华东、华中、华南、西南地区及辽宁、陕西等省份。

根、果实、果皮和种子药用：根称天花粉，有清热生津、解热清毒的功效；果实、果皮和种子（瓜蒌仁）有清热化痰、润肺止咳、滑肠的功效。

全叶马兰 Aster pekinensis

菊科 Asteraceae
紫菀属 Aster

多年生草本。直根纺锤状。茎直立,高达 70 cm,单生或丛生,被细硬毛,中部以上有近直立的帚状分枝。下部叶在花期枯萎;中部叶多而密,条状披针形或倒披针形,长达 4 cm,宽达 6 mm,先端钝或渐尖,常有小尖头,基部渐狭无柄,全缘,边缘稍反卷,上部叶较小,条形,全缘;全部叶叶背灰绿色,两面密被粉状短绒毛,中脉在下面凸起。头状花序单生枝端且排成疏伞房状;总苞半球形,径 8 mm,长 4 mm;总苞片 3 层,覆瓦状排列,外层近条形,长 1.5 mm,内层长圆状披针形,长达 4 mm,先端尖,上部有短粗毛及腺点;舌状花 1 层,管长 1 mm,有毛,舌片淡紫色,长 1.1 cm,宽 2.5 mm;管状花,花冠长 3 mm,管部长 1 mm,有毛。瘦果倒卵形,长 2 mm,宽 1.5 mm,浅褐色,扁,有浅色边肋,或一面有肋而果呈三棱形,上部有短毛及腺;冠毛带褐色,长 0.5 mm,不等长,易脱落。花期 6～10 月;果期 7～11 月。

生于山坡、林缘、灌丛、路旁。国内分布于东北、华中、华东、华北地区及四川、陕西等省份。

小蓬草 Conyza canadensis

菊科 Asteraceae

白酒草属 Conyza

一年生草本。茎直立，高达 1 m 或更高，圆柱状，有棱，有条纹，被疏长硬毛。下部叶倒披针形，长达 10 cm，宽达 1.5 cm，先端尖或渐尖，基部渐狭成柄，边缘有疏锯齿或全缘；中、上部叶较小，条状披针形或条形，无柄或近无柄，全缘或少有 1~2 浅齿，两面常有上弯的硬缘毛。头状花序多数，小，直径 4 mm，排列成顶生多分枝的大圆锥花序，花序梗细，长达 1 cm；总苞近圆柱状，长达 4 mm，总苞片 2~3 层，淡绿色，条状披针形或条形，先端渐尖，外层短于内层约一半，背面有疏毛，内层长 3.5 mm，宽约 0.3 mm，边缘干膜质，无毛；花托平，直径 2.5 mm，有不明显的突起；雌花多数，舌状，白毛，长 3.5 mm，舌片小，条形，先端有 2 个钝小齿；两性花淡黄色，花冠管状，上端有 4 或 5 齿裂，管部上部被疏微毛。瘦果条状披针形，长 1.5 mm，稍扁压，被贴微毛；冠毛污白色，1 层，糙毛状，长 3 mm。花、果期 5~9 月。

生于旷野、荒地、田边和路旁。广泛分布于全国各地。

嫩茎和叶可作猪饲料。全草药用，有消炎、止血、祛风湿的功效。

苍耳 *Xanthium sibiricum*

菊科 Asteraceae

苍耳属 *Xanthium*

一年生草本。高达 90 cm；茎直立，下部圆柱形，上部有纵沟，有灰白色糙伏毛。叶三角状卵形或心形，长达 9 cm，宽达 10 cm，近全缘，或有 3～5 不明显浅裂，先端尖或钝，基部稍心形或截形，边缘有不规则粗锯齿，基出 3 脉，侧脉弧形，直达叶缘，脉上密被糙伏毛，上面绿色，下面苍白色，有糙伏毛；叶柄长达 11 cm。雄性的头状花序球形，直径达 6 mm，总苞片长圆状披针形，长 1.5 mm，有短柔毛，花托柱状，托片倒披针形，长约 2 mm，先端尖，有微毛，雄花多数，花冠钟形，管部上端有 5 宽裂片，花药长圆状条形；雌性的头状花序椭圆形，外层小苞片小，披针形，长约 3 mm，有短柔毛，内层总苞片结合成囊状，宽卵形或椭圆形，绿色、淡黄绿色或有时带红褐色，在瘦果成熟时坚硬，连同喙部长达 1.5 cm，宽达 7 mm，外面有疏生钩状刺，刺细而直，长 1.5 mm，基部有柔毛，常有腺点，或无毛，喙坚硬，锥形，上端略呈镰刀状，长达 2.5 mm。瘦果 2，倒卵形。花期 7～8 月；果期 9～10 月。

生长于平原、丘陵、低山、荒野路旁和田边。广泛分布于全国各地。

种子可榨油，供工业用。果实药用，能祛风湿、通鼻窍、止痒。

野菊 Dendranthema indicum

菊科 Asteraceae

菊属 Dendranthema

多年生草本。高达1 m；有地下匍匐茎；茎直立，茎枝有稀疏毛，或上部的毛较密。茎生叶卵形或长卵形，长达7 cm，宽达4 cm，羽状深裂或浅裂，裂片边缘有大小不等的锯齿或缺刻状齿，上面绿色，疏被柔毛，下面浅绿色或灰绿色，柔毛较密；叶柄长约1 cm或近无柄。头状花序，直径达2 cm，在枝端排成疏散的伞房圆锥花序；总苞片约5层，外层卵形或长卵形，长达4 mm，中内层卵形至椭圆状披针形，长达7 mm，边缘及顶部有白色或浅褐色宽膜质，顶端圆钝；舌状花1层，黄色，舌片长椭圆形，长达12 mm，先端全缘或2～3浅齿；管状花多数，基部无鳞片。瘦果无冠毛。花、果期10～11月。

生于山坡、海滨沙滩上。国内分布于东北、华北、华中、华南及西南地区。

花、叶及全株入药，有清热解毒、疏风散热、明目、降血压的功效。

海州蒿 Artemisia fauriei

菊科 Asteraceae
蒿属 Artemisia

多年生草本。有艾臭。根圆锥形，土棕色。茎直立，高达35 cm，圆柱形，有纵棱，分枝短而密，常带暗紫色，被有蛛丝状毛，幼多老少。基生叶有长柄达11 cm，叶片轮廓阔卵形或近圆形，长达7 cm，二至三回羽状全裂，一回羽片多5～7，叶轴与最终裂片呈条形，最终裂片上部常稍膨大，先端钝圆，被蛛丝状毛，幼嫩时毛多，后逐渐减少；茎下部的叶与基生叶同形，较小；茎中部的叶无柄，叶片卵圆形，长达3 cm，二回羽状全裂，基部裂片抱茎，裂片细条形；较上部的叶与中部的叶同形，一回羽状深裂；最上部的叶单一，条形。头状花序稍偏一侧，下垂，排列成不太开展的圆锥状，有短梗；总苞近陀螺状，直径约2 mm，被极少量蛛丝状毛；总苞片近4层，边缘膜质；花序托近短圆锥形，被托毛；托毛多短于小花，先端近方圆形；雌花2～4朵，花冠管上窄下宽，先端3裂；两性花6～9朵，花冠管近漏斗状，先端5裂；花冠黄色，外被腺毛。瘦果倒卵形，棕色，长约1 mm，有纵条纹。花期9月；果期10月。

生于近海盐碱地、路边及沿海滩涂。国内分布于河北、山东、江苏等地。

茵陈蒿 *Artemisia capillaris*

菊科 Asteraceae

蒿属 *Artemisia*

多年生草本。茎直立，基部坚硬，近灌木状，高达 1 m，有纵棱，绿色或老时带紫色，秋季常自基部或茎部发出不育枝，枝上的叶密集，呈莲座状，幼嫩时被绢毛，老时近无毛。早春末抽茎前及秋季近果期时自基部重发的基生叶有柄，长或短；叶片轮廓近卵圆形或长卵形，一至三回羽状全裂或掌裂，裂片条形、条状披针形或长卵形，春季基生叶密被顺展的白绢毛，秋季重发者被较疏的白绢毛；茎中部的叶于花期无柄，一至二回羽状全裂；上部的叶逐渐变小，叶最终裂片狭线形，基部半抱茎，上面近光滑。头状花序密，排列成复总状；总苞卵形或近球形，光滑，长约 2 mm，宽约 1.5 mm，暗绿色或黄绿色；苞片 3~4 层，边缘膜质，花序托近球形，有腺毛；雌花花冠初时管状，近果期时呈类壶形，先端 3 裂，黄绿色；两性花不育，花冠近柱形，先端 5 裂，黄绿色，近上部有时带紫红色，花冠外有腺毛。瘦果长圆形，长约 0.8 mm，有纵条纹。花期 8~9 月；果期 9~10 月。

国内分布于华东、华中、华南地区及辽宁、河北、陕西、四川等省份。

幼苗供药用，能清湿热、利肝胆，为治疗黄疸型肝炎的要药。

猪毛蒿 Artemisia scoparia

菊科 Asteraceae
蒿属 *Artemisia*

多年生或一、二年生草本。有浓烈香气。主根狭纺锤形；根状茎粗短，常有细的营养枝，枝上密生叶。茎常单生，高达 1.3 m，红褐色或褐色，有纵纹；下部分枝开展，上部枝多斜上展；茎、枝幼时被灰白色或灰黄色绢质柔毛。基生叶与营养枝叶两面被灰白色绢质柔毛。叶近圆形，二至三回羽状全裂，具长柄，花期叶凋谢；茎下部叶初时两面密被灰白色或灰黄色略带绢质的短柔毛，叶长卵形或椭圆形，长达 3.5 cm，宽达 3 cm，二至三回羽状全裂，每侧有裂片 3～4，再次羽状全裂，每侧具小裂片 1～2，小裂片狭线形，长约 5 mm，宽约 1 mm，不再分裂或具小裂齿，叶柄长达 4 cm；中部叶初时两面被短柔毛，叶长圆形或长卵形，长达 2 cm，宽达 1.5 cm，一至二回羽状全裂，每侧具裂片 2～3，不分裂或再 3 全裂，小裂片丝线形或毛发状，长 4～8 mm，宽约 0.3（～0.5）mm，多少弯曲；茎上部叶与分枝上叶及苞片叶 3～5 全裂或不分裂。头状花序近球形，极多数，直径约 1.5（～2）mm，具极短梗，基部有线形小苞叶，在分枝上偏向外侧生长，并排成复总状或复穗状花序，在茎上再组成大型、开展的圆锥花序；总苞片 3～4 层，外层总苞片草质、卵形，背面绿色、无毛，边缘膜质，中、内层总苞片长卵形或椭圆形，半膜质；花序托小，凸起；雌花 5～7，花冠狭圆锥状或狭管状，冠檐具 2 裂齿，花柱线形，伸出花冠外，先端 2 叉，叉端尖；不育两性花 4～10，花冠管状，花药线形，先端附属物尖，长三角形，花柱短，先端膨大，2 裂，不叉开，退化子房不明显。瘦果倒卵形或长圆形，褐色。花果期 7～10 月。

广泛分布于全国各地。

亦作"青蒿"（即"黄花蒿"）的代用品。

白莲蒿 *Artemisia sacrorum*

菊科 Asteraceae

蒿属 *Artemisia*

半灌木状草本。茎多数，直立，高达 1 m，初被微柔毛。下部叶有长柄，基部抱茎，叶片轮廓近卵形或长卵形，长达 12 cm，宽达 6 cm，二回羽状深裂，裂片近长椭圆形或长圆形，边缘深裂或齿裂，上面初被少量白色短柔毛，下面除主脉外密被灰白色平贴的短柔毛，后无毛，叶轴有栉齿状小裂片；中部叶与下部叶形状相似，叶柄较短，叶片长达 7 cm，宽达 5 cm，有假托叶；上部叶渐小，边缘深裂或齿裂。头状花序于枝端排列成复总状，多排列紧密，有梗；总苞近球形，长宽均约 3 mm，总苞片 3 层；外层总苞片初密被灰白色短柔毛，中、内层无毛；雌花 10～12，花冠管管状，长约 1 mm；两性花 10～20，花冠管柱形，长约 1.5 mm，花冠黄色，外被腺毛；子房近长圆形或倒卵形；花序托近半球形。瘦果近倒卵形或长卵形，长约 1.5 mm，有纵纹，棕色。花期 9～10 月；果期 10～11 月。

除高寒地区外，广泛分布于全国各地。

艾 *Artemisia argyi*

菊科 Asteraceae
蒿属 *Artemisia*

多年生草本。被绒毛；有香气。常有横卧根状茎。茎高达 1.2 m，上部有开展及斜生的花序枝。茎下部的叶片阔卵形，羽状浅裂或深裂，裂片边缘有锯齿，基部下延成长柄，花期枯萎；茎中部的叶片近长倒卵形，长达 10 cm，宽达 8 cm，羽状深裂或浅裂，侧裂片常 2 对，裂片近长卵形或卵状披针形，全缘或有 1～2 锯齿，齿先端钝尖，顶裂片呈明显或不明显的浅裂，基部近楔形，下延成急狭的短柄，柄长多不及 5 mm，有假托叶；上部叶渐小，2～3 浅裂，或不裂，近无柄；上面绿色，有白色腺点和小凹点，初被灰白色短柔毛，下面被绒毛，呈灰白色。头状花序多数，排列成复总状；总苞近卵形，长约 3 mm，宽约 2.5 mm；总苞片 3 层，被绒毛；雌花约 10，花冠管状，长约 1.3 mm，黄色；两性花 10 余，花冠近喇叭筒状，长约 2 mm，黄色，有时上部带紫色；花冠外被腺毛；子房近柱状，花序托稍突出，呈圆顶状。花期 9～10 月；果期 11 月。

国内除极干旱与高寒地区外，广泛分布于全国各地。

叶供药用，有散寒除湿、温经止血的功效。又为艾绒的原料，供针灸用。

刺儿菜 Cirsium segetum

菊科 Asteraceae
蓟属 Cirsium

多年生草本。茎直立，高达 30 cm，上部分枝。基生叶和中部茎生叶椭圆形、长椭圆形或椭圆状倒披针形，长达 10 cm，宽达 2 cm，边缘有细齿，先端钝或圆形，基部楔形，常无柄；上部叶渐小，微有齿，全部茎生叶同色。头状花序单生茎端或多数头状花序排成伞房状；总苞卵形，直径达 2 cm，总苞片约 6 层，覆瓦状排列，向内层渐长，中外层苞片顶端有长不足 0.5 mm 的短针刺，内层及最内层渐尖，膜质，短针刺状；小花紫红色或白色，雌花花冠长达 2 cm，两性花花冠长 1.8 cm。瘦果淡黄色，椭圆形或斜椭圆形，压扁，长约 3.5 mm；冠毛污白色，羽毛状，多层。花、果期 5～9 月。

国内分布华北、东北等地区。

全草药用，能凉血止血、散瘀消肿。

篦苞风毛菊 Saussurea pectinata

菊科 Asteraceae

风毛菊属 Saussurea

多年生草本。株高达 80 cm。根状茎斜伸，颈部有褐色纤维状残叶柄。茎直立，有纵沟棱，分枝，下部疏被蛛丝状毛，上部有短糙毛。基部叶花期常凋落，下部叶和中部叶有长柄，叶片卵状披针形，长达 16 cm，宽达 8 cm，羽状深裂，裂片 5~8 对，宽卵形或披针形，先端锐尖或钝，边缘有深波状或缺刻状钝齿，上面及边缘有短糙毛，下面有短柔毛和腺点；上部叶有短柄，裂片较狭，全缘。头状花序，数个在枝端排成疏伞房状，有短梗；总苞宽钟状或半球状，长达 15 mm，直径达 10 mm；总苞片约 5 层，疏被蛛丝状毛和短柔毛，外层苞片卵状披针形，先端叶质，有栉齿状的附片，常反折，内层苞片条形，渐尖，先端和边缘粉紫色，全缘；花冠紫色，长约 12 mm。瘦果，长 5~6 mm，圆柱形，褐色；冠毛 2 层，污白色，内层者长约 8 mm，羽毛状。花、果期 8~9 月。

广泛分布于全国各地。

长裂苦苣菜 Sonchus brachyotus

菊科 Asteraceae

苦苣菜属 Sonchus

多年生草本。高达 50 cm。有横走根状茎，白色。茎直立，无毛，下部常带紫红色，常不分枝。基生叶阔披针形或长圆状披针形，灰绿色，长达 20 cm，宽达 5 cm，先端钝或锐尖，基部渐狭成柄，边缘有牙齿或缺刻；茎生叶无柄，基部耳状抱茎，两面无毛。头状花序，在茎顶成伞房状，直径约 2.5 cm；总花梗密被蛛丝状毛或无毛；总苞钟状，长达 2 cm，宽达 1.5 cm；总苞片 3~4 层，外层苞片椭圆形，较短，内层较长，披针形；舌状花黄色，80 余，长 1.9 cm。瘦果纺锤形，长约 3 mm，褐色，稍扁，两面各有 3~5 条纵肋，微粗糙；冠毛白色，长约 1.2 cm。花、果期 6~9 月。

生于田边、路旁湿地。国内分布于东北、华北、西北、华南地区及江苏、湖北、江西、四川、云南等省份。

全草药用，具有清热解毒、消肿排脓、祛瘀止痛的功效。

蒲公英 Taraxacum mongolicum

菊科 Asteraceae
蒲公英属 Taraxacum

多年生草本。有乳汁；高达 25 cm。叶基生，匙形或倒披针形，长达 15 cm，宽达 4 cm，羽状分裂，侧裂片 4～5 对，长圆状倒披针形或三角形，有齿，顶裂片较大，戟状长圆形，羽状浅裂或仅有波状齿，基部渐狭成短柄，疏被蛛丝状毛或几无毛。花葶数个，与叶近等长，被蛛丝状毛；头状花序单生于花葶顶端；总苞钟状，淡绿色；外层总苞片披针形，边缘膜质，被白色长柔毛，先端有或无小角状突起，内层苞片条状披针形，长于外层苞片 1.5～2 倍，先端有小角状突起；舌状花黄色，长达 1.7 cm，外层舌片的外侧中央有红紫色宽带。瘦果，褐色，长 4 mm，有多条纵沟，并有横纹相连，全部有刺状突起，喙长 6～8 mm；冠毛白色，长 6～8 mm。花、果期 3～6 月。

生于田间、堤堰、路边、河岸、庭院。国内分布于东北、华北、华东、华中、西北、西南等地区。

全草药用，具有清热解毒、利尿散结的功效。

朝阳隐子草 Cleistogenes hackelii

禾本科 Gramineae

隐子草属 Cleistogenes

多年生草本。秆丛生，基部具鳞芽，高30～85 cm，径0.5～1 mm，具多节。叶鞘长于或短于节间，常疏生疣毛，鞘口具较长的柔毛；叶舌具长0.2～0.5 mm的纤毛，叶片长3～10 cm，宽2～6 mm，两面均无毛，边缘粗糙，扁平或内卷。圆锥花序开展，长4～10 cm，基部分枝长3～5 cm；小穗长5～7 mm，含2～4小花；颖膜质，具1脉，第一颖长1～2 mm，第二颖长2～3 mm；外稃边缘及先端带紫色，背部具青色斑纹，具5脉，边缘及基盘具短纤毛，第一外稃长4～5 mm，先端芒长2～5 mm，内稃与外稃近等长。花、果期7～11月。

国内分布甘肃、河北、山西、山东、河南、陕西、江苏、安徽、湖北、湖南、四川、福建、贵州等地；多生于山坡林下或林缘灌丛。

大画眉草 Eragrostis cilianensis

禾本科 Gramineae

画眉草属 Eragrostis

一年生草本。鲜时有腥味。秆丛生，直立或倾斜上升，高达90 cm，具3～5节，节下常有一圈腺点。叶鞘较节间短，沿纵脉有凹点状腺点，鞘口有柔毛；叶舌为一圈成束的短毛，长约0.5 mm；叶片长达20 cm，宽达6 mm，扁平或内卷，无毛，叶脉和叶缘常有腺点。圆锥花序开展，长达20 cm，分枝较粗，每节1分枝，小枝及小穗柄上均有黄色腺点；小穗铅绿色或淡绿色至乳白色，长5～20 mm，宽2～3 mm，含10～40小花；2颖近相等，长约2 mm，1～3脉，沿脊有腺点；外稃长约2.5 mm，宽约1 mm，先端稍钝，脊上有腺点；内稃宿存，稍短于外稃，脊上有短纤毛；花药长约0.5 mm。颖果近圆形，径约0.7 mm。花、果期7～10月。

广泛分布于全国各地。

可作牧草，亦可作造纸原料。

芦苇 Phragmites australis

禾本科 Gramineae
芦苇属 Phragmites

多年生高大草本。根状茎粗壮。秆高达 3 m，径达 1 cm，节下常有白粉。叶鞘圆筒形；叶舌极短，截平，或成一圈纤毛；叶片扁平，长达 45 cm，宽达 3.5 cm。圆锥花序顶生，疏散，长达 40 cm，稍下垂，下部分枝腋部有白柔毛；小穗通常含 4~7 小花，长 12~16 mm；颖 3 脉，第一颖长 3~7 mm，第二颖长 5~11 mm；第一小花常为雄性，其外稃长 9~16 mm；基盘细长，有长 6~12 mm 的柔毛；内稃长约 3.5 mm。颖果长圆形。花、果期 7~11 月。

生于池塘、湖泊、河道、海滩和湿地。广泛分布于全国各地。

秆可编织、造纸和盖屋。嫩叶可作饲料。根状茎药用，有健胃、利尿的功效。

牛筋草 Eleusine indica

禾本科 Gramineae
穆属 Eleusine

一年生草本。秆常斜生且开展，基部压扁，高达 90 cm。叶鞘压扁，无毛或疏生疣毛，鞘口常有柔毛；叶舌长 1 mm；叶片扁平或卷褶，长达 15 cm，宽达 5 mm，无毛或上面有疣基柔毛。穗状花序 2~7 枚，很少单生，呈指状簇生茎顶端；每小穗长 4~7 mm，宽 2~3 mm，含 3~6 小花；颖披针形，脊上粗糙，第一颖长 1.5~2 mm，第二颖长 2~3 mm；第一外稃长 3~4 mm，有脊，脊上有翅；内稃短于外稃，具 2 脊，沿脊上有纤毛。囊果长 1.5 mm。种子卵形，有明显波状皱纹。花、果期 6~10 月。

生于荒地、路边。广泛分布于全国各地。

可作牧草。全草药用，有活血、补气的功效。秆叶坚韧，可作造纸原料。

虎尾草 Chloris virgata

禾本科 Gramineae

虎尾草属 Chloris

一年生草本。秆丛生，直立或膝曲，光滑无毛，高达 75 cm。叶鞘无毛，背部有脊，松弛，秆最上部叶鞘常包藏花序；叶舌长约 1 mm，无毛或具纤毛；叶片长达 25 cm，宽达 6 mm，平滑或上面及边缘粗糙。穗状花序 5～10 余枚，指状生于茎顶部，长达 5 cm；小穗长 3～4 mm（芒除外），幼时淡绿色，成熟后常带紫色；颖 1 脉，膜质，第一颖长约 1.8 mm，第二颖长约 3 mm，有长 0.5～1.5 mm 的芒；第一外稃长 3～4 mm，3 脉，边脉上有长柔毛，芒由先端下部伸出，长 5～15 mm；内稃短于外稃，具 2 脊，脊上有纤毛；不孕外稃先端截平，长约 2 mm。花、果期 6～10 月。

生于路边、荒地、墙头、房檐上。广泛分布于全国各地。

可作牧草。

狗牙根 Cynodon dactylon

禾本科 Gramineae
狗牙根属 Cynodon

多年生草本。有根状茎。秆匍匐地面可长达1 m，直立部分高达30 cm，光滑。叶片条形，长达12 cm，宽达3 mm，互生，在秆上部之叶，因节间短而似对生状，光滑。穗状花序长达5（6）cm，（2～）3～5（6）枚生于茎顶，指状排列；小穗灰绿色或带紫色，常含1小花，长2～2.5 mm；颖1脉，有膜质边缘，长1.5～2 mm，2颖几等长，或第二颖稍长；外稃3脉，与小穗等长；内稃2脉，与外稃等长；花药淡紫色；子房无毛，柱头紫红色。颖果长圆柱形。花、果期5～10月。

生于墙边、路边和荒地上。国内分布于黄河以南地区。

根状茎发达，可铺草坪，又可用作保土植物；药用，有清血的功效。茎叶可作牧草。

拂子茅 Calamagrostis epigeios

禾本科 Gramineae
拂子茅属 Calamagrostis

多年生草本。有根状茎。秆直立，高 45～100 cm，径 2～3 mm。秆基部叶鞘长于节间，上部者短于节间，平滑或稍粗糙；叶舌长 5～9 mm，先端尖而易破碎；叶片长 15～27 cm，宽 4～8（13）mm。圆锥花序直立，紧密，圆筒形，有间断，长 10～25（30）cm；小穗条形，长 5～7 mm，淡绿色或稍带紫色；2 颖近等长，或第二颖稍短；外稃长约为颖的 1/2，先端 2 齿裂，基盘有长柔毛，与颖近等长，芒自背面中部或稍上部伸出，长 2～3 mm；内稃长约为外稃的 2/3，先端细齿裂；花药黄色，长约 1.5 mm。花、果期 5～9 月。

广泛分布于全国各地。

秆可编织草席，覆盖房顶。根状茎发达，能耐盐碱，是理想的护堤固沙植物，也是优良牧草。

远东芨芨草 Achnatherum extremiorientale

禾本科 Gramineae
芨芨草属 Achnatherum

多年生草本。秆直立，光滑，疏丛，高达 1.5 m，具 3～4 节，基部常有鳞芽。叶鞘较松弛，光滑；叶舌长约 1 mm；叶片扁平或内卷，长达 50 cm，宽达 1 cm。圆锥花序开展，长达 40 cm，分枝 3～6，细长平展，中上部疏生小穗，熟后水平开展；小穗长 6～9 mm，草绿色或熟时变紫色；第一颖稍短于第二颖或 2 颖近等长，膜质；外稃长 5～7 mm，厚纸质，先端微 2 裂，有 3 脉，脉于顶端汇合，背部有柔毛，芒 1 回膝曲，中部以下扭转，长约 2 cm；内稃背部圆形，2 脉，无脊，脉间有柔毛，成熟时背部露出；花药黄色，长 4～5 mm。颖果长约 4 mm，纺锤形。花、果期 7～9 月。

生于山坡、林缘、草丛。国内分布于东北、华北、西北地区及安徽。

未抽穗前可作牧草。老秆则为造纸原料。

狗尾草 Setaria viridis

禾本科 Gramineae

狗尾草属 Setaria

一年生草本。秆直立或基部膝曲，高达1 m。叶鞘较松弛，无毛或有柔毛；叶舌纤毛状，长1～2 mm；叶片长达30 cm，宽达18 mm。圆锥花序紧密排列成长圆柱状或基部稍疏离，直立或稍弯曲，长达15 cm；小穗长达2.5 mm，先端钝，2至数枚簇生，刚毛小枝1～6；第一颖卵形，长约为小穗的1/3，3脉；第二颖与小穗等长，5～7脉；第一外稃与小穗等长，5～7脉，有1狭窄内稃。颖果有细点状皱纹，成熟后很少膨胀。花、果期5～10月。

生于海拔4000 m以下的荒野、路旁及田埂。广泛分布于全国各地。

秆、叶可作饲料，也可入药，治痈瘀、面癣。全草加水煮沸20 min后，滤出液可喷杀菜虫。

结缕草 *Zoysia japonica*

禾本科 Gramineae

结缕草属 *Zoysia*

多年生草本。有匍匐茎，株高达 20 cm。下部叶鞘松弛，上部叶鞘紧密抱茎；叶舌不明显，有白柔毛，长约 1.5 mm；叶片质较硬，扁平或稍卷折，长达 5 cm，宽达 4 mm。总状花序穗状，长达 4 cm，宽达 5 mm；小穗卵圆形，长达 3.5 mm，宽约达 1.5 mm，小穗柄可长于小穗并且常弯曲；外稃膜质，1 脉，长 2.5~3 mm；雄蕊 3，花丝短，花药长约 1.5 mm。颖果卵形，长 1.5~2 mm。花、果期 5~8 月。

生于干旱山坡、路旁。广泛分布于全国各地。

植株矮，根状茎发达，又耐践踏，是理想的草坪植物，尤宜铺设足球场。

白茅 Imperata cylindrica

禾本科 Gramineae
白茅属 Imperata

多年生草本。根状茎发达。秆高达 90 cm，具 2~4 节，节上生有长达 10 mm 的柔毛。叶鞘老时常破碎成纤维状，无毛或上部边缘及鞘口有纤毛；叶舌干膜质，长约 1 mm，顶端有细纤毛；叶片先端渐尖，主脉在背面明显突出，长达 40 cm，宽达 8 mm；顶生叶短小，长达 3 cm。圆锥花序穗状，长达 15 cm，宽达 2 cm，分枝短，排列紧密；小穗成对或单生，基部生有细长丝状柔毛，毛长 10~15 mm，小穗长 2.5~3.5（~4）mm；小穗柄长短不等；2 颖相等，具 5 脉，中脉延伸至上部，背部脉间疏生长于小穗本身 3~4 倍的丝状长毛，边缘有纤毛；第一外稃卵状长圆形，长为颖的一半或更短，顶端尖；第二外稃长约 1.5 mm，内稃宽约 1.5 mm，无芒，具微小的齿裂；雄蕊 2，花药黄色，长 2~3 mm，先于雌蕊而成熟；柱头 2，紫黑色。花、果期 5~8 月。

生于山坡、草地、路边、田埂及荒地。广泛分布于全国各地。

优良牧草。根状茎药用，有清凉利尿的功效。秆叶作造纸原料。

芒 Miscanthus sinensis

禾本科 Gramineae
芒属 Miscanthus

多年生苇状草本。高达 2 m；无毛或在花序下疏生柔毛。叶鞘长于节间，无毛，仅鞘口有长柔毛；叶舌长达 3 mm，圆钝，先端有小纤毛；叶片长达 50 cm，宽达 1 cm。圆锥花序扇形，主轴只延伸到中部以下，分枝强而直立，长达 40 cm；每节有 1 短柄和 1 长柄小穗；小穗柄无毛，长柄长 4～6 mm，短柄长约 2 mm；小穗披针形，长 4.5～5 mm，基盘有与小穗近等长或稍短的白色或淡黄褐色的丝状毛；第一颖 2 脊 3 脉，无毛；第二颖舟形，先端渐尖，无毛，边缘有小纤毛；第一外稃较颖稍短；第二外稃较颖短 1/3，在先端 2 裂齿间伸出一长 8～10 mm 的芒，芒稍扭转、膝曲；内稃小，长仅及外稃的 1/2。花、果期 7～12 月。

生于山坡、河滩、堤岸。广泛分布于全国各地。

茎秆高而坚强，可作篱墙。幼茎可药用，有散血去毒的功效；亦可作为牧草。秆皮可造纸、编草鞋。花序可做扫帚。

白羊草 *Bothriochloa ischaemum*

禾本科 Gramineae
孔颖草属 *Bothriochloa*

多年生草本。根状茎短。秆丛生，基部膝曲，高达 70 cm，3 至多节，节无毛或有白色髯毛。叶舌约 1 mm，有纤毛；叶片长达 16 cm，宽达 3 mm，两面疏生疣基柔毛或背面无毛。4 至多枚总状花序在秆顶端呈指状或伞房状排列，长达 6.5 cm，灰绿色或带紫色，穗轴节间与小穗柄两侧有丝状毛；无柄小穗长 4～5 mm，基盘有髯毛；第一颖背部中央稍下凹，5～7 脉，下部 1/3 处常有丝状柔毛，边缘内卷，上部 2 脊，脊上粗糙；第二颖舟形，中部以上有纤毛；第一外稃长圆状披针形，长约 3 mm，边缘上部疏生纤毛；第二外稃退化成条形，先端延伸成一膝曲的芒；有柄小穗雄性，无芒。花、果期 6～10 月。

生于低山坡、草地、田梗、路边。广泛分布于全国各地。

重要的水土保持禾草。秆及叶嫩时为优良牧草。

黄背草 *Themeda japonica*

禾本科 Gramineae
菅属 *Themeda*

多年生草本。秆基部压扁，高达 1.5 m。叶鞘紧裹茎秆，常有硬疣毛；叶舌长 1～2 mm；叶片长达 50 cm，宽达 8 mm。伪圆锥花序较狭窄，由具佛焰苞的总状花序组成，总状花序长达 1.7 cm，佛焰苞长达 3 cm，舟形，托在下部；每总状花序有小穗 7 枚，基部 2 对小穗雄性或中性，生在同一平面上，很像轮生的总苞，上部 3 枚小穗中有 1 枚为两性，有一至二回膝曲的芒而无柄，2 枚为雄性或中性，有柄而无芒。花、果期 6～12 月。

生于山坡、草地及道旁。国内分布于除新疆、西藏、青海、甘肃、内蒙古以外的其他地区。

优良的水土保持植物。秆可用于造纸及盖屋。嫩茎叶可作牧草。全草药用，有利尿、祛湿热的功效。

具芒碎米莎草 Cyperus microiria

莎草科 Cyperaceae
莎草属 Cyperus

一年生草本。无根状茎。秆丛生，细弱或稍粗壮，高达 50 cm，扁三棱形。叶短于秆，宽 2~5 mm，叶鞘常呈棕红色。叶状苞片 3~5，下面 2 片常长于花序；长侧枝花序复出，有辐射枝 4~9；穗状花序卵形或长圆状卵形，长 1~4 cm，有 5 至多数小穗；小穗排列松散，斜展，长圆形、披针形或条状披针形，压扁，长 4~10 mm，宽约 2 mm，有 6~22 花；小穗轴有白色的狭翅；鳞片排列疏松，宽倒卵形，顶端微凹，有明显突出于鳞片先端的短尖，背面有龙骨状突起，绿色，有 3~5 条脉，两侧呈黄色或麦秆黄色；雄蕊 3，花药短；花柱短，柱头 3。小坚果三棱状倒卵形或椭圆形，与鳞片近等长，褐色，有密的细点。花、果期 6~10 月。

生于田间、水边湿地。广泛分布于全国各地。

鸭跖草 Commelina communis

鸭跖草科 Commelinaceae
鸭跖草属 Commelina

一年生草本。株高达 60 cm；茎肉质多分枝，基部匍匐，上部近直立。单叶，互生；披针形或卵状披针形，长达 9 cm，宽达 2 cm，先端锐尖；无柄或几无柄，基部有膜质短叶鞘，白色，有绿纹，鞘口有白色纤毛。佛焰苞有柄，心状卵形，边缘对合折叠，基部不相连，有毛；花两性，两侧对称；萼片 3，薄膜质；花瓣 3，蓝色，后方的 2 片较大，卵圆形，前方的 1 片卵状披针形；能育雄蕊 3。蒴果 2 室，每室 2 枚种子。种子表面有皱纹。花、果期 6～10 月。

生于路旁、林厂、山涧、水沟边较阴湿处。广泛分布于全国各地。

全草药用，有清热解毒、利尿的功效；也可作为饲料。

黄花菜 Hemerocallis citrina

百合科 Liliaceae
萱草属 Hemerocallis

植株较高大。根稍肉质，中下部常纺锤状膨大。叶达20片，长达1 m，宽达2 cm。花葶稍长于叶，基部三棱形，上部近圆柱形，有分枝；苞片披针形，自下向上渐短；花梗短，长不及1 cm；花多朵，淡黄色，花蕾期有时先端带黑紫色；花被管长3～5 cm，花被裂片长达8 cm。蒴果钝三棱状椭圆形。种子多枚，黑色，有棱。花期6～7月；果期9月。

生于山坡、林缘，或栽培于田边。国内分布于秦岭以南地区及河北、山西等省份。

花蕾供食用，经蒸晒后加工为金针菜，为美味菜肴的原料，还有健胃、利尿、消肿等功效。根可以酿酒。

绵枣儿 Scilla scilloides

百合科 Liliaceae
绵枣儿属 Scilla

多年生草本。高达 40 cm。鳞茎卵圆形或近球形，高达 4.5 cm，直径达 2.5 cm；鳞茎皮黄褐色或黑棕色。叶基生，常 2～5 片，狭带形或披针形，长达 30 cm，宽达 8 mm，先端尖，全缘，两面绿色。花葶单生，直立，长于叶；总状花序顶生，长达 15 cm，有多数花，粉红色或淡紫红色；花梗长达 1 cm，基部有 1～2 片小苞片，披针形或条形；花被片 6，椭圆形或匙形，长 2.5～4 mm，宽 1～2 mm，先端钝尖，基部稍合生；雄蕊 6，花丝基部扩大，扁平，有细乳头状突起；雌蕊 1 枚，柱头小，花柱长 1～1.5 mm，子房卵圆形，基部有短柄，表面有细小乳头状突起。蒴果倒卵形，长 4～6 mm，宽 2～3.5 mm；种子 1～3，棱形或狭椭圆形，黑色。花期 8～9 月；果期 9～10 月。

国内分布于东北、华东、华北、华中地区及四川、云南、广东等省份。

鳞茎含淀粉，可作工业用的浆料；还可供药用，外敷有消肿止痛的功效。

猴矶岛全貌

猴矶岛

猴矶岛隶属于山东省长岛县,位于北长山岛西北,为无居民海岛,地理位置 38°03′34″N、120°38′31″E。岛南北长 1.0 km,东西宽 0.4 km,岛陆投影面积 26.8 hm²,岛岸线长 2.8 km。该岛呈南北走向,中部最高,海拔约 97 m。

猴矶岛植被由天然植被和人工植被组成。天然植被由乔木林、灌丛、草丛组成。部分人工设施及植被,数量较少但种类比较多,主要分布在建筑物附近,以观赏植物和蔬菜为主。在猴矶岛共发现 50 科 122 属 157 种植物,其中乔木 25 种、灌木 24 种、草本 103 种、藤本 5 种。菊科 23 种,占总数 15%;禾本科 19 种,占总数 12%;豆科 12 种,占总数 8%;蔷薇科 9 种,占总数 6%;百合科 8 种,占总数 5%;茄科 7 种,占总数 4%;桑科 5 种,占总数 3%;藜科 5 种,占总数 3%;其余科 69 种,共占总数的 44%。

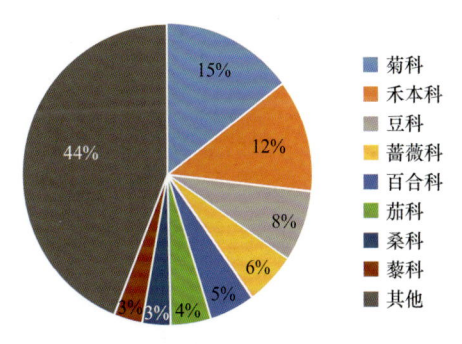

猴矶岛植物各科的占比

银杏 Ginkgo biloba

银杏科 Ginkgoaceae
银杏属 *Ginkgo*

落叶乔木。高可达 30~40 m，胸径 4 m；壮龄树冠圆锥形，老树树冠呈卵圆形；树皮幼时浅纵裂，老则深纵裂；雌株树枝开展，雄株树枝常向上伸。叶柄长；叶片扇形，上缘常呈浅波状或不规则浅裂，幼树及萌芽枝上的叶常先端 2 深裂。雌、雄球花均着生于短枝顶端的鳞片状叶腋；雄球花葇荑花序状，下垂，雄蕊有短柄，花药 2；雌球花 6~7 簇生，有长柄，顶端 2 叉，各生胚珠 1。常 1 种子成熟，肉质外种皮成熟时黄色，有白粉，有臭味，中种皮白色，骨质，有 2~3 棱，内种皮膜质，淡红褐色，胚乳丰富，子叶 2。花期 4~5 月；种子 9~10 月成熟。

全国各地均有栽培，浙江天目山尚有野生状态的树木。

树形优美，为观赏绿化树。木材优良，可供建筑、家具、雕刻及绘图板等用。种子名"白果"，可食用，亦可入药，有温肺益气、镇咳祛痰的功效。叶片可杀虫，亦可作肥料。

雪松 Cedrus deodara

松科 Pinaceae
雪松属 Cedrus

常绿乔木。高达 50 m；树皮深灰色，不规则鳞状裂；枝多平展，小枝常下垂；一年生枝淡灰黄色，密被短柔毛，微有白粉。叶针形，坚硬，常成三棱形，长 5 cm，径约 1.5 mm，幼时有白粉，每面均有气孔线。雄球花长圆柱形，长 3 cm，径 1 cm，先开放；雌球花长卵圆形，长约 8 mm，径约 5 mm。球果椭圆状卵圆形，长 12 cm，径 9 cm；种鳞木质，扇状倒三角形，长 4 cm，宽 6 cm；苞鳞短小。种子近三角形，种翅宽大，连同种子长达 3.7 cm。花期 10～11 月；球果第二年 10 月下旬成熟。

广泛分布于全国各地。

材质优良，可供建筑、家具、桥梁、造船等用。雪松对大气中的氟化氢及二氧化硫有较强的敏感性，抗烟害能力差。

黑松 Pinus thunbergii

松科 Pinaceae

松属 *Pinus*

常绿乔木。高达 30 m，胸径 2 m；树皮灰黑色，片状脱落；一年生枝淡黄褐色，无毛；冬芽银白色，圆柱形。叶 2 针 1 束，长 12 cm，径 2 mm，粗硬；树脂道 6～11 个，中生；叶鞘宿存。球果卵圆形或卵形，长 6 cm；种鳞卵状椭圆形，鳞盾肥厚，横脊明显，鳞脐微凹，有短刺；种子倒卵状椭圆形，连翅长达 1.8 cm，翅灰褐色，有深色条纹；中部种鳞卵状椭圆形，鳞盾微肥厚，横脊显著，鳞脐微凹，有短刺；子叶 5～10（多为 7～8），初生叶条形，叶缘具疏生短刺毛，或近全缘。花期 4～5 月；球果第二年 10 月成熟。

原产日本及朝鲜南部海岸地区。全国各地均有栽培。

木材可作建筑、矿柱、器具、板料及薪炭等用材；亦可提取树脂。

侧柏 *Platycladus orientalis*

柏科 Cupressaceae
侧柏属 *Platycladus*

常绿乔木。高达 20 m，胸径 1 m；树皮薄，裂成纵条片，浅灰色；生鳞叶的小枝直立向上，排成平面。鳞叶紧贴小枝，长 1～3 mm，交互对生；小枝中央叶的露出部分呈倒卵状菱形或斜方形，背面中间有条状腺槽，两侧的叶船形，先端微内曲，背部有钝脊，尖头的下方有腺点。雄球花黄色，卵圆形，长 2 mm；雌球花近球形，径 2 mm，蓝绿色，被白粉。球果卵圆形，长 2 cm，成熟前肉质，蓝绿色，有白粉，成熟后木质，开裂；红褐色种鳞 4 对，顶部 1 对及基部 1 对无种子，中部 2 对各有种子 1～2。种子长卵形，长 4 mm，无翅。花期 3～4 月；球果 10 月成熟。

广泛分布于全国各地。

木材坚实耐用，有多种用途。种子及生鳞叶的小枝药用，种子药用称"柏子仁"，有滋补强壮的功效；小枝药用有健胃的功效。

龙柏 Sabina chinensis cv. Kaizuca

柏科 Cupressaceae
圆柏属 *Sabina*

乔木。树皮深灰色，纵裂，成条片开裂；幼树的枝条通常斜上伸展，形成尖塔形树冠，老则下部大枝平展，形成广圆形的树冠；树皮灰褐色，纵裂，裂成不规则的薄片脱落；小枝通常直或稍成弧状弯曲，生鳞叶的小枝近圆柱形或近四棱形。叶二型，即刺叶及鳞叶；刺叶生于幼树之上，老龄树则全为鳞叶，壮龄树兼有刺叶与鳞叶；生于一年生小枝的一回分枝的鳞叶三叶轮生，直伸而紧密，近披针形，先端微渐尖，背面近中部有椭圆形微凹的腺体；刺叶三叶交互轮生，斜展，疏松，披针形，先端渐尖，上面微凹，有两条白粉带。雌雄异株，稀同株，雄球花黄色，椭圆形，雄蕊5～7，常有3～4花药。球果近圆球形，两年成熟，熟时暗褐色，被白粉或白粉脱落，有1～4粒种子。种子卵圆形，扁，顶端钝，有棱脊及少数树脂槽；子叶2，出土，条形，先端锐尖，下面有2条白色气孔带，上面则不明显。

为普遍栽培的庭院树种。

可作房屋建筑、家具、文具及工艺品等用材。树根、树干及枝叶可提取柏木脑的原料及柏木油。枝叶入药，能祛风散寒、活血消肿、利尿。种子可提取润滑油。

旱柳 Salix matsudana

杨柳科 Salicaceae

柳属 Salix

乔木。高达18 m；树皮暗灰黑色，纵裂，枝褐黄绿色，无毛；芽褐色，微有毛。叶披针形，长达10 cm，宽1.5 cm，先端长渐尖，基部圆形或楔形，上面绿色，无毛，下面苍白色，幼时有丝状柔毛，叶缘有细锯齿，齿端有腺体；叶柄短，长5~8 mm，有长柔毛；托叶披针形或无，缘有细腺齿。花叶同放；雄花序圆柱形，长达3 cm，粗8 mm，有花序梗，花序轴有长毛；雄蕊2，花丝基部有长毛，花药黄色；苞片卵形，黄绿色，先端钝，基部被短柔毛；腺体2；雌花序长达2 cm，粗约5 mm，3~5小叶生于短花序梗上，花序轴有长毛；子房长椭圆形，近无柄，无毛，无花柱或很短，柱头卵形；苞片同雄花，腺体2，背生和腹生。果序达2.5 cm。花期4月；果期4~5月。

国内分布于东北和华北平原、西北黄土高原，西至甘肃、青海，南至淮河流域以及浙江、江苏。

木材白色，轻软，供建筑、器具、造纸及火药等用。细枝可编筐篮。为早春蜜源树种和固沙保土、四旁绿化树种。叶为冬季羊饲料。

麻栎 Quercus acutissima

壳斗科 Fagaceae

栎属 Quercus

落叶乔木。高达 30 m；树皮暗灰黑色，深纵裂；幼枝有黄褐色绒毛。叶长椭圆状披针形，长达 18 cm，宽 4.5 cm，先端渐尖，基部圆形或阔楔形，叶缘锯齿芒状，幼叶有短柔毛，老叶下面无毛或仅脉腋有毛，侧脉 12～18 对，达齿端。壳斗杯状，包围坚果约 1/2，苞片粗条形，有毛，向外反曲。坚果卵状短圆柱形。花期 5 月；果实翌年 9 月后成熟。

广泛分布于全国各地。

木材坚硬，供建筑、枕木、车船、体育器材等用；也可作薪炭材。枯朽木可培养香菇、木耳、银耳等。叶可饲柞蚕。壳斗、树皮为栲胶原料。种子富含淀粉。

榆 *Ulmus pumila*

榆科 Ulmaceae
榆属 *Ulmus*

落叶乔木。高达 25 m；树皮暗灰色，纵裂；小枝灰白色，初有毛；冬芽卵圆形，暗棕色，有毛。叶卵形或卵状椭圆形，长达 6 cm，宽 2.5 cm，先端渐尖，基部阔楔形或近圆形，对称，边缘重锯齿或单锯齿；侧脉 9～14 对，上面无毛，下面脉腋有簇生毛；叶柄长达 5 mm，有短柔毛。花两性，簇生于去年生枝上，有短梗；花萼 4 裂，雄蕊 4，与萼片对生；子房扁平，花柱 2 裂。翅果近圆形，长 1～1.5 cm，顶端有凹缺，果核位于翅果中央，熟时黄白色，仅柱头有毛。花期 3 月；果期 4～5 月。

国内分布于东北、华北、西北、西南地区。

木材坚韧，可供建筑、桥梁、农具等用。可净化空气，为吸收二氧化硫能力极强的树种。翅果含油量高，可供医药和轻、化工业用。树皮、叶和翅果可药用，具有安神、利小便的功效。

大果榆 Ulmus macrocarpa

榆科 Ulmaceae

榆属 *Ulmus*

乔木或灌木。高达 10 m；树皮黑褐色，纵裂；小枝灰褐色，幼时有毛，两侧常有木栓翅。叶多倒卵形，长达 9 cm，宽 7 cm，先端突尖，基部偏斜，边缘有重锯齿，质较厚，两面有硬毛，粗糙；叶柄长 6 mm，有白色柔毛。花 5~9 簇生，花萼 4~5 裂；雄蕊 4；花柱 2 裂。翅果倒卵形，长达 3.5 cm，宽 2.7 cm，两面及边缘有毛，果核位于中央。花期 4 月；果期 4~5 月。

广泛分布于全国各地。

木材坚韧，光亮耐久，可制车辆、农具。树皮纤维可制绳、造纸等。翅果含油量高，是医药和轻、化工业的重要原料。

黑弹树 Celtis bungeana

榆科 Ulmaceae
朴属 Celtis

乔木。高达 20 m；树皮淡灰色，平滑；小枝无毛，幼时萌枝密被毛。叶卵形或卵状椭圆形，长达 8 cm，先端渐尖或尾尖，基部偏斜，边缘上半部有浅钝锯齿或近全缘，两面无毛，近革质，幼树及萌枝叶下面沿脉有毛；叶柄长达 1 cm。核果球形，径达 7 mm，蓝黑色；果梗长于叶柄 2 倍以上；果核白色，表面平滑。花期 3～4 月；果期 10 月。

广泛分布于全国各地。

木材可供家具、农具及建筑用材。茎皮纤维可代麻用。

桑 Morus alba

桑科 Moraceae

桑属 Morus

小乔木或灌木。高达 10 m；树皮黄褐色或灰褐色，浅裂；小枝细长，黄色、灰白色或灰褐色，光滑或幼时有毛；冬芽红褐色。叶卵形至阔卵形，长达 15 cm，宽 13 cm，先端尖或渐尖，基部圆形或浅心形，缘有不整齐的疏钝锯齿，偶有裂，上面绿色无毛，下面淡绿色，沿叶脉或腋间有白色毛；叶柄长达 2.5 cm。雌雄多异株；雄花序长 1.5～3.5 cm，下垂；花被边缘及花序轴有细绒毛；雌花序长 1.2～2 cm；花被片阔卵形，果时肉质；子房卵圆形，顶部有外卷的 2 柱头，花柱短或无。椹果多圆柱状，熟时白色、红色或紫黑色，大小不等。花期 4～5 月；果期 5～7 月。

广泛分布于全国各地。

叶可饲桑蚕。椹果可生吃及酿酒，富营养。种子榨油，适用于油漆及涂料。木材坚实、有弹性，可作家具、器具、装饰及雕刻材。干枝培养桑杈，细枝条用于编织筐篓。根、皮、叶、果供药用，桑枝能祛风清热、通络；桑椹能滋补肝肾、养血补血；桑叶能祛风清热、清肝明目、止咳化痰。

柘树 Cudrania tricuspidata

桑科 Moraceae
柘属 Cudrania

落叶灌木或小乔木。高达 8 m；树皮灰褐色，片状剥落；小枝暗绿褐色，光滑无毛或幼时有细毛；枝刺深紫色，圆锥形，长达 3.5 cm。叶卵形、倒卵形、椭圆状卵形或椭圆形，长达 17 cm，宽 5 cm，先端圆钝或渐尖，基部近圆形或阔楔形，全缘或上部 2～3 裂或呈浅波状，上面深绿色，下面浅绿色，嫩时两面被疏毛，老时仅下面沿主脉有细毛，近革质；叶柄长达 15 mm，有毛。雌雄花序头状，均有短梗，单一或成对腋生；雄花序直径 5 mm，花被片长 2 mm，肉质，苞片 2；雌花序直径 1.5 cm，开花时花被片陷于花托内；子房又埋藏于花被下部，每花 1 花柱。聚花果近球形，成熟时橙黄色或橘红色，直径达 2.5 cm。花期 5～6 月；果熟期 9～10 月。

广泛分布于全国各地。

为良好的护坡及绿篱树种。木材可作家具及细工用材。茎皮纤维强韧，可代麻供打绳、织麻袋及造纸。根皮药用，有清凉、活血、消炎的功效。椹果可酿酒及食用。叶可饲蚕，为桑叶的代用品。

无花果 *Ficus carica*

桑科 Moraceae
榕属 *Ficus*

落叶灌木或小乔木。高可达3 m；树皮灰褐色或暗褐色；枝直立，节间明显。叶倒卵形或圆形，掌状3～5深裂，长与宽均可达20 cm，裂缘有波状粗齿或全缘，先端钝尖，基部心形或近截形，上面粗糙，深绿色，下面黄绿色，沿叶脉有白色硬毛，厚纸质；叶柄长达13 cm；托叶三角状卵形，脱落。隐头花序单生叶腋。隐花果扁球形或倒卵形、梨形，直径3 cm，长达6 cm，黄色、绿色或紫红色。种子卵状三角形，橙黄色或褐黄色。

原产地中海一带。全国各地均有栽培。

为庭院观赏植物。隐花果营养丰富，可生吃，也可制干及加工成各种食品，并有药用价值。叶片药用，治疗痔疾有效。

大麻 Cannabis sativa

桑科 Moraceae
大麻属 Cannabis

一年生草本。高达 3 m；茎灰绿色，有纵沟，密生柔毛。单叶互生；掌状全裂，裂片 3～11，披针形，先端尖，基部渐窄，长 7～15 cm，宽 2～3 cm，有粗齿，上面深绿色，有糙毛，下面淡绿色，密被灰白色柔毛；叶柄长达 13 cm，有糙毛。花单性，雌雄异株；雄花序圆锥形，生枝顶；雄花花被片 5，黄绿色，雄蕊 5，花药肥大，黄色；雌花丛生叶腋，呈球形；苞片先端尖，被疏毛；雌花花被片膜质，紧包子房。瘦果扁卵形，两面凸，直径 4 mm；宿存苞片黄褐色。花期 7 月；果熟期 8～9 月。

国内分布于新疆等地。

为重要经济植物，茎皮纤维强韧，供打绳及纺织用。种子药用，即"火麻仁"，有滋阴、补虚、滑肠、润燥的功效；含油率达 30% 以上，可榨油供工业用。花、果壳和苞片入药。叶可配制麻醉剂。

葎草 Humulus scandens

桑科 Moraceae
葎草属 Humulus

一年生蔓性草本。长达 5 m；茎生倒钩刺。单叶，肾形或近五角形，掌状 5～7 深裂，长达 10 cm，宽达 15 cm，裂片卵圆形，先端渐尖，缘有粗锯齿，叶片基部多心形，叶上面绿色，粗糙，下面灰绿色，疏生刺状刚毛或短柔毛，常有黄色腺点；叶柄长达 20 cm，有短刺毛。雌雄异株；雄株花小，排成圆锥花序；雄花花被片淡黄绿色；雌株的花多排成球形花穗；花穗由多数卵状披针形的苞片组成，每苞片内有 2 花或 1 花；花被片退化成 1 膜质薄片，花柱 2，红褐色，有细刺毛。瘦果扁球形，直径 3 mm，外皮坚硬，有黄褐色的腺点及斑纹；苞片先端短尾状，宿存。花期 7～8 月；果熟期 8～9 月。

生于山坡、路旁、田边。国内分布于除新疆、青海以外的其他地区。

茎皮纤维强韧，可代麻用。全草药用，有健胃、清热、解毒、利尿等功效。种子可榨油，含油量约 30%，可作润滑油及制油墨、肥皂等工业原料用油。

萹蓄 Polygonum aviculare

蓼科 Polygonaceae
蓼属 *Polygonum*

一年生草本。茎匍匐或斜展，有沟纹。叶片条形至披针形，长 4 cm，宽 1 cm，先端钝或急尖，基部楔形，有关节，两面无毛，全缘；有短柄或近无柄；托叶鞘膜质，有明显脉纹，先端数裂。花 1~5 簇生于叶腋，全露或半露出于托叶鞘之外；花梗短，基部有关节；花被 5 深裂，暗绿色，边缘白色或淡红色；雄蕊 8，比花被片短；花柱 3，甚短，柱头头状。瘦果卵形，有 3 棱，长约 3 mm，黑色或褐色，无光泽，有不明显的线状小点，微露出于宿存花被外。

生于路边、田野。广泛分布于全国各地。

全草药用，有利尿、清湿热、消炎、止泻、驱虫的功效；也可作饲料。

巴天酸模 Rumex patientia

蓼科 Polygonaceae

酸模属 Rumex

多年生草本。高 1~1.5 m。主根粗大，断面黄色。茎直立，有沟纹，无毛。基生叶和下部叶长椭圆形或长圆状披针形，长达 30 cm，宽达 10 cm，先端钝或急尖，基部圆形、浅心形或楔形，全缘或边缘皱波状；叶柄腹面有沟，长达 8 cm；茎上部叶狭小，长圆状披针形至狭披针形，有短柄；托叶鞘筒状，膜质。圆锥花序顶生和腋生；花两性，花簇轮生，花梗与花被片等长或稍长，中部以下有关节；花被片 6，2 轮，果期内轮花被片增大，呈宽心形，宽约 5 mm，全缘，有网纹，1 片或全部有瘤状突起；雄蕊 6；柱头 3，柱头画笔状。瘦果三棱形，褐色，有光泽，长约 5 mm。

国内分布于东北、华北、西北、华中地区及四川、西藏等地。

根、叶药用，生品能活血散瘀、止血、清热解毒、润肠通便，酒制品能止泻、补血。根可提取栲胶。

藜 Chenopodium album

藜科 Chenopodiaceae
藜属 Chenopodium

一年生草本。高达 1.5 m；茎直立，有条棱及绿色或紫红色色条，多分枝。叶片菱状卵形至阔披针形，长达 6 cm，宽达 5 cm，先端急尖或钝，基部楔形至阔楔形，上面常无粉，有时嫩叶的上面有紫红色粉，下面多少有粉，边缘有不整齐锯齿；叶柄与叶片多等长。花两性，簇生于枝上部，排列成穗状圆锥花序或圆锥花序；花被 5 裂，阔卵形至椭圆形，背面有隆脊，有粉；雄蕊 5；柱头 2。胞果包于花被。种子横生，双凸镜形，直径 1.2～1.5 mm，黑色，有光泽，表面有浅沟纹，胚环形。

生于田间、路旁、村边荒地。广泛分布于全国各地。

全草药用，能止泻痢、止痒。幼苗可食用。

地肤 Kochia scoparia

藜科 Chenopodiaceae
地肤属 Kochia

一年生草本。高达 1 m；茎直立，淡绿色或带紫红色，有条棱，稍有短柔毛或几无毛。叶披针形或条状披针形，长达 5 cm，宽达 7 mm，无毛或稍有毛，先端渐尖，基部渐狭成短柄，常有 3 条明显主脉，边缘有疏生的锈色绢状缘毛，茎上部叶小，无柄，1 脉。花两性或兼有雌性，常 1～3 朵生于上部叶腋，构成疏穗状圆锥花序；花下有时有锈色长柔毛，花被绿色，花被裂片近三角形，无毛或先端稍有毛，基部合生，黄绿色，果期自背部生出横翅，翅端附属物三角形至倒卵形，有时近扇形，脉不明显，边缘微波状或有缺刻；雄蕊 5；花柱极短，柱头 2。胞果扁球形。种子卵形，黑褐色，长 1.5～2 mm，胚环形，胚乳块状。

生于田边、路边、海滩荒地。广泛分布于全国各地。

果实药用，称"地肤子"，有利尿消肿、祛风除湿的功效。嫩叶可食用。

碱蓬 *Suaeda glauca*

藜科 Chenopodiaceae
碱蓬属 *Suaeda*

一年生草本。高达1 m；茎直立，有条棱，上部多分枝。叶半圆柱形或略扁，长达5 cm，宽1.5 mm，灰绿色，无毛，稍向上弯曲，先端微尖，基部收缩。花两性兼有雌性，单生或2～5簇生成团伞花序，其总花梗与叶基部合生，似花序着生于叶柄上；两性花花被杯状，长1～1.5 mm，黄绿色；雌花花被近球形，直径约0.7 mm，较肥厚，灰绿色；花被片5裂，裂片卵状三角形，果期增厚，使花被呈五角星形，干后变黑；雄蕊5；柱头2。胞果包在花被内。种子横生或斜升，双凸镜形，黑色，直径2 mm，表面有清晰的颗粒状点纹。

生于盐碱荒地。国内分布于华东、华北、西北地区及黑龙江。

种子含油25%左右，可以榨油供工业用。

盐地碱蓬 *Suaeda salsa*

藜科 Chenopodiaceae

碱蓬属 *Suaeda*

一年生草本。高达 80 cm，绿色或紫红色；茎直立，有微条棱，无毛。叶半圆柱形，长达 2.5 cm，宽 2 mm，先端尖或微钝，无柄。团伞花序有 3～5 花，腋生；小苞片卵形，全缘；花两性或兼有雌性，花被半球形，5 裂，裂片卵形，稍肉质，果期背部稍增厚，常在基部延伸出三角形或狭翅状突起；雄蕊 5；柱头 2。胞果包于花被内，果皮膜质。种子横生，双凸镜形或歪卵形，直径达 1.5 mm，黑色，有光泽，表面网点纹不清晰。

生于盐碱荒地。国内分布于华东、东北、西北等地区。

种子可食用。幼苗可作蔬菜。

猪毛菜 Salsola collina

藜科 Chenopodiaceae
猪毛菜属 Salsola

一年生草本。高达 1 m；茎自基部分枝，茎、枝绿色，有白色或紫红色条纹；有短硬毛或近无毛。叶片丝状圆柱形，长达 5 cm，宽达 1.5 mm，有短硬毛，先端有刺状尖，基部边缘膜质。花序穗状；苞片卵形，顶部延伸，有刺状尖，边缘膜质，背部有白色隆脊；小苞片披针形，先端有刺状尖；苞片及小苞片紧贴花序轴；花被片 5，卵状披针形，膜质，先端尖，果时变硬，自背部中上部生鸡冠状突起或短翅；在突起以上部分近革质，先端为膜质，向中央折曲成平面，紧贴果实，有时在中央集成小圆锥体；花药长圆形，长 1.5 mm；柱头丝状，长为花柱的 1.5~2 倍。胞果倒卵形。种子横生或斜生。

广泛分布于全国各地。

全草药用，有降血压的功效。嫩叶可食用。

北美苋 Amaranthus blitoides

苋科 Amaranthaceae
苋属 Amaranthus

一年生草本。高达50 m；茎伏卧或斜升，从基部分枝，绿白色，无毛或近无毛。叶片倒卵形、匙形、倒披针形或长圆状披针形，长达25 mm，宽达10 mm，先端钝或急尖，有凸尖，基部楔形，全缘，两面无毛，上面灰绿色，有光泽；叶柄长达15 mm。花单性，雌、雄花混生，集成腋生花簇，比叶柄短；苞片及小苞片披针形，长约3 mm，先端急尖，有芒尖；花被片常4，稀5，卵状披针形至长圆状披针形，长达2.5 mm，淡绿色，先端稍渐尖，有芒尖；雄蕊3；柱头3。胞果椭圆形，长2 mm，环状开裂，上部带淡红色，近平滑，比最长的花被片短。种子圆形，直径约1.5 mm，黑色，稍有光泽。

国内分布于辽宁。

幼嫩茎叶可作蔬菜、饲料用。

马齿苋 Portulaca oleracea

马齿苋科 Portulacaceae
马齿苋属 Portulaca

一年生肉质匍匐草本。茎基部分枝，淡绿色或带紫色。叶片长圆形或倒卵形，长达 2.5 cm，宽达 15 mm，无毛，先端钝圆或平截或微凹，基部楔形，上面暗绿色，下面淡绿色或暗红色，中脉微隆起。花小，直径达 5 mm，两性，单生或3～5簇生枝端；无花梗；总苞片4～5，薄膜质；萼片2，绿色，阔椭圆形，背部有隆脊，基部与子房贴生；花瓣4～5，黄色，倒卵状长圆形，先端微凹；雄蕊8～12，基部合生；花柱比雄蕊稍长，顶端4～5裂；子房半下位，1室，特立中央胎座，胚珠多数。蒴果卵球形，棕色，盖裂。种子多数，细小，肾状卵圆形，有小疣状突起，黑褐色，有光泽。花期6～8月；果期8～9月。

生于菜园、农田、路旁、荒地，为田间常见杂草。广泛分布于全国各地。

全草药用，有清热解毒、治菌痢的功效。种子明目；又可作农药和兽药。嫩茎叶可食，民间常作蔬菜；又可作家畜饲料。

女娄菜 Silene aprica

石竹科 Caryophyllaceae

蝇子草属 Silene

一年或二年生草本。高达 70 cm；茎直立，密生短柔毛。叶披针形至条状披针形，长达 7 cm，宽达 8 mm，密生短柔毛；上部叶无柄。聚伞花序顶生及腋生；苞片披针形；花梗长短不一，长达 20 mm；萼圆筒形，长 6～8 mm，密被短柔毛，有 10 条脉，先端有 5 齿，萼齿边缘宽膜质，有缘毛，果期萼筒膨大成卵状圆筒形，长达 8～10 mm；花瓣 5，白色或粉红色，与萼片等长或稍长，先端 2 裂，基部渐狭成爪，喉部有 2 鳞片状附属物；雄蕊 10，略短于花瓣，花丝基部密被毛；子房长圆状圆筒形，花柱 3。蒴果卵形，长 8～9 mm，6 齿裂，含多数种子。种子圆肾形，黑褐色，有钝或尖的瘤状突起。

生于山坡、山沟、路边草丛。广泛分布于全国各地。

全草入药，治乳汁少、体虚浮肿等。

石竹 Dianthus chinensis

石竹科 Caryophyllaceae
石竹属 Dianthus

多年生草本。高达 60 cm；茎直立，无毛。叶披针形至条状披针形，长达 6 cm，宽达 7 mm，基部渐狭成短鞘抱茎，先端渐尖，全缘，两面无毛。花单生或成疏聚伞花序；萼下有苞片 2~3 对，苞片倒卵形至阔椭圆形，先端渐尖或长渐尖，长约为萼筒之半或达萼齿基部；花萼筒状，长达 2 cm，宽达 6 mm；萼齿 5，直立，披针形，边缘膜质，有细缘毛；花瓣 5，瓣片倒卵状扇形，先端齿裂，淡红色、白色或粉红色，下部有长爪，长达 18 mm，喉部有斑纹并疏生须毛；雌雄蕊柄长约 1 mm；雄蕊 10；花柱 2，丝状。蒴果圆筒形，长约 2.5 cm，比萼长或近等长，顶端 4 齿裂。种子圆形，微扁，灰黑色，边缘带狭翅。

广泛分布于全国各地。

全草药用，有清热、利尿、通经的功效。栽培供观赏。

长蕊石头花 Gypsophila oldhamiana

石竹科 Caryophyllaceae
石头花属 Gypsophila

多年生草本。高达1 m；全株无毛，带粉绿色。主根粗壮。茎簇生。叶长圆状披针形至狭披针形，长达8 cm，宽达12 mm，先端尖，基部稍狭，微抱茎。聚伞花序顶生或腋生，再排列成圆锥状，花较小，密集；苞片卵形，膜质，先端锐尖；花梗长达5 mm；花萼钟状，长达2.5 mm，萼齿5，卵状三角形，边缘膜质，有缘毛；花瓣5，粉红色或白色，倒卵形，长4~5.5 mm；雄蕊10，比花瓣长；子房椭圆形，花柱2，超出花瓣。蒴果卵状球形，比萼长，顶端4裂。种子近肾形，长达1.5 mm，灰褐色。

生于向阳山坡草丛。国内分布于辽宁、河北、山西、江苏、河南、陕西等省份。

根药用，有清热凉血、消肿止痛、化腐生肌长骨之功效。根的水浸剂可防治蚜虫、红蜘蛛、地老虎等。

长冬草 Clematis hexapetala var. tchefouensis

毛茛科 Ranunculaceae
铁线莲属 Clematis

多年生草本。高达 1 m；老枝圆柱形，有纵沟。单叶至复叶，一至二回羽状深裂，近革质；裂片条状披针形、长椭圆状披针形至椭圆形或条形，长 1.5～10 cm，宽 0.1～2 cm，两面无毛或下面有长柔毛，网脉突出；干后常呈暗黑色。聚伞花序或为总状、圆锥状花序，顶生，有时花单生，花直径达 5 cm；萼片 4～8，常 6，白色，长椭圆形或狭倒卵形，长达 2.5 cm，宽达 1.5 cm，外面边缘有绒毛，内面无毛；雄蕊无毛。瘦果倒卵形，扁平，密生柔毛，宿存花柱长 1.5～3 cm，有灰白色长柔毛。花期 6～8 月；果期 8～9 月。

国内分布于江苏。

根可药用，有解热、镇痛、利尿、通经的功效。

木防己 Cocculus orbiculatus

防己科 Menispermaceae
木防己属 Cocculus

缠绕性落叶藤本。长达 3 m；全株有淡褐色短柔毛。根圆柱形，棕褐色或黑褐色。茎木质化，小枝细，表面密生柔毛；老枝近无毛，有条纹。单叶，互生；叶片阔卵形或卵状椭圆形，有时 3 浅裂，长达 6 cm，宽达 4 cm，先端锐尖至钝圆，顶部常有小突尖，基部心形或截形，幼时两面密生灰白色柔毛；叶柄长达 3 cm，密生灰白色柔毛。花黄色，雌雄异株；聚伞状圆锥花序腋生；花有短梗，总花轴和总花梗被柔毛，小苞片 2，卵形；雄花萼片 6，2 轮，内轮 3 片大，外轮 3 片小，长 1～1.5 mm；花瓣 6，卵状披针形，长 1.5～3.5 mm，先端 2 裂，基部两侧有耳并内折；雄蕊 6，离生，与花瓣对生，花药球形；雌花序较短，花少数，萼片和花瓣与雄花相似，有退化雄蕊 6，心皮 6，离生，子房半球形，无毛，花柱短，向外弯曲。核果近球形，直径达 8 mm，蓝黑色，表面有白粉，内果皮坚硬，背脊和两侧有横小肋。种子 1。花期 5～7 月；果期 7～9 月。

生于山坡、路旁、沟岸及灌木丛中。国内分布于除西北和西藏以外的其他地区。

根状茎入药，有祛风除湿、通经活络、解毒、止痛、利尿、消肿、降血压的功效。根含淀粉，可酿酒。茎含纤维，质坚韧，可作纺织原料和造纸原料。

费菜 *Sedum aizoon*

景天科 Crassulaceae

景天属 *Sedum*

多年生草本。根状茎粗短；块根胡萝卜状。全株肉质肥厚，茎高达 50 cm，直立，无毛，不分枝。叶互生，狭披针形至卵状倒披针形，长达 8 cm，宽达 2 cm，先端渐尖，基部楔形，边缘有不整齐锯齿；几无柄。聚伞花序多花；无小花梗；萼片 5，条形，肉质，不等长，长 3～5 mm，先端钝；花瓣 5，黄色，长圆形至椭圆状披针形，长达 10 mm，有短尖；雄蕊 10，较花瓣短；鳞片 5，长 0.3 mm；心皮 5，基部合生，腹面凸出；花柱长钻形。蓇葖果星芒状排列，长 7 mm。种子椭圆形，长约 1 mm。花期 6～7 月；果期 8～9 月。

生于山坡、路边及山谷岩石缝中。国内分布于华东、华北、华中、东北、西北地区及四川等省份。

全草药用，有止血散瘀、安神镇痛的功效。

瓦松 Orostachys fimbriata

景天科 Crassulaceae
瓦松属 Orostachys

二年生肉质草本。一年生的莲座叶条形，先端增大成半圆形白色软骨质，其边缘有流苏状齿。二年生花茎高 5～40 cm。茎上叶互生，条形至披针形，长可达 3 cm，宽达 5 mm，先端有刺尖。花序总状，紧密，呈宽 20 cm 金字塔形；苞片条形，先端渐尖；花梗长达 1 cm；萼片 5，长圆形，长 3 mm；花瓣 5，红色，披针状椭圆形，长 6 mm，宽 1.5 mm，先端渐尖，基部 1 mm 合生；雄蕊 10，多与花瓣同长，花药紫色；鳞片 5，近四方形，长 0.4 mm，先端稍凹。蓇葖果 5，长圆形，长 5 mm，有长 1 mm 的细喙。种子多数，卵形，细小。花期 8～9 月；果期 9～10 月。

广泛分布于全国各地。

全草药用，有止血、活血、敛疮的功效。有小毒，宜慎用。

长药八宝 Hylotelephium spectabile

景天科 Crassulaceae
八宝属 Hylotelephium

多年生草本。茎直立,高达70 cm。叶对生或3叶轮生,卵形至宽卵形,长4~10 cm,宽达5 cm,先端急尖或钝,基部渐狭、全缘或有浅齿。大形伞房状花序顶生,直径达11 cm;花密生,直径1 cm;萼片5,条状披针形,长约1.5 mm,渐尖;花瓣5,淡紫红至紫红色,披针形,长5 mm;雄蕊10,长8 mm,花药紫色;鳞片5,长方形,长1.2 mm,先端有微缺;心皮5,狭椭圆形,长4.2 mm,花柱长1.2 mm。蓇葖果直立。花期8~9月;果期9~10月。

广泛分布于全国各地。

栽培作观赏植物。全草药用,有活血化瘀、消肿止痛的功效。

一球悬铃木 *Platanus occidentalis*

悬铃木科 Platanaceae

悬铃木属 *Platanus*

落叶乔木。高达 40 m；树皮片状剥落，内皮乳白色；嫩枝被黄褐色毛。叶阔卵形或近五角形，长达 22 cm，3～5 浅裂，裂缘有齿，中央裂片宽大于长，基部截形、楔形或浅心形，下面初时被灰黄色绒毛，后仅在脉上有毛，离基三出脉；叶柄长达 7 cm，密被绒毛；托叶长 3 cm，上部常扩大呈喇叭形，早落。花常 4～6，单性，呈球形头状花序；雌花心皮为 4～6。果序球单生，稀 2，直径 3 cm 或更大，宿存花柱不突起；小坚果顶端钝，基部的绒毛长为坚果的一半。花期 5 月上旬；果期 9～10 月。

原产北美洲。全国各地均有栽培。

作行道树观赏。

茅莓 Rubus parvifolius

蔷薇科 Rosaceae
悬钩子属 Rubus

　　落叶灌木。高达 2 m。小叶 3，偶有 5；小叶菱状圆形或宽楔形，上面伏生疏柔毛，下面密被灰白色绒毛，边缘有不整齐粗锯齿，常有浅裂；叶柄长达 5 cm，顶生小叶柄长达 2 cm，有柔毛和稀疏皮刺；托叶条形，长达 7 mm，有柔毛。伞房花序顶生或腋生；花梗长达 1.5 cm，有柔毛和稀疏皮刺；苞片条形，有柔毛；花径 1 cm；花萼外面密生柔毛和针刺，萼片卵状披针形，先端渐尖，有时条裂；花瓣卵圆形或长圆形，粉红色至紫红色，基部有爪；雄蕊短于花瓣；子房有柔毛。聚合果橙红色，球形，直径达 1.5 cm。花期 5~6 月；果期 7~8 月。

　　生于山坡杂木林下、向阳山谷、路边或荒野地。广泛分布于全国各地。

　　果可食用、酿酒、制醋等。根和叶含单宁，可提取栲胶。全株药用，有止痛、活血、祛风湿及解毒的功效。

委陵菜 Potentilla chinensis

蔷薇科 Rosaceae
委陵菜属 Potentilla

多年生草本。根粗壮圆柱形。茎高达 70 cm，有稀疏短柔毛及白色绢状长柔毛。基生叶为羽状复叶，小叶 5～15 对，连叶柄长达 25 cm，叶柄有短柔毛和绢状长柔毛，小叶长 1～5 cm，宽 0.5～1.5 cm，边缘羽状中裂，裂片边缘向下反卷，上面绿色，有短柔毛或几无毛，下面有白色绒毛；茎生叶与基生叶相似，基生叶有褐色膜质托叶，茎生叶有绿色草质托叶，边缘锐裂。伞房状聚伞花序，花梗长达 1.5 cm，苞片披针形；苞片外面密生短柔毛；花直径多达 1 cm；萼片三角卵形，先端急尖，副萼片比萼片短 1/2 且狭窄，外面有短柔毛或少数绢状柔毛；花瓣黄色，稍长于萼片；花柱近顶生，柱头扩大。瘦果卵球形，有明显皱纹。花期 5～9 月；果期 6～10 月。

广泛分布于全国各地。

根可提取栲胶。全草药用，有清热解毒、止血、止痢的功效。嫩苗可食用。

野蔷薇 Rosa multiflora

蔷薇科 Rosaceae
蔷薇属 Rosa

落叶灌木。小枝有粗短稍弯的皮刺。小叶 5～9，连叶柄长 5～10 cm；小叶片长达 5 cm，宽达 2.8 cm，先端尖或圆，基部圆形或楔形，边缘有尖锐单锯齿，上面无毛，下面有柔毛；小叶柄和叶轴有柔毛或无，有腺毛；托叶贴生叶柄，篦齿状。圆锥花序，花梗长达 2.5 cm；花径达 2 cm；萼片披针形；花瓣白色，芳香；花柱靠合成束，长于雄蕊。蔷薇果直径达 8 mm，红褐色或紫褐色，萼片脱落。

生于山沟、林缘、灌丛中。国内分布于华北至黄河流域以南。

鲜花含芳香油，供食用、化妆品及皂用。花、果及根药用，作泻下剂及利尿剂，又能收敛活血。种子称"营实"，可除风湿、利尿、治痈疽。叶外用治肿毒。根皮含鞣质，可提取栲胶。花艳丽，宜栽植为花篱。

玫瑰 Rosa rugosa

蔷薇科 Rosaceae
蔷薇属 Rosa

灌木。高达 2 m；茎粗壮丛生；小枝密生绒毛、皮刺和刺毛。小叶 5~9，连叶柄长达 13 cm；小叶片长达 5 cm，宽达 2.5 cm，边缘有尖锐锯齿，上面无毛，叶脉下陷，有褶皱，下面灰绿色，中脉突起，密生绒毛和腺毛或腺毛不明显；托叶贴生叶柄，离生部分卵形，边缘有带腺锯齿，下面有绒毛。花单生叶腋或数花簇生，苞片边缘有腺毛，外面有绒毛；花梗长达 2.5 cm，有密绒毛和腺毛；花径达 6 cm；萼片先端尾尖，常有羽状裂片而呈叶状，上面有稀疏柔毛，下面有密绒毛和腺毛；花瓣有单瓣、重瓣至半重瓣，紫红色至白色，芳香；花柱离生，有毛，短于雄蕊。蔷薇果扁球形，直径 2~3 cm，砖红色；萼片宿存。花期 5~6 月；果期 8~9 月。

全国各地均有栽培。

花色艳丽，芳香，宜作绿篱及在庭院、公园种植，为重要观赏花木。花瓣含芳香油，为世界名贵香精，用于化妆品及食品工业；花瓣制玫瑰膏，供食用。果实可提维生素 C 及各种糖类。花蕾药用治肝胃气痛。种子含油约 14%。

月季花 Rosa chinensis

蔷薇科 Rosaceae
蔷薇属 Rosa

直立灌木。高达 2 m；小枝粗壮，有短粗钩状皮刺，无毛。小叶 3～7，连叶柄长达 11 cm，小叶片长达 6 cm，宽达 3 cm，边缘有锐锯齿，两面无毛；顶生小叶有柄，侧生小叶近无柄；总叶柄有皮刺和腺毛；托叶贴生叶柄，先端分离部分成耳状，边缘常有腺毛。花少数集生，直径达 5 cm；花梗长达 6 cm，近无毛或有腺毛；萼片卵形，先端尾尖，边缘常有羽状裂片，稀全缘，外面无毛，内面密生长柔毛；花瓣重瓣至半重瓣，红色、粉红色至白色，先端有凹陷，基部楔形；花柱离生，与雄蕊近等长。蔷薇果长 1～2 cm，红色；萼片脱落。花期 4～10 月；果期 7～11 月。

广泛分布于全国各地。

花可提取芳香油，供制香水及糕点。花期长，色香俱佳，为美化园林的著名花木。花、根、叶药用。

苹果 *Malus pumila*

蔷薇科 Rosaceae
苹果属 *Malus*

落叶乔木。高达 8 m；树皮灰色或灰褐色；小枝灰褐色、红褐色或紫褐色，幼枝被绒毛；冬芽卵形或圆锥形，被密短毛。叶椭圆形至卵圆形；长达 10 cm，宽达 3.5 cm，基部宽楔形或圆形，叶缘有圆钝锯齿，上、下两面幼时密被柔毛，后上面无毛；叶柄粗壮，长达 3 cm；托叶披针形，全缘。伞房花序由 3~7 花组成；花梗长 2.5 cm，密被绒毛；花直径达 4 cm；萼筒钟状，短于裂片，萼片三角状披针形或三角状卵形，内外均被绒毛；花瓣倒卵形，白色，含苞未放时粉红色或玫瑰红色；雄蕊 20，花丝长短不等；子房 5 室，花柱 5，在近基部合生，被灰白色长绒毛。果实以扁球形为主，果径常在 5 cm 以上，萼片宿存，梗洼下陷；果梗粗短。花期 4~5 月；果期 7~10 月。

广泛分布于全国各地。

是目前栽培量最大的经济果树之一，果实大形，品种众多。

桃 *Amygdalus persica*

蔷薇科 Rosaceae
桃属 *Amygdalus*

乔木。高达 8 m；树皮暗褐色，鳞片状；枝红褐色，嫩枝绿色，无毛或微有毛，有顶芽，侧芽常 2～3 个并生，中间为叶芽，两侧为花芽。叶披针形，长达 12 cm，宽达 3 cm，先端长渐尖，基部宽楔形，缘有锯齿，齿端有腺或无，上面暗绿色，无毛，下面淡绿色，在脉腋间有少量短柔毛，侧脉 7～12 对；叶柄长 2 cm，在顶端靠近叶基处多有腺体。侧芽每芽生 1 花；花梗短或无；花直径达 3.5 cm；萼筒钟状，萼片卵圆形，外被短柔毛或带紫红色斑点；花瓣倒卵形，粉红色，稀白色；雄蕊 10～20；雌蕊 1，花柱与雄蕊略等长。核果卵形、椭圆形或扁球形，顶端通常有钩状尖，腹缝线纵沟较明显，径常 3～7 cm，外被密短绒毛。核大，椭圆形或扁球形，两侧有棱或扁圆，有较多的深沟纹及蜂窝状的孔穴。花期 4～5 月；果期 6～11 月。

生于山坡、沟谷杂木林，公园、果园、庭院有栽培。国内分布于华北、华中及西北地区。

常见栽培果树及观赏树种。果可鲜食，亦可加工成罐头、果酱、桃脯等食品。木材可用于小细工。枝叶、根皮、花、果及种仁都可药用。

榆叶梅 Amygdalus triloba

蔷薇科 Rosaceae
桃属 Amygdalus

灌木或小乔木。高达 5 m；树皮紫褐色；小枝深褐色或绿色，向阳面紫红色，无毛或幼时有毛。叶宽椭圆形至倒卵形，长达 6 cm，宽达 3 cm，先端渐尖或突尖，常 3 裂，基部宽楔形，缘有粗重锯齿，侧脉 4～6 对，上面绿色，无毛或疏毛，下面淡绿色，密被短柔毛；叶柄长达 0.8 cm，微被短毛。花单生或 2～3 集生于上年的枝侧，直径达 3 cm；花梗短或近无；萼筒宽钟形，萼片卵圆形，无毛或微被柔毛；花瓣卵圆形或近卵形，粉红色；雄蕊 25～30；子房被短柔毛。核果近球形，略有腹缝线沟槽，径达 1.5 cm，果肉薄，熟时红色，开裂。核球形，有厚壳，表面有皱纹。花期 3～4 月；果期 5～6 月。

广泛分布于全国各地。

观赏花木。在山地沟壑可作保土植物。种仁可榨油。

日本晚樱 *Cerasus serrulata* var. *lannesiana*

蔷薇科 Rosaceae

樱属 *Cerasus*

乔木。高达 25 m；树皮栗褐色；小枝淡褐色，无毛；芽单生或簇生。叶卵形至椭圆状披针形，长达 9 cm，宽达 5 cm，先端尾尖，基部楔形至圆形，叶缘有长芒状的重锯齿，上面苍绿色，无毛，下面略有白粉，并沿中脉有短毛，侧脉 10 对；叶柄长达 3 cm，近叶基部处常有 1～3 腺体；托叶条形，早落。短总状花序或有梗的伞房花序，3～5 花，基部有芽鳞和叶状苞片；花梗长达 2.5 cm；花直径达 5 cm；萼筒近钟形，无毛；萼片卵状椭圆形，先端急尖；花瓣倒卵形，先端凹，多重瓣，粉红色、白色或淡黄色；雄蕊多数；花柱无毛。核果卵状球形，无明显的腹缝沟，径达 8 mm，熟时黑色。花期 4～5 月。

原产日本。全国各地均有栽培。

供观赏。

豆茶决明 Cassia nomame

豆科 Leguminosae
决明属 Cassia

一年生草本。高达 60 cm。偶数羽状复叶，小叶 8～28 对，条形或披针形，长达 1 cm，先端圆或尖，有短尖头，基部圆形，偏斜，叶缘有短毛。叶柄上部有 1 黑褐色盘状腺体。花常 1～2 生于叶腋，或数朵排成短的总状花序；萼片 5，离生，外面疏生柔毛；花瓣 5，黄色，长约 6 mm；雄蕊 4，稀 5；子房密生短柔毛。荚果条形扁平，有毛，长达 8 cm，宽 5 mm，成熟时开裂。种子 6～12，近菱形，深褐色，有光泽。花期 7～8 月；果期 8～9 月。

广泛分布于全国各地。

叶可作茶的代用品。

刺槐 Robinia pseudoacacia

豆科 Leguminosae
刺槐属 Robinia

落叶乔木。高达25 m；树皮褐色，有深沟；小枝光滑。奇数羽状复叶，小叶7～25；小叶椭圆形或卵形，长达5 cm，宽达2 cm，先端圆形或微凹，有小尖头，基部圆形或阔楔形，全缘，无毛或幼时生短毛。总状花序腋生，长达20 cm，下垂；花萼杯状，浅裂；花白色，长达2 cm，旗瓣有爪，基部常有黄色斑点。荚果扁平，条状长圆形，腹缝线有窄翅，长4～10 cm，红褐色，无毛。种子3～13，黑色，肾形。花期4～5月；果期9～10月。

原产于美国东部。广泛分布于全国各地。

木质坚硬，可作枕木、农具。叶可作家畜饲料。种子含油12%，可作肥皂及油漆的原料。花可提取香精，又是较好的蜜源植物。

多花胡枝子 Lespedeza floribunda

豆科 Leguminosae
胡枝子属 Lespedeza

半灌木。高 60～90 cm；茎的下部多分枝，小枝细长软弱，有细棱或被柔毛。三出羽状复叶，互生；托叶条形；小叶倒卵状长圆形或倒卵形，长 0.6～2.5 cm，宽 4～10 mm，先端微凹，有短刺尖，基部圆楔形，全缘，背面被柔毛。总状花序腋生；总花梗细而硬，较叶为长，长 1.5～2.5 cm；无瓣花簇生叶腋；小苞片卵状披针形，与萼筒贴生；花萼杯状，长 4～5 mm，萼片披针形，较萼筒长，疏被柔毛；花冠紫红色，旗瓣椭圆形；长约 8 mm，翼瓣略短，龙骨瓣长于旗瓣；子房有毛。荚果扁，卵圆形，长 5～7 mm，宽约 3 mm，顶端尖，密被柔毛。花期 6～9 月；果期 9～10 月。

国内分布于华北、华东、华中、西北地区及辽宁、广东、四川等省份。

可作家畜饲料及绿肥，亦为水土保持植物。

兴安胡枝子 Lespedeza davurica

豆科 Leguminosae

胡枝子属 Lespedeza

灌木。高达 60 cm；茎单一或簇生，老枝黄褐色，嫩枝绿褐色，有细棱和柔毛。三出羽叶；托叶刺芒状；小叶披针状长圆形，长达 3 cm，宽达 1 cm，先端圆钝，有短刺尖，基部圆形，全缘；叶柄被柔毛。总状花序腋生，较叶短或等长；总花梗有毛；小苞片披针状条形；无瓣花簇生叶腋；萼筒杯状，萼齿 5，披针状钻形，先端刺芒状，与花冠等长；花冠黄白色至黄色，有时基部紫色，长约 1 cm，旗瓣椭圆形，翼瓣长圆形，龙骨瓣长于翼瓣，均有长爪；子房条形，有毛。荚果小，包于宿存萼内，倒卵形或长倒卵形，长达 4 mm，宽达 3 mm。花柱宿存，两面凸出，有毛。花期 6～8 月；果期 9～10 月。

国内分布于东北、华北经秦岭—淮河以北至西南各地。

为重要的山地水土保持植物；又可作牧草和绿肥。全株药用，能解表散寒。

绒毛胡枝子 Lespedeza tomentosa

豆科 Leguminosae

胡枝子属 Lespedeza

灌木。高达 1 m；全株密被黄褐色绒毛；茎直立，单一或上部少分枝。托叶线形，长约 4 mm；羽状复叶具 3 小叶；小叶质厚，椭圆形或卵状长圆形，长 3～6 cm，宽 1.5～3 cm，先端钝或微心形，边缘稍反卷，上面被短伏毛，下面密被黄褐色绒毛或柔毛，沿脉上尤多；叶柄长 2～3 cm。总状花序顶生或于茎上部腋生；总花梗粗壮，长 4～12 cm；苞片线状披针形，长 2 mm，有毛；花具短梗，密被黄褐色绒毛；花萼密被毛，长约 6 mm，5 深裂，裂片狭披针形，长约 4 mm，先端长渐尖；花冠黄色或黄白色，旗瓣椭圆形，长约 1 cm，龙骨瓣与旗瓣近等长，翼瓣较短，长圆形；闭锁花生于茎上部叶腋，簇生呈球状。荚果倒卵形，长 3～4 mm，宽 2～3 mm，先端有短尖，表面密被毛。

国内分布于除新疆、西藏以外的其他地区。

水土保持植物，又可作饲料及绿肥。根药用，健脾补虚，有增进食欲及滋补之功效。

葛 *Pueraria lobata*

豆科 Leguminosae
葛属 *Pueraria*

多年生藤本。全株有黄色长硬毛。块根肥厚。三出羽叶；顶生小叶菱状卵形，长达19 cm，宽达17 cm，先端渐尖，基部圆形，全缘或3浅裂，下面有粉霜；侧生小叶偏斜，边缘深裂；托叶盾形，小托叶条状披针形。总状花序腋生，有1~3花簇生在有节瘤状突起的花序轴上；花萼钟形，萼齿5，上面2齿合生，下面1齿较长，内、外两面均有黄色柔毛；花冠紫红色，长约1.5 cm，旗瓣近圆形，基部有附体和爪，翼瓣的短爪长大于宽。荚果扁平条形，长达10 cm，密生黄色长硬毛。花期6~8月；果期8~9月。

国内分布于除新疆、西藏以外的其他地区。

根可制葛粉，供食用和酿酒；亦可药用，有解肌退热、生津止渴的功效。从根中提出的总黄酮可治疗冠心病、心绞痛。花称葛花，可药用，有解酒毒、除胃热的作用。叶可作牧草。茎皮纤维可作造纸原料。全株匍匐蔓延，覆盖地面快而大，为良好的水土保持植物。

贼小豆 Vigna minima

豆科 Leguminosae

豇豆属 Vigna

一年生缠绕草本。疏被倒生硬毛。三出羽叶；顶生小叶卵形至卵状披针形，长达6 cm，宽达4 cm，先端渐尖，基部圆形或楔形，全缘，两面疏生硬毛；侧生小叶斜卵形或卵状披针形；托叶披针形；小托叶狭披针形或条形。总状花序腋生，远长于叶柄，在花序轴节上的两花之间有矩形腺体；花萼斜杯状，萼齿三角形，最下面1片较长；花冠淡黄色，旗瓣近肾形或扁椭圆形，翼瓣倒长卵形，有爪和耳，龙骨瓣卷曲不超过1圈，其中1瓣中部有角状突起。荚果细圆柱形，长达7 cm，宽达6 mm，无毛。种子矩形，扁，褐红色。花期7～8月；果期8～9月。

生于溪边、灌丛及草地中。国内分布于东北、华北、华东、华中、华南等地区。

绿豆 Vigna radiata

豆科 Leguminosae

豇豆属 Vigna

一年生直立草本。高 20～60 cm；茎被褐色长硬毛。羽状复叶具 3 小叶；托叶盾状着生，卵形，长 0.8～1.2 cm，具缘毛；小托叶显著，披针形；小叶卵形，长 5～16 cm，宽 3～12 cm，侧生的多少偏斜，全缘，先端渐尖，基部阔楔形或浑圆，两面多少被疏长毛，基部 3 脉明显；叶柄长 5～21 cm；叶轴长 1.5～4 cm；小叶柄长 3～6 mm。总状花序腋生，有花 4 至数朵，最多可达 25；总花梗长 2.5～9.5 cm；花梗长 2～3 mm；小苞片线状披针形或长圆形，长 4～7 mm，有线条，近宿存；萼管无毛，长 3～4 mm，裂片狭三角形，长 1.5～4 mm，具缘毛，上方的一对合生成一先端 2 裂的裂片；旗瓣近方形，长 1.2 cm，宽 1.6 cm，外面黄绿色，里面有时粉红色，顶端微凹，内弯，无毛；翼瓣卵形，黄色；龙骨瓣镰刀状，绿色而染粉红色，右侧有显著的囊。荚果线状圆柱形，平展，长 4～9 cm，宽 5～6 mm，被淡褐色、散生的长硬毛，种子间多少收缩。种子 8～14，淡绿色或黄褐色，短圆柱形，长 2.5～4 mm，宽 2.5～3 mm，种脐白色而不凹陷。花期初夏；果期 6～8 月。

广泛分布于全国各地。

种子供食用，亦可提取淀粉，制作豆沙、粉丝等。洗净置流水中，遮光发芽，可制成芽菜，供蔬食。入药，有清凉解毒、利尿明目之效。全株是很好的夏季绿肥。

紫穗槐 Amorpha fruticosa

豆科 Leguminosae
紫穗槐属 Amorpha

落叶灌木。高达 4 m；幼枝密被毛。奇数羽状复叶，小叶 9～25；小叶椭圆形或披针状椭圆形，长达 4 cm，宽达 15 mm，先端圆或微凹，有短尖，基部圆形或阔楔形，两面幼时有白色短柔毛，有透明腺点。总状花序集生于枝条上部，长达 15 cm；花萼钟状，密被短毛并有腺点；花冠蓝紫色，旗瓣倒心形，无翼瓣和龙骨瓣；雄蕊 10，包于旗瓣之中，伸出瓣外。荚果下垂，弯曲，长达 9 mm，宽约 3 mm，棕褐色，有瘤状腺点。花期 6～7 月；果期 8～10 月。

原产于美国。全国各地均有栽培。

为保持水土、固沙造林和防护林带低层树种。枝条可编筐。嫩枝和叶可作家畜饲料及绿肥。荚果和叶的粉末或煎汁可作农药杀虫。蜜源植物。

黄刺条 Caragana frutex

豆科 Leguminosae
锦鸡儿属 Caragana

直立灌木。高达 3 m；枝条黄灰色至暗灰绿色，无毛。托叶三角形，先端钻状，长枝上托叶脱落或成刺，长达 5 mm；叶轴短，长达 1 cm，在短枝上脱落，在长枝上宿存并硬化成刺，长达 1.5 cm，小叶 4，假掌状排列，形状大小相等，倒卵形，长达 2.5 cm，宽达 2 cm，先端圆或微凹，有细尖，基部楔形。花单生，稀 2～3 簇生，每花梗常有 1 花，稀为 2 花，花梗长多为花萼的 2 倍，在中部以上有关节；花萼管状钟形，基部有浅囊状凸起，萼齿三角形，边缘有绵毛；花冠鲜黄色，长达 2.5 cm，旗瓣阔倒卵形，基部渐狭成爪，翼瓣向上渐宽，三角形，龙骨瓣先端钝，爪短；子房条形，无毛。荚果圆筒形，长达 4 cm，宽达 4 mm，红褐色。花期 5～6 月；果期 7～8 月。

国内分布于河北、新疆等地区。

栽培供观赏。花药用，治痘疮、跌伤。

光滑米口袋 Gueldenstaedtia maritima

豆科 Leguminosae

米口袋属 Gueldenstaedtia

多年生草本。植株矮小，无毛。奇数羽状复叶，长约6.5 cm，丛生于短茎，小叶9～15；小叶长圆形或长倒卵形，先端圆形或截形，或微凹，有短尖头，基部圆形或宽楔形，全缘，无毛。花序梗由叶丛中抽出，比叶短或近等长，由2～5花组成伞形花序；花梗极短，基有1苞片，萼下有2苞片；花萼钟状，萼齿5，不等长；花冠紫色，旗瓣卵圆形，长达1.2 cm，翼瓣斜长倒卵形，长达9 mm，龙骨瓣约为旗瓣的1/2，有爪；子房条形，无柄、无毛。荚果圆柱形，长达1.7 cm，无毛。花期4～5月；果期5～6月。

国内分布于辽宁、河北、山西等省份。

印度草木犀 *Melilotus indicus*

豆科 Leguminosae
草木犀属 *Melilotus*

一年生草本。高达50 cm；茎直立，之字形曲折，基部分枝，初被细柔毛。三出羽叶，托叶披针形，边缘膜质，长达6 mm，先端长，锥尖，基部成耳状，有2～3细齿；叶柄与小叶近等长，小叶楔形至狭长圆形，近等大，长达25（30）mm，宽达1 cm，先端钝或截平或微凹，基部楔形，边缘在2/3处以上具锯齿，上面无毛，下面被贴伏柔毛，侧脉7～9对，平行直达齿尖，两面均平坦。总状花序细，长达4 cm，被柔毛，具花达25；苞片刺毛状，花小，长达2.8 mm，花梗短，长约1 mm；萼杯状，长约1.5 mm，脉纹5条，明显隆起，萼齿三角形，稍长于萼筒；花冠黄色，旗瓣阔卵形，先端微凹，与翼瓣、龙骨瓣近等长；子房卵状长圆形，无毛，花柱比子房短，胚珠2粒。荚果球形，长约2 mm，稍伸出萼外，表面具网状脉纹，橄榄绿色，熟后红褐色，有种子1粒。种子阔卵形，径1.5 mm，暗褐色。花期3～5月；果期5～6月。

广泛分布于全国各地。

本种原产印度，在南、北美洲已沦为农田杂草。抗碱力强，味苦不适口，通常作保土植物。

酢浆草 Oxalis corniculata

酢浆草科 Oxalidaceae
酢浆草属 Oxalis

多年生草本。全株有疏柔毛。根状茎细长。茎匍匐或斜升，多分枝。叶互生；三出掌叶，小叶倒心形，无柄；叶柄长达 4 cm；托叶小，与叶柄贴生。伞形花序腋生；总花梗与叶柄近等长；花黄色；萼片 5，披针形或长圆形，长达 4 mm；花瓣 5，长圆状倒卵形，长达 8 mm；雄蕊 10，花丝基部合生；子房长圆柱形，有毛，花柱 5。蒴果长圆柱形，长达 1.5 cm。种子多数，长圆状卵形，扁平，熟时红褐色。花、果期 4～9 月。

生于山坡、路边、村旁、墙根。广泛分布于全国各地。

全草入药，能解热利尿、消肿散淤。茎叶含草酸，可用以磨镜或擦铜器，使其具光泽。牛羊食其过多可中毒致死。

牻牛儿苗 Erodium stephanianum

牻牛儿苗科 Geraniaceae
牻牛儿苗属 Erodium

一年或二年生草本。高达 50 cm；茎平铺或稍斜升，被柔毛或无。叶对生，柄长达 8 cm，被柔毛或无；叶片卵形或椭圆状三角形，长达 7 cm，二回羽状深裂至全裂，羽片 4～7 对，基部下延至叶轴，小羽片狭条形，全缘或有 1～3 粗齿，两面被疏柔毛；托叶披针形，边缘膜质，被柔毛。伞形花序腋生，总花梗长达 15 cm，花 2～5，花梗长达 3 cm，有柔毛或无；萼片椭圆形，先端钝，有长芒，背面被毛；花瓣淡紫色或紫蓝色，倒卵形，基部有白毛，长约 7 mm；雄蕊 10，外轮者无花药；子房被银白色长毛。蒴果长约 4 cm，顶端有长喙，成熟时 5 果瓣与中轴分离，喙部呈螺旋状卷曲。花期 4～5 月；果期 6～8 月。

广泛分布于全国各地。

全草药用，有强筋骨、祛风湿、清热解毒的功效。

香椿 Toona sinensis

楝科 Meliaceae
香椿属 Toona

落叶乔木。高达 25 m；树皮灰褐色，纵裂而片状剥落；冬芽密生暗褐色毛；幼枝粗壮，暗褐色，被柔毛。偶数羽状复叶，长 30～50 cm，有特殊香味，有小叶 10～22 对；小叶对生，长椭圆状披针形或狭卵状披针形，长 6～15 cm，宽 3～4 cm，先端渐尖或尾尖，基部圆形，不对称，全缘或有疏浅锯齿，嫩时下面有柔毛，后渐脱落；小叶柄短；总叶柄有浅沟，基部膨大。顶生圆锥花序，下垂，被细柔毛，长达 35 cm；花白色，有香气，有短梗；花萼筒小，5 浅裂；花瓣 5，长椭圆形；雄蕊 10，其中 5 枚退化；花盘近念珠状，无毛；子房圆锥形，有 5 条细沟纹，无毛，每室 8 胚珠。蒴果狭椭圆形，深褐色，长 2～3 cm，熟时 5 瓣裂。种子上端有膜质长翅。花期 5～6 月；果期 9～10 月。

国内分布于华北、华东、华中、华南及西南地区。

木材细致美观，为上等家具、室内装修和船舶用材。幼芽、嫩叶可生食、熟食及腌食，味香可口，为上等"木本蔬菜"。根皮、果药用，有收敛止血、祛湿止痛的功效。

一叶萩 Flueggea suffruticosa

大戟科 Euphorbiaceae

白饭树属 Flueggea

落叶灌木。高达 2 m；茎无毛，小枝有棱。叶互生，椭圆形或倒卵形，长达 5.5 cm，宽达 3 cm，先端尖或钝，全缘或有波状齿或细钝齿，基部楔形，两面无毛；叶柄长达 6 mm。花小，雌雄异株，无花瓣；雄花 3~12 簇生于叶腋，花梗短，花萼 5，黄绿色，花盘腺体 5，2 裂，与萼片互生，雄蕊 5，花丝超出萼片，有退化子房；雌花单生或数朵聚生于叶腋，花梗稍长，长达 1 cm；花萼 5，花盘全缘；子房球形，3 室，无毛。蒴果三棱状扁球形，直径约 5 mm，黄褐色，无毛，果梗长达 1.5 cm，纤细。种子 6，卵形，褐色，光滑。花期 6~7 月；果期 8~9 月。

广泛分布于全国各地。

枝条可编制用具。叶及花供药用，对心脏及中枢神经系统有兴奋作用。

铁苋菜 Acalypha australis

大戟科 Euphorbiaceae
铁苋菜属 Acalypha

一年生草本。高达 50 cm；全株有短毛。茎有纵棱。叶互生，椭圆状披针形或长卵形，长达 7 cm，宽达 4.5 cm，先端尖，边缘有锯齿，基部楔形。两面疏被短柔毛；叶柄长达 3 cm，被毛。穗状花序腋生，雌、雄同序；雄花多数，细小，生于花序上部，带紫红色，花萼 4 裂，裂片卵圆形，背面稍有毛，雄蕊 8；雌花位于花序基部，常 3 花着生大形叶状苞片内，苞片肾形如蚌，绿色，稀带紫红色，边缘有锯齿，背面脉上伏生毛，花萼 3 裂，卵形，有缘毛，子房球形，有稀疏柔毛，花柱 3，枝状分裂，带紫红色，通常在一苞片内仅有 1 果成熟。蒴果小，三棱状球形，表面有粗毛。种子卵圆形，暗褐色，光滑。花期 7～10 月；果期 8～10 月。

生于田间、地边、路旁、沟边、宅旁、院内、山村附近。广泛分布于全国各地。

田间杂草。可作野菜或家畜饲料。全草药用，有清热解毒、利水消肿、止痢止血的功效。

乳浆大戟 Euphorbia esula

大戟科 Euphorbiaceae
大戟属 Euphorbia

多年生草本。高达 40 cm；乳汁白色；茎直立丛生，有细纵纹。叶互生，条形，长达 5 cm；有短柄或无柄。多歧聚伞花序顶生，通常有伞梗 5 至多数，每伞梗常有 2～4 级分枝，呈伞状；叶状总苞片 5 至多数，轮生状；各级分枝基部有对生总苞片 2，三角状宽卵形、菱形或肾形，先端尖或钝圆，全缘；杯状总苞先端 4～5 裂，裂片间有腺体 4，弯月形，两端呈短角状；有时伞梗或小伞梗顶端常于花、果期发育成密生条形叶的无性短枝；雄花多数，雄蕊 1；雌花 1，子房宽卵形，花柱 3，顶端 2 裂。蒴果卵状球形，直径达 3.5 mm，光滑。种子卵形，长约 2 mm，灰褐色。花期 5～6 月；果期 7 月。

广泛分布于全国各地。

全草药用，有逐水、解毒、散结的功效。种子含油 3.5%，可供工业用。

地锦草 Euphorbia humifusa

大戟科 Euphorbiaceae
大戟属 Euphorbia

一年生平卧小草本。乳汁白色；茎纤细，多分枝，绿紫色，无毛。叶对生，长圆形或椭圆形，长达1 cm，宽达6 mm，先端圆钝，边缘有细齿，基部偏斜，绿色或带紫色，两面无毛，有短柄。杯状聚伞花序单生叶腋及枝顶，总苞倒圆锥形，先端4～5裂，裂片间有腺体4，长圆形，有白色花瓣状附属物，总苞内有多数雄花及1雌花；子房有长柄，3室，花柱3，离生，顶端2裂。球形蒴果三棱状，无毛。种子卵形，褐色，外被灰白色蜡粉。花期5～10月；果期6～10月。

生于田边、路旁、农舍附近及海滨沙地。国内分布于除海南以外的省份。

全草药用，有清利湿热、降压、止血的功效。

黄杨 Buxus sinica

黄杨科 Buxaceae
黄杨属 Buxus

常绿灌木或小乔木。高达 6 m；枝圆柱形，有纵棱；小枝四棱形，全面有毛或外方相对两侧无毛，节间长 0.5～2 cm。叶革质，阔椭圆形、阔倒卵形、卵状椭圆形或长圆形，长 2～3.5 cm，宽 1～2 cm，先端圆或钝，常有小凹口，基部圆形或楔形，叶面有光泽，中脉凸起，侧脉明显，叶下面中脉平坦或稍凸起，中脉上常密被白色线状钟乳体，侧脉不显；叶柄长 1～2 mm，上面被毛。花序头状，腋生，花密集，花序轴长 3～4 mm，被毛，苞片阔卵形；雄花约 10，无花梗，外萼片卵状椭圆形，内萼片近圆形，长 2～3 mm，无毛，雄蕊长约 4 mm，不育雌蕊有棒状柄，末端膨大，高 2 mm 左右；雌花萼片长约 3 mm，子房无毛，柱头倒心形，下延达花柱中部。蒴果近球形，长 6～10 mm，宿存花柱长 2～3 mm。花期 4 月；果期 6～7 月。

国内分布于陕西、甘肃、湖北、四川、贵州、广西、广东、江西、浙江、安徽、江苏等省份。

供观赏或作绿篱。木材坚硬，鲜黄色，适于做木梳、乐器、图章及工艺美术品等。全株药用，有止血、祛风湿、治跌打损伤之功效。

冬青卫矛 Euonymus japonicus

卫矛科 Celastraceae

卫矛属 Euonymus

常绿灌木。高达 5 m；小枝绿色，四棱形，无毛。叶革质，倒卵形或狭椭圆形，长达 7 cm，宽达 4 cm，先端钝尖，基部楔形，缘有钝锯齿，侧脉不明显；叶柄长达 15 mm。二歧聚伞花序腋生；总花梗长达 5 cm；花绿白色，4 数，直径达 8 mm；萼片半圆形，长约 1 mm；花瓣椭圆形；花柱与雄蕊等长。蒴果扁球形，淡红色，径 6～8 mm。种子有橘红色假种皮。花期 6～7 月；果期 9～10 月。

原产日本。全国各地均有栽培。

作绿篱。树皮药用，有利尿、强壮之功效。

西南卫矛 Euonymus hamiltonianus

卫矛科 Celastraceae

卫矛属 *Euonymus*

小乔木。高达 6 m；小枝的棱上偶有 4 条极窄木栓棱，与栓翅卫矛极相近，但本种叶较大，卵状椭圆形至椭圆状披针形，长达 12 cm，宽 7 cm，叶柄粗长，长达 5 cm。蒴果较大，直径达 1.5 cm。花期 5～6 月；果期 9～10 月。

生长于海拔 2000 m 以下的山地林中。国内分布于华东、华南、华中地区及甘肃、陕西、四川等省份。

酸枣 Ziziphus jujuba var. spinosa

鼠李科 Rhamnaceae

枣属 Ziziphus

落叶灌木。高达3 m；树皮灰褐色，纵裂；小枝红褐色，光滑，有托叶刺，刺长达3 cm，粗直，短刺下弯，长6 mm，短枝短粗；幼枝绿色，单生或簇生。叶卵形、卵状椭圆形，长达3 cm，宽达2 cm，先端钝尖，基部近圆形，边缘有圆锯齿，上面无毛，下面或仅沿脉有疏微毛，基出3脉；叶柄长达6 mm。花黄绿色，两性，5基数，单生或排成腋生聚伞花序；花梗长3 mm；萼片卵状三角形；花瓣倒卵圆形，基部有爪与雄蕊等长，花盘厚，肉质，圆形，5裂；子房下部与花盘合生，2室，每室1胚珠，花柱2半裂。核果小，近球形，径达1.2 cm，熟时红色，中果皮薄，味酸，核两端钝，2室，种子常1枚，果梗长3 mm。花期5～7月；果期8～9月。

广泛分布于全国各地。

种仁药用，有镇静、安神之功效。亦为蜜源植物。

葎叶蛇葡萄 Ampelopsis humulifolia

葡萄科 Vitaceae

蛇葡萄属 Ampelopsis

　　落叶木质藤本。小枝无毛或有微毛。叶近圆形至阔卵形，长达 15 cm，3～5 掌状中裂或深裂，先端渐尖，基部心形或近截形，边缘有粗齿，上面鲜绿色，有光泽，下面苍白色，无毛或脉上微有毛；叶柄与叶片等长，无毛。聚伞花序与叶对生，有细长总花梗；花小，淡黄色；萼杯状；花瓣 5；雄蕊 5，与花瓣对生；花盘浅杯状，子房 2 室。浆果球形，径 6～8 mm，淡黄色或蓝色。花期 5～6 月；果期 7～8 月。

　　生于山坡灌丛及岩石缝间。国内分布于陕西、河南、山西、河北、辽宁及内蒙古等地。

　　根皮药用，有活血散瘀、消炎解毒的功效。

地锦 Parthenocissus tricuspidata

葡萄科 Vitaceae

地锦属 Parthenocissus

落叶木质藤本。卷须分枝，顶端有吸盘。叶宽卵形，长达 20 cm，宽达 17 cm，常 3 浅裂，先端急尖，基部心形，边缘有粗锯齿，上面无毛，下面有少数毛；叶柄长达 20 cm。聚伞花序生于短枝顶端两叶之间；花 5 基数；花萼全缘；花瓣狭长圆形，长约 2 mm；雄蕊较花瓣短，花药黄色；花柱短圆柱状。浆果球形，径 6～8 mm，蓝黑色。花期 6～7 月；果期 7～8 月。

生于峭壁及岩石上，公园、街道、庭院常见栽培。广泛分布于全国各地。

根茎药用，有散瘀、消肿的功效。

五叶地锦 *Parthenocissus quinquefolia*

葡萄科 Vitaceae
地锦属 *Parthenocissus*

落叶攀援藤本。小枝圆柱形，红色；卷须分枝，顶端有吸盘。掌状复叶，小叶 5；小叶椭圆形至卵状椭圆形，长达 15 cm，先端尖锐，基部楔形，边缘有粗锯齿，上面暗绿色，下面淡绿色。聚伞花序组成圆锥花序。浆果近球形，黑色，微被白粉，径约 6 mm，内有 2～3 种子。花期 6～7 月；果熟期 9～10 月。

原产北美洲。东北、华北地区有栽培。

常用作垂直绿化材料，但攀援能力不及爬山虎。

扁担木 Grewia biloba var. parviflora

椴树科 Tiliaceae
扁担杆属 Grewia

落叶灌木。树皮灰褐色，平滑。幼枝及叶、花序均密生灰黄色星状毛。叶菱状卵形，长达 13 cm，宽达 7 cm，先端渐尖，或 3 裂，基部阔楔形至圆形，边缘有不整齐细锯齿，基出三脉，上面疏生星状毛，下面密生星状毛；叶柄长达 10 mm，密生星状毛；托叶细条形，长达 7 mm，宿存。聚伞花序近伞状与叶对生，常有 10 余花；花梗长达 7 mm，密生星状毛；萼片 5，绿色，披针形，先端尖，长 6 mm，宽 2 mm，外面密生星状毛，里面有单毛；花瓣 5，与萼片互生，细小，淡黄绿色，长约 1.2 mm；雄蕊多数，花丝无毛，花药黄色；雌蕊长度不及雄蕊，子房有毛，花柱合一，顶端分裂。核果橙红色，有光泽，2～4 裂，每裂有 2 种子。种子淡黄色，径约 7 mm。花期 6～7 月；果期 9～10 月。

国内分布于华北至华南地区。

茎皮可代麻。种子榨油工业用。根、枝、叶药用，有健脾、固精、祛风湿的功效。

圆叶锦葵 Malva rotundifolia

锦葵科 Malvaceae
锦葵属 Malva

多年生草本。高达 50 cm；分枝多平卧，被粗毛。叶肾形，长达 3 cm，宽达 4 cm，基部心形，边缘具细圆齿，偶 5～7 浅裂，上面疏被长柔毛，下面疏被星状柔毛。叶柄长达 12 cm，被星状长柔毛，托叶小，卵状渐尖。花 3～4 簇生叶腋，花梗不等长，长达 5 cm，疏被星状柔毛。小苞片 3，披针形，长约 5 mm，被星状柔毛；萼钟形，长 6 mm，被星状柔毛，裂片 5，三角状渐尖。花白色至浅粉色，长 12 mm，花瓣 5，倒心形；雄蕊柱被短柔毛；花柱分枝 13～15。果扁圆形，径 5～6 mm，分果爿 13～15，不为网状，被短柔毛。种子肾形，径约 1 mm，被网纹或无网纹。花、果期 5～8 月。

生于荒野、草坡及路边草丛中。广泛分布于全国各地。

苘麻 Abutilon theophrasti

锦葵科 Malvaceae
苘麻属 Abutilon

一年生草本。高达 2 m；茎枝有柔毛。叶互生，圆心形，长达 10 cm，先端长渐尖，基部心形，边缘有细圆锯齿，两面密生星状柔毛；叶柄长达 12 cm，有星状细柔毛；托叶早落。花单生叶腋；花梗长达 3 cm，有柔毛，近顶端有关节；花萼杯状，密生短柔毛，裂片 5，卵形，长约 6 mm；花黄色，花瓣倒卵形，长约 1 cm；雄蕊柱无毛；心皮 15～20，长达 1.5 cm，顶端平截，有扩展、被毛的 2 长芒，排成轮状，密生软毛。果半球形，直径约 2 cm，长约 1.2 cm，分果爿 15～20，有粗毛。种子肾形，褐色，被星状柔毛。花期 7～8 月；果期 9 月。

生于路边、荒地和田野。国内分布于除青藏高原以外的其他地区。

茎皮纤维色白，有光泽，可作为编织麻袋、搓绳索、编麻鞋等的纺织材料。种子含油量 15%～16%，可作为制皂、油漆和工业用润滑油的原料；种子药用，称"冬葵子"，为润滑性利尿剂，并有通乳、消乳腺炎、顺产等功效。

木槿 Hibiscus syriacus

锦葵科 Malvaceae
木槿属 Hibiscus

落叶灌木。高达 4 m；小枝密生黄色星状绒毛。叶菱形至三角状卵形，长达 10 cm，宽达 4 cm，有 3 裂或不裂，先端钝，基部楔形，边缘有不整齐齿缺，下面沿叶脉微有毛或无；叶柄长达 2.5 cm，上面被星状柔毛；托叶条形，长约 6 mm，疏被柔毛。花单生于枝端叶腋间；花梗长达 1.4 cm，有星状短柔毛；副萼 6~8，条形，长达 1.5 cm，宽 2 mm，有密星状柔毛；花萼钟形，长达 2 cm，有密星状柔毛，裂片 5，三角形；花钟形，淡紫色，直径达 6 cm，花瓣倒卵形，长达 4.5 cm，外面有稀疏纤毛和星状长柔毛；雄蕊柱长约 3 cm。花柱枝无毛，蒴果卵圆形，直径约 1.2 cm，密被黄色星状绒毛。种子肾形，背部有黄白色长柔毛。花期 7~10 月。

广泛分布于全国各地。

供绿化及观赏，或作绿篱，对二氧化硫、氯气等的抗性较强，可以在大气污染较重的地区栽种。茎皮富含纤维，作造纸原料。树皮药用，治疗皮肤癣疮、清热利湿。花药用，有清热凉血、解毒消肿的功效。

柽柳 Tamarix chinensis

柽柳科 Tamaricaceae
柽柳属 Tamarix

多灌木。高达 5 m；老干紫褐色，条状裂；枝暗棕色至棕红色；小枝蓝绿色，细而下垂。鳞叶钻形或卵状披针形，长达 3 mm，先端渐尖或钝，下面有隆起的脊，基部呈鞘状贴附枝上，无柄。总状花序生枝侧或枝顶，组成复合的大圆锥花序，常下弯，每总状花序基部及小花各有 1 小苞片，长 1 mm，条状钻形，比小花梗及总梗柄短；萼片 5，卵形，先端钝尖；花瓣 5，长圆形，长 1.5 mm，离生，开花时张开，粉红色或近白色；雄蕊 5，多长于花瓣，花药淡红色；花盘暗紫色，10 裂或 5 裂，先端有浅缺；子房瓶状，浅紫红色，柱头 3，棒状。蒴果，长圆锥形，长 4～5 mm，先端长尖，3 瓣裂。花期 5～8 月，可 3 次开花；果期 7～10 月。

生于沙荒、盐碱地及沿海滩涂。国内分布于华北及长江流域以南地区。

盐碱地土壤改良及绿化树种。枝条可编制筐篮。嫩枝及叶可药用，有发汗、透疹、解毒、利尿等功效。蜜源植物。

东北堇菜 *Viola mandshurica*

堇菜科 Violaceae
堇菜属 *Viola*

多年生草本。根状茎短，有密结节，根状茎及根均为赤褐色。无地上茎。托叶约2/3以上与叶柄合生，离生部分条状披针形，全缘，或稍有细齿；叶柄长达9 cm，果期可达20 cm，被细短硬毛或近无毛，上部有狭翅；叶片卵状披针形、舌形或卵状长圆形，果期常呈三角形，长达6 cm，宽达2 cm，果期叶大，长可达10 cm，宽可达5 cm，先端钝，基部钝圆形、截形或稍呈广楔形，边缘有疏而平的圆齿，两面无毛或稍有细毛。花紫堇色或淡紫色，花梗细长，长于叶，无毛或被细短硬毛，苞片生于花梗中部或中下部；萼片5，卵状披针形至狭披针形，基部附属物短而圆，无毛；花瓣5，上瓣呈倒卵状圆形，比侧瓣稍短，侧瓣里面有明显的须毛，下瓣的中下部带白色，连距长达2.3 cm，距长达1 cm，微弯或直；子房无毛，花柱基部微膝曲，向上部渐粗，前方有短喙。蒴果长圆形，无毛。花、果期4～9月。

广泛分布于全国各地。

全草药用，有清热解毒、消炎消肿的功效。

大叶胡颓子 *Elaeagnus macrophylla*

胡颓子科 Elaeagnaceae
胡颓子属 *Elaeagnus*

常绿攀援灌木。高可达 4 m；树皮及老枝灰黑色；嫩枝有圆滑棱脊，无棘刺。叶薄革质，卵形、宽椭圆形至近圆形，长达 9 cm，宽达 6 cm，先端突尖、钝尖或圆形，基部圆形，全缘，幼叶两面密生银灰色腺鳞，上面呈深绿色，侧脉 6～8 对；叶柄扁圆形，长达 2 cm，银灰色。通常 1～8 花生于叶腋短枝上；花梗长 4 mm；萼筒钟形，长 5 mm，在裂片下面开展，在子房上方骤缩，裂片 4，卵状三角形，先端钝尖，两面密生银灰色腺鳞；雄蕊与裂片互生，花药长圆形，长约 3 mm；花柱被鳞片及星状毛，顶端略弯曲，高于雄蕊。果长椭圆形，密被银灰色腺鳞，长达 2 cm，径达 8 mm，两端圆或钝尖，顶端有小尖头。果核两端钝尖，淡黄褐色，有 8 条纵肋。花期 10～11 月；翌年 5～6 月果实成熟。

生于向阳山坡的崖缝及峭壁的树丛间，常与野生的山茶共生组成群落。国内分布于江苏、浙江的沿海岛屿及台湾。

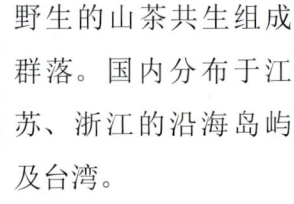

可供观赏。果可生吃。根、叶可药用，有收敛、止泻、平喘、镇咳的功效。

石榴 *Punica granatum*

石榴科 Punicaceae
石榴属 *Punica*

落叶灌木或小乔木。高达 7 m；树皮灰黑色，不规则剥落；小枝四棱形，顶部常刺状。叶对生或簇生，倒卵形或长椭圆状披针形，长达 8 cm，宽达 3 cm，先端尖或钝，基部阔楔形、全缘，中脉在下面凸起，两面光滑；叶柄极短。1 至数花顶生或腋生，有短梗；花萼钟形，亮红色或紫褐色，长达 3 cm，直径 1.5 cm，裂片 5~8，三角形，先端尖，长约 1.5 cm；花瓣与萼裂同数或更多，倒卵形，先端圆，基部有爪，红色、橙红色、黄色或白色；雄蕊多数，花丝细弱弯曲，生于萼筒的喉部内壁上，花药黄色；雌蕊有 1 花柱，4~8 心皮合成多室子房，子房下位，上部多 6 室，下部 3 室。浆果近球形，果皮厚，直径达 18 cm，萼宿存。种子外皮浆汁，红色、粉红色或白色，晶莹透明。花期 5~6 月；果期 8~9 月。

花供观赏。果实可食。茎皮及外果皮药用，有驱虫、止痢、收敛的功效。

小花山桃草 Gaura parviflora

柳叶菜科 Onagraceae
山桃草属 Gaura

二年生草本。高可达 1 m；全株被长软毛。茎直立。叶互生，叶片卵状披针形，基部渐狭成短柄，边缘有细齿或呈波状。花紫红色，成密长穗状花序；花萼 4 裂，反折；花瓣 4；雄蕊 8；柱头 4。蒴果坚果状，纺锤形，有不明显的 4 棱。种子 4，倒卵形。花、果期 5~9 月。

原产于北美洲。生于路旁、山坡、田埂。

狭叶珍珠菜 Lysimachia pentapetala

报春花科 Primulaceae
珍珠菜属 Lysimachia

一年生草本。无毛；茎直立，高 30~60 cm，圆柱形，多分枝，密被褐色无柄腺体。叶互生，狭披针形至线形，长 2~7 cm，宽 2~8 mm，先端锐尖，基部楔形，上面绿色，下面粉绿色，有褐色腺点；叶柄短，长约 0.5 mm。总状花序顶生，果时长 4~13 cm；苞片钻形，长 5~6 mm；花梗长 5~10 mm；花萼长 2.5~3 mm，下部合生达全长的 1/3 或近 1/2，裂片狭三角形，边缘膜质；花冠白色，长约 5 mm，基部合生仅 0.3 mm，近于分离，裂片匙形或倒披针形，先端圆钝；雄蕊比花冠短，花丝贴生于花冠裂片的近中部，分离部分长约 0.5 mm；花药卵圆形，长约 1 mm；子房无毛，花柱长约 2 mm。蒴果球形，直径 2~3 mm。花期 7~8 月；果期 8~9 月。

二色补血草 Limonium bicolor

白花丹科 Plumbaginaceae

补血草属 Limonium

多年生草本。高达 50 cm；除萼外全株无毛。叶基生，稀在花序轴下部节上有叶，叶匙形至长圆状匙形，长达 15 cm，宽达 3 cm，先端钝而有短尖头，基部渐狭成叶柄，疏生腺体。花序轴 1～5，有棱角或沟槽，稀圆柱状，末级小枝 2 棱形；有不育小枝，苞片紫红色、栗褐色或绿色；花萼漏斗状，长达 8 mm，萼筒倒圆锥形，沿脉密被细硬毛，萼檐宽阔，开张幅径与萼的长度相等，在花蕾中或展开前呈紫红色或粉红色，后变白色，宿存；花冠黄色，花瓣 5，基部合生；雄蕊 5，下部 1/4 与花瓣基部合生，花柱 5，离生。果实有 5 棱。花、果期 5～10 月。

广泛分布于全国各地。

全草药用，有活血、止血、温中、健脾的功效；又可杀蝇。

白丁香 *Syringa oblata var. alba*

木犀科 Oleaceae
丁香属 *Syringa*

灌木或小乔木。树皮灰褐色，全株几密被腺毛。叶对生，厚纸质，卵圆形或肾形，通常宽大于长，先端急尖，基部心形至截形，全缘；叶柄长达 3 cm。圆锥花序顶生，长达 16 cm；花萼小，钟形，长约 3 mm，4 裂，裂片三角形；花冠漏斗状，白色，冠筒长达 1.7 cm，檐部 4 裂，裂片卵形；雄蕊 2，内藏，着生于冠筒中部或稍上，花药黄色，花丝极短；花柱棍棒状，柱头 2，子房 2。蒴果，倒卵状椭圆形至长圆形，长达 2 cm，径达 8 mm，顶端尖，光滑。种子扁平，长圆形，周围有翅。花期 4～5 月；果期 6～10 月。

国内分布于东北、华北、西北及西南地区。

本种春季开花较早，花芳香，为良好的观赏花木。嫩叶代茶。木材可制农具。

女贞 Ligustrum lucidum

木犀科 Oleaceae
女贞属 Ligustrum

常绿乔木。高达 7 m；树皮灰褐色，不裂；小枝无毛。单叶，对生，革质，卵形至宽椭圆形，长达 17 cm，宽达 8 cm，先端锐尖至渐尖，基部宽楔形或圆形，上面深绿色，有光泽，下面淡绿色，无毛，侧脉 6～8 对，两面明显，边缘略向外反卷；叶柄长达 2 cm。圆锥花序，顶生，长达 20 cm，无毛，苞片叶状；小苞片披针形或条形；花白色，近无梗；花萼长 2 mm，4 浅裂；花冠筒与花萼近等长，花冠 4，裂片长圆形，冠筒与裂片近等长；雄蕊 2，与花冠裂片略等长；子房上位，2 室，柱头 2。核果肾形，长达 1 cm，熟时蓝黑色，含种子 1。花期 5～7 月；果期 7 月至翌年 5 月。

国内分布于长江以南地区。

观赏绿化树种。木材质细，供细木工用。果药用，名"女贞子"，有滋肾益肝、乌发明目的功效。叶可治口腔炎、咽喉炎。树皮研末可治烫伤、痈肿等。根、茎泡酒，治风湿。种子榨油，供工业用。

徐长卿 Cynanchum paniculatum

萝藦科 Asclepiadaceae
鹅绒藤属 Cynanchum

多年生直立草本。高达 70 cm。须根，生短根茎上，有特异气味。茎常不分枝，无毛。叶对生；叶片线状披针形，长达 13 cm，宽达 12 mm，先端渐尖，基部渐狭，背面淡绿色，两面无毛；无柄或有短柄。圆锥状聚伞花序顶生于叶腋；苞片小，披针形；花萼 5 深裂，裂片披针形；花冠黄绿色，5 深裂，裂片三角状卵形，向外反卷；副花冠黄色，裂片基部增厚；雄蕊 5，连合成管状；子房上位，花柱短，柱头五角形，顶端略突起。蓇葖果常单生，披针状圆柱形，长达 6.5 cm，直径达 6 mm，先端渐尖，基部稍狭。种子多数，扁长圆形，黑褐色，顶端丛生白绢质种毛。花期 6~7 月；果期 8~9 月。

广泛分布于全国各地。

根药用，有脱敏、解毒、镇痛等作用。

地梢瓜 Cynanchum thesioides

萝藦科 Asclepiadaceae
鹅绒藤属 Cynanchum

多年生直立草本。高达 40 cm；全株被灰黄色短柔毛。茎多分枝。叶对生，线形，长达 7.5 cm，宽达 5 mm，先端尖，全缘，叶缘稍反卷，基部楔形，下面淡绿色，叶下面中脉隆起，两面密被灰黄色短柔毛；有短柄。伞状聚伞花序腋生，总花梗长达 5 mm；花萼 5，裂片披针形，外面被柔毛；花冠钟形，黄白色或绿白色，5 深裂，裂片长圆状披针形；副花冠杯状，5 裂，裂片三角状披针形，长于合蕊柱；花粉块每室 1 个，下垂。蓇葖果宽角状披针形，长达 6.5 cm，直径达 1.5 cm，表面有细纵纹，被灰黄色柔毛。种子褐色或红褐色，扁卵圆形，长 7 mm，宽 5 mm，白绢质种毛长约 2 cm。花期 5～8 月；果期 8～10 月。

广泛分布于全国各地。

全株含橡胶 1.5%、树脂 3.6%，可作工业原料。幼果可食。种毛可作填充料。全草药用，具有止咳平喘的功效。

鹅绒藤 Cynanchum chinense

萝藦科 Asclepiadaceae
鹅绒藤属 Cynanchum

多年生缠绕草本。全株被柔毛。主根圆柱形。叶对生，心形或长卵状心形，长达 8 cm，宽达 6 cm，先端锐尖，全缘，基部心形，两面被白色柔毛，叶柄长达 4.5 cm。伞形二歧聚伞花序腋生，有花多数，花柄和花萼外面被毛，花萼 5，裂片卵状三角形；花冠白色，5 裂，裂片长圆状披针形，先端钝，副花冠杯状，上端裂成 10 个丝状体，分两轮，外轮与花冠裂片近等长，内轮稍短；花粉块长卵形，每室 1 个，下垂；子房上位，柱头略突起，顶端 2。蓇葖果双生或单生，角状披针形，先端渐尖，表面有细纵纹，长达 10 cm，直径达 6 mm。种子扁矩圆形，长约 5 mm，白色绢质种毛长约 3 cm。花期 6～8 月；果期 8～10 月。

生于山坡林边草丛中。国内分布于东北、华北、华东、华中、华南等地区。

全株可药用，作祛风剂。乳汁可涂治寻常疣赘。

打碗花 Calystegia hederacea

旋花科 Convolvulaceae

打碗花属 Calystegia

一年生草本。无毛，植株平卧；茎有细棱。基部叶长圆形，长达 3 cm，宽达 1.5 cm，先端圆，基部戟形，上部叶三角状戟形，3 裂，中裂片卵状三角形，或长圆状披针形，侧裂片近三角形，常 2～3 裂，基部心形或戟形；叶柄长达 5 cm。花单生叶腋；花梗长于叶柄；苞片 2，宽卵形，长达 16 mm，宿存；萼片 5，长圆形，稍短于苞片，宿存；花冠漏斗形，粉红色，长达 3.5 cm；雄蕊 5，花丝基部扩大，被细鳞毛；子房 2 室，柱头 2 裂，裂片长圆形，扁平。蒴果卵圆形，长约 1 cm，与宿存萼片近等长或稍长。种子卵圆形，黑褐色，长 5 mm，表面有小瘤。花期 7～9 月；果期 8～10 月。

广泛分布于全国各地。

全草药用，有活血调经、滋阴补肾的功效。

肾叶打碗花 *Calystegia soldanella*

旋花科 Convolvulaceae
打碗花属 *Calystegia*

多年生草本。茎平卧，不缠绕，有细棱翅，无毛。叶肾形，长达 4 cm，宽达 5.5 cm，先端圆或凹，有小尖头，基部凹缺，边缘全缘或波状，叶柄长于叶片。花单生于叶腋；花梗长达 5 cm，有细棱，无毛；苞片宽卵形，比萼片短，长达 1.5 cm，宿存；萼片 5，外萼片长圆形，内萼片卵形，长达 16 mm；花冠钟状漏斗形，粉红色，长达 5.5 cm，5 浅裂；雄蕊 5，花丝基部扩大，无毛；子房 2 室，柱头 2 裂。蒴果卵形，长约 16 mm。种子黑褐色，光滑。花期 5~6 月；果期 6~8 月。

生于海滨沙滩或海岸岩石缝上。国内分布于辽宁、河北、江苏、浙江、台湾等沿海省份。

圆叶牵牛 Ipomoea purpurea

旋花科 Convolvulaceae
番薯属 Ipomoea

一年生草本。全株有硬毛；茎缠绕。叶互生，心形，长达 12 cm，多全缘，掌状脉；叶柄长达 9 cm。花序腋生，有 1~5 花，总花梗与叶柄近等长；花梗结果时上部膨大；苞片 2，条形；萼片 5，外面 3 片长椭圆形，渐尖，内面 2 片条状披针形，长达 1.5 cm，外面有粗硬毛；花冠漏斗状，紫色、淡红色、白色等，长达 5 cm，顶端 5 浅裂；雄蕊 5，不等长，内藏，花丝基部有毛；子房 3 室，每室 2 胚珠，柱头头状，3 裂。蒴果球形。种子卵圆形，黑色或米黄色，有极短的糠秕状毛。花期 6~9 月；果期 9~10 月。

广泛分布于全国各地。

供观赏。种子药用，称"二丑"，有泻水利尿、逐痰、杀虫的功效。

牵牛 *Ipomoea nil*

旋花科 Convolvulaceae
番薯属 *Ipomoea*

一年生草本。全株有粗硬毛；茎缠绕。叶互生，卵圆形，3 裂，中裂片基部向内深凹陷，掌状脉，基部心形；叶柄长于花柄。花序腋生，1～3 花，总花梗长达 5 cm，有长柔毛；苞片 2，披针形；萼片 5，花期披针形，果期基部卵圆形，密被金黄色疣基毛，先端长渐尖，外弯；花冠漏斗状，天蓝色、淡紫色、淡红色等；雄蕊 5，不等长，内藏，花丝基部有毛；子房 3，每室 2 胚珠。蒴果扁球形。种子三棱形，有极短的毛。花期 6～9 月；果期 9～10 月。

生于山坡、路边、村头荒地草丛。

入药多用黑丑，白丑较少用。有泻水利尿、逐痰、杀虫的功效；也可供观赏。

砂引草 *Messerschmidia sibirica*

紫草科 Boraginaceae
砂引草属 *Messerschmidia*

多年生草本。高达 30 cm。根状茎细长。茎单一或丛生，密生糙伏毛或白色长柔毛。叶披针形或长圆形，长达 5 cm，宽达 1 cm，先端圆钝，稀微尖，基部楔形或圆形，两面密生糙伏毛或长柔毛；近无柄。聚伞花序伞房状，顶生，二叉状分枝；花密集，白色；花萼密生向上的糙伏毛，5 裂至近基部，裂片披针形；花冠钟状，花冠筒较裂片长，裂片 5，外弯，外面密生向上的糙伏毛；雄蕊 5，内藏；子房 4，每室 1 胚珠，柱头 2，下部环状膨大。果实有 4 钝棱，椭圆形，长约 8 mm，径约 5 mm，先端凹入，密生伏毛，核有纵肋，成熟时分裂为 2 个分核。花期 5 月；果期 6~7 月。

生于海滨或盐碱地。国内分布于东北地区及河北、河南、陕西、甘肃、宁夏等省份。

花可提取香料。植株浸泡后，外用消肿、治关节痛。良好的固沙植物。

益母草 Leonurus japonicus

唇形科 Labiatae

益母草属 Leonurus

一年或二年生草本。茎直立，高达 1.2 m，钝四棱形，有倒向糙伏毛。茎下部叶轮廓为卵形，掌状 3 裂，达基部，裂片再羽状裂；中部叶轮廓为菱形，3 深裂；花序上的叶呈条形或条状披针形，全缘或有牙齿；叶柄长达 3 cm 或无柄。轮伞花序腋生，有 8~15 花，呈圆球形；小苞片刺状；花萼管状钟形，长达 8 mm，外面有微柔毛，内面上部有微柔毛，有 5 脉，萼齿 5，前 2 齿靠合，后 3 齿较短；花冠粉红色至浅紫红色，长达 1.2 cm，冠筒长约 6 mm，内面近基部有毛环，冠檐二唇形，上唇直伸，内凹，全缘，有缘毛，下唇 3 裂，中裂片倒心形；雄蕊 4，前对较长；花柱顶端 2 浅裂，裂片相等。小坚果长圆状三棱形，长 2.5 mm，淡褐色。花期 6~9 月；果期 9~10 月。

生于山坡、沟谷、路边、村头荒地。广泛分布于全国各地。

全草药用，有治疗月经不调、子宫出血、闭经、痛经等多种妇科疾病的功效；种子药用，称"茺蔚子"，有利尿、治眼疾的功效。

薄荷 Mentha haplocalyx

唇形科 Labiatae
薄荷属 Mentha

多年生草本。茎高达 60 cm，四棱形，上部有倒向微柔毛，下部仅沿棱有微柔毛。叶长圆状披针形至卵状披针形，长达 5 cm，稀 7 cm，宽达 3 cm，先端锐尖，基部楔形至圆形，边缘在基部以上疏生粗大的牙齿状锯齿，上面沿脉密生微柔毛，其余部分疏生柔毛或无毛，下面沿脉密生微柔毛；叶柄长达 1 cm，有微柔毛。轮伞花序腋生，球形，有总梗或无；花梗纤细，长约 2.5 mm；花萼管状钟形，长约 2.5 mm，外有微柔毛及腺点，10 脉，萼齿 5，狭三角状钻形；花冠淡紫色，长约 4 mm，外面略有微柔毛，内面喉部以下有微柔毛，冠檐 4 裂，上裂片较大，先端 2 裂，其余 3 裂片等大，先端圆钝；雄蕊 4，前对稍长，稍伸出冠外，花药卵圆形，2 室；花柱顶端 2 裂，裂片近相等。小坚果卵球形，黄褐色，有窝点。花期 7～9 月；果期 10 月。

生于山沟、河旁、水塘边湿地。广泛分布于全国各地。

全草药用，有祛风热、清利头目的功效。也可提取挥发油。

虎尾珍珠菜 *Lysimachia barystachys*

报春花科 Primulaceae
珍珠菜属 *LysimachiaQ*

多年生草本，根状茎细长。茎直立，有棱条，高达 1 m，不分枝，全株密被卷曲柔毛。叶互生，披针形或倒披针形，全缘，长 4～10 cm，宽 0.6～2.2 cm，先端钝或锐尖，基部渐狭，近无柄。总状花序顶生，花密集，常转向一侧，长 4～6 cm，后渐伸长，果期可达 30 cm；花梗长 4～6 mm，苞片线状披针形；萼钟状，5 深裂，裂片长圆形，边缘膜质，先端钝，略呈啮蚀状；花冠白色，长 7～10 mm，5 深裂，裂片长圆形，常有暗紫色短腺条；雄蕊 5，长为花冠的一半，花丝有腺毛，基部合生，贴生花冠筒上；花柱稍短于雄蕊。蒴果球形，径 2.5～4 mm。花期 5～8 月；果期 8～10 月。

国内分布于东北地区，以及内蒙古、河北、山西、陕西、甘肃、四川、云南、贵州、湖北、河南、安徽、江苏、浙江等省份。

根药用，有活血调经、消肿散瘀和利尿的功效。

枸杞 Lycium chinense

茄科 Solanaceae

枸杞属 Lycium

蔓性灌木。高达 2 m；枝条有短刺或无。单叶互生或簇生，叶片卵形至卵状披针形，先端尖或钝，全缘，基部楔形。花单生或 2~4 簇生叶腋；花萼钟形，3~5 裂，裂片阔卵形；花冠漏斗状，淡紫色，长达 12 mm，5 深裂，裂片先端圆钝，平展或稍向外反曲，边缘有缘毛；雄蕊 5，伸出花冠外，花丝基部及花冠筒内壁密生 1 圈绒毛；子房 2，花柱稍伸出雄蕊，细长，柱头球形。浆果卵形或长卵形，长约达 18 mm，直径达 8 mm，熟时鲜红色。

生于田边、路旁、庭院前后及墙边。广泛分布于全国各地。

根皮药用，清热凉血。果实也可药用，滋补肝肾、强壮筋骨、益精明目。

辣椒 Capsicum annuum

茄科 Solanaceae
辣椒属 *Capsicum*

一年生草本。高达 1 m。单叶互生，枝顶端簇生状；叶片卵状披针形，长达 10 cm，宽达 4 cm，全缘，先端渐尖或急尖，基部狭楔形。花单生于叶腋或枝腋，花梗下垂；花萼杯状，不显著 5 齿裂；花冠白色，5 裂，花药灰紫色。浆果下垂，长指状，先端渐尖，稍弯曲，少汁液，果皮和胎座间有空腔，未成熟时绿色，成熟后红色，味辣。种子扁肾形，淡黄色，长达 5 mm。

果实为蔬菜和调味品。根茎药用，清热解毒。

龙葵 Solanum nigrum

茄科 Solanaceae

茄属 *Solanum*

一年生草本。高达 1 m；茎直立，绿色或紫色，近无毛或疏被短柔毛。单叶互生，叶片卵圆形，长达 10 cm，宽达 5 cm，先端渐尖，边缘波状，基部楔形，下延至柄，两面疏被短白毛；叶柄长达 2 cm。花序短蝎尾状或近伞状，有 4～10 花；花萼杯状，绿色，5 裂，裂片卵圆形；花冠钟状，冠檐长约 2.5 mm，5 深裂，裂片卵状三角形，长约 3 mm；雄蕊 5，花丝短，花药椭圆形，黄色；雌蕊 1，子房球形，花柱下部密生柔毛，柱头圆形。浆果圆形，深绿色，成熟时紫黑色，直径约 8 mm。种子卵圆形。花期 6～8 月；果期 7～10 月。

广泛分布于全国各地。

全草药用，有清热解毒、利水消肿之功效。

茄 Solanum melongena

茄科 Solanaceae
茄属 *Solanum*

草本。高达 1 m；幼枝、花序梗及花萼都有星状绒毛；小枝多紫色，老时毛渐脱落。叶互生，叶片卵形或椭圆形，长达 20 cm，宽达 12 cm，先端钝或微尖，边缘波状或深波状圆裂，基部不对称，两面密被星状毛；叶柄长达 5 cm。能孕花常单生，花梗下垂，长约达 2 cm，密生星状绒毛；花萼钟状，直径约 2.5 cm，先端 5 裂，裂片披针形，密被星状毛及小白刺；花冠钟状淡紫色，先端 5~6 裂，裂片三角形；雄蕊 5，花丝短，花药狭卵形，孔裂；子房圆形，先端密被星状毛，花柱柱形，下部被星状绒毛，柱头浅裂。浆果，球形、卵形或长圆形，紫色或青白色，宿存萼增大。花期 6~8 月；果期 7~10 月。

广泛分布于全国各地。

果实为常见蔬菜。根药用，有祛风、散寒、止痛的功效。

番茄 Lycopersicon esculentum

茄科 Solanaceae
番茄属 *Lycopersicon*

一年生草本。高达 1.5 m；全株有黏质腺毛。叶为羽状复叶或羽状深裂，长达 30 cm，小叶 5～9，大小不等，卵形或长圆形，边缘有不规则锯齿或裂片，先端渐尖或钝；叶柄长达 3 cm。聚伞花序腋外生，花序梗长达 5 cm，有 3～7 花；花黄色；花萼裂片 5～6，裂片条状披针形；花冠辐状，5～7 深裂；雄蕊 5～7，花药合生呈长圆锥状。浆果扁球形或近球形，成熟后红色或橘黄色。花、果期 5～10 月。

广泛分布于全国各地。

果实作蔬菜和水果。

曼陀罗 Datura stramonium

茄科 Solanaceae
曼陀罗属 Datura

一年生草本。高达 2 m；全株光滑，幼嫩部分有短柔毛。茎直立，多分枝，淡绿色或带紫色，下部木质化。叶互生，阔卵形，先端尖，基部楔形，边缘有不规则波状浅裂；叶柄半圆形。花单生于叶腋或枝叉间；花梗直立；花萼筒状，长达 4.5 cm，先端 5 浅裂，筒部有 5 棱，花后自基部环状断裂，宿存部分随果实增大并向外反折；花冠漏斗状，上半部白色或紫色，下半部淡绿色，长达 10 cm，直径达 5 cm，先端 5 浅裂；雄蕊 5，内藏；子房卵形，密生柔针毛，柱头头状。蒴果直立，卵形，表面生有不等长坚硬针刺，规则 4 瓣裂。种子多数，肾形，黑色，表面有细孔状网纹。花期 6～8 月；果期 8～10 月。

生于村边、路旁、垃圾堆、荒地及海边沙滩。广泛分布于全国各地。

花药用，有镇痉、镇痛、止咳的功效。

毛曼陀罗 Datura inoxia

茄科 Solanaceae
曼陀罗属 Datura

一年生草本。高达 2 m；全株密生白色细腺毛和短柔毛；茎直立，多分枝，分枝灰绿色或微带紫色，下部灰白色。单叶互生；叶片阔卵形，先端急尖，基部不对称圆形，全缘、微波状或有不规则的疏齿；叶柄半圆形。花单生于叶腋或枝叉间，直立或斜升；花萼圆筒状而无棱角，长达 14 cm，先端 5 裂，花后花萼筒基部环状断裂，宿存部分增大呈五角形，向外反折；花冠白色，开放后呈喇叭状，长达 20 cm，先端 5 浅裂，裂片间有三角状突起；雄蕊 5；子房卵圆形，外面密生白色柔软细刺，花丝丝状，柱头头状。蒴果下垂，球形或卵球形，表面密生柔软的长针刺，果熟时不规则开裂。种子多数，略呈肾形，黄褐色。花期 7～9 月；果期 10 月。

生于村边、路旁、垃圾堆、荒地。广泛分布于全国各地。

花药用，有镇痉、镇痛、止咳的功效。

车前 *Plantago asiatica*

车前科 Plantaginaceae
车前属 *Plantago*

多年生草本。全株多光滑。短根茎生须根。基生叶长达 9 cm，叶片约占全长的 1/2 或稍长，卵形或阔卵形，有 5~7 条稍平行的脉，先端圆钝，近全缘或有波状浅齿，基部下延成柄，两面无毛或稍被毛。花葶数个至 10 余个，自叶丛中抽出，有浅槽，花穗常占全长的 1/3 至近 1/2，上部花密生，下部花疏生；苞片狭三角状卵形，背面龙骨状凸起；萼片近倒卵状椭圆形，圆头，边缘白色膜质，背面龙骨状凸起，长约 2 mm；花冠裂片披针形，膜质；雄蕊伸出花冠，花药圆心形至椭圆形，顶端尖，鲜时黄白色。蒴果卵状长椭圆形，长约为萼的 2 倍，盖裂。种子 4~11，近椭圆形、卵圆形或长圆形，长约 1.5 mm，黑褐色。花期 6~8 月；果期 7~10 月。

广泛分布于全国各地。

种子及全草药用，有利水、清热、明目、祛痰的功效。

大车前 Plantago major

车前科 Plantaginaceae
车前属 Plantago

多年生草本。全株被毛。根状茎短，着生多数须根。基生叶长达 30 cm，叶片占全长的 1/3 或长于 1/2，狭卵形、阔卵形或近圆形，有 5 条稍平行的脉，边缘有不规则的浅波或不整齐的锯齿，基部下延成柄。花葶以 2~4 为常见，长达 38 cm，有槽，花穗约占全花葶的 1/3 至长于 1/2，狭穗状，下部的花较上部稀疏；苞片近三角状卵形，背面有龙骨状凸起；萼片长椭圆形，圆头，边缘白色膜质，背面龙骨状凸起，长约 15 mm；花冠裂片近阔披针形，膜质；雄蕊伸出花冠，花药近圆心形，顶端尖，鲜时紫红色。果实近梭形。种子多为 4，近长圆形、近椭圆形等，长 2 mm，棕褐色。花期 6~9 月；果期 9~10 月。

广泛分布于全国各地。

种子及全草药用，功效同"车前"。

茜草 Rubia cordifolia

茜草科 Rubiaceae
茜草属 Rubia

多年生攀援草本。根赤黄色。茎4棱，棱上生倒刺。叶常4片轮生，纸质；叶片卵形至卵状披针形，长达9 cm，宽达4 cm，先端渐尖，基部圆形至心形，上面粗糙，下面脉上和叶柄常有倒生小刺，基出3脉或5脉；叶柄长达10 cm。聚伞花序通常排成大而疏松的圆锥花序，腋生和顶生，花萼筒近球形，无毛；花冠黄白色或白色，辐状，5裂；雄蕊5，着生于花冠筒上，花丝极短；子房2室，无毛，花柱2，柱头头状。浆果近球形，径约5 mm，黑色或紫黑色；内有1种子。花期6～7月；果期9～10月。

生于山野荒坡、路边灌草丛。广泛分布于全国各地。

根供药用，有凉血、止血、活血祛瘀的功效。

栝楼 Trichosanthes kirilowii

葫芦科 Cucurbitaceae
栝楼属 Trichosanthes

多年生攀援草本。圆柱状块根肥厚，灰黄色。茎被白色柔毛；卷须有3~7分枝。叶片轮廓圆形，长、宽均达20 cm，常3~5浅裂至中裂，两面沿脉被长柔毛状硬毛，基出掌状脉5条。花单性，雌雄异株；雄花序总状，小苞片倒卵形或阔圆形，长达2.5 cm；雄花花萼筒筒状，顶端扩大，有短柔毛，花萼裂片披针形，全缘，花冠白色，5深裂，裂片倒卵形，先端中央有1绿色尖头，边缘分裂成流苏状，雄蕊3，花药靠合；雌花单生，花萼筒圆筒形，裂片和花冠同雄花，子房椭圆形，绿色，花柱长2 cm，柱头3。果梗粗壮，果实椭圆形或近球形，长达10 cm，成熟时近球形，黄褐色或橙黄色，光滑。种子多数，压扁，卵状椭圆形，淡黄褐色。花期5~8月；果期8~10月。

生于山坡、路旁、灌丛。国内分布于华北、华东、华中、华南、西南地区及辽宁、陕西等省份。

根、果实、果皮和种子药用：根称"天花粉"，有清热生津、解热清毒的功效；果实、果皮和种子（瓜蒌仁）有清热化痰、润肺止咳、滑肠的功效。

石沙参 Adenophora polyantha

桔梗科 Campanulaceae
沙参属 Adenophora

多年生草本。有白色乳汁。根圆锥形，表面淡棕色，粗糙，有纵横裂纹。茎直立，高25～70 cm，无毛或有各种疏密程度的短毛。基生叶心状肾形，早枯；茎叶互生，叶片卵形、狭卵形、卵状披针形、披针形或条形，长1.5～8.5 cm，宽0.5～2.5 cm，先端渐尖，基部卵形或楔形，边缘有疏离的三角形尖锯齿或刺状齿，两面无毛或疏生短毛，无柄。假总状或狭圆锥状花序顶生；花萼有毛或有乳头状突起或无毛，筒部倒圆锥状，裂片5，狭三角状披针形，长3.5～6 mm，宽1.5～2 mm；花冠紫色或深蓝色，钟形，长1.5～2.5 cm，喉部常稍收缢，裂片短，长不超过全长的1/4，通常先直而后反折；雄蕊5，花丝基部扩大，边缘密生细柔毛；花盘筒状，长2.5～4 mm，疏生细柔毛；子房下位，花柱稍伸出花冠。蒴果卵状椭圆形。种子椭圆形，黄棕色，有1条带翅的棱。花期8～9月；果期9～10月。

国内分布于辽宁、河北、江苏、安徽、河南、山西、陕西北部、甘肃、宁夏南部及内蒙古东南部。

根药用，有养阴清肺、化痰生津的功效。

苍耳 Xanthium sibiricum

菊科 Asteraceae

苍耳属 Xanthium

　　一年生草本。高达 90 cm；茎直立；下部圆柱形，上部有纵沟，有灰白色糙伏毛。叶三角状卵形或心形，长达 9 cm，宽达 10 cm，近全缘，或有 3～5 不明显浅裂，先端尖或钝，基部稍心形或截形，边缘有不规则粗锯齿，基出 3 脉，侧脉弧形，直达叶缘，脉上密被糙伏毛，上面绿色，下面苍白色，有糙伏毛；叶柄长达 11 cm。雄性的头状花序球形，直径达 6 mm，总苞片长圆状披针形，长 1.5 mm，有短柔毛，花托柱状，托片倒披针形，长约 2 mm，先端尖，有微毛，雄花多数，花冠钟形，管部上端有 5 宽裂片，花药长圆状条形；雌性的头状花序椭圆形，外层小苞片小，披针形，长约 3 mm，有短柔毛，内层总苞片结合成囊状，宽卵形或椭圆形，绿色、淡黄绿色或有时带红褐色，在瘦果成熟时坚硬，连同喙部长达 1.5 cm，宽达 7 mm，外面有疏生钩状刺，刺细而直，长 1.5 mm，基部有柔毛，常有腺点，或无毛，喙坚硬，锥形，上端略呈镰刀状，长达 2.5 mm。瘦果 2，倒卵形。花期 7～8 月；果期 9～10 月。

　　生长于平原、丘陵、低山、荒野路旁和田边。广泛分布于全国各地。

　　种子可榨油，供工业用。果实药用，能祛风湿、通鼻窍、止痒。

菊芋 Helianthus tuberosus

菊科 Asteraceae

向日葵属 Helianthus

多年生草本。高达 3 m。有姜状根状茎。茎直立，有分枝，被白色短糙毛或刚毛。叶常对生，有叶柄，但上部叶互生，下部叶卵圆形或卵状椭圆形，长达 16 cm，宽达 6 cm，基部宽楔形或圆形，有时微心形，先端渐尖，边缘有细锯齿，离基三出脉，上面有白色短粗毛，下面被柔毛，有长柄；上部叶长椭圆形或阔披针形，基部渐狭，下延成短翅状，先端渐尖，短尾状。头状花序单生枝端，排列成伞房状，有 1~2 个条状披针形苞叶，直立，径达 5 cm；总苞片多层，披针形，先端长渐尖，背面被短伏毛，边缘被开展的缘毛；托片长圆形，长 8 mm，背面有肋，上端不等 3 浅裂；舌状花通常 12~20，舌片黄色，开展，长椭圆形，长达 3 cm；管状花黄色，长 6 mm。瘦果小，楔形，上端有 2~4 个有毛的锥状扁芒。花期 8~9 月。

全国各地均有栽培。

块茎俗称"洋姜"，盐渍可供食用；块茎含有丰富的淀粉，是优良的多汁饲料；还可制菊糖及酒精。新鲜的茎和叶可作青贮饲料，营养价值比"向日葵"还高。

狼杷草 Bidens tripartita

菊科 Asteraceae

鬼针草属 Bidens

一年生草本。茎高 20～150 cm，圆柱状或稍呈四方形，无毛，绿色或带紫色。叶对生，下部的较小，不分裂，边缘具锯齿，通常于花期枯萎，中部叶具柄，柄长 0.8～2.5 cm，有狭翅；叶片无毛或下面有极稀疏的小硬毛，长 4～13 cm，通常 3～5 深裂，裂深几达中肋，两侧裂片披针形至狭披针形，长 3～7 cm，宽 8～12 mm，顶生裂片较大，披针形或长椭圆状披针形，长 5～11 cm，宽 1.5～3 cm，两端渐狭，与侧生裂片边缘均具疏锯齿，上部叶较小，披针形，三裂或不分裂。头状花序单生茎端及枝端，直径 1～3 cm，高 1～1.5 cm，具较长的花序梗。总苞盘状，外层苞片 5～9，条形或匙状倒披针形，长 1～3.5 cm，先端钝，具缘毛，叶状，内层苞片长椭圆形或卵状披针形，长 6～9 mm，膜质，褐色，有纵条纹，具透明或淡黄色的边缘；托片条状披针形，约与瘦果等长，背面有褐色条纹，边缘透明。无舌状花，全为筒状两性花，花冠长 4～5 mm，冠檐 4 裂。花药基部钝，顶端有椭圆形附器，花丝上部增宽。瘦果扁，楔形或倒卵状楔形，长 6～11 mm，宽 2～3 mm，边缘有倒刺毛，顶端芒刺通常 2，极少 3～4，长 2～4 mm，两侧有倒刺毛。

国内分布于东北、华北、华东、华中、西南地区及陕西、甘肃、新疆等省份。

小花鬼针草 *Bidens parviflora*

菊科 Asteraceae

鬼针草属 *Bidens*

一年生草本。茎高达 90 cm，下部圆柱形，有纵条纹，无毛或被短毛。叶对生；叶柄长达 3 cm，背面微凸或扁平，腹面有沟槽，槽内及边缘有疏柔毛；叶片卵圆形，长达 10 cm，二至三回羽状分裂，第 1 次分裂深达中脉，裂片再次羽状分裂，小裂片有 1～2 粗齿或再作第三回羽裂，最后一次裂片条形或条状披针形，宽约 2 mm，先端锐尖，边缘稍向上反卷；上部叶互生，二回或一回羽状分裂。头状花序单生枝端，有长梗，开花时直径达 2.5 mm，高达 1 cm；总苞筒状，基部被柔毛；外层苞片 4～5，草质，条状披针形，内层苞片稀疏，常仅 1 枚，托片状；托片长椭圆状披针形，膜质，有狭而透明的边缘；无舌状花，管状花两性，6～12，花冠筒状，长 4 mm，冠檐 4 齿裂。瘦果条形，略有 4 棱，长达 16 mm，宽 1 mm，两端渐狭，有小刚毛；顶端芒刺 2，长 3.5 mm，有倒刺毛。

广泛分布于全国各地。

全草药用，有清热解毒、活血散瘀的功效。

鬼针草 Bidens pilosa

菊科 Asteraceae
鬼针草属 Bidens

一年生直立草本。高达 1 m；钝四棱形，无毛或上部被稀疏柔毛；茎下部叶较小，3 裂或不分裂，开花前枯萎，中部叶具长达 5 cm 无翅的柄，小叶 3，很少为具 5（～7）小叶的羽状复叶，两侧小叶椭圆形或卵状椭圆形，长达 4.5 cm，宽达 2.5 cm，先端锐尖，基部近圆形或阔楔形，有时偏斜，具短柄，边缘有锯齿，顶生小叶较大，长椭圆形或卵状长圆形，长达 7 cm，先端渐尖，基部渐狭或近圆形，具长 1～2 cm 的柄，边缘有锯齿，无毛或被极稀疏的短柔毛，上部叶小，3 裂或不分裂，条状披针形。头状花序直径 9 mm，有长 1～6（果时长 3～10）cm 的花序梗；总苞基部被短柔毛，苞片 7～8，条状匙形，上部稍宽，开花时长 3～4 mm，果时长至 5 mm，草质，边缘疏被短柔毛或几无毛，外层托片披针形，果时长 5～6 mm，干膜质，背面褐色，具黄色边缘，内层较狭，条状披针形。无舌状花，盘花筒状，长约 4.5 mm，冠檐 5 齿裂。瘦果黑色，条形，略扁，具棱，长达 13 mm，宽约 1 mm，上部具稀疏瘤状突起及刚毛，顶端芒刺 3～4 枚，长达 2.5 mm，具倒刺毛。

生于村旁、路边及荒地中。国内分布于华东、华中、华南、西南地区。

野菊 Dendranthema indicum

菊科 Asteraceae
菊属 Dendranthema

多年生草本。高达 1 m；有地下匍匐茎；茎直立，茎枝有稀疏毛，或上部的毛较密。茎生叶卵形或长卵形，长达 7 cm，宽达 4 cm，羽状深裂或浅裂，裂片边缘有大小不等的锯齿或缺刻状齿，上面绿色，疏被柔毛，下面浅绿色或灰绿色，柔毛较密；叶柄长约 1 cm 或近无柄。头状花序，直径达 2 cm，在枝端排成疏散的伞房圆锥花序；总苞片约 5 层，外层卵形或长卵形，长达 4 mm，中内层卵形至椭圆状披针形，长达 7 mm，边缘及顶部有白色或浅褐色宽膜质，顶端圆钝；舌状花 1 层，黄色，舌片长椭圆形，长达 12 mm，先端全缘或 2~3 浅齿；管状花多数，基部无鳞片。瘦果无冠毛。花、果期 10~11 月。

生于山坡、海滨沙滩上。国内分布于东北、华北、华中、华南及西南地区。

花、叶及全株入药，有清热解毒、疏风散热、明目、降血压的功效。

茵陈蒿 Artemisia capillaris

菊科 Asteraceae
蒿属 Artemisia

多年生草本。茎直立，基部坚硬，近灌木状，高达 1 m，有纵棱，绿色或老时带紫色，秋季常自基部或茎部发出不育枝，枝上的叶密集，呈莲座状，幼嫩时被绢毛，老时近无毛。早春末抽茎前及秋季近果期时自基部重发的基生叶有柄，长或短。叶片轮廓近卵圆形或长卵形，一至三回羽状全裂或掌裂，裂片条形、条状披针形或长卵形，春季基生叶密被顺展的白绢毛，秋季重发者被较疏的白绢毛；茎中部的叶于花期无柄，一至二回羽状全裂；上部的叶逐渐变小，叶最终裂片狭线形，基部半抱茎，上面近光滑。头状花序密，排列成复总状；总苞卵形或近球形，光滑，长约 2 mm，宽约 1.5 mm，暗绿色或黄绿色；苞片 3~4 层，边缘膜质，花序托近球形，有腺毛；雌花花冠初时管状，近果期时呈类壶形，先端 3，黄绿色；两性花不育，花冠近柱形，先端 5，黄绿色，近上部有时带紫红色，花冠外有腺毛。瘦果长圆形，长约 0.8 mm，有纵条纹。花期 8~9 月；果期 9~10 月。

国内分布于华东、华中、华南地区及辽宁、河北、陕西、四川等省份。

幼苗供药用，能清湿热、利肝胆，为治疗黄疸型肝炎的要药。

猪毛蒿 *Artemisia scoparia*

菊科 Asteraceae
蒿属 *Artemisia*

多年生或一、二年生草本。有浓烈香气。主根狭纺锤形；根状茎粗短，常有细的营养枝，枝上密生叶。茎常单生，高达1.3 m，红褐色或褐色，有纵纹；下部分枝开展，上部枝多斜上展；茎、枝幼时被灰白色或灰黄色绢质柔毛。基生叶与营养枝叶两面被灰白色绢质柔毛。叶近圆形，二至三回羽状全裂，具长柄，花期叶凋谢；茎下部叶初时两面密被灰白色或灰黄色略带绢质的短柔毛，叶长卵形或椭圆形，长达3.5 cm，宽达3 cm，二至三回羽状全裂，每侧有裂片3～4，再次羽状全裂，每侧具小裂片1～2，小裂片狭线形，长约5 mm，宽约1 mm，不再分裂或具小裂齿，叶柄长达4 cm；中部叶初时两面被短柔毛，叶长圆形或长卵形，长达2 cm，宽达1.5 cm，一至二回羽状全裂，每侧具裂片2～3，不分裂或再3全裂，小裂片丝线形或毛发状，长4～8 mm，宽约0.3（～0.5）mm，多少弯曲；茎上部叶与分枝上叶及苞片叶3～5全裂或不分裂。头状花序近球形，极多数，直径约1.5（～2）mm，具极短梗，基部有线形小苞叶，在分枝上偏向外侧生长，并排成复总状或复穗状花序，在茎上再组成大型、开展的圆锥花序；总苞片3～4层，外层总苞片草质、卵形，背面绿色、无毛，边缘膜质，中、内层总苞片长卵形或椭圆形，半膜质；花序托小，凸起；雌花5～7，花冠狭圆锥状或狭管状，冠檐具2裂齿，花柱线形，伸出花冠外，先端2叉，叉端尖；不育两性花4～10，花冠管状，花药线形，先端附属物尖，长三角形，花柱短，先端膨大，2裂，不叉开，退化子房不明显。瘦果倒卵形或长圆形，褐色。花、果期7～10月。

广泛分布于全国各地。

亦作"青蒿"（即"黄花蒿"）的代用品。

白莲蒿 *Artemisia sacrorum*

菊科 Asteraceae

蒿属 *Artemisia*

半灌木状草本。茎多数，直立，高达 1 m，初被微柔毛。下部叶有长柄，基部抱茎，叶片轮廓近卵形或长卵形，长达 12 cm，宽达 6 cm，二回羽状深裂，裂片近长椭圆形或长圆形，边缘深裂或齿裂，上面初被少量白色短柔毛，下面除主脉外密被灰白色平贴的短柔毛，后无毛，叶轴有栉齿状小裂片；中部叶与下部叶形状相似，叶柄较短，叶片长达 7 cm，宽达 5 cm，有假托叶；上部叶渐小，边缘深裂或齿裂。头状花序于枝端排列成复总状，多排列紧密，有梗；总苞近球形，长宽均约 3 mm，总苞片 3 层；外层总苞片初密被灰白色短柔毛，中、内层无毛；雌花 10～12，花冠管管状，长约 1 mm；两性花 10～20，花冠管柱形，长约 1.5 mm，花冠黄色，外被腺毛；子房近长圆形或倒卵形；花序托近半球形。瘦果近倒卵形或长卵形，长约 1.5 mm，有纵纹，棕色。花期 9～10 月；果期 10～11 月。

除高寒地区外，广泛分布于全国各地。

艾 Artemisia argyi

菊科 Asteraceae
蒿属 Artemisia

多年生草本。被绒毛，有香气。常有横卧根状茎。茎高达 1.2 m，上部有开展及斜生的花序枝。茎下部的叶片阔卵形，羽状浅裂或深裂，裂片边缘有锯齿，基部下延成长柄，花期枯萎；茎中部的叶片近长倒卵形，长达 10 cm，宽达 8 cm，羽状深裂或浅裂，侧裂片常 2 对，裂片近长卵形或卵状披针形，全缘或有 1～2 锯齿，齿先端钝尖，顶裂片呈明显或不明显的浅裂，基部近楔形，下延成急狭的短柄，柄长多不及 5 mm，有假托叶；上部叶渐小，2～3 浅裂，或不裂，近无柄；上面绿色，有白色腺点和小凹点，初被灰白色短柔毛，下面被绒毛，呈灰白色。头状花序多数，排列成复总状；总苞近卵形，长约 3 mm，宽约 2.5 mm；总苞片 3 层，被绒毛；雌花约 10，花冠管状，长约 1.3 mm，黄色；两性花 10 余，花冠近喇叭筒状，长约 2 mm，黄色，有时上部带紫色；花冠外被腺毛；子房近柱状，花序托稍突出，呈圆顶状。花期 9～10 月；果期 11 月。

国内除极干旱与高寒地区外，广泛分布于全国各地。

叶供药用，有散寒除湿、温经止血的功效。又为艾绒的原料，供针灸用。

野艾蒿 Artemisia lavandulaefolia

菊科 Asteraceae
蒿属 Artemisia

多年生草本。被绒毛，有香气；茎高达 1.2 m。叶的形态个体间差异较大，基部叶的轮廓近卵形，二回羽裂，裂片宽窄不一，边缘有少数齿裂或全缘；有长柄；下部叶的轮廓近倒卵形或卵形，二回羽状全裂，终裂片条状披针形或条形，先端钝尖，有柄，有假托叶；中部叶的轮廓近卵圆形或长圆形，长达 11 cm，宽达 9 cm，一至二回羽状全裂，或第一回为羽状全裂而第二回为羽状深裂，侧裂片 2~3 对，终裂片长椭圆形、近条状披针形或条形，边缘有 1~2 小齿或全缘，先端钝尖，叶基部渐狭成柄，柄长达 1.5 cm，有假托叶；上部叶渐小，花序下的叶 3 裂，裂片近长披针形，基部楔形，几无柄；花序间的叶近条形，全缘，叶上面初微被绒毛，有白色腺点及小凹点，下面除主脉外密被绒毛，边缘反卷。头状花序多数，排列成复总状，有短梗及细长苞叶；总苞长圆形，长约 3 mm，宽约 2.5 mm，被绒毛；总苞片 3 层；雌花 4~9，花冠管状，长约 1.5 mm，黄色；两性花 10~20，花冠喇叭筒状，长约 2.4 mm，黄色，上部有时带紫色；花冠外被腺毛；子房长椭圆形或近长卵形，花序托平突或稍突，呈圆顶状。瘦果近长卵形，长约 1.3 mm，有纵纹，棕色。花期 9 月；果期 10 月。

生于山坡、林缘及路旁。广泛分布于全国各地。

入药，作"艾"（家艾）的代用品，有散寒、祛湿、温经、止血作用。嫩苗作菜蔬或腌制酱菜食用。鲜草作饲料。

刺儿菜 Cirsium segetum

菊科 Asteraceae
蓟属 Cirsium

多年生草本。茎直立，高达 30 cm，上部分枝。基生叶和中部茎生叶椭圆形、长椭圆形或椭圆状倒披针形，长达 10 cm，宽达 2 cm，边缘有细齿，先端钝或圆形，基部楔形，常无柄；上部叶渐小，微有齿，全部茎生叶同色。头状花序单生茎端或多数头状花序排成伞房状；总苞卵形，直径达 2 cm，总苞片约 6 层，覆瓦状排列，向内层渐长，中外层苞片顶端有长不足 0.5 mm 的短针刺，内层及最内层渐尖，膜质，短针刺状；小花紫红色或白色，雌花花冠长达 2 cm，两性花花冠长 1.8 cm。瘦果淡黄色，椭圆形或斜椭圆形，压扁，长约 3.5 mm；冠毛污白色，羽毛状，多层。花、果期 5~9 月。

国内分布华北、东北等地区。

全草药用，能凉血止血、散瘀消肿。

篦苞风毛菊 Saussurea pectinata

菊科 Asteraceae

风毛菊属 Saussurea

多年生草本。株高达 80 cm。根状茎斜伸，颈部有褐色纤维状残叶柄。茎直立，有纵沟棱，分枝，下部疏被蛛丝状毛，上部有短糙毛。基部叶花期常凋落，下部叶和中部叶有长柄，叶片卵状披针形，长达 16 cm，宽达 8 cm，羽状深裂，裂片 5~8 对，宽卵形或披针形，先端锐尖或钝，边缘有深波状或缺刻状钝齿，上面及边缘有短糙毛，下面有短柔毛和腺点；上部叶有短柄，裂片较狭，全缘。头状花序，数个在枝端排成疏伞房状，有短梗；总苞宽钟状或半球状，长达 15 mm，直径达 10 mm；总苞片约 5 层，疏被蛛丝状毛和短柔毛，外层苞片卵状披针形，先端叶质，有栉齿状的附片，常反折，内层苞片条形，渐尖，先端和边缘粉紫色，全缘；花冠紫色，长约 12 mm。瘦果圆柱形，长 5~6 mm，褐色；冠毛 2 层，污白色，内层者长约 8 mm，羽毛状。花、果期 8~9 月。

广泛分布于全国各地。

鸦葱 Scorzonera austriaca

菊科 Asteraceae

鸦葱属 Scorzonera

多年生草本。高达 30 cm。根粗壮，圆柱形，残存叶鞘稠密而厚实，纤维状，黑褐色。茎直立，无毛。基生叶灰绿色，宽披针形至长椭圆状卵形，先端长渐尖，基部渐狭成有翅的叶柄，长达 30 cm，宽达 3.5 cm，无毛，边缘平展或稍呈波状皱曲；茎生叶 2～3，下部的叶宽披针形，上部的叶呈鳞片状。头状花序，单生枝顶，长达 4 cm；总苞阔圆筒形，宽达 1.5 cm，长达 3 cm；总苞片 4～5 层，外层苞片阔卵形，无毛，内层苞片长椭圆形；舌状花黄色，干后紫红色，长达 3 cm。瘦果圆柱形，长达 1.5 cm，稍弯曲，黄褐色，无毛或仅顶端被疏柔毛，有纵肋；冠毛污白色，羽毛状。花、果期 5～7 月。

广泛分布于全国各地。

根药用，有清热、解毒、消炎、通乳的功效。

桃叶鸦葱 Scorzonera sinensis

菊科 Asteraceae

鸦葱属 Scorzonera

多年生草本。高达 10 cm；有乳汁。根粗壮；残存叶鞘稠密而厚实，纤维状，褐色。茎单生，或 3~4 个聚生，无毛，有白粉。基生叶披针形或阔披针形，长达 15 cm，无毛，有白粉，边缘深皱状弯曲，先端钝或渐尖，基部渐狭成有翅的叶柄，基部宽鞘状抱茎；茎生叶小，鳞片状，近无柄，半抱茎。头状花序，单生茎顶，长达 3.5 cm；总苞筒形，长达 3 cm，宽达 13 mm；总苞片 3~4 层，先端钝，边缘膜质，外层苞片宽卵形或三角形，极短，最内层苞片披针形；舌状花黄色，外面玫瑰色，长达 3 cm。瘦果，圆柱形，长达 14 mm，暗黄色，微弯，无毛，无喙，有纵沟；冠毛白色，长约 1.5 cm，羽毛状。花、果期 4~6 月。

广泛分布于全国各地。

根药用，能清热解毒、消炎、通乳。

华北鸦葱 *Scorzonera albicaulis*

菊科 Asteraceae

鸦葱属 *Scorzonera*

多年生草本。根肥厚，茎基部有少数残存叶鞘。茎直立，高达 60 cm，中空，有沟纹，密被蛛丝状毛，后脱落几无毛。叶条形至阔条形，长达 30 cm，宽达 15 mm，先端渐尖，基部渐狭成有翅的长柄，边缘平展，有 5~7 脉，无毛或疏被蛛丝状毛；茎生叶基部稍扩大，抱茎。头状花序，在茎顶和侧生总花梗顶端数花序排成伞房状；总苞圆柱状，长达 4.5 cm，直径达 12 mm；总苞片多层，有蛛丝状毛或无毛；外层苞片三角状卵形，很小；中层苞片倒卵形；内层苞片条状披针形；舌状花黄色，干后红紫色，长达 3.5 cm，舌片先端有 5 齿。瘦果，圆柱形，长 2.5 cm，上部渐狭，有多条纵肋；冠毛污黄色，长约 2 cm，羽毛状，基部连合成环状。花期 5~7 月；果期 6~8 月。

生于道旁、荒地及矮山坡。国内分布于东北、华北、华东、华中地区及陕西、贵州等省份。

根可药用，具有清热、解毒、消炎、通乳的功效。

长裂苦苣菜 Sonchus brachyotus

菊科 Asteraceae

苦苣菜属 Sonchus

多年生草本。高达 50 cm。有横走根状茎，白色。茎直立，无毛，下部常带紫红色，常不分枝。基生叶阔披针形或长圆状披针形，灰绿色，长达 20 cm，宽达 5 cm，先端钝或锐尖，基部渐狭成柄，边缘有牙齿或缺刻；茎生叶无柄，基部耳状抱茎，两面无毛。头状花序，在茎顶成伞房状，直径约 2.5 cm；总花梗密被蛛丝状毛或无毛；总苞钟状，长达 2 cm，宽达 1.5 cm；总苞片 3～4 层，外层苞片椭圆形，较短，内层较长，披针形；舌状花黄色，80 余，长 1.9 cm。瘦果纺锤形，长约 3 mm，褐色，稍扁，两面各有 3～5 条纵肋，微粗糙；冠毛白色，长约 1.2 cm。花、果期 6～9 月。

生于田边、路旁湿地。国内分布于东北、华北、西北、华南地区及江苏、湖北、江西、四川、云南等省份。

全草药用，能清热解毒、消肿排脓、祛瘀止痛。

苦苣菜 Sonchus oleraceus

菊科 Asteraceae
苦苣菜属 Sonchus

　　一年或二年生草本。高达 80 cm；茎不分枝或上部分枝，无毛或上部有腺毛。叶柔软，无毛，长椭圆状阔披针形，长达 25 cm，宽达 6 cm，羽状分裂，大头羽状全裂或半裂，顶裂片大，宽三角形，侧裂片长圆形或三角形，边缘有不规则的刺状尖齿，下部叶柄有翅，基部扩大抱茎；中上部叶无柄，基部宽大戟状耳形抱茎。头状花序数个，在茎顶排成伞房状，直径约 1.5 cm；梗或总苞下部疏生腺毛；总苞钟状，长达 12 mm，宽达 15 mm，暗绿色；总苞片 2～3 层，先端尖，背面疏生腺毛和微毛，外层苞片卵状披针形，内层苞片披针形；舌状花黄色，长约 1.3 cm。瘦果长椭圆状倒卵形，压扁，长约 3 mm，褐色或红褐色，边缘有微齿，两面各有 3 条高起的纵肋，肋间有横纹；冠毛白色，毛状，长约 7 mm。花、果期 5～8 月。

　　国内分布于华东、华中、华北、西南、西北地区及辽宁。

　　茎叶可作牲畜饲料。全草亦可药用，能清热、凉血、解毒。

苣荬菜 Sonchus arvensis

菊科 Asteraceae
苦苣菜属 Sonchus

一年或二年生草本。高达 80 cm；茎不分枝或上部分枝，无毛或上部有腺毛。叶柔软，无毛，长椭圆状阔披针形，长达 25 cm，宽达 6 cm，羽状分裂，大头羽状全裂或半裂，顶裂片大，宽三角形，侧裂片长圆形或三角形，边缘有不规则的刺状尖齿，下部叶柄有翅，基部扩大抱茎；中上部叶无柄，基部宽大戟状耳形抱茎。头状花序数个，在茎顶排成伞房状，直径约 1.5 cm；梗或总苞下部疏生腺毛；总苞钟状，长达 12 mm，宽达 15 mm，暗绿色；总苞片 2～3 层，先端尖，背面疏生腺毛和微毛，外层苞片卵状披针形，内层苞片披针形；舌状花黄色，长约 1.3 cm。瘦果长椭圆状倒卵形，压扁，长约 3 mm，褐色或红褐色，边缘有微齿，两面各有 3 条高起的纵肋，肋间有横纹；冠毛白色，毛状，长约 7 mm。花、果期 5～8 月。

国内分布于华东、华北、华中、西南地区及辽宁、陕西、甘肃、青海、西藏等省份。

茎叶可作牲畜饲料。全草亦可药用，能清热、凉血、解毒。

多裂翅果菊 Pterocypsela laciniata

菊科 Asteraceae
翅果菊属 Pterocypsela

多年生草本。根粗厚，分枝呈萝卜状。茎单生，高达 2 m，上部圆锥状花序分枝，茎枝无毛；中下部茎叶倒披针形、椭圆形或长椭圆形，规则或不规则二回羽状深裂，长达 30 cm，宽达 17 cm，无柄，基部宽大，顶裂片狭线形，一回侧裂片 5 对或更多，中上部的侧裂片较大，向下的侧裂片渐小，二回侧裂片线形或三角形，全部茎叶或中下部茎叶极少一回羽状深裂，披针形或长椭圆形，长达 30 cm，宽达 8 cm，侧裂片 1～6 对，镰刀形、长椭圆形，顶裂片线形、披针形、宽线形；向上的茎叶渐小。头状花序多数，在茎枝顶端排成圆锥花序。总苞果期卵球形，长达 3 cm，宽 9 mm；总苞片 4～5 层，外层卵形、宽卵形或卵状椭圆形，长达 9 mm，宽达 3 mm，中内层长披针形，长 1.4 cm，宽 3 mm，全部总苞片顶端急尖或钝，边缘或上部边缘染红紫色；舌状小花 21，黄色。瘦果椭圆形，压扁，棕黑色，长 5 mm，宽 2 mm，边缘有宽翅，每面有 1 条高起的细脉纹，顶端急尖成长 0.5 mm 的粗喙。冠毛 2 层，白色，长 8 层，几为单毛状。花、果期 7～10 月。

国内分布于东北、华东、华北、华中、西南地区及陕西、广东等省份。

幼嫩茎叶可作蔬菜食用。

抱茎小苦荬 *Ixeridium sonchifolium*

菊科 Asteraceae

小苦荬属 *Ixeridium*

多年生草本。高达 80 cm；无毛；茎直立，上部有分枝。基生叶多数，铺散，花期宿存，倒匙形或倒卵状长圆形，长达 8 cm，宽达 2 cm，先端急尖或圆钝，基部下延成翼状柄，边缘有锯齿或尖牙齿，或为不整齐的羽状浅裂至深裂；茎生叶较小，卵状椭圆形或卵状披针形，长达 6 cm，先端锐尖或渐尖，基部扩大成耳状或戟形抱茎，全缘或有羽状分裂。头状花序，小型，密集成伞房状，有细梗；总苞圆筒形，长约 6 mm；总苞片 2 层，外层通常 5 片，短小，卵形，内层 8 片，披针形，长约 5 mm，背部各有中肋 1 条；舌状花黄色，长约 8 mm，先端截形，有 5 齿。瘦果黑褐色，纺锤形，长约 3 mm，有细纵肋及粒状小刺，喙短，长为果身的 1/4；冠毛白色，脱落。花、果期 4~7 月。

国内分布于东北、华北地区。

全草药用，能清热、解毒、消肿；亦可作饲料。

中华小苦荬 *Ixeridium chinense*

菊科 Asteraceae

小苦荬属 *Ixeridium*

多年生草本。高达 47 cm。根状茎极短缩。茎直立单生或簇生。基生叶长椭圆形、倒披针形、线形或舌形，包括叶柄长达 15 cm，宽达 5.5 cm，顶端钝或急尖或向上渐窄，基部渐狭成有翼的短柄或长柄，全缘，不分裂亦无锯齿，或边缘有尖齿或凹齿，或羽状浅裂至深裂，侧裂片 2～7，长三角形至线形，基部的侧裂片常为锯齿状；茎生叶 2～4，极少 1 或无，长披针形或长椭圆状披针形，不裂，边缘全缘，顶端渐狭，基部扩大，耳状抱茎或至少基部茎生叶的基部有明显的耳状抱茎；全部叶两面无毛。头状花序在茎枝顶端排成伞房花序，含舌状小花 21～25；总苞圆柱状，长约 9 mm；总苞片 3～4 层，外层及最外层宽卵形，长 1.5 mm，宽 0.8 mm，顶端急尖，内层长椭圆状倒披针形，长约 9 mm，宽约 1.5 mm，顶端急尖；舌状小花黄色，干时带红色。瘦果褐色，长椭圆形，长 2.2 mm，宽 0.3 mm，有 10 条高起的钝肋，肋上有上指的小刺毛，顶端急尖成细喙，喙细，细丝状，长 2.8 mm；冠毛白色，微糙，长 5 mm。花、果期 1～10 月。

国内分布于华东、华北、西南地区及黑龙江、陕西、河南等省份。

全草药用，有清热解毒的功效。嫩茎叶可食用或作饲料。

蒲公英 Taraxacum mongolicum

菊科 Asteraceae

蒲公英属 Taraxacum

多年生草本。有乳汁；高达25 cm。叶基生，匙形或倒披针形，长达15 cm，宽达4 cm，羽状分裂，侧裂片4～5对，长圆状倒披针形或三角形，有齿，顶裂片较大，戟状长圆形，羽状浅裂或仅有波状齿，基部渐狭成短柄，疏被蛛丝状毛或几无毛。花葶数个，与叶近等长，被蛛丝状毛；头状花序单生于花葶顶端；总苞钟状，淡绿色；外层总苞片披针形，边缘膜质，被白色长柔毛，先端有或无小角状突起，内层苞片条状披针形，长于外层苞片1.5～2倍，先端有小角状突起；舌状花黄色，长达1.7 cm，外层舌片的外侧中央有红紫色宽带。瘦果，褐色，长4 mm，有多条纵沟，并有横纹相连，全部有刺状突起，喙长6～8 mm；冠毛白色，长6～8 mm。花、果期3～6月。

生于田间、堤堰、路边、河岸、庭院。国内分布于东北、华北、华东、华中、西北、西南等地区。

全草药用，具有清热解毒、利尿散结的功效。

紫竹 Phyllostachys nigra

禾本科 Gramineae
刚竹属 Phyllostachys

乔木状中小型竹。竿高达 8 m，中部节间长达 30 cm；竿环和箨环均隆起，且竿环高于箨环或两环等高；新竿绿色，密被白粉及细柔毛，一年后变紫黑色，无毛；竿箨略短于节间，箨鞘背面红褐色或带绿色，密生刚毛，无斑点或具极微小的深褐色斑点；箨舌紫色，弧形，边缘有长纤毛，与箨鞘顶部等宽，有波状缺齿；箨叶三角状至三角状披针形，绿色，脉为紫色，有皱褶，平直或外展；箨耳椭圆形或长卵形，常裂成 2 瓣，紫黑色，上有弯曲的肩毛。末级小枝有叶 2 或 3 片，披针形，长达 10 cm，宽约 1.2 cm，质较薄，在下面基部有细毛；叶耳不存在；叶舌微凸起，背面基部及鞘口处常有粗肩毛。笋期 4 月下旬。

国内分布于湖南及长江、黄河流域。

竿节长，竿壁薄，较坚韧，供小型竹制家具及手杖、伞柄、乐器等工艺品的制作用材；是著名的观赏竹种、珍贵的盆景材料。

雀麦 Bromus japonicus

禾本科 Gramineae
雀麦属 Bromus

一年生草本。秆直立，丛生，高达1 m。叶鞘紧密贴生秆上，有白色柔毛；叶舌透明膜质，先端不规则齿裂，长1.5～2 mm；叶片长达30 cm，宽达8 mm，两面有毛或背面无毛。圆锥花序开展，下垂，长可达30 cm，每节有3～7细分枝；小穗幼时圆柱形，成熟后压扁，长17～34 mm（含芒），含7～14小花；颖披针形，有膜质边缘，第一颖3～5脉，长5～6 mm，第二颖2～9脉，长7～9 mm；稃卵圆形，边缘膜质，7～9脉，先端2裂，其下2 mm处生有长5～10 mm的芒；内稃较狭，短于外稃，背有疏刺毛。颖果压扁，长约7 mm。花、果期5～7月。

生于路边、山坡、河滩、溪边、荒草丛。国内分布于长江及黄河流域。

可作牧草。颖果可提取淀粉。

朝阳隐子草 Cleistogenes hackelii

禾本科 Gramineae

隐子草属 Cleistogenes

多年生草本。秆丛生，基部具鳞芽，高30~85 cm，径0.5~1 mm，具多节。叶鞘长于或短于节间，常疏生疣毛，鞘口具较长的柔毛；叶舌具长0.2~0.5 mm的纤毛，叶片长3~10 cm，宽2~6 mm，两面均无毛，边缘粗糙，扁平或内卷。圆锥花序开展，长4~10 cm，基部分枝长3~5 cm；小穗长5~7 mm，含2~4小花；颖膜质，具1脉，第一颖长1~2 mm，第二颖长2~3 mm；外稃边缘及先端带紫色，背部具青色斑纹，具5脉，边缘及基盘具短纤毛，第一外稃长4~5 mm，先端芒长2~5 mm，内稃与外稃近等长。花、果期7~11月。

国内分布甘肃、河北、山西、山东、河南、陕西、江苏、安徽、湖北、湖南、四川、福建、贵州等地；多生于山坡林下或林缘灌丛。

小画眉草 Eragrostis minor

禾本科 Gramineae

画眉草属 Eragrostis

一年生草本。植物体各部与"大画眉草"相似，唯植株较细弱，矮小，秆高达 40 cm。叶舌有一圈长约 1 mm 的短毛；叶片长达 15 cm，宽达 5 mm，叶缘及主脉上均有腺点。圆锥花序较"大画眉草"更开展而疏松；小穗条状长圆形，深绿色或淡绿色，长 3～9 mm，宽 1.5～2 mm；花药长约 0.2 mm。花、果期 6～10 月。

广泛分布于全国各地。

为优质牧草。

芦苇 Phragmites australis

禾本科 Gramineae
芦苇属 Phragmites

多年生高大草本。根状茎粗壮。秆高达 3 m，径达 1 cm，节下常有白粉。叶鞘圆筒形；叶舌极短，截平，或成一圈纤毛；叶片扁平，长达 45 cm，宽达 3.5 cm。圆锥花序顶生，疏散，长达 40 cm，稍下垂，下部分枝腋部有白柔毛；小穗通常含 4～7 小花，长 12～16 mm；颖 3 脉，第一颖长 3～7 mm，第二颖长 5～11 mm；第一小花常为雄性，其外稃长 9～16 mm；基盘细长，有长 6～12 mm 的柔毛；内稃长约 3.5 mm。颖果长圆形。花、果期 7～11 月。

生于池塘、湖泊、河道、海滩和湿地。广泛分布于全国各地。

秆可编织、造纸和盖屋。嫩叶可作饲料。根状茎药用，有健胃、利尿的功效。

纤毛鹅观草 Roegneria ciliaris

禾本科 Gramineae
鹅观草属 Roegneria

秆单生或成疏丛。高 40～80 cm，常被白粉，直立或基部膝曲。叶鞘无毛；叶片扁平，长 10～20 cm，宽 3～10 mm，无毛，边缘粗糙。穗状花序长 10～20 cm，直立或稍下垂；小穗通常绿色，长 15～22 mm（芒除外），含（6）7～12 小花；颖长圆状披针形，先端有短尖头，两侧或一侧有齿，5～7 脉，明显，长 7～9 mm，边缘及边脉上有纤毛；外稃长圆状披针形，背部有粗毛，边缘有长而硬的纤毛，先端两侧或一侧有齿；基盘两侧及腹面有极短的毛；第一外稃长 8～9 mm，先端延伸成反曲的芒，芒长 10～30 mm，内稃长约为外稃长度的 2/3，长圆状倒卵形，先端钝。颖果顶端有茸毛。花、果期 4～8 月。

生于路旁、林缘及山坡。国内分布于东北、华北、华东地区。

抽穗前秆叶柔软，可作牧草；抽穗后，茎秆粗韧，利用价值降低。

鹅观草 *Roegneria kamoji*

禾本科 Gramineae
鹅观草属 *Roegneria*

秆直立或倾斜，高达 1 m。叶鞘外侧边缘常有纤毛；叶片长达 40 cm，宽达 13 mm。穗状花序下垂或弯曲，长达 20 cm；小穗绿色或带紫色，含 3～10 小花，长 13～25 mm（芒除外）；颖卵状披针形至长圆状披针形，边缘膜质，先端锐尖、渐尖或有长 2～7 mm 的短芒，有 3～5 明显的脉，第一颖长 4～6 mm，第二颖长 5～9 mm（芒除外）；外稃披针形，边缘宽膜质，背部常无毛或稍粗糙，第一外稃长 8～11 mm，先端有直芒或上部稍曲折；内稃约与外稃等长，先端钝，脊上有明显的翼。花期早春。

生于山坡、林下、路旁、草地。国内分布于除青海、新疆、西藏外的其他地区。

叶质柔软而繁盛，产草量大，可食性高，可作牲畜的饲料。

牛筋草 Eleusine indica

禾本科 Gramineae
穆属 Eleusine

一年生草本。秆常斜生且开展，基部压扁，高达 90 cm。叶鞘压扁，无毛或疏生疣毛，鞘口常有柔毛；叶舌长 1 mm；叶片扁平或卷褶，长达 15 cm，宽达 5 mm，无毛或上面有疣基柔毛。穗状花序 2～7，很少单生，呈指状簇生茎顶端；每小穗长 4～7 mm，宽 2～3 mm，含 3～6 小花；颖披针形，脊上粗糙，第一颖长 1.5～2 mm，第二颖长 2～3 mm；第一外稃长 3～4 mm，有脊，脊上有翅；内稃短于外稃，具 2 脊，沿脊上有纤毛。囊果长 1.5 mm。种子卵形，有明显波状皱纹。花、果期 6～10 月。

生于荒地、路边。广泛分布于全国各地。

可作牧草。全草药用，有活血、补气的功效。秆叶坚韧，可作造纸原料。

虎尾草 Chloris virgata

禾本科 Gramineae
虎尾草属 Chloris

一年生草本。秆丛生，直立或膝曲，光滑无毛，高达 75 cm。叶鞘无毛，背部有脊，松弛，秆最上部叶鞘常包藏花序；叶舌长约 1 mm，无毛或具纤毛；叶片长达 25 cm，宽达 6 mm，平滑或上面及边缘粗糙。穗状花序 5～10 余枚，指状生于茎顶部，长达 5 cm；小穗长 3～4 mm（芒除外），幼时淡绿色，成熟后常带紫色；颖 1 脉，膜质，第一颖长约 1.8 mm，第二颖长约 3 mm，有长 0.5～1.5 mm 的芒；第一外稃长 3～4 mm，3 脉，边脉上有长柔毛，芒由先端下部伸出，长 5～15 mm；内稃短于外稃，具 2 脊，脊上有纤毛；不孕外稃先端截平，长约 2 mm。花、果期 6～10 月。

生于路边、荒地、墙头、房檐上。广泛分布于全国各地。

可作牧草。

狗牙根 Cynodon dactylon

禾本科 Gramineae
狗牙根属 Cynodon

多年生草本。有根状茎。秆匍匐地面可长达 1 m，直立部分高达 30 cm，光滑。叶片条形，长达 12 cm，宽达 3 mm，互生，在秆上部之叶，因节间短而似对生状，光滑。穗状花序长达 5（6）cm，（2）3～5（6）枚生于茎顶，指状排列；小穗灰绿色或带紫色，常含 1 小花，长 2～2.5 mm；颖 1 脉，有膜质边缘，长 1.5～2 mm，2 颖几等长，或第二颖稍长；外稃 3 脉，与小穗等长；内稃 2 脉，与外稃等长；花药淡紫色；子房无毛，柱头紫红色。颖果长圆柱形。花、果期 5～10 月。

生于墙边、路边和荒地上。国内分布于黄河以南地区。

根状茎发达，可铺草坪，又可用作保土植物；药用，有清血的功效。茎叶可作牧草。

京芒草 Achnatherum pekinense

禾本科 Gramineae
芨芨草属 Achnatherum

多年生。秆直立，光滑，疏丛，高 60~100 cm，具 3~4 节，基部常宿存枯萎的叶鞘，并具光滑的鳞芽。叶鞘光滑无毛，上部者短于节间；叶舌质地较硬，平截，具裂齿，长 1~1.5 mm；叶片扁平或边缘稍内卷，长 20~35 cm，宽 4~10 mm，上面及边缘微粗糙，下面平滑。圆锥花序开展，长 12~25 cm，分枝细弱，2~4 簇生，中部以下裸露，上部疏生小穗；小穗长 11~13 mm，草绿色或变紫色；颖膜质，几等长或第一颖稍长，披针形，先端渐尖，背部平滑，具 3 脉；外稃长 6~7 mm，顶端具 2 微齿，背部被柔毛，具 3 脉，脉于顶端汇合，基盘较钝，长约 1 mm，芒长 2~3 cm，二回膝曲，芒柱扭转且具微毛；内稃近等长于外稃，背部圆形，具 2 脉，脉间被柔毛；花药黄色，长 5~6 mm，顶端具毫毛。花、果期 7~10 月。

国内分布于东北、华北地区及江苏、安徽（黄山）、浙江（天目山）。

马唐 Digitaria sanguinalis

禾本科 Gramineae
马唐属 Digitaria

一年生草本。秆基部常倾斜，节着土即生根，高达 80 cm。叶鞘常疏生疣基软毛，稀无毛；叶舌长 1~3 mm；叶片长达 15 cm，宽达 12 mm，两面疏生软毛或无毛，边缘变厚而粗糙。总状花序 4~12，指状排列于茎顶端；小穗成对着生穗轴各节，披针形，长 3~3.5 mm，1 有长柄，1 近无柄；第一颖长约 0.2 mm，钝三角形；第二颖长为小穗的 1/2~3/4，狭窄，有不明显的 3 脉，边缘有纤毛；第一外稃与小穗等长，具 7 脉，中部 3 脉明显，脉间距离较宽而无毛，侧脉很接近或不明显，无毛或在脉间贴生柔毛。颖果灰绿色。花、果期 6~9 月。

生于田间、荒地及路边。广泛分布于全国各地。

茎叶为秋季优良牧草。颖果加工后洁白如谷粒。

狗尾草 Setaria viridis

禾本科 Gramineae
狗尾草属 Setaria

一年生草本。秆直立或基部膝曲，高达 1 m。叶鞘较松弛，无毛或有柔毛；叶舌纤毛状，长 1～2 mm；叶片长达 30 cm，宽达 18 mm。圆锥花序紧密排列成长圆柱状或基部稍疏离，直立或稍弯曲，长达 15 cm；小穗长达 2.5 mm，先端钝，2 至数枚簇生，刚毛小枝 1～6；第一颖卵形，长约为小穗的 1/3，3 脉；第二颖与小穗等长，5～7 脉；第一外稃与小穗等长，5～7 脉，有 1 狭窄内稃。颖果有细点状皱纹，成熟后很少膨胀。花、果期 5～10 月。

生于海拔 4000 m 以下的荒野、路旁及田埂。广泛分布于全国各地。

秆、叶可作饲料，也可入药，治痈瘀、面癣。全草加水煮沸 20 min 后，滤出液可喷杀菜虫。

金色狗尾草 Setaria glauca

禾本科 Gramineae

狗尾草属 Setaria

一年生草本。秆直立或倾斜，高达90 cm，光滑。叶鞘无毛，基部者压扁有脊；叶舌呈长1 mm的柔毛状；叶片长达40 cm，宽达1 cm。圆锥花序紧缩成圆柱状，刚毛金黄色或稍带紫色，长4～8 mm；小穗顶端尖，长3～4 mm，通常一簇中只有1枚发育；第一颖广卵形，先端尖，3脉，长约为小穗的1/3～1/2；第二颖先端钝，5～7脉，长约为小穗的1/2～2/3；第一外稃先端钝，5脉；与小穗等长；内稃与外稃等长，膜质；第二外稃成熟时有明显的横纹，背部极隆起，常呈黄色。花、果期6～10月。

广泛分布于全国各地。

为田间杂草。也可作牧草。

野古草 *Arundinella anomala*

禾本科 Gramineae

野古草属 *Arundinella*

多年生草本。根状茎横走，长达 10 cm。秆直立，高达 1.1 m。叶鞘无毛或密生糙毛；叶舌甚短，上缘圆凸，具纤毛；叶片扁平，长达 35 cm，宽达 15 mm。圆锥花序稍紧缩或开展，长达 40～70 cm，分枝直立或斜升；小穗孪生，长达 5 mm；颖灰绿色或带紫色，有 3～5 明显的脉，第一颖长为小穗的 1/2～2/3，第二颖与小穗等长或稍短；第一外稃无芒，3～5 脉，基盘无毛；内稃较短；第二外稃长 2.5～3.5 mm，5 脉，无芒或有小尖头，基盘两侧及腹面有长约为稃体 1/3～1/2 的毛；内稃稍短；雄蕊 3。花、果期 7～10 月。

国内分布于除青海、新疆、西藏以外的其他地区。

嫩秆叶为优良牧草。根状茎发达，在阴坡生长茂盛，可作保土护坡植物。

橘草 Cymbopogon goeringii

禾本科 Gramineae
香茅属 *Cymbopogon*

秆直立丛生。叶鞘无毛，叶舌长 0.5～3 mm，叶片线形。伪圆锥花序长 15～30 cm，佛焰苞长 1.5～2 cm，宽约 2 mm（一侧），总梗长 5～10 mm，总状花序长 1.5～2 cm，总状花序轴节间与小穗柄长 2～3.5 mm，无柄小穗长圆状披针形，雄蕊 3，柱头帚刷状。花、果期 7～10 月。

国内分布于华东、华北、华中等地区。

芒 *Miscanthus sinensis*

禾本科 Gramineae
芒属 *Miscanthus*

多年生苇状草本。高达 2 m；无毛或在花序下疏生柔毛。叶鞘长于节间，无毛，仅鞘口有长柔毛；叶舌长达 3 mm，圆钝，先端有小纤毛；叶片长达 50 cm，宽达 1 cm。圆锥花序扇形，主轴只延伸到中部以下，分枝强而直立，长达 40 cm；每节有 1 短柄和 1 长柄小穗；小穗柄无毛，长柄长 4～6 mm，短柄长约 2 mm；小穗披针形，长 4.5～5 mm，基盘有与小穗近等长或稍短的白色或淡黄褐色的丝状毛；第一颖 2 脊 3 脉，无毛；第二颖舟形，先端渐尖，无毛，边缘有小纤毛；第一外稃较颖稍短；第二外稃较颖短 1/3，在先端 2 裂齿间伸出一长 8～10 mm 的芒，芒稍扭转、膝曲；内稃小，长仅及外稃的 1/2。花、果期 7～12 月。

生于山坡、河滩、堤岸。广泛分布于全国各地。

茎秆高而坚强，可作篱墙。幼茎可药用，有散血去毒的功效；亦可作为牧草。秆皮可造纸、编草鞋。花序可做扫帚。

白羊草 *Bothriochloa ischaemum*

禾本科 Gramineae
孔颖草属 *Bothriochloa*

多年生草本。根状茎短。秆丛生，基部膝曲，高达 70 cm，3 至多节，节无毛或有白色髯毛。叶舌约 1 mm，有纤毛；叶片长达 16 cm，宽达 3 mm，两面疏生疣基柔毛或背面无毛。4 至多枚总状花序在秆顶端呈指状或伞房状排列，长达 6.5 cm，灰绿色或带紫色，穗轴节间与小穗柄两侧有丝状毛；无柄小穗长 4~5 mm，基盘有髯毛；第一颖背部中央稍下凹，5~7 脉，下部 1/3 处常有丝状柔毛，边缘内卷，上部 2 脊，脊上粗糙；第二颖舟形，中部以上有纤毛；第一外稃长圆状披针形，长约 3 mm，边缘上部疏生纤毛；第二外稃退化成条形，先端延伸成一膝曲的芒；有柄小穗雄性，无芒。花、果期 6~10 月。

生于低山坡、草地、田梗、路边。广泛分布于全国各地。

是重要的保持水土禾草。秆及叶嫩时为优良牧草。

黄背草 *Themeda japonica*

禾本科 Gramineae
菅属 *Themeda*

多年生草本。秆基部压扁，高达 1.5 m。叶鞘紧裹茎秆，常有硬疣毛；叶舌长 1~2 mm；叶片长达 50 cm，宽达 8 mm。伪圆锥花序较狭窄，由具佛焰苞的总状花序组成，总状花序长达 1.7 cm，佛焰苞长达 3 cm，舟形，托在下部；每总状花序有小穗 7 枚，基部 2 对小穗雄性或中性，生在同一平面上，很像轮生的总苞，上部 3 枚小穗中有 1 枚为两性，有一至二回膝曲的芒而无柄，2 枚为雄性或中性，有柄而无芒。花、果期 6~12 月。

生于山坡、草地及道旁。国内分布于除新疆、西藏、青海、甘肃、内蒙古以外的其他地区。

优良的水土保持植物。秆可用于造纸及盖屋。嫩茎叶可作牧草。全草药用，有利尿、祛湿热的功效。

鸭跖草 Commelina communis

鸭跖草科 Commelinaceae
鸭跖草属 Commelina

一年生草本。株高达 60 cm；茎肉质多分枝，基部匍匐，上部近直立。单叶，互生；披针形或卵状披针形，长达 9 cm，宽达 2 cm，先端锐尖；无柄或几无柄，基部有膜质短叶鞘，白色，有绿纹，鞘口有白色纤毛。佛焰苞有柄，心状卵形，边缘对合折叠，基部不相连，有毛；花两性，两侧对称；萼片 3，薄膜质；花瓣 3，蓝色，后方的 2 片较大，卵圆形，前方的 1 片卵状披针形；能育雄蕊 3。蒴果 2 室，每室 2 种子。种子表面有皱纹。花、果期 6～10 月。

生于路旁、林厂、山涧、水沟边较阴湿处。广泛分布于全国各地。

全草药用，有清热解毒、利尿的功效；也可作饲料。

饭包草 Commelina bengalensis

鸭跖草科 Commelinaceae
鸭跖草属 Commelina

与"鸭跖草"相似，主要区别是：本种为多年生；茎多分枝，长可达 70 cm；叶为阔卵形至卵状椭圆形，先端钝，有明显的短叶柄；佛焰苞下部合生成漏斗状；聚伞花序有数花，几不伸出佛焰苞外；蒴果 3 室；花、果期 7～10 月。

生于路边、水溪边及林下阴湿处。国内分布于秦岭—淮河流域以南地区及河北。

全草药用，有清热解毒、消肿利水的功效。

长花天门冬 Asparagus longiflorus

百合科 Liliaceae

天门冬属 Asparagus

　　直立草本。高达 70 cm；茎中部以下多平滑，上部有纵凸纹，稍有软骨质齿；分枝斜升或平展，有纵凸纹及软骨质齿，嫩枝更为明显。叶状枝 4～12 簇生，近扁圆柱形，略有棱，常伸直，长约达 15 mm，有软骨质齿；茎上的鳞片状叶基部有长 1～5 mm 的刺状距，较少距不明显或有硬刺，分枝上的距短或不明显。花常 2 腋生，带淡紫色；花梗长 6～15 mm，关节位于中、上部；雄花花被长 7 mm 左右；花丝中部以下与花被片贴生；雌花花被长 3 mm 左右。浆果熟时红色，直径 7～10 mm。花期 5～7 月；果期 7～8 月。

　　生于山坡、灌丛。国内分布于河北、山西、陕西、甘肃、青海、河南等省份。

黄花菜 Hemerocallis citrina

百合科 Liliaceae
萱草属 *Hemerocallis*

植株较高大。根稍肉质，中下部常纺锤状膨大。叶达20片，长达1 m，宽达2 cm。花葶稍长于叶，基部三棱形，上部近圆柱形，有分枝；苞片披针形，自下向上渐短；花梗短，长不及1 cm；花多朵，淡黄色，花蕾期有时先端带黑紫色；花被管长3～5 cm，花被裂片长达8 cm。蒴果钝三棱状椭圆形。种子多枚，黑色，有棱。花期6～7月；果期9月。

生于山坡、林缘，或栽培于田边。国内分布于秦岭以南地区及河北、山西等省份。

花蕾供食用，经蒸晒后加工为金针菜，为美味菜肴的原料，还有健胃、利尿、消肿等功效。根可以酿酒。

葱 Allium fistulosum

百合科 Liliaceae
葱属 Allium

鳞茎单生，圆柱形，粗 1～2 cm，有的可达 4 cm；鳞茎外皮白色或淡红褐色，膜质或薄革质，不破裂。叶圆筒形，中空。花葶圆柱形，中空，中部以下膨大，向顶端渐细，下部有叶鞘；总苞 2 裂，膜质；伞形花序，球形，多花，密集；花梗纤细，基部无小苞片；花白色，花被片有反折的小尖头；花丝锥形，长为花被片的 1.5～2 倍；子房倒卵形，腹缝线基部有不明显的蜜穴，花柱细长，伸出花被外。花期 4～5 月；果期 6～7 月。

原产于西伯利亚。全国各地均有栽培。

为重要的蔬菜和调味料。鳞茎及种子供药用，有通乳、解毒的功效。

长梗韭 Allium neriniflorum

百合科 Liliaceae

葱属 Allium

植株无葱蒜气味。鳞茎单生，卵球状至近球状，宽1～2 cm；鳞茎外皮灰黑色，膜质，不破裂，内皮白色，膜质。叶圆柱状或近半圆柱状，中空，具纵棱，沿纵棱具细糙齿，等长于或长于花葶，宽1～3 mm。花葶圆柱状，高20～52 cm，粗1～2 mm，下部被叶鞘；总苞单侧开裂，宿存；伞形花序疏散，小花梗不等长，长4.5～11 cm，基部具小苞片；花红色至紫红色；花被片长7～10 mm，宽2～3.2 mm，基部2～3 mm互相靠合成管状（即靠合部分尚能看见外轮花被片的分离边缘），分离部分星状开展，卵状矩圆形、狭卵形或倒卵状矩圆形，先端钝或具短尖头，内轮的常稍长而宽，有时近等宽，少有内轮稍狭的；花丝约为花被片长的1/2，基部2～3 mm合生并与靠合的花被管贴生，分离部分锥形；子房圆锥状球形，每室6～8胚珠，极少具5胚珠；花柱常与子房近等长，也有更短或更长的；柱头3裂。花、果期7～9月。

国内分布于黑龙江、吉林、辽宁、河北等省份。

韭 *Allium tuberosum*

百合科 Liliaceae

葱属 *Allium*

多年生草本。根状茎横生并倾斜；鳞茎簇生，近圆柱形；鳞茎外皮黄褐色，破裂成纤维状或网状。叶扁平条形，实心，宽达7 mm，边缘平滑。花葶细圆柱状，常有2纵棱，比叶长，高达50 cm，下部有叶鞘；总苞单侧开裂，或2~3裂，宿存；伞形花序近球形，花稀疏；花梗近等长，基部有小苞片；数枚花梗的基部还有1片共同的苞片；花白色或微带红色，花被片有黄绿色的中脉。蒴果，有倒心形的果瓣。种子近扁卵形，黑色。花期7~8月；果期8~9月。

原产亚洲东部和南部。全国各地均有栽培。

叶、花葶及花均为蔬菜。种子供药用，为兴奋、强壮、健胃、补肾药。根外用能消瘀止血，内服能止汗。

碱韭 Allium polyrhizum

百合科 Liliaceae

葱属 Allium

圆柱状鳞茎密簇生，其外皮黄褐色，裂成纤维状，呈近网状。叶半圆柱状，边缘具细糙齿，稀光滑，比花葶短，粗达 1 mm。花葶圆柱状，高达 35 cm，下部被叶鞘；总苞 2～3 裂，宿存，伞形花序半球状，具多而密集的花；小花梗近等长，从与花被片等长到比其长 1 倍，基部具小苞片，稀无；花紫红色或淡紫红色，稀白色；花被片长达 7 mm，宽达 3 mm，外轮的狭卵形，内轮的稍长，矩圆形；花丝等长或略长于花被片，基部 1/6～1/2 合生成筒状，合生部分的 1/3～1/2 与花被片贴生，内轮分离部分的基部扩大，扩大部分每侧各具 1 锐齿，极少无齿，外轮的锥形；子房卵形，腹缝线基部深绿色，不具凹陷的蜜穴；花柱比子房长。花、果期 6～8 月。

生于海拔 1000～3700 m 的向阳山坡或草地上。国内分布于新疆、青海、甘肃、内蒙古、宁夏北部、山西北部、河北北部、辽宁西部、吉林西部和黑龙江西部。

绵枣儿 Scilla scilloides

百合科 Liliaceae

绵枣儿属 Scilla

多年生草本。高达 40 cm。鳞茎卵圆形或近球形，高达 4.5 cm，直径达 2.5 cm；鳞茎皮黄褐色或黑棕色。叶基生，常 2～5 片，狭带形或披针形，长达 30 cm，宽达 8 mm，先端尖，全缘，两面绿色。花葶单生，直立，长于叶；总状花序顶生，长达 15 cm，有多数花，粉红色或淡紫红色；花梗长达 1 cm，基部有 1～2 片小苞片，披针形或条形；花被片 6，椭圆形或匙形，长 2.5～4 mm，宽 1～2 mm，先端钝尖，基部稍合生；雄蕊 6，花丝基部扩大，扁平，有细乳头状突起；雌蕊 1，柱头小，花柱长 1～1.5 mm，子房卵圆形，基部有短柄，表面有细小乳头状突起。蒴果倒卵形，长 4～6 mm，宽 2～3.5 mm。种子 1～3，棱形或狭椭圆形，黑色。花期 8～9 月；果期 9～10 月。

国内分布于东北、华东、华北、华中地区及四川、云南、广东等省份。

鳞茎含淀粉，可作工业用的浆料；还可供药用，外敷有消肿止痛的功效。

有斑百合 Lilium concolor var. pulchellum

百合科 Liliaceae
百合属 Lilium

多年生草本。高 30~50 cm。鳞茎卵圆形，直径 1.5~3.5 cm，鳞片白色，卵形或卵状披针形，长 2~3 cm，宽 0.7~1.2 cm，基部丛生须状根。茎直立，初被小乳头状突起，后渐脱落，基部近鳞茎处有横生白色须状根。叶互生；叶片条形，长 3.5~11 cm，宽 3~6 mm，先端尖，边缘有小乳头状突起，基部渐狭，有 3~7 条脉，背面中脉突起，两面无毛。花 1~4，直立，排列近伞形；花红色，花被片 6，有紫色斑点，2 轮，长椭圆形至狭卵状披针形，长 2.5~4 cm，宽 5~7 mm，先端钝，钟状开展，不反卷，蜜腺两边有乳头状突起；雄蕊 6，向中心靠拢，花丝短于花被片，无毛，花药长椭圆形，花粉红色；雌蕊 1，柱头略膨大，花柱稍短于子房，子房圆柱形。蒴果长圆形，长 2.5~3.5 cm，宽 1.5~1.7 cm。种子多数，片状。花期 5~7 月；果期 7~9 月。

国内分布于河南、河北、山西、陕西和吉林等省份。

鳞茎含淀粉，可供食用；还可代"百合"入药，有滋补强壮、止咳的功效。花红色，美丽，可栽培供观赏。

射干 *Belamcanda chinensis*

鸢尾科 Iridaceae
射干属 *Belamcanda*

多年生直立草本。根状茎为不规则块状，黄色或黄褐色。茎高达1.5 m。叶剑形，扁平，革质，长达60 cm，宽达4 cm，先端渐尖，无中脉，有多数平行脉。花序顶生，二歧分枝，成伞房状聚伞花序；花梗细，长约1.5 cm；苞片膜质；花橙红色散生紫褐色的斑点；花被裂片6，内轮3片较外轮3片略小；雄蕊3；花柱上部稍扁，顶端3裂，裂片边缘略向外反卷，有细而短的毛。蒴果倒卵形至椭圆形，3室，熟时室背开裂。种子圆形，黑色，有光泽。花期7～9月，果期10月。

生于山坡草地或林缘。广泛分布于全国各地。

根状茎药用，能清热解毒、散结消炎、消肿止痛、止咳化痰。亦可栽培供观赏。

依岛

依岛位于山东半岛北部,地理位置 37°47′14″N、120°25′25″E。依岛在桑岛的西北侧,是桑岛的附属岛屿,北面为长岛与庙岛海峡。岛屿面积 3.7 hm^2,是龙口海域唯一无人居住的岛屿。

依岛全貌

在依岛共发现 22 科 43 属 46 种植物,其中灌木 6 种、草本 39 种、藤本 1 种。禾本科 7 种,占总数 15%;藜科 4 种,占总数 9%;豆科 4 种,占总数 9%;旋花科 4 种,占总数 9%;菊科 4 种,占总数 9%;蓼科 3 种,占总数 6%;其余科 20 种,共占总数 43%。

依岛植物各科的占比

草麻黄 Ephedra sinica

麻黄科 Ephedraceae
麻黄属 *Ephedra*

草本状灌木。高 20～40 cm；木质茎短，黄褐色；小枝直立或微曲，节间长 2.5～5.5 cm，直径 2 mm。叶对生，2 裂，膜质鞘状，基部合生，上部裂片锐三角形。雄球花穗状，苞片 4 对，有总梗，每雄花雄蕊 7～8，花丝合生，先端微分离；雌球花单生，苞片 4 对，下部 3 对基部合生，合生部分占 1/4～1/3，最上面 1 对合生部分占 1/2 以上；每雌球花有雌花 2，各有 1 胚珠，有珠被管。种子成熟时，苞片红色肉质，种子不外露，长 5～6 mm，径 2.5～3.5 mm，半圆形。花期 5～6 月；种子 8～9 月成熟。

广泛分布于全国各地。

枝叶药用，有镇咳、发汗、止喘、利尿的功效，也是提取麻黄素的重要原料。

葎草 Humulus scandens

桑科 Moraceae
葎草属 *Humulus*

一年生蔓性草本。长达5 m；茎生倒钩刺。单叶，肾形或近五角形，掌状5～7深裂，长达10 cm，宽达15 cm，裂片卵圆形，先端渐尖，缘有粗锯齿，叶片基部多心形，叶上面绿色，粗糙，下面灰绿色，疏生刺状刚毛或短柔毛，常有黄色腺点；叶柄长达20 cm，有短刺毛。雌雄异株；雄株花小，排成圆锥花序；雄花花被片淡黄绿色；雌株的花多排成球形花穗；花穗由多数卵状披针形的苞片组成，每苞片内有2花或1花；花被片退化成1膜质薄片，花柱2，红褐色，有细刺毛。瘦果扁球形，直径3 mm，外皮坚硬，有黄褐色的腺点及斑纹；苞片先端短尾状，宿存。花期7～8月；果熟期8～9月。

生于山坡、路旁、田边。国内分布于除新疆、青海以外的其他地区。

茎皮纤维强韧，可代麻用。全草药用，有健胃、清热、解毒、利尿等功效。种子榨油，含油量约为30%，可作润滑油及制油墨、肥皂等工业原料用油。

萹蓄 Polygonum aviculare

蓼科 Polygonaceae
蓼属 Polygonum

一年生草本。茎匍匐或斜展，有沟纹。叶片条形至披针形，长 4 cm，宽 1 cm，先端钝或急尖，基部楔形，有关节，两面无毛，全缘；有短柄或近无柄；托叶鞘膜质，有明显脉纹，先端数裂。花 1~5 簇生于叶腋，全露或半露出于托叶鞘之外；花梗短，基部有关节；花被 5 深裂，暗绿色，边缘白色或淡红色；雄蕊 8，比花被片短；花柱 3，甚短，柱头头状。瘦果卵形，有 3 棱，长约 3 mm，黑色或褐色，无光泽，有不明显的线状小点，微露出于宿存花被外。

生于路边、田野。广泛分布于全国各地。

全草药用，有利尿、清湿热、消炎、止泻、驱虫的功效；也可作饲料。

巴天酸模 *Rumex patientia*

蓼科 Polygonaceae

酸模属 *Rumex*

多年生草本。高 1~1.5 m。主根粗大，断面黄色。茎直立，有沟纹，无毛。基生叶和下部叶长椭圆形或长圆状披针形，长达 30 cm，宽达 10 cm，先端钝或急尖，基部圆形、浅心形或楔形，全缘或边缘皱波状；叶柄腹面有沟，长达 8 cm；茎上部叶狭小，长圆状披针形至狭披针形，有短柄；托叶鞘筒状，膜质。圆锥花序顶生和腋生；花两性，花簇轮生，花梗与花被片等长或稍长，中部以下有关节；花被片 6，2 轮，果期内轮花被片增大，呈宽心形，宽约 5 mm，全缘，有网纹，1 片或全部有瘤状突起；雄蕊 6；柱头 3，柱头画笔状。瘦果三棱形，褐色，有光泽，长约 5 mm。

国内分布于东北、华北、西北、华中地区及四川、西藏等地。

根、叶药用，生品能活血散瘀、止血、清热解毒、润肠通便，酒制品能止泻、补血。根可提取栲胶。

齿果酸模 Rumex dentatus

蓼科 Polygonaceae
酸模属 Rumex

一年或多年生草本。高达 80 cm；茎直立，多分枝。叶片宽披针形或长圆形，长达 8 cm，宽达 3 cm，先端圆钝或尖，基部圆形或心形，边缘平坦或波状，两面均无毛；叶有柄，长达 5 cm，疏生短毛，托叶鞘膜质，筒状。花序圆锥状顶生，花簇轮状排列，通常有叶；花两性，黄绿色；花梗基部有关节；花被片 6，2 轮，内轮在果期增大，长卵形，有明显网纹，边缘通常有不整齐的刺状齿 4～5 对，全部有瘤状突起；雄蕊 6；柱头 3，画笔状。瘦果三棱形，褐色，有光泽。

广泛分布于全国各地。

根可提取栲胶。药用，有清热、解毒、活血的功效。

藜 Chenopodium album

藜科 Chenopodiaceae
藜属 *Chenopodium*

一年生草本。高达 1.5 m；茎直立，有条棱及绿色或紫红色色条，多分枝。叶片菱状卵形至阔披针形，长达 6 cm，宽达 5 cm，先端急尖或钝，基部楔形至阔楔形，上面常无粉，有时嫩叶的上面有紫红色粉，下面多少有粉，边缘有不整齐锯齿；叶柄与叶片多等长。花两性，簇生于枝上部，排列成穗状圆锥花序或圆锥花序；花被 5 裂，阔卵形至椭圆形，背面有隆脊，有粉；雄蕊 5；柱头 2。胞果包于花被。种子横生，双凸镜形，直径 1.2～1.5 mm，黑色，有光泽，表面有浅沟纹，胚环形。

生于田间、路旁、村边荒地。广泛分布于全国各地。

全草药用，能止泻痢、止痒。幼苗可食用。

地肤 Kochia scoparia

藜科 Chenopodiaceae
地肤属 Kochia

一年生草本。高达 1 m；茎直立，淡绿色或带紫红色，有条棱，稍有短柔毛或几无毛。叶披针形或条状披针形，长达 5 cm，宽达 7 mm，无毛或稍有毛，先端渐尖，基部渐狭成短柄，常有 3 条明显主脉，边缘有疏生的锈色绢状缘毛，茎上部叶小，无柄，1 脉。花两性或兼有雌性；常 1～3 生于上部叶腋，构成疏穗状圆锥花序；花下有时有锈色长柔毛，花被绿色，花被裂片近三角形，无毛或先端稍有毛，基部合生，黄绿色，果期自背部生出横翅，翅端附属物三角形至倒卵形，有时近扇形，脉不明显，边缘微波状或有缺刻；雄蕊 5；花柱极短，柱头 2。胞果扁球形。种子卵形，黑褐色，长 1.5～2 mm，胚环形，胚乳块状。

生于田边、路边、海滩荒地。广泛分布于全国各地。

果实药用，称"地肤子"，有利尿消肿、祛风除湿的功效；嫩叶可食用。

猪毛菜 Salsola collina

藜科 Chenopodiaceae
猪毛菜属 Salsola

一年生草本。高达 1 m；茎自基部分枝，茎、枝绿色，有白色或紫红色条纹；有短硬毛或近无毛。叶片丝状圆柱形，长达 5 cm，宽达 1.5 mm，有短硬毛，先端有刺状尖，基部边缘膜质。花序穗状；苞片卵形，顶部延伸，有刺状尖，边缘膜质，背部有白色隆脊；小苞片披针形，先端有刺状尖；苞片及小苞片紧贴花序轴；花被片 5，卵状披针形，膜质，先端尖，果时变硬，自背部中上部生鸡冠状突起或短翅；在突起以上部分近革质，先端为膜质，向中央折曲成平面，紧贴果实，有时在中央集成小圆锥体；花药长圆形，长 1.5 mm；柱头丝状，长为花柱的 1.5~2 倍。胞果倒卵形。种子横生或斜生。

广泛分布于全国各地。

全草药用，有降血压的功效。嫩叶可食用。

刺沙蓬 Salsola ruthenica

藜科 Chenopodiaceae
猪毛菜属 Salsola

一年生草本。高达 1 m；茎直立，自基部分枝，茎、枝有短硬毛或近无毛，有白色或紫红色条纹。叶片半圆柱形或圆柱形，无毛或有短硬毛，长达 4 cm，宽达 1.5 mm，先端有刺状尖，基部扩展，扩展外边缘膜质。花序穗状；苞片长卵形，先端有刺状尖，基部边缘膜质；小苞片卵形，先端有刺状尖；花被片 5，长卵形，膜质，无毛，背部 1 条脉，果期变硬，自背部中部生翅，翅 3 个，较大，肾形或倒卵形，膜质，无色或淡紫红色；果期花被（包括翅）直径达 1 cm；花被片在翅以上部分近革质，先端为膜质，向中央聚集，包被果实；柱头丝状，长为花柱的 3~4 倍。胞果近球形；种子横生，直径约 2 cm。

广泛分布于全国各地。

反枝苋 Amaranthus retroflexus

苋科 Amaranthaceae
苋属 Amaranthus

一年生草本。高达 80 cm；茎直立，淡绿色或带紫红色条纹，有钝棱，密生短柔毛。叶片菱状卵形或椭圆状卵形，长达 12 cm，宽达 5 cm，先端锐尖或微凹，有小凸尖，基部楔形，全缘或波状，两面及边缘有柔毛；叶柄长达 5.5 cm，有柔毛。圆锥花序顶生及腋生，直径达 4 cm，由多数穗状花序组成，顶生花穗较侧生者长；苞片及小苞片钻形，长达 6 mm，白色，背面有 1 龙骨状突起，伸出成白色芒尖；花被片 5，长圆形或长圆状倒卵形，长达 2.5 mm，薄膜质，白色，有 1 淡绿色细中脉，先端急尖或凹；有凸尖；雄蕊 5，比花被片稍长；柱头 3，有时 2。胞果扁卵形，环状开裂，包在宿存花被内；种子近球形，直径约 1 mm，棕色或黑色。

原产热带美洲。生于山坡、路旁、田边、村头的荒草地上。广泛分布于全国各地。

全草药用，治腹泻、痢疾、痔疮肿痛出血等症。茎、叶可作饲料。嫩茎叶可食。

马齿苋 Portulaca oleracea

马齿苋科 Portulacaceae

马齿苋属 Portulaca

一年生肉质匍匐草本。茎基部分枝，淡绿色或带紫色。叶片长圆形或倒卵形，长达2.5 cm，宽达15 mm，无毛，先端钝圆或平截或微凹，基部楔形，上面暗绿色，下面淡绿色或暗红色，中脉微隆起。花小，直径达5 mm，两性，单生或3～5簇生枝端；无花梗；总苞片4～5，薄膜质；萼片2，绿色，阔椭圆形，背部有隆脊，基部与子房贴生；花瓣4～5，黄色，倒卵状长圆形，先端微凹；雄蕊8～12，基部合生；花柱比雄蕊稍长，顶端4～5裂；子房半下位，1室，特立中央胎座，胚珠多数。蒴果卵球形，棕色，盖裂；种子多数，细小，肾状卵圆形，有小疣状突起，黑褐色，有光泽。花期6～8月；果期8～9月。

生于菜园、农田、路旁、荒地，为田间常见杂草。广泛分布于全国各地。

全草药用，有清热解毒、治菌痢的功效。种子明目；又可作农药和兽药。嫩茎叶可食，民间常作蔬菜；又可作家畜饲料。

女娄菜 Silene aprica

石竹科 Caryophyllaceae
蝇子草属 Silene

一年或二年生草本。高达 70 cm；茎直立，密生短柔毛。叶披针形至条状披针形，长达 7 cm，宽达 8 mm，密生短柔毛；上部叶无柄。聚伞花序顶生及腋生；苞片披针形；花梗长短不一，长达 20 mm；萼圆筒形，长 6～8 mm，密被短柔毛，有 10 条脉，先端有 5 齿，萼齿边缘宽膜质，有缘毛，果期萼筒膨大成卵状圆筒形，长达 8～10 mm；花瓣 5，白色或粉红色，与萼片等长或稍长，先端 2 裂，基部渐狭成爪，喉部有 2 鳞片状附属物；雄蕊 10，略短于花瓣，花丝基部密被毛；子房长圆状圆筒形，花柱 3。蒴果卵形，长 8～9 mm，6 齿裂，含多数种子。种子圆肾形，黑褐色，有钝或尖的瘤状突起。

广泛分布于全国各地。

全草入药，治乳汁少、体虚浮肿等。

兴安胡枝子 Lespedeza davurica

豆科 Leguminosae

胡枝子属 Lespedeza

灌木。高达 60 cm；茎单一或簇生，老枝黄褐色，嫩枝绿褐色，有细棱和柔毛。三出羽叶；托叶刺芒状；小叶披针状长圆形，长达 3 cm，宽达 1 cm，先端圆钝，有短刺尖，基部圆形，全缘；叶柄被柔毛。总状花序腋生，较叶短或等长；总花梗有毛；小苞片披针状条形；无瓣花簇生叶腋；萼筒杯状，萼齿 5，披针状钻形，先端刺芒状，与花冠等长；花冠黄白色至黄色，有时基部紫色，长约 1 cm，旗瓣椭圆形，翼瓣长圆形，龙骨瓣长于翼瓣，均有长爪；子房条形，有毛。荚果小，包于宿存萼内，倒卵形或长倒卵形，长达 4 mm，宽达 3 mm。花柱宿存，两面凸出，有毛。花期 6～8 月；果期 9～10 月。

国内分布于东北、华北经秦岭—淮河以北至西南各地。

为重要的山地水土保持植物；又可作牧草和绿肥。全株药用，能解表散寒。

长萼鸡眼草 Kummerowia stipulacea

豆科 Leguminosae

鸡眼草属 Kummerowia

　　一年生草本。茎匍匐或直立；枝和茎上有向上的硬毛，老枝上毛较少或无毛。三出掌叶，小叶倒卵形或椭圆形，长达 19 mm，宽达 1 cm，先端微凹或截形，基部楔形，全缘，上面无毛，下面中脉及边缘有白色硬毛，侧脉平行，托叶卵形或卵状披针形，与叶柄近等长，嫩时淡绿色，后为褐色，膜质。1~3 花簇生于叶腋，花梗有毛，基部有 2 苞片，萼下有 3 小苞片，在关节处有 1 小苞片；萼钟状，淡绿色，长约 1 mm，萼齿 5，近卵形；花冠紫红色，长达 7 mm，旗瓣椭圆形，基部有 2 个紫色斑点，翼瓣披针形，与旗瓣近等长，较龙骨瓣短，龙骨瓣上部有暗紫色斑点。荚果椭圆形，比萼长 3~4 倍，顶端圆形，有小刺尖。成熟种子黑色。花期 7~8 月；果期 8~9 月。

　　生于山坡、路旁、荒野。国内分布于东北、华北、西北、中南地区。

　　全草药用，有清热解毒、健脾利湿、收敛固脱的作用。可作绿肥及牧草。

紫穗槐 Amorpha fruticosa

豆科 Leguminosae
紫穗槐属 Amorpha

落叶灌木。高达 4 m，幼枝密被毛。奇数羽状复叶，小叶 9～25；小叶椭圆形或披针状椭圆形，长达 4 cm，宽达 15 mm，先端圆或微凹，有短尖，基部圆形或阔楔形，两面幼时有白色短柔毛，有透明腺点。总状花序集生于枝条上部，长达 15 cm；花萼钟状，密被短毛并有腺点；花冠蓝紫色，旗瓣倒心形，无翼瓣和龙骨瓣；雄蕊 10，包于旗瓣之中，伸出瓣外。荚果下垂，弯曲，长达 9 mm，宽约 3 mm，棕褐色，有瘤状腺点。花期 6～7 月；果期 8～10 月。

原产于美国。全国各地均有栽培。

为保持水土、固沙造林和防护林带低层树种。枝条可编筐。嫩枝和叶可作家畜饲料和绿肥。荚果和叶的粉末或煎汁可作农药杀虫。蜜源植物。

紫苜蓿 Medicago sativa

豆科 Leguminosae
苜蓿属 Medicago

多年生草本。高达 1 m；茎直立，近无毛，从基部分枝。三出羽叶；小叶倒卵状长圆形或倒披针形，长达 2 cm，宽约 5 mm，先端圆，仅上半部边缘有锯齿，基部狭楔形；托叶狭披针形，全缘；下部与叶柄合生。短总状花序腋生，有 8~25 花；苞片小，条状锥形；花萼筒状钟形，萼齿锥形；花冠紫色或蓝紫色，旗瓣倒卵形，先端微凹，翼瓣比旗瓣短，基部有耳和爪，龙骨瓣比翼瓣稍短。荚果螺旋状旋卷，2~3 绕，无刺，顶端有喙，不开裂。种子 1~8。花期 5~7 月；果期 7~8 月。

广泛分布于全国各地。

茎叶为优良饲料及牧草，也可作绿肥。种子含油 10% 左右。根药用，有开胃、利尿排石的功效。是很好的蜜源和水土保持植物。

乳浆大戟 Euphorbia esula

大戟科 Euphorbiaceae
大戟属 *Euphorbia*

多年生草本。高达 40 cm，乳汁白色；茎直立丛生，有细纵纹。叶互生，条形，长达 5 cm；有短柄或无柄。多歧聚伞花序顶生，通常有伞梗 5 至多数，每伞梗常有 2~4 级分枝，呈伞状；叶状总苞片 5 至多数，轮生状；各级分枝基部有对生总苞片 2，三角状宽卵形、菱形或肾形，先端尖或钝圆，全缘；杯状总苞先端 4~5 裂，裂片间有腺体 4，弯月形，两端呈短角状；有时伞梗或小伞梗顶端常于花、果期发育成密生条形叶的无性短枝；雄花多数，雄蕊 1；雌花 1，子房宽卵形，花柱 3，顶端 2 裂。蒴果卵状球形，直径达 3.5 mm，光滑。种子卵形，长约 2 mm，灰褐色。花期 5~6 月；果期 7 月。

广泛分布于全国各地。

全草药用，有逐水、解毒、散结的功效。种子含油 3.5%，可供工业用。

酸枣 Ziziphus jujuba var. spinosa

鼠李科 Rhamnaceae
枣属 Ziziphus

　　落叶灌木。高达 3 m；树皮灰褐色，纵裂；小枝红褐色，光滑，有托叶刺，刺长达 3 cm，粗直，短刺下弯，长 6 mm，短枝短粗；幼枝绿色，单生或簇生。叶卵形、卵状椭圆形，长达 3 cm，宽达 2 cm，先端钝尖，基部近圆形，边缘有圆锯齿，上面无毛，下面或仅沿脉有疏微毛，基出 3 脉；叶柄长达 6 mm。花黄绿色，两性，5 基数，单生或排成腋生聚伞花序；花梗长 3 mm；萼片卵状三角形；花瓣倒卵圆形，基部有爪与雄蕊等长，花盘厚，肉质，圆形，5 裂；子房下部与花盘合生，2 室，每室 1 胚珠，花柱 2 半裂。核果小，近球形，径达 1.2 cm，熟时红色，中果皮薄，味酸，核两端钝，2 室，种子常 1 枚，果梗长 3 mm。花期 5～7 月；果期 8～9 月。

　　广泛分布于全国各地。

　　种仁药用，有镇静、安神之功效。亦为蜜源植物。

小花山桃草 Gaura parviflora

柳叶菜科 Onagraceae
山桃草属 Gaura

二年生草本。高可达1 m；全株被长软毛；茎直立。叶互生，叶片卵状披针形，基部渐狭成短柄，边缘有细齿或呈波状。花紫红色，成密长穗状花序；花萼4裂，反折；花瓣4；雄蕊8；柱头4裂。蒴果坚果状，纺锤形，有不明显的4棱。种子4，倒卵形。花、果期5～9月。

原产于北美洲。生于路旁、山坡、田埂。

萝藦 Metaplexis japonica

萝藦科 Asclepiadaceae
萝藦属 Metaplexis

多年生草质藤本。有乳汁。叶对生，卵状心形，长达10 cm，宽达6 cm，先端尖，全缘，基部心形，表面绿色，背面粉绿色，无毛或幼时有毛；有长柄，叶柄顶端有丛生腺体。总状聚伞花序腋生，有长花序梗；花萼5深裂，裂片披针形，外面及边缘被柔毛；花冠钟形或近辐状，白色带淡紫红色斑纹，5深裂，裂片披针形，先端反卷，里面被柔毛；副花冠环状，5浅裂；雄蕊5，合生成圆锥状，包围雌蕊，花粉块卵圆形，下垂；子房上位，柱头延伸成1长喙，顶端2裂。蓇葖果纺锤形，长达9 cm，直径达2 cm，表面无毛，有瘤状突起。种子扁卵圆形，褐色，顶端具白色绢质种毛。花期7～8月；果期9～10月。

生于山坡、林边、荒野、路边。国内分布于东北、华北、华东、华中地区及甘肃、陕西、贵州等省份。

根供药用，可治跌打、蛇咬、疔疮、瘰疬等。种毛可止血。民间用全草治气管炎。茎皮纤维坚韧，可制人造棉。

鹅绒藤 Cynanchum chinense

萝藦科 Asclepiadaceae
鹅绒藤属 Cynanchum

多年生缠绕草本。全株被柔毛。主根圆柱形。叶对生，心形或长卵状心形，长达 8 cm，宽达 6 cm，先端锐尖，全缘，基部心形，两面被白色柔毛，叶柄长达 4.5 cm。伞形二歧聚伞花序腋生，有花多数，花柄和花萼外面被毛，花萼 5 裂，裂片卵状三角形；花冠白色，5 裂，裂片长圆状披针形，先端钝，副花冠杯状，上端裂成 10 个丝状体，分两轮，外轮与花冠裂片近等长，内轮稍短；花粉块长卵形，每室 1 个，下垂；子房上位，柱头略突起，顶端 2 裂。蓇葖果双生或单生，角状披针形，先端渐尖，表面有细纵纹，长达 10 cm，直径达 6 mm。种子扁矩圆形，长约 5 mm，白色绢质种毛长约 3 cm。花期 6～8 月；果期 8～10 月。

生于山坡林边草丛中。国内分布于东北、华北、华东、华中、华南等地区。

全株可药用，作祛风剂。乳汁可涂治寻常疣赘。

菟丝子 Cuscuta chinensis

旋花科 Convolvulaceae
菟丝子属 Cuscuta

一年生寄生草本。茎缠绕，黄色，纤细，径约1 mm，无叶。花簇生，苞片及小苞片小，鳞片状；花萼杯状，5裂，裂片三角形，长约1.5 mm；花冠白色，壶状，长约3 mm，裂片三角状卵形，向上反折，宿存；雄蕊5，花丝短，着生于花冠裂片弯缺微下处，鳞片长圆形，边缘流苏状；子房近球形，花柱2，柱头头状。蒴果球形，径约3 mm，几乎全部被宿存花冠包围，成熟时整齐周裂。种子淡褐色，卵形，长约1 mm，表面粗糙。花期7～8月；果期8～9月。

广泛分布于全国各地。

种子药用，有补肝肾、益精壮阳、止泻的功效。

肾叶打碗花 Calystegia soldanella

旋花科 Convolvulaceae
打碗花属 Calystegia

多年生草本。茎平卧，不缠绕，有细棱翅，无毛。叶肾形，长达 4 cm，宽达 5.5 cm，先端圆或凹，有小尖头，基部凹缺，边缘全缘或波状，叶柄长于叶片。花单生于叶腋；花梗长达 5 cm，有细棱，无毛；苞片宽卵形，比萼片短，长达 1.5 cm，宿存；萼片 5，外萼片长圆形，内萼片卵形，长达 16 mm；花冠钟状漏斗形，粉红色，长达 5.5 cm，5 浅裂；雄蕊 5，花丝基部扩大，无毛；子房 2 室，柱头 2 裂。蒴果卵形，长约 16 mm。种子黑褐色，光滑。花期 5~6 月；果期 6~8 月。

生于海滨沙滩或海岸岩石缝上。国内分布于辽宁、河北、江苏、浙江、台湾等沿海省份。

田旋花 Convolvulus arvensis

旋花科 Convolvulaceae
旋花属 *Convolvulus*

多年生草本。根状茎横走。茎平卧或缠绕，有条纹或棱，无毛。叶互生，戟形，长 1.5～5 cm，宽 1～3 cm，全缘或 3 裂，侧裂片展开，两面无毛，叶柄长达 2 cm。花序腋生，总花梗长达 8 cm，有 1～3 花；花梗长达 8 cm；苞片 2，条形，长约 3 mm，与花萼远离；萼片 5，光滑或有毛，长达 5 mm，外萼片 2，稍短；花冠漏斗形，长达 2.6 cm，粉红色或白色，5 浅裂；雄蕊 5，长约为花冠的 1/2，花丝基部扩大，有小鳞片；雌蕊长于雄蕊，子房有毛，2 室，每室 2 胚珠，柱头 2，条形。蒴果卵球形，无毛，长达 8 mm。种子卵圆形，长 4 mm，黑褐色。花期 6～8 月；果期 7～9 月。

广泛分布于全国各地。

全草及花药用，有调经活血、滋阴补虚的功效。

牵牛 Ipomoea nil

旋花科 Convolvulaceae
番薯属 Ipomoea

一年生草本。全株有粗硬毛。茎缠绕。叶阔卵形或近圆形，通常3裂，中裂片长圆形或卵圆形，侧裂片较短，三角形，叶两面有毛；叶柄长达15 cm，有粗硬毛。花腋生，常2花生花序梗顶端，花梗有粗硬毛；萼片5，披针形，不向外卷，其中3片较宽，外面有白色长毛，基部更密；花冠漏斗形，蓝紫色渐变为淡紫色或粉红色，长达8 cm，径达5 cm；雄蕊5，不等长，花丝基部有毛；子房无毛，柱头头状。蒴果近圆球形，3瓣裂。种子卵状三角形，黑色或米黄色，有褐色短毛。花期6～9月；果期9～10月。

原产热带美洲。国内分布于除西北和东北以外的其他地区。

种子药用，有泻水利尿、祛痰、杀虫的功效。也可供观赏。

砂引草 Messerschmidia sibirica

紫草科 Boraginaceae
砂引草属 Messerschmidia

多年生草本。高达 30 cm。根状茎细长。茎单一或丛生，密生糙伏毛或白色长柔毛。叶披针形或长圆形，长达 5 cm，宽达 1 cm，先端圆钝，稀微尖，基部楔形或圆形，两面密生糙伏毛或长柔毛；近无柄。聚伞花序伞房状，顶生，二叉状分枝；花密集，白色；花萼密生向上的糙伏毛，5 裂至近基部，裂片披针形；花冠钟状，花冠筒较裂片长，裂片 5，外弯，外面密生向上的糙伏毛；雄蕊 5，内藏；子房 4，每室 1 胚珠，柱头 2，下部环状膨大。果实有 4 钝棱，椭圆形，长约 8 mm，径约 5 mm，先端凹入，密生伏毛，核有纵肋，成熟时分裂为 2 个分核。花期 5 月；果期 6～7 月。

生于海滨或盐碱地。国内分布于东北地区及河北、河南、陕西、甘肃、宁夏等省份。

花可提取香料。植株浸泡后，外用消肿、治关节痛。良好的固沙植物。

沙滩黄芩 Scutellaria strigillosa

唇形科 Labiatae
黄芩属 Scutellaria

多年生草本。有根状茎。茎直立或铺散，高达 40 cm，被柔毛。叶片多长圆形，长达 2 cm，宽达 8 mm，先端钝，基部截形或圆形或浅心形，边缘有钝的浅牙齿或锯齿或全缘，两面密生稍粗糙短毛或有节长毛，下面密生下陷的腺点；叶有短柄或近无柄。花单生于叶腋，花梗长达 5 mm，被短柔毛；花萼长 3.5 mm，密被柔毛；盾片高 1.5 cm；花冠蓝紫色，长达 2 cm，外面被柔毛，冠筒基部微囊状膨大，冠檐二唇形，上唇盔状，先端微缺，下唇 3 裂，中裂片宽卵形，侧裂片狭卵圆形；雄蕊 4，前对较长，有能育半药，退化半药不明显，后对较短，有全药，花室裂口有髯毛，花丝扁平，前对内侧及后对两侧下部有小疏柔毛；花柱丝状，先端微裂；花盘前方隆起，后方延伸成短粗的子房柄；子房 4 裂，裂片等大。小坚果近圆球形，黄褐色，密生钝头的瘤状突起。花期 7 月；果期 8～9 月。

国内分布于辽宁、河北、江苏等省份。

枸杞 Lycium chinense

茄科 Solanaceae
枸杞属 Lycium

蔓性灌木。高达 2 m；枝条有短刺或无。单叶互生或簇生，叶片卵形至卵状披针形，先端尖或钝，全缘，基部楔形。花单生或 2～4 簇生叶腋；花萼钟形，3～5 裂，裂片阔卵形；花冠漏斗状，淡紫色，长达 12 mm，5 深裂，裂片先端圆钝，平展或稍向外反曲，边缘有缘毛；雄蕊 5，伸出花冠外，花丝基部及花冠筒内壁密生 1 圈绒毛；子房 2 室，花柱稍伸出雄蕊，细长，柱头球形。浆果卵形或长卵形，长约达 18 mm，直径达 8 mm，熟时鲜红色。

生于田边、路旁、庭院前后及墙边。广泛分布于全国各地。

根皮药用，清热凉血。果实也可药用，滋补肝肾、强壮筋骨、益精明目。

龙葵 Solanum nigrum

茄科 Solanaceae

茄属 *Solanum*

一年生草本。高达 1 m；茎直立，绿色或紫色，近无毛或疏被短柔毛。单叶互生，叶片卵圆形，长达 10 cm，宽达 5 cm，先端渐尖，边缘波状，基部楔形，下延至柄，两面疏被短白毛；叶柄长达 2 cm。花序短蝎尾状或近伞状，有 4～10 花；花萼杯状，绿色，5 裂，裂片卵圆形；花冠钟状，冠檐长约 2.5 mm，5 深裂，裂片卵状三角形，长约 3 mm；雄蕊 5，花丝短，花药椭圆形，黄色；雌蕊 1，子房球形，花柱下部密生柔毛，柱头圆形。浆果圆形，深绿色，成熟时紫黑色，直径约 8 mm。种子卵圆形。花期 6～8 月；果期 7～10 月。

生于田边、路旁、山坡草地。广泛分布于全国各地。

全草药用，有清热解毒、利水消肿之功效。

小马泡 Cucumis bisexualis

葫芦科 Cucurbitaceae
黄瓜属 Cucumis

一年生匍匐草本。根白色，柱状。茎、枝及叶柄粗糙；卷须纤细，单一。叶片肾形或近圆形，质稍硬，长、宽均达11 cm，常5浅裂，裂片钝圆，边缘稍反卷，两面粗糙，有腺点，掌状脉，脉上有腺质短柔毛。花两性，在叶腋内单生或双生；花梗细，长达4 cm；花梗和花萼被白色短柔毛；花萼筒杯状，裂片条形；花冠黄色，钟状，裂片倒阔卵形，先端钝，有5脉；雄蕊3，生于花被筒的口部，花丝极短或无，药室二回折曲；子房纺锤形，密被白色细绵毛，花柱极短，基部有1浅杯状的盘，柱头3，靠合，2裂。果实椭圆形，长约达3.5 cm，径约达3 cm；幼时有柔毛，后光滑。种子多数，卵形，压扁，黄白色。花期5～7月；果期7～9月。

生于山坡、田间、路旁。国内分布于安徽、江苏等省份。

茵陈蒿 Artemisia capillaris

菊科 Asteraceae
蒿属 Artemisia

多年生草本。茎直立，基部坚硬，近灌木状，高达 1 m，有纵棱，绿色或老时带紫色，秋季常自基部或茎部发出不育枝，枝上的叶密集，呈莲座状，幼嫩时被绢毛，老时近无毛。早春末抽茎前及秋季近果期时自基部重发的基生叶有柄，长或短；叶片轮廓近卵圆形或长卵形，一至三回羽状全裂或掌裂，裂片条形、条状披针形或长卵形，春季基生叶密被顺展的白绢毛，秋季重发者被较疏的白绢毛；茎中部的叶于花期无柄，一至二回羽状全裂；上部的叶逐渐变小，叶最终裂片狭线形，基部半抱茎，上面近光滑。头状花序密，排列成复总状；总苞卵形或近球形，光滑，长约 2 mm，宽约 1.5 mm，暗绿色或黄绿色；苞片 3～4 层，边缘膜质，花序托近球形，有腺毛；雌花花冠初时管状，近果期时呈类壶形，先端 3 裂，黄绿色；两性花不育，花冠近柱形，先端 5 裂，黄绿色，近上部有时带紫红色，花冠外有腺毛。瘦果长圆形，长约 0.8 mm，有纵条纹。花期 8～9 月；果期 9～10 月。

国内分布于华东、华中、华南地区及辽宁、河北、陕西、四川等省份。

幼苗供药用，能清湿热、利肝胆，为治疗黄疸型肝炎的要药。

艾 *Artemisia argyi*

菊科 Asteraceae
蒿属 *Artemisia*

多年生草本。被绒毛，有香气。常有横卧根状茎。茎高达 1.2 m，上部有开展及斜生的花序枝。茎下部的叶片阔卵形，羽状浅裂或深裂，裂片边缘有锯齿，基部下延成长柄，花期枯萎；茎中部的叶片近长倒卵形，长达 10 cm，宽达 8 cm，羽状深裂或浅裂，侧裂片常 2 对，裂片近长卵形或卵状披针形，全缘或有 1～2 锯齿，齿先端钝尖，顶裂片呈明显或不明显的浅裂，基部近楔形，下延成急狭的短柄，柄长多不及 5 mm，有假托叶；上部叶渐小，2～3 浅裂，或不裂，近无柄；上面绿色，有白色腺点和小凹点，初被灰白色短柔毛，下面被绒毛，呈灰白色。头状花序多数，排列成复总状；总苞近卵形，长约 3 mm，宽约 2.5 mm；总苞片 3 层，被绒毛；雌花约 10，花冠管状，长约 1.3 mm，黄色；两性花 10 余，花冠近喇叭筒状，长约 2 mm，黄色，有时上部带紫色；花冠外被腺毛；子房近柱状，花序托稍突出，呈圆顶状。花期 9～10 月；果期 11 月。

国内除极干旱与高寒地区外，广泛分布于全国各地。

叶供药用，有散寒除湿、温经止血的功效。又为艾绒的原料，供针灸用。

乳苣 Mulgedium tataricum

菊科 Asteraceae

乳苣属 Mulgedium

多年生草本。高达 60 cm；茎直立，有细条棱或条纹，无毛。中下部茎生叶长椭圆形至线形，基部渐狭成短柄，柄长达 1.5 cm 或无柄，叶长达 19 cm，宽达 6 cm，羽状浅裂或半裂或边缘有大锯齿，顶端钝或急尖，侧裂片 2~5 对，中部侧裂片较大，侧裂片向两端渐小，侧裂片半椭圆形或偏斜三角形，全缘或有稀疏的小尖头或多锯齿，顶裂片披针形或长三角形，全缘或细锯齿；上部叶与中部叶同形或宽线形，但渐小。全部叶质地稍厚，光滑无毛。头状花序约含 20 小花，多数，成狭或宽圆锥花序。总苞圆柱状或楔形，长 2 cm，宽约 0.8 mm，果期不为卵球形；总苞片 4 层，不成明显的覆瓦状排列，中外层较小，卵形至披针状椭圆形，长达 8 mm，宽约 2 mm，内层披针形或披针状椭圆形，长 2 cm，宽 2 mm，全部苞片外面无毛，带紫红色，顶端渐尖或钝。舌状小花紫色或紫蓝色，管部有白色短柔毛。瘦果长圆状披针形，稍压扁，灰黑色，长 5 mm，宽约 1 mm，每面有 5~7 条高起的纵肋，中肋稍粗厚，顶端渐尖成长 1 mm 的喙。冠毛 2 层，纤细，白色，长 1 cm，微锯齿状，分散脱落。花、果期 6~9 月。

广泛分布于全国各地。

蒲公英 Taraxacum mongolicum

菊科 Asteraceae

蒲公英属 Taraxacum

多年生草本。有乳汁；高达25 cm。叶基生，匙形或倒披针形，长达15 cm，宽达4 cm，羽状分裂，侧裂片4～5对，长圆状倒披针形或三角形，有齿，顶裂片较大，戟状长圆形，羽状浅裂或仅有波状齿，基部渐狭成短柄，疏被蛛丝状毛或几无毛。花葶数个，与叶近等长，被蛛丝状毛；头状花序单生于花葶顶端；总苞钟状，淡绿色；外层总苞片披针形，边缘膜质，被白色长柔毛，先端有或无小角状突起，内层苞片条状披针形，长于外层苞片1.5～2倍，先端有小角状突起；舌状花黄色，长达1.7 cm，外层舌片的外侧中央有红紫色宽带。瘦果，褐色，长4 mm，有多条纵沟，并有横纹相连，全部有刺状突起，喙长6～8 mm；冠毛白色，长6～8 mm。花、果期3～6月。

生于田间、堤堰、路边、河岸、庭院。国内分布于东北、华北、华东、华中、西北、西南等地区。

全草药用，具有清热解毒、利尿散结的功效。

朝阳隐子草 *Cleistogenes hackelii*

禾本科 Gramineae
隐子草属 *Cleistogenes*

多年生草本。秆丛生，基部具鳞芽，高30～85 cm，径0.5～1 mm，具多节。叶鞘长于或短于节间，常疏生疣毛，鞘口具较长的柔毛；叶舌具长0.2～0.5 mm的纤毛，叶片长3～10 cm，宽2～6 mm，两面均无毛，边缘粗糙，扁平或内卷。圆锥花序开展，长4～10 cm，基部分枝长3～5 cm；小穗长5～7 mm，含2～4小花；颖膜质，具1脉，第一颖长1～2 mm，第二颖长2～3 mm；外稃边缘及先端带紫色，背部具青色斑纹，具5脉，边缘及基盘具短纤毛，第一外稃长4～5 mm，先端芒长2～5 mm，内稃与外稃近等长。花、果期7～11月。

国内分布甘肃、河北、山西、山东、河南、陕西、江苏、安徽、湖北、湖南、四川、福建、贵州等地；多生于山坡林下或林缘灌丛。

芦苇 *Phragmites communis*

禾本科 Gramineae
芦苇属 *Phragmites*

多年生高大草本。根状茎粗壮。秆高达3 m，径达1 cm，节下常有白粉。叶鞘圆筒形；叶舌极短，截平，或成一圈纤毛；叶片扁平，长达45 cm，宽达3.5 cm。圆锥花序顶生，疏散，长达40 cm，稍下垂，下部分枝腋部有白柔毛；小穗通常含4~7小花，长12~16 mm；颖3脉，第一颖长3~7 mm，第二颖长5~11 mm；第一小花常为雄性，其外稃长9~16 mm；基盘细长，有长6~12 mm的柔毛；内稃长约3.5 mm。颖果长圆形。花、果期7~11月。

生于池塘、湖泊、河道、海滩和湿地。广泛分布于全国各地。

秆为造纸原料或作编席织帘及建棚材料，茎、叶嫩时为饲料，根状茎供药用。为固堤造陆的先锋环保植物。

牛筋草 Eleusine indica

禾本科 Gramineae
穆属 Eleusine

一年生草本。秆常斜生且开展，基部压扁，高达 90 cm，叶鞘压扁，无毛或疏生疣毛，鞘口常有柔毛；叶舌长 1 mm；叶片扁平或卷褶，长达 15 cm，宽达 5 mm，无毛或上面有疣基柔毛。穗状花序 2～7，很少单生，呈指状簇生茎顶端；每小穗长 4～7 mm，宽 2～3 mm，含 3～6 小花；颖披针形，脊上粗糙，第一颖长 1.5～2 mm，第二颖长 2～3 mm；第一外稃长 3～4 mm，有脊，脊上有翅；内稃短于外稃，具 2 脊，沿脊上有纤毛。囊果长 1.5 mm；种子卵形，有明显波状皱纹。花、果期 6～10 月。

生于荒地、路边。广泛分布于全国各地。

可作牧草。全草药用，有活血、补气的功效。秆叶坚韧，可作造纸原料。

狗牙根 Cynodon dactylon

禾本科 Gramineae
狗牙根属 *Cynodon*

多年生草本。有根状茎。秆匍匐地面可长达 1 m，直立部分高达 30 cm，光滑。叶片条形，长达 12 cm，宽达 3 mm，互生，在秆上部之叶，因节间短而似对生状，光滑。穗状花序长达 5（6）cm，（2～）3～5（6）生于茎顶，指状排列；小穗灰绿色或带紫色，常含 1 小花，长 2～2.5 mm；颖 1 脉，有膜质边缘，长 1.5～2 mm，2 颖几等长，或第二颖稍长；外稃 3 脉，与小穗等长；内稃 2 脉，与外稃等长；花药淡紫色；子房无毛，柱头紫红色。颖果长圆柱形。花、果期 5～10 月。

生于墙边、路边和荒地上。国内分布于黄河以南地区。

根状茎发达，可铺草坪，又可用作保土植物；药用，有清血的功效。茎叶可作牧草。

无芒稗 Echinochloa crusgalli var. mitis

禾本科 Gramineae

稗属 Echinochloa

稗的变种，与稗的主要区别是：小穗无芒或有极短的芒，芒长不超过0.5 mm。花、果期7~9月。

生于水边、路旁湿草地和稻田。国内分布于华东、华南、西南地区。

是稻田有害杂草之一。

马唐 *Digitaria sanguinalis*

禾本科 Gramineae
马唐属 *Digitaria*

一年生草本。秆基部常倾斜，节着土即生根，高达 80 cm。叶鞘常疏生疣基软毛，稀无毛；叶舌长 1～3 mm；叶片长达 15 cm，宽达 12 mm，两面疏生软毛或无毛，边缘变厚而粗糙。总状花序 4～12，指状排列于茎顶端；小穗成对着生穗轴各节，披针形，长 3～3.5 mm，1 有长柄，1 近无柄；第一颖长约 0.2 mm，钝三角形；第二颖长为小穗的 1/2～3/4，狭窄，有不明显的 3 脉，边缘有纤毛；第一外稃与小穗等长，具 7 脉，中部 3 脉明显，脉间距离较宽而无毛，侧脉很接近或不明显，无毛或在脉间贴生柔毛。颖果灰绿色。花、果期 6～9 月。

生于田间、荒地及路边。广泛分布于全国各地。

茎叶为秋季优良牧草。颖果加工后洁白如谷粒。

狗尾草 Setaria viridis

禾本科 Gramineae
狗尾草属 Setaria

一年生草本。秆直立或基部膝曲，高达 1 m。叶鞘较松弛，无毛或有柔毛；叶舌纤毛状，长 1～2 mm；叶片长达 30 cm，宽达 18 mm。圆锥花序紧密排列成长圆柱状或基部稍疏离，直立或稍弯曲，长达 15 cm；小穗长达 2.5 mm，先端钝，2 至数枚簇生，刚毛小枝 1～6；第一颖卵形，长约为小穗的 1/3，3 脉；第二颖与小穗等长，5～7 脉；第一外稃与小穗等长，5～7 脉，有 1 狭窄内稃。颖果有细点状皱纹，成熟后很少膨胀。花、果期 5～10 月。

生于海拔 4000 m 以下的荒野、路旁及田埂。广泛分布于全国各地。

秆、叶可作饲料，也可入药，治痈瘀、面癣。全草加水煮沸 20 min 后，滤出液可喷杀菜虫。

攀援天门冬 Asparagus brachyphyllus

百合科 Liliaceae
天门冬属 *Asparagus*

攀援植物。圆柱状块根肉质。茎平滑，长达 1 m，分枝具纵凸纹，通常有软骨质齿。叶状枝每 4～10 成簇，近扁的圆柱形，略有几条棱，伸直或弧曲，长达 12（～20）mm，粗约 0.5 mm，有软骨质齿，较少齿不明显；鳞片状叶基部有长 1～2 mm 的刺状短距或不明显。花常每 2～4 腋生，淡紫褐色；花梗长 3～6 mm，关节位于近中部；雄花花被长 7 mm；花丝中部以下贴生于花被片上；雌花较小，花被长约 3 mm。浆果直径 6～7 mm，熟时红色，通常有 4～5 颗种子。花期 5～6 月；果期 8 月。

广泛分布于全国各地。

葱 Allium fistulosum

百合科 Liliaceae

葱属 Allium

鳞茎单生，圆柱形，粗 1～2 cm，有的可达 4 cm；鳞茎外皮白色或淡红褐色，膜质或薄革质，不破裂。叶圆筒形，中空。花葶圆柱形，中空，中部以下膨大，向顶端渐细，下部有叶鞘；总苞 2 裂，膜质；伞形花序，球形，多花，密集；花梗纤细，基部无小苞片；花白色，花被片有反折的小尖头；花丝锥形，长为花被片的 1.5～2 倍；子房倒卵形，腹缝线基部有不明显的蜜穴，花柱细长，伸出花被外。花期 4～5 月；果期 6～7 月。

原产于西伯利亚。全国各地均有栽培。

为重要的蔬菜和调味料。鳞茎及种子供药用，有通乳、解毒的功效。

马蔺 Iris lactea

鸢尾科 Iridaceae
鸢尾属 Iris

多年生密丛草本。根状茎短粗，须根坚韧。叶基生，坚韧，淡绿色，条形，长达 40 cm，宽达 6 mm，基部带红褐色；老叶鞘残存，成纤维状。花茎光滑，高达 10 cm；苞片 3～5，草质，绿色，边缘白色，内有 2～4 花；花浅蓝色至蓝紫色；花被管长 2～5 mm；外轮花被片匙形，长 4～5 cm，向外弯曲，内面平滑，中部有黄色条纹；内轮花被片倒披针形，长 5～6 cm，直立；花柱 3，先端 2 裂，花瓣状。蒴果长椭圆状柱形，先端有喙。种子为不规则的多面体，棕褐色，有光泽。花期 4～5 月；果期 5～6 月。

广泛分布于全国各地。

花药用，清热凉血、利尿消肿。种子药用，凉血、止血、清热利湿。根药用，清热解毒。叶坚韧，可代麻用以缚物或造纸。根可制刷子。

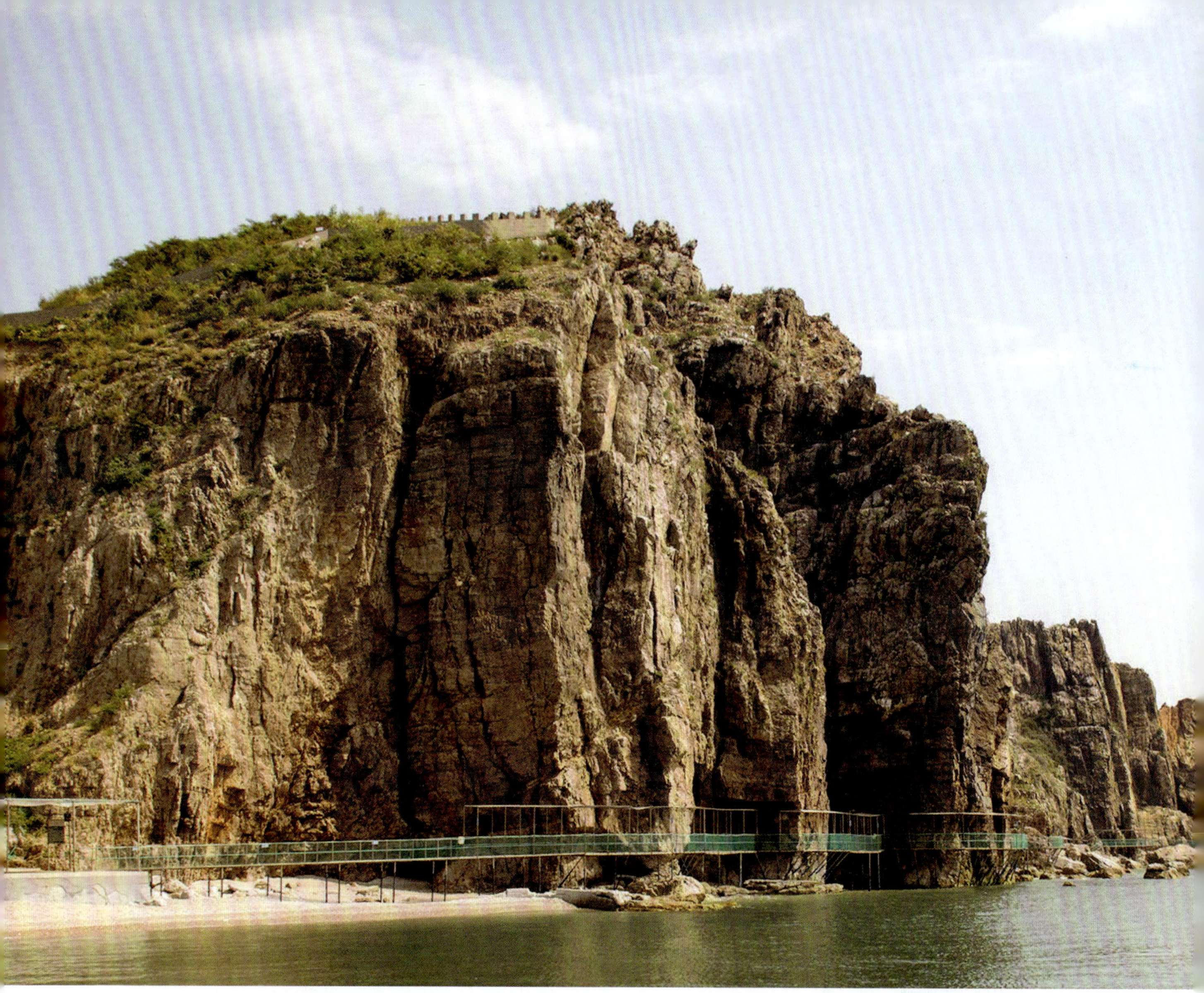

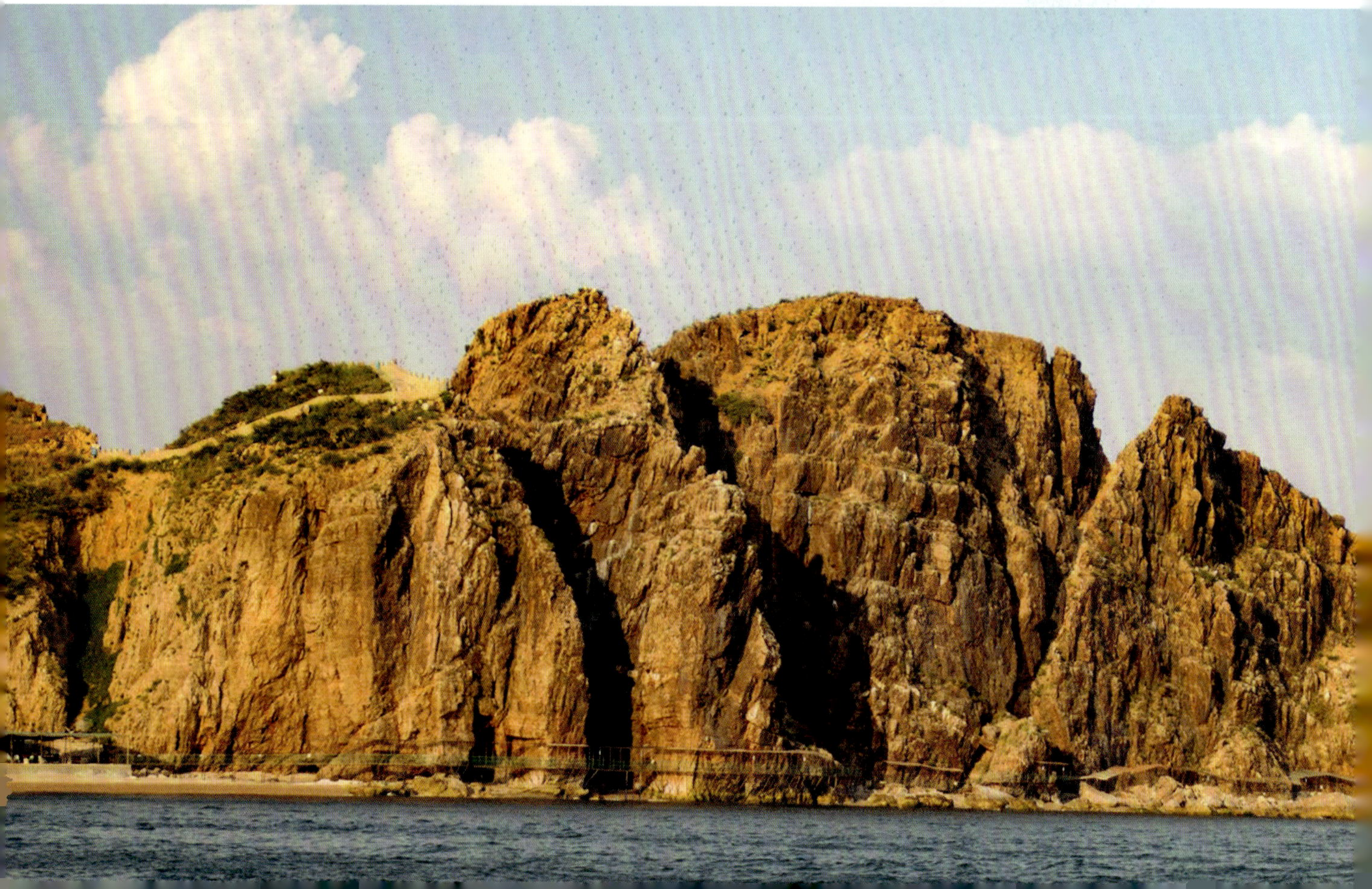

海驴岛全貌之一

海驴岛

海驴岛隶属于山东省威海荣成市成山镇，龙眼港北部海域，属无居民海岛，地理位置 37°26′45″N、122°40′01″E。海驴岛东西长 0.6 km，南北宽 0.1 km，海拔 66 m，岛陆投影面积 10.1 hm^2，海岛自然表面积 15.1 hm^2，岛岸线长 2.3 km，距大陆最近点 2.3 km。该岛呈月牙形，东西走向，东西高、中间低，实际上是海蚀平台上的一个海蚀柱。

海驴岛植被由天然植被和人工植被组成。天然植被由灌丛、灌草丛、草丛组成。海驴岛上有部分人工植被，数量较少，主要有黑松、侧柏、山茶。在海驴岛共发现 27 科 40 属 44 种植物，其中乔木 4 种、灌木 4 种、草本 31 种、藤本 5 种。禾本科 7 种，占总数 16%；菊科 5 种，占总数 11%；蓼科 3 种，占总数 7%；苋科 2 种，占总数 5%；豆科 2 种，占总数 5%；葡萄科 2 种，占总数 5%；旋花科 2 种，占总数 5%；茄科 2 种，占总数 5%；其余 19 科均为 1 种，共占总数 43%。

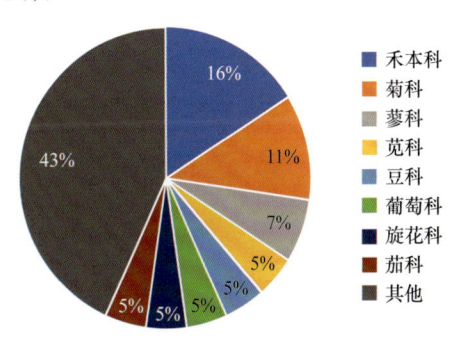

海驴岛全貌之二

海驴岛植物各科的占比

黑松 Pinus thunbergii

松科 Pinaceae

松属 *Pinus*

常绿乔木。高达 30 m，胸径 2 m；树皮灰黑色，片状脱落；一年生枝淡黄褐色，无毛；冬芽银白色，圆柱形。叶 2 针 1 束，长 12 cm，径 2 mm，粗硬；树脂道 6~11 个，中生；叶鞘宿存。球果卵圆形或卵形，长 6 cm；种鳞卵状椭圆形，鳞盾肥厚，横脊明显，鳞脐微凹，有短刺。种子倒卵状椭圆形，连翅长达 1.8 cm，翅灰褐色，有深色条纹。中部种鳞卵状椭圆形，鳞盾微肥厚，横脊显著，鳞脐微凹，有短刺；子叶 5~10（多为 7~8），初生叶条形，叶缘具疏生短刺毛，或近全缘。花期 4~5 月；球果第二年 10 月成熟。

原产日本及朝鲜南部海岸地区。全国各地均有栽培。

木材可作建筑、矿柱、器具、板料及薪炭等用材；亦可提取树脂。

刺榆 *Hemiptelea davidii*

榆科 Ulmaceae
刺榆属 *Hemiptelea*

落叶小乔木或灌木。树皮暗灰色，纵裂；小枝常有枝刺；幼时有短柔毛；冬芽卵圆形，有毛。叶椭圆形或卵形，长达 6 cm，宽 3 cm，先端钝尖，基部浅心形或圆形，边缘有锯齿，上面深绿色，初有硬毛，下面黄绿色，初时沿脉疏生毛；叶柄长 4 mm，密生短柔毛。花 1～4 生于新枝基部叶腋，与叶同放；萼 4～5 裂，宿存；雄蕊 4～5，与萼片对生；雌蕊歪生。小坚果斜卵形，扁平，长 5～7 mm，上半部有鸡冠状狭翅。

生于山坡、山谷、路边。国内分布于东北、华北、华东及西北地区。

材质坚硬致密，供农具及器具用。种子可榨油。

葎草 *Humulus scandens*

桑科 Moraceae
葎草属 *Humulus*

一年生蔓性草本。长达 5 m；茎生倒钩刺。单叶，肾形或近五角形，掌状 5～7 深裂，长达 10 cm，宽达 15 cm，裂片卵圆形，先端渐尖，缘有粗锯齿，叶片基部多心形，叶上面绿色，粗糙，下面灰绿色，疏生刺状刚毛或短柔毛，常有黄色腺点；叶柄长达 20 cm，有短刺毛。雌雄异株；雄株花小，排成圆锥花序；雄花花被片淡黄绿色；雌株的花多排成球形花穗；花穗由多数卵状披针形的苞片组成，每苞片内有 2 花或 1 花；花被片退化成 1 膜质薄片，花柱 2，红褐色，有细刺毛。瘦果扁球形，直径 3 mm，外皮坚硬，有黄褐色的腺点及斑纹；苞片先端短尾状，宿存。花期 7～8 月；果熟期 8～9 月。

生于山坡、路旁、田边。国内分布于除新疆、青海以外的其他地区。

茎皮纤维强韧，可代麻用。全草药用，有健胃、清热、解毒、利尿等功效。种子榨油，含油量约为 30%，可作润滑油及制油墨、肥皂等工业原料用油。

蚕茧蓼 *Polygonum japonicum*

蓼科 Polygonaceae
蓼属 *Polygonum*

多年生草本。根状茎横走。高达 1 m，茎圆柱形，红褐色，节膨大，幼茎有毛。叶片近革质，长披针形，长达 15 cm，宽达 2 cm，两面有小腺点及刺状伏毛；托叶鞘筒状，密生伏毛，先端截形，有粗长的缘毛；穗状花序，粗壮，长达 12 cm；花被 5 深裂，裂片宽卵形，长 6 mm，有黄色或黑褐色腺点；花柱 3，柱头头状，有腺毛。瘦果三角形，黑色，有光泽。

生于水沟边湿地。国内分布于长江流域和台湾。

全草供药用，有散热、活血、止痢的功效。

春蓼 Polygonum persicaria

蓼科 Polygonaceae
蓼属 *Polygonum*

一年生草本。高达 1.5 m；茎直立，无毛或有稀疏的硬伏毛。叶片披针形，长达 10 cm，宽达 2 cm，先端长渐尖，基部楔形，主脉及叶缘有硬毛；叶柄短或近无，下部者较长，长不超过 1 cm，有硬毛；托叶鞘筒状，膜质，紧贴茎上，有毛，先端截形，有缘毛。由多数花穗构成圆锥状花序；花穗圆柱状，直立，较紧密，长达 5 cm；花穗梗近无毛，有时有腺点；苞片漏斗状，紫红色，先端斜形，有疏缘毛；花被粉红色或白色，长 2.5～3 mm，5 深裂；雄蕊 7～8，能育 6，短于花被；花柱 2，稀 3，外弯。瘦果广卵形，两面扁平或稍凸，稀三棱形，黑褐色，有光泽，长 1.8～2.5 mm，包于宿存花被内。

生于水沟、溪边、山坡、路边湿草地。国内分布于东北、华北、西北、华中地区以及广西、四川、贵州等省份。

杠板归 Polygonum perfoliatum

蓼科 Polygonaceae
蓼属 *Polygonum*

一年生攀援草本。茎四棱形，暗红色，沿棱有倒钩刺，无毛。叶片正三角形，叶柄盾状着生，长达 6 cm，下部宽达 6 cm，先端微尖，基部截形或微心形，上面绿色，无毛，下面淡绿色，沿脉疏生钩刺；叶柄长 2～8 cm，有倒钩刺；托叶鞘叶状，近圆形，穿茎。花序短穗状，长 1～3 cm，顶生或腋生，常包于叶鞘内；苞片圆形，淡红色或白色；花被 5 深裂，长约 2.5 mm，果期增大，肉质，深蓝色；雄蕊 8，短于花被；花柱 3，中部以下合生。瘦果球形，直径 3 mm，黑色，有光泽，包于蓝色肉质的花被内。

生于山坡、路边草丛。国内分布于东北、华东、华中、华南、西南地区以及陕西、甘肃等省份。

茎叶可药用，有清热止咳、散瘀解毒、止痛止痒的功效；治疗百日咳、淋浊效果显著。叶可制靛蓝，用作染料。

藜 Chenopodium album

藜科 Chenopodiaceae
藜属 Chenopodium

一年生草本。高达 1.5 m；茎直立，有条棱及绿色或紫红色色条，多分枝。叶片菱状卵形至阔披针形，长达 6 cm，宽达 5 cm，先端急尖或钝，基部楔形至阔楔形，上面常无粉，有时嫩叶的上面有紫红色粉，下面多少有粉，边缘有不整齐锯齿；叶柄与叶片多等长。花两性，簇生于枝上部，排列成穗状圆锥花序或圆锥花序；花被 5 裂，阔卵形至椭圆形，背面有隆脊，有粉；雄蕊 5；柱头 2。胞果包于花被。种子横生，双凸镜形，直径 1.2～1.5 mm，黑色，有光泽，表面有浅沟纹，胚环形。

生于田间、路旁、村边荒地。广泛分布于全国各地。

全草药用，能止泻痢、止痒。幼苗可食用。

反枝苋 Amaranthus retroflexus

苋科 Amaranthaceae
苋属 Amaranthus

一年生草本。高达 80 cm；茎直立，淡绿色或带紫红色条纹，有钝棱，密生短柔毛。叶片菱状卵形或椭圆状卵形，长达 12 cm，宽达 5 cm，先端锐尖或微凹，有小凸尖，基部楔形，全缘或波状，两面及边缘有柔毛；叶柄长达 5.5 cm，有柔毛。圆锥花序顶生及腋生，直径达 4 cm，由多数穗状花序组成，顶生花穗较侧生者长；苞片及小苞片钻形，长达 6 mm，白色，背面有 1 龙骨状突起，伸出成白色芒尖；花被片 5，长圆形或长圆状倒卵形，长达 2.5 mm，薄膜质，白色，有 1 淡绿色细中脉，先端急尖或凹；有凸尖；雄蕊 5，比花被片稍长；柱头 3，有时 2。胞果扁卵形，环状开裂，包在宿存花被内。种子近球形，直径约 1 mm，棕色或黑色。

原产热带美洲。生于山坡、路旁、田边、村头的荒草地上。广泛分布于全国各地。

全草药用，治腹泻、痢疾、痔疮肿痛出血等症。茎、叶可作饲料。嫩茎叶可食。

牛膝 Achyranthes bidentata

苋科 Amaranthaceae
牛膝属 Achyranthes

多年生草本。高达 1.2 m。根圆柱形，直径达 1 cm，土黄色。茎直立，有棱角或四棱形，绿色或带紫红色，有白色贴生毛或开展柔毛，或近无毛，分枝对生，节部膨大。叶片椭圆形或椭圆状披针形，长达 12 cm，宽达 7.5 cm，先端尾尖，基部楔形或阔楔形，两面有柔毛；叶柄长达 3 cm，有柔毛。穗状花序顶生及腋生，长达 5 cm；总花梗长 2 cm，有白色柔毛；花多数，密生，长约 5 mm，花期直立，花后反折，贴向穗轴；苞片阔卵形，长 3 mm，先端长渐尖；小苞片刺状，长 3 mm，先端弯曲，基部两侧各有 1 卵形膜质小片，长约 1 mm；花被片 5，披针形，长 5 mm，光亮，先端急尖，有 1 中脉；雄蕊 5，长 2.5 mm，基部合生成浅杯状，退化雄蕊顶端平圆，稍有缺刻状细锯齿。胞果长圆形，长 2.5 mm，黄褐色，光滑。种子矩圆形，长 1 mm，黄褐色。花期 7～9 月；果期 9～10 月。

生于山沟、溪边等阴湿肥沃的土壤中。国内分布于除东北地区以外的其他地区。

根药用，有通经活血、舒筋活络的功效。

马齿苋 *Portulaca oleracea*

马齿苋科 Portulacaceae
马齿苋属 *Portulaca*

一年生肉质匍匐草本。茎基部分枝，淡绿色或带紫色。叶片长圆形或倒卵形，长达 2.5 cm，宽达 15 mm，无毛，先端钝圆或平截或微凹，基部楔形，上面暗绿色，下面淡绿色或暗红色，中脉微隆起。花小，直径达 5 mm，两性，单生或 3～5 簇生枝端；无花梗；总苞片 4～5，薄膜质；萼片 2，绿色，阔椭圆形，背部有隆脊，基部与子房贴生；花瓣 4～5，黄色，倒卵状长圆形，先端微凹；雄蕊 8～12，基部合生；花柱比雄蕊稍长，顶端 4～5 裂；子房半下位，1 室，特立中央胎座，胚珠多数。蒴果卵球形，棕色，盖裂。种子多数，细小，肾状卵圆形，有小疣状突起，黑褐色，有光泽。花期 6～8 月；果期 8～9 月。

生于菜园、农田、路旁、荒地，为田间常见杂草。广泛分布于全国各地。

全草药用，有清热解毒、治菌痢的功效。种子明目；又可作农药和兽药。嫩茎叶可食，民间常作蔬菜；又可作家畜饲料。

女娄菜 Silene aprica

石竹科 Caryophyllaceae

蝇子草属 Silene

一年或二年生草本。高达 70 cm；茎直立，密生短柔毛。叶披针形至条状披针形，长达 7 cm，宽达 8 mm，密生短柔毛；上部叶无柄。聚伞花序顶生及腋生；苞片披针形；花梗长短不一，长达 20 mm；萼圆筒形，长 6～8 mm，密被短柔毛，有 10 条脉，先端有 5 齿，萼齿边缘宽膜质，有缘毛，果期萼筒膨大成卵状圆筒形，长达 8～10 mm；花瓣 5，白色或粉红色，与萼片等长或稍长，先端 2 裂，基部渐狭成爪，喉部有 2 鳞片状附属物；雄蕊 10，略短于花瓣，花丝基部密被毛；子房长圆状圆筒形，花柱 3。蒴果卵形，长 8～9 mm，6 齿裂，含多数种子。种子圆肾形，黑褐色，有钝或尖的瘤状突起。

生于山坡、山沟、路边草丛。广泛分布于全国各地。

全草入药，治乳汁少、体虚浮肿等。

木防己 Cocculus orbiculatus

防己科 Menispermaceae
木防己属 Cocculus

缠绕性落叶藤本。长达 3 m；全株有淡褐色短柔毛。根圆柱形，棕褐色或黑褐色。茎木质化，小枝细，表面密生柔毛；老枝近无毛，有条纹。单叶，互生；叶片阔卵形或卵状椭圆形，有时 3 浅裂，长达 6 cm，宽达 4 cm，先端锐尖至钝圆，顶部常有小突尖，基部心形或截形，幼时两面密生灰白色柔毛；叶柄长达 3 cm，密生灰白色柔毛。花黄色，雌雄异株；聚伞状圆锥花序腋生；花有短梗，总花轴和总花梗被柔毛，小苞片 2，卵形；雄花萼片 6，2 轮，内轮 3 片大，外轮 3 片小，长 1~1.5 mm；花瓣 6，卵状披针形，长 1.5~3.5 mm，先端 2 裂，基部两侧有耳并内折；雄蕊 6，离生，与花瓣对生，花药球形；雌花序较短，花少数，萼片和花瓣与雄花相似，有退化雄蕊 6，心皮 6，离生，子房半球形，无毛，花柱短，向外弯曲。核果近球形，直径达 8 mm，蓝黑色，表面有白粉，内果皮坚硬，背脊和两侧有横小肋。种子 1。花期 5~7 月；果期 7~9 月。

生于山坡、路旁、沟岸及灌木丛中。国内分布于除西北和西藏以外的其他地区。

根状茎入药，有祛风除湿、通经活络、解毒、止痛、利尿、消肿、降血压的功效。根含淀粉，可酿酒。茎含纤维，质坚韧，可作纺织原料和造纸原料。

茅莓 Rubus parvifolius

蔷薇科 Rosaceae
悬钩子属 Rubus

落叶灌木。高达 2 m。小叶 3，偶有 5；小叶菱状圆形或宽楔形，上面伏生疏柔毛，下面密被灰白色绒毛，边缘有不整齐粗锯齿，常有浅裂；叶柄长达 5 cm，顶生小叶柄长达 2 cm，有柔毛和稀疏皮刺；托叶条形，长达 7 mm，有柔毛。伞房花序顶生或腋生；花梗长达 1.5 cm，有柔毛和稀疏皮刺；苞片条形，有柔毛；花径 1 cm；花萼外面密生柔毛和针刺，萼片卵状披针形，先端渐尖，有时条裂；花瓣卵圆形或长圆形，粉红色至紫红色，基部有爪；雄蕊短于花瓣；子房有柔毛。聚合果橙红色，球形，直径达 1.5 cm。花期 5～6 月；果期 7～8 月。

生于山坡杂木林下、向阳山谷、路边或荒野地。广泛分布于全国各地。

果可食用、酿酒、制醋等。根和叶含单宁，可提取栲胶。全株药用，有止痛、活血、祛风湿及解毒的功效。

合欢 Albizia julibrissin

豆科 Leguminosae

合欢属 Albizia

落叶乔木。高达 16 m；小枝褐绿色，皮孔黄灰色。羽片 4～12 对；小叶 10～30 对，镰刀形，两侧极偏斜，长达 12 mm，宽达 4 mm，先端尖，基部平截，中脉近上缘；叶柄有一腺体。头状花序，多数，伞房状排列；萼长达 4 mm；花冠长达 1 cm，淡黄色；雄蕊多数，花丝粉红色。荚果扁平带状，长达 15 cm，宽达 2.5 cm，基部短柄状，幼时有毛，褐色。花期 6～7 月；果期 9～10 月。

国内分布于东北至华南及西南地区。

木材可用于制家具。树皮入药，能安神活血、消肿痛。嫩叶可食。花蕾入药，能安神解郁。花美丽，开花如绒簇，十分可爱，常植为行道树，供绿化观赏。

鸡眼草 Kummerowia striata

豆科 Leguminosae

鸡眼草属 Kummerowia

一年生草本。高达 30 cm；茎匍匐或直立，茎和枝上有向下的硬毛。三出掌叶；小叶倒卵形、长圆形，长达 2 cm，宽达 8 mm，先端圆形或钝尖，基部阔楔形或圆形，全缘，侧脉平行，两面中脉和边缘有白色硬毛；托叶大，长卵圆形，比叶柄长，嫩时淡绿色，干时淡褐色，膜质，边缘有毛。1～3 花簇生于叶腋；花梗下端有 2 苞片，萼下有 4 小苞片，其中较小的 1 片生于关节处；萼钟状，长约 3 mm，萼齿 5，阔卵形，带紫色，有白毛；花冠淡紫色，长达 7 mm，旗瓣椭圆形，与龙骨瓣近等长，翼瓣较龙骨瓣稍短，翼瓣和龙骨瓣上端有深红色斑点。荚果扁平，近圆形或椭圆形，顶端锐尖，长达 5 mm，比萼稍长或长 1 倍，表面有网状纹毛，不开裂。种子黑色，有不规则的褐色斑点。花期 7～8 月；果期 8～9 月。

生于山坡、荒野、路旁。国内分布于东北、华北、华东、华中、华南、西南地区。

全草药用，有利尿通淋、解热止痢的功效。可作牧草及绿肥。

酢浆草 Oxalis corniculata

酢浆草科 Oxalidaceae
酢浆草属 *Oxalis*

多年生草本。全株有疏柔毛。根状茎细长。茎匍匐或斜升，多分枝。叶互生；三出掌叶，小叶倒心形，无柄；叶柄长达 4 cm；托叶小，与叶柄贴生。伞形花序腋生；总花梗与叶柄近等长；花黄色；萼片 5，披针形或长圆形，长达 4 mm；花瓣 5，长圆状倒卵形，长达 8 mm；雄蕊 10，花丝基部合生；子房长圆柱形，有毛，花柱 5。蒴果长圆柱形，长达 1.5 cm。种子多数，长圆状卵形，扁平，熟时红褐色。花、果期 4~9 月。

生于山坡、路边、村旁、墙根。广泛分布于全国各地。

全草入药，能解热利尿、消肿散瘀。茎叶含草酸，可用以磨镜或擦铜器，使其具光泽。牛羊食其过多可中毒致死。

铁苋菜 Acalypha australis

大戟科 Euphorbiaceae

铁苋菜属 Acalypha

一年生草本。高达 50 cm；全株有短毛。茎有纵棱。叶互生，椭圆状披针形或长卵形，长达 7 cm，宽达 4.5 cm，先端尖，边缘有锯齿，基部楔形；两面疏被短柔毛；叶柄长达 3 cm，被毛。穗状花序腋生，雌、雄同序；雄花多数，细小，生于花序上部，带紫红色，花萼 4 裂，裂片卵圆形，背面稍有毛，雄蕊 8；雌花位于花序基部，常 3 花着生大形叶状苞片内，苞片肾形如蚌，绿色，稀带紫红色，边缘有锯齿，背面脉上伏生毛，花萼 3 裂，卵形，有缘毛，子房球形，有稀疏柔毛，花柱 3，枝状分裂，带紫红色，通常在一苞片内仅有 1 果成熟。蒴果小，三棱状球形，表面有粗毛。种子卵圆形，暗褐色，光滑。花期 7～10 月；果期 8～10 月。

生于田间、地边、路旁、沟边、宅旁、院内、山村附近。广泛分布于全国各地。

田间杂草。可作野菜或家畜饲料。全草药用，有清热解毒、利水消肿、止痢止血的功效。

地锦 Parthenocissus tricuspidata

葡萄科 Vitaceae
地锦属 Parthenocissus

落叶木质藤本。卷须分枝，顶端有吸盘。叶宽卵形，长达20 cm，宽达17 cm，常3浅裂，先端急尖，基部心形，边缘有粗锯齿，上面无毛，下面有少数毛；叶柄长达20 cm。聚伞花序生于短枝顶端两叶之间；花5基数；花萼全缘；花瓣狭长圆形，长约2 mm；雄蕊较花瓣短，花药黄色；花柱短圆柱状。浆果球形，径6~8 mm，蓝黑色。花期6~7月；果期7~8月。

生于峭壁及岩石上，公园、街道、庭院常见栽培。广泛分布于全国各地。

根茎药用，有散瘀、消肿的功效。

五叶地锦 Parthenocissus quinquefolia

葡萄科 Vitaceae
地锦属 Parthenocissus

落叶攀援藤本。小枝圆柱形，红色；卷须分枝，顶端有吸盘。掌状复叶，小叶5；小叶椭圆形至卵状椭圆形，长达15 cm，先端尖锐，基部楔形，边缘有粗锯齿，上面暗绿色，下面淡绿色。聚伞花序组成圆锥花序。浆果近球形，黑色，微被白粉，径约6 mm，内有2～3种子。花期6～7月；果熟期9～10月。

原产北美洲。东北、华北地区有栽培。

常用作垂直绿化材料，但攀援能力不及爬山虎。

山茶 *Camellia japonica*

山茶科 Theaceae
山茶属 *Camellia*

常绿灌木或小乔木。小枝淡绿色，无毛。叶倒卵形至椭圆形，长达 12 cm，宽达 4 cm，先端短渐尖，基部楔形，边缘锯齿，上面暗绿色，有光泽，下面淡绿色，两面无毛；叶柄长达 15 mm。花大，红色或白色，径达 8 cm，近无梗；单生或对生于叶腋或枝顶，花瓣 5～7，近圆形，萼片密被绒毛；子房无毛，3 室，花柱 3，离生。蒴果球形，径 2～3 cm。种子近球形或有棱角。花期 12 月至翌年 5 月；果实秋季成熟。

国内分布于秦岭—淮河以南地区。

品种繁多，为著名花木。种子榨油，食用及工业用。花为收敛止血药。

烟台补血草 Limonium franchetii

白花丹科 Plumbaginaceae
补血草属 Limonium

多年生草本。直根粗大。叶基生，有时花序轴下部有叶，匙形或倒卵状长圆形，长达 6 cm，宽达 2 cm，先端圆或钝，有时微凹，基部下延，狭窄成柄。花序伞房状或圆锥状，花序轴粗壮，圆柱形而有多数细条棱，自中部或中下部作数回分枝，末级小枝圆或略有棱角；不育枝少或无；外苞片灰褐色，边缘膜质；花萼漏斗状，长 8 mm，萼檐淡紫红色变白色，开张幅径与萼的长度相等，萼筒基部有 5 棱，棱上有毛，宿存；花冠淡紫色，5 裂，基部合生；雄蕊 5，与花冠裂片对生；子房倒卵形，花柱 5。果有 5 纵槽。花期 5～7 月；果期 6～8 月。

国内分布于辽宁、江苏等省份。

萝藦 Metaplexis japonica

萝藦科 Asclepiadaceae
萝藦属 Metaplexis

多年生草质藤本。有乳汁。叶对生，卵状心形，长达10 cm，宽达6 cm，先端尖，全缘，基部心形，表面绿色，背面粉绿色，无毛或幼时有毛；有长柄，叶柄顶端有丛生腺体。总状聚伞花序腋生，有长花序梗；花萼5深裂，裂片披针形，外面及边缘被柔毛；花冠钟形或近辐状，白色带淡紫红色斑纹，5深裂，裂片披针形，先端反卷，里面被柔毛；副花冠环状，5浅裂；雄蕊5，合生成圆锥状，包围雌蕊，花粉块卵圆形，下垂；子房上位，柱头延伸成1长喙，顶端2裂。蓇葖果纺锤形，长达9 cm，直径达2 cm，表面无毛，有瘤状突起。种子扁卵圆形，褐色，顶端具白色绢质种毛。花期7~8月；果期9~10月。

生于山坡，林边、荒野、路边。国内分布于东北、华北、华东、华中地区及甘肃、陕西、贵州等省份。

根供药用，可治跌打、蛇咬、疔疮、瘰疬等。种毛可止血。民间用全草治气管炎。茎皮纤维坚韧，可制人造棉。

牵牛 *Ipomoea nil*

旋花科 Convolvulaceae
番薯属 *Ipomoea*

一年生草本。全株有粗硬毛。茎缠绕。叶互生，卵圆形，3裂，中裂片基部向内深凹陷，掌状脉，基部心形；叶柄长于花柄。花序腋生，1～3花，总花梗长达5 cm，有长柔毛；苞片2，披针形；萼片5，花期披针形，果期基部卵圆形，密被金黄色疣基毛，先端长渐尖，外弯；花冠漏斗状，天蓝色、淡紫色、淡红色等；雄蕊5，不等长，内藏，花丝基部有毛；子房3室，每室2胚珠。蒴果扁球形。种子三棱形，有极短的毛。花期6～9月；果期9～10月。

生于山坡、路边、村头荒地的草丛。

入药多用黑丑，白丑较少用。有泻水利尿、逐痰、杀虫的功效。也可供观赏。

圆叶牵牛 Ipomoea purpurea

旋花科 Convolvulaceae
番薯属 Ipomoea

一年生草本。全株有硬毛；茎缠绕。叶互生，心形，长达 12 cm，多全缘，掌状脉；叶柄长达 9 cm。花序腋生，有 1～5 花，总花梗与叶柄近等长；花梗结果时上部膨大；苞片 2，条形；萼片 5，外面 3 片长椭圆形，渐尖，内面 2 片条状披针形，长达 1.5 cm，外面有粗硬毛；花冠漏斗状，紫色、淡红色、白色等，长达 5 cm，顶端 5 浅裂；雄蕊 5，不等长，内藏，花丝基部有毛；子房 3 室，每室 2 胚珠，柱头头状，3 裂。蒴果球形。种子卵圆形，黑色或米黄色，有极短的糠秕状毛。花期 6～9 月；果期 9～10 月。

广泛分布于全国各地。

供观赏。种子药用，称"二丑"，有泻水利尿、逐痰、杀虫的功效。

海州常山 Clerodendrum trichotomum

马鞭草科 Verbenaceae
大青属 Clerodendrum

灌木。嫩枝和叶柄有黄褐色短柔毛，枝髓横隔片淡黄色。叶片宽卵形至卵状椭圆形，长达 16 cm，宽达 13 cm，先端渐尖，基部截形或宽楔形，全缘或有波状齿，两面疏生短柔毛或无毛；叶柄长达 8 cm。伞房状聚伞花序顶生或腋生；花萼蕾期绿白色，后紫红色，有 5 棱脊，5 裂几达基部，裂片卵状椭圆形；花冠白色或带粉红色；花柱不超出雄蕊。核果近球形，成熟时蓝紫色。

生于山坡、路旁或村边。国内分布于华北、华东、华中、华南、西南地区。

根、茎、叶、花药用，有祛风除湿、降血压、治疟疾的功效。

益母草 Leonurus japonicus

唇形科 Labiatae

益母草属 Leonurus

一年或二年生草本。茎直立，高达 1.2 m，钝四棱形，有倒向糙伏毛。茎下部叶轮廓为卵形，掌状 3 裂，达基部，裂片再羽状裂；中部叶轮廓为菱形，3 深裂；花序上的叶呈条形或条状披针形，全缘或有牙齿；叶柄长达 3 cm 或无柄。轮伞花序腋生，有 8~15 花，呈圆球形；小苞片刺状；花萼管状钟形，长达 8 mm，外面有微柔毛，内面上部有微柔毛，有 5 脉，萼齿 5，前 2 齿靠合，后 3 齿较短；花冠粉红色至浅紫红色，长达 1.2 cm，冠筒长约 6 mm，内面近基部有毛环，冠檐二唇形，上唇直伸，内凹，全缘，有缘毛，下唇 3 裂，中裂片倒心形；雄蕊 4，前对较长；花柱顶端 2 浅裂，裂片相等。小坚果长圆状三棱形，长 2.5 mm，淡褐色。花期 6~9 月；果期 9~10 月。

生于山坡、沟谷、路边、村头荒地。广泛分布于全国各地。

全草药用，有治疗月经不调、子宫出血、闭经、痛经等多种妇科疾病的功效。种子药用，称"茺蔚子"，有利尿、治眼疾的功效。

枸杞 Lycium chinense

茄科 Solanaceae

枸杞属 Lycium

蔓性灌木。高达 2 m；枝条有短刺或无。单叶互生或簇生，叶片卵形至卵状披针形，端尖或钝，全缘，基部楔形。花单生或 2～4 簇生叶腋；花萼钟形，3～5 裂，裂片阔卵形；花冠漏斗状，淡紫色，长达 12 mm，5 深裂，裂片先端圆钝，平展或稍向外反曲，边缘有缘毛；雄蕊 5，伸出花冠外，花丝基部及花冠筒内壁密生 1 圈绒毛；子房 2 室，花柱稍伸出雄蕊，细长，柱头球形。浆果卵形或长卵形，长约达 18 mm，直径达 8 mm，熟时鲜红色。

生于田边、路旁、庭院前后及墙边。广泛分布于全国各地。

根皮药用，清热凉血。果实也可药用，滋补肝肾、强壮筋骨、益精明目。

龙葵 *Solanum nigrum*

茄科 Solanaceae
茄属 *Solanum*

一年生草本。高达 1 m；茎直立，绿色或紫色，近无毛或疏被短柔毛。单叶互生，叶片卵圆形，长达 10 cm，宽达 5 cm，先端渐尖，边缘波状，基部楔形，下延至柄，两面疏被短白毛；叶柄长达 2 cm。花序短蝎尾状或近伞状，有 4~10 花；花萼杯状，绿色，5 裂，裂片卵圆形；花冠钟状，冠檐长约 2.5 mm，5 深裂，裂片卵状三角形，长约 3 mm；雄蕊 5，花丝短，花药椭圆形，黄色；雌蕊 1，子房球形，花柱下部密生柔毛，柱头圆形。浆果圆形，深绿色，成熟时紫黑色，直径约 8 mm。种子卵圆形。花期 6~8 月；果期 7~10 月。

生于田边、路旁、山坡草地。广泛分布于全国各地。

全草药用，有清热解毒、利水消肿之功效。

忍冬 Lonicera japonica

忍冬科 Caprifoliaceae
忍冬属 Lonicera

半常绿攀援藤本。幼枝密生黄褐色柔毛和腺毛。单叶，对生；叶片卵形至卵状披针形，长达 8 cm，宽达 4 cm，先端急尖或渐尖，基部圆形或近心形，全缘，边缘有缘毛，上面深绿色，下面淡绿色，小枝上部的叶两面密生短糙毛，下部叶近无毛；侧脉 6~7 对；叶柄长达 8 mm，密生短柔毛。两花并生 1 总梗，生于小枝叶腋，与叶柄等长或稍短，下部梗较长，长达 4 cm，密被短柔毛及腺毛；苞片大，叶状，卵形或椭圆形，长达 3 cm，两面均被短柔毛或近无毛；小苞片先端圆形或平截，长约 1 mm，有短糙毛和腺毛；萼筒长约 2 mm，无毛，萼齿三角形，外面和边缘有密毛；花冠先白后黄，长达 5 cm，二唇形，下唇裂片条状而反曲，筒部稍长于裂片，外面被疏毛和腺毛；雄蕊和花柱均伸出花冠。浆果，离生，球形，径达 7 mm，熟时蓝黑色。种子褐色，长约 3 mm，中部有 1 凸起的脊，两面有浅横沟纹。花期 5~6 月；果期 9~10 月。

生于山坡、沟边灌丛。广泛分布于全国各地。

花药用，称"金银花"或"双花"，有清热解毒的功效。为良好的园林植物及水土保持树种。

阿尔泰狗娃花 Heteropappus altaicus

菊科 Asteraceae
狗娃花属 Heteropappus

多年生草本。茎高达 60 cm，有上曲的贴毛或开展的毛，基部有分枝。基部叶在花期枯萎；下部叶条形、长圆状披针形或倒披针形，长达 6 cm，宽达 1.5 cm，全缘或有疏齿；上部叶渐小，条形；全部叶两面或下面有粗毛或细毛，常有腺点。头状花序在枝顶排列成伞房状；总苞半球形，径达 1.8 cm；总苞片 2～3 层，近等长或外层稍短，条形或长圆状披针形，长达 8 mm，草质，边缘膜质，外面有毛，有腺点；舌状花约 20，舌片浅蓝紫色，长圆状条形，长达 15 mm；管状花长 6 mm，5 裂，裂片不等大；冠毛污白色或红褐色，长 4～6 mm，有微糙毛。瘦果倒卵状长圆形，扁，长达 2.8 mm，有绢毛，上部有腺点。花、果期 6～10 月。

生于山坡、路边、荒地。国内分布于东北、华北、西北地区及四川。

全草药用，有清热降火的功效。

鳢肠 Eclipta prostrata

菊科 Asteraceae

鳢肠属 Eclipta

一年生草本。茎直立，斜升或平卧，高达 60 cm，被贴生糙毛。叶长圆状披针形或披针形，长达 10 cm，宽达 2.5 cm，先端尖或渐尖，边缘有细锯齿或有时波状，两面有密硬糙毛；无柄或短柄。头状花序径达 8 mm，有长达 4 cm 的细花序梗；总苞球状钟形；总苞片绿色，草质，5～6 个排成 2 层，长圆形或长圆状披针形，外层较内层稍短，背面及边缘被白色短伏毛；外围的雌花 2 层，白色，舌状，长 3 mm；中央的两性花多数，管状，白色，长约 1.5 mm，先端 4 齿裂；花柱分枝钝，有乳头状突起；花托凸，有披针形或条形的托片；托片中部以上有微毛。瘦果暗褐色；长 2.8 mm；雌花的瘦果三棱形；两性花的瘦果扁四棱形，顶端截形，有 1～3 细齿，基部稍缩小，边缘有白色的肋，表面有小瘤状突起，无冠毛。花期 6～9 月；果期 9～11 月。

生于河边、坑塘边、田间或路旁湿地。广泛分布于全国各地。

全草药用，有凉血、止血、消肿、强壮的功效。

猪毛蒿 Artemisia scoparia

菊科 Asteraceae
蒿属 Artemisia

多年生或一、二年生草本。有浓烈香气。主根狭纺锤形；根状茎粗短，常有细的营养枝，枝上密生叶。茎常单生，高达 1.3 m，红褐色或褐色，有纵纹；下部分枝开展，上部枝多斜上展；茎、枝幼时被灰白色或灰黄色绢质柔毛。基生叶与营养枝叶两面被灰白色绢质柔毛。叶近圆形，二至三回羽状全裂，具长柄，花期叶凋谢；茎下部叶初时两面密被灰白色或灰黄色略带绢质的短柔毛，叶长卵形或椭圆形，长达 3.5 cm，宽达 3 cm，二至三回羽状全裂，每侧有裂片 3~4，再次羽状全裂，每侧具小裂片 1~2，小裂片狭线形，长约 5 mm，宽约 1 mm，不再分裂或具小裂齿，叶柄长达 4 cm；中部叶初时两面被短柔毛，叶长圆形或长卵形，长达 2 cm，宽达 1.5 cm，一至二回羽状全裂，每侧具裂片 2~3，不分裂或再 3 全裂，小裂片丝线形或毛发状，长 4~8 mm，宽约 0.3（~0.5）mm，多少弯曲；茎上部叶与分枝上叶及苞片叶 3~5 全裂或不分裂。头状花序近球形，极多数，直径约 1.5（~2）mm，具极短梗，基部有线形小苞叶，在分枝上偏向外侧生长，并排成复总状或复穗状花序，在茎上再组成大型、开展的圆锥花序；总苞片 3~4 层，外层总苞片草质、卵形，背面绿色、无毛，边缘膜质，中、内层总苞片长卵形或椭圆形，半膜质；花序托小，凸起；雌花 5~7，花冠狭圆锥状或狭管状，冠檐具 2 裂齿，花柱线形，伸出花冠外，先端 2 叉，叉端尖；不育两性花 4~10，花冠管状，花药线形，先端附属物尖，长三角形，花柱短，先端膨大，2 裂，不叉开，退化子房不明显。瘦果倒卵形或长圆形，褐色。花、果期 7~10 月。

广泛分布于全国各地。

亦作"青蒿"（即"黄花蒿"）的代用品。

艾 Artemisia argyi

菊科 Asteraceae
蒿属 Artemisia

多年生草本。被绒毛，有香气。常有横卧根状茎。茎高达 1.2 m，上部有开展及斜生的花序枝。茎下部的叶片阔卵形，羽状浅裂或深裂，裂片边缘有锯齿，基部下延成长柄，花期枯萎；茎中部的叶片近长倒卵形，长达 10 cm，宽达 8 cm，羽状深裂或浅裂，侧裂片常 2 对，裂片近长卵形或卵状披针形，全缘或有 1～2 锯齿，齿先端钝尖，顶裂片呈明显或不明显的浅裂，基部近楔形，下延成急狭的短柄，柄长多不及 5 mm，有假托叶；上部叶渐小，2～3 浅裂，或不裂，近无柄；上面绿色，有白色腺点和小凹点，初被灰白色短柔毛，下面被绒毛，呈灰白色。头状花序多数，排列成复总状；总苞近卵形，长约 3 mm，宽约 2.5 mm；总苞片 3 层，被绒毛；雌花约 10，花冠管状，长约 1.3 mm，黄色；两性花 10 余，花冠近喇叭筒状，长约 2 mm，黄色，有时上部带紫色；花冠外被腺毛；子房近柱状，花序托稍突出，呈圆顶状。花期 9～10 月；果期 11 月。

国内除极干旱与高寒地区外，广泛分布于全国各地。

叶供药用，有散寒除湿、温经止血的功效。又为艾绒的原料，供针灸用。

翅果菊 *Pterocypsela indica*

菊科 Asteraceae

翅果菊属 *Pterocypsela*

一年或二年生草本。高达 1.5 m；无毛，上部有分枝。叶形变化大，全部叶有狭窄膜片状长毛，下部叶花期枯萎；中部叶披针形、长椭圆形或条状披针形，长达 30 cm，宽达 8 cm，羽状全裂或深裂，有时不分裂而基部扩大戟形半抱茎，裂片边缘缺刻状或锯齿状，无柄，基部抱茎，两面无毛或下面主脉上疏生长毛，带白粉；最上部叶变小，披针形至条形。头状花序，多数在枝端排列成狭圆锥状；总苞近圆筒形，长达 15 mm，宽达 6 mm；总苞片 3～4 层，先端钝或尖，常带红紫色，外层苞片宽卵形，内层苞片长圆状披针形，边缘膜质；舌状花淡黄色。瘦果宽椭圆形，黑色，压扁，边缘不明显，内弯，每面仅有 1 条纵肋；喙短而明显，长约 1 mm；冠毛白色，长约 8 mm。花、果期 7～9 月。

生于山坡、田间、荒地、路旁。国内分布于华东、华北、华南、华中、西南地区及吉林、陕西等省份。

根及全草药用，有清热解毒、消炎、健胃的功效。为优良饲用植物，可作猪、禽的青饲料。

芦苇 Phragmites australis

禾本科 Asteraceae
芦苇属 Phragmites

多年生高大草本。根状茎粗壮。秆高达 3 m，径达 1 cm，节下常有白粉。叶鞘圆筒形；叶舌极短，截平，或成一圈纤毛；叶片扁平，长达 45 cm，宽达 3.5 cm。圆锥花序顶生，疏散，长达 40 cm，稍下垂，下部分枝腋部有白柔毛；小穗通常含 4~7 小花，长 12~16 mm；颖 3 脉，第一颖长 3~7 mm，第二颖长 5~11 mm；第一小花常为雄性，其外稃长 9~16 mm；基盘细长，有长 6~12 mm 的柔毛；内稃长约 3.5 mm。颖果长圆形。花、果期 7~11 月。

生于池塘、湖泊、河道、海滩和湿地。广泛分布于全国各地。

秆可编织、造纸和盖屋。嫩叶可作饲料。根状茎药用，有健胃、利尿的功效。

虎尾草 Chloris virgata

禾本科 Asteraceae
虎尾草属 Chloris

一年生草本。秆丛生，直立或膝曲，光滑无毛，高达75 cm。叶鞘无毛，背部有脊，松弛，秆最上部叶鞘常包藏花序；叶舌长约1 mm，无毛或具纤毛；叶片长达25 cm，宽达6 mm，平滑或上面及边缘粗糙。穗状花序5~10，指状生于茎顶部，长达5 cm；小穗长3~4 mm（芒除外），幼时淡绿色，成熟后常带紫色；颖1脉，膜质，第一颖长约1.8 mm，第二颖长约3 mm，有长0.5~1.5 mm的芒；第一外稃长3~4 mm，3脉，边脉上有长柔毛，芒由先端下部伸出，长5~15 mm；内稃短于外稃，具2脊，脊上有纤毛；不孕外稃先端截平，长约2 mm。花、果期6~10月。

生于路边、荒地、墙头、房檐上。广泛分布于全国各地。

可作牧草。

狗牙根 Cynodon dactylon

禾本科 Gramineae
狗牙根属 Cynodon

多年生草本。有根状茎。秆匍匐地面可长达 1 m，直立部分高达 30 cm，光滑。叶片条形，长达 12 cm，宽达 3 mm，互生，在秆上部之叶，因节间短而似对生状，光滑。穗状花序长达 5（6）cm，（2～）3～5（6）枚生于茎顶，指状排列；小穗灰绿色或带紫色，常含 1 小花，长 2～2.5 mm；颖 1 脉，有膜质边缘，长 1.5～2 mm，2 颖几等长，或第二颖稍长；外稃 3 脉，与小穗等长；内稃 2 脉，与外稃等长；花药淡紫色；子房无毛，柱头紫红色。颖果长圆柱形。花、果期 5～10 月。

生于墙边、路边和荒地上。国内分布于黄河以南地区。

根状茎发达，可铺草坪，又可用作保土植物；药用，有清血的功效。茎叶可作牧草。

马唐 Digitaria sanguinalis

禾本科 Gramineae
马唐属 Digitaria

一年生草本。秆基部常倾斜，节着土即生根，高达 80 cm。叶鞘常疏生疣基软毛，稀无毛；叶舌长 1～3 mm；叶片长达 15 cm，宽达 12 mm，两面疏生软毛或无毛，边缘变厚而粗糙。总状花序 4～12，指状排列于茎顶端；小穗成对着生穗轴各节，披针形，长 3～3.5 mm，1 有长柄，1 近无柄；第一颖长约 0.2 mm，钝三角形；第二颖长为小穗的 1/2～3/4，狭窄，有不明显的 3 脉，边缘有纤毛；第一外稃与小穗等长，具 7 脉，中部 3 脉明显，脉间距离较宽而无毛，侧脉很接近或不明显，无毛或在脉间贴生柔毛。颖果灰绿色。花、果期 6～9 月。

生于田间、荒地及路边。广泛分布于全国各地。

茎叶为秋季优良牧草。颖果加工后洁白如谷粒。

狗尾草 Setaria viridis

禾本科 Gramineae
狗尾草属 Setaria

　　一年生草本。秆直立或基部膝曲，高达 1 m。叶鞘较松弛，无毛或有柔毛；叶舌纤毛状，长 1～2 mm；叶片长达 30 cm，宽达 18 mm。圆锥花序紧密排列成长圆柱状或基部稍疏离，直立或稍弯曲，长达 15 cm；小穗长达 2.5 mm，先端钝，2 至数枚簇生，刚毛小枝 1～6；第一颖卵形，长约为小穗的 1/3，3 脉；第二颖与小穗等长，5～7 脉；第一外稃与小穗等长，5～7 脉，有 1 狭窄内稃。颖果有细点状皱纹，成熟后很少膨胀。花、果期 5～10 月。

　　生于海拔 4000 m 以下的荒野、路旁及田埂。广泛分布于全国各地。

　　秆、叶可作饲料，也可入药，治痈瘀、面癣。全草加水煮沸 20 min 后，滤出液可喷杀菜虫。

荻 Miscanthus sacchariflorus

禾本科 Gramineae
芒属 Miscanthus

多年生。有根状茎。秆高 60～200 cm。叶片条形，宽 10～12 mm。圆锥花序扇形，长 20～30 cm；主轴长不足花序的 1/2；总状花序长 10～20 cm；穗轴不断落，节间与小穗柄都无毛；小穗成对生于各节，一柄长，一柄短，均结实且同形，长 5～6 mm，含 2 小花，仅第二小花结实；基盘的丝状毛长约为小穗的 2 倍；第一颖两侧有脊，脊间有 1 条不明显的脉或无脉，背部有长为小穗 2 倍以上的长柔毛；芒缺或不露出小穗之外；雄蕊 3；柱头自小穗两侧伸出。

生于山坡草地、平原岗地、河岸湿地。国内分布于东北、华北地区及河南、山东、甘肃、陕西等省份。

可用于防沙护堤等。

黄背草 *Themeda japonica*

禾本科 Gramineae
菅属 *Themeda*

多年生草本。秆基部压扁，高达 1.5 m。叶鞘紧裹茎秆，常有硬疣毛；叶舌长 1～2 mm；叶片长达 50 cm，宽达 8 mm。伪圆锥花序较狭窄，由具佛焰苞的总状花序组成，总状花序长达 1.7 cm，佛焰苞长达 3 cm，舟形，托在下部；每总状花序有小穗 7，基部 2 对小穗雄性或中性，生在同一平面上，很像轮生的总苞，上部 3 枚小穗中有 1 枚为两性，有一至二回膝曲的芒而无柄，2 枚为雄性或中性，有柄而无芒。花、果期 6～12 月。

生于山坡、草地及道旁。国内分布于除新疆、西藏、青海、甘肃、内蒙古外的其他地区。

优良的水土保持植物。秆可用于造纸及盖屋。嫩茎叶可作牧草。全草药用，有利尿、祛湿热的功效。

具芒碎米莎草 Cyperus microiria

莎草科 Cyperaceae
莎草属 Cyperus

一年生草本。无根状茎。秆丛生，细弱或稍粗壮，高达50 cm，扁三棱形。叶短于秆，宽2～5 mm，叶鞘常呈棕红色。叶状苞片3～5，下面2片常长于花序；长侧枝花序复出，有辐射枝4～9；穗状花序卵形或长圆状卵形，长1～4 cm，有5至多数小穗；小穗排列松散，斜展，长圆形、披针形或条状披针形，压扁，长4～10 mm，宽约2 mm，有6～22花；小穗轴有白色的狭翅；鳞片排列疏松，宽倒卵形，顶端微凹，有明显突出于鳞片先端的短尖，背面有龙骨状突起，绿色，有3～5条脉，两侧呈黄色或麦秆黄色；雄蕊3，花药短；花柱短，柱头3。小坚果三棱状倒卵形或椭圆形，与鳞片近等长，褐色，有密的细点。花、果期6～10月。

生于田间、水边湿地。广泛分布于全国各地。

鸭跖草 Commelina communis

鸭跖草科 Commelinaceae
鸭跖草属 Commelina

一年生草本。株高达 60 cm。茎肉质多分枝，基部匍匐，上部近直立。单叶，互生；披针形或卵状披针形，长达 9 cm，宽达 2 cm，先端锐尖；无柄或几无柄，基部有膜质短叶鞘，白色，有绿纹，鞘口有白色纤毛。佛焰苞有柄，心状卵形，边缘对合折叠，基部不相连，有毛；花两性，两侧对称；萼片 3，薄膜质；花瓣 3，蓝色，后方的 2 片较大，卵圆形，前方的 1 片卵状披针形；能育雄蕊 3。蒴果 2 室，每室 2 种子。种子表面有皱纹。花、果期 6~10 月。

生于路旁、林厂、山涧、水沟边较阴湿处。广泛分布于全国各地。

全草药用，有清热解毒、利尿的功效；也可作饲料。

鞘柄菝葜 *Smilax stans*

百合科 Liliaceae
菝葜属 *Smilax*

落叶半灌木。直立，高达 1 m。根状茎节明显，质坚韧。茎枝绿色，有纵棱，无刺。叶片纸质，卵圆形或卵状披针形，长达 5.5 cm，宽达 4.5 cm，先端尖，全缘，基部钝圆或浅心形，叶脉 3～5，稍弧形，上面绿色，下面略苍白色，有时呈粉尘状；叶柄长达 1 cm，向基部渐宽成鞘状；无卷须；脱落点位于近顶端；叶脱落时几不带叶柄或带极短的柄。花 1～3 朵或数朵排成伞形花序；总花梗纤细，长 1～2 cm；花序托几不膨大；花淡绿色或黄绿色，花被片 6，长椭圆形或条形；雄花稍大，雄蕊 6；雌花略小，有 6 枚退化雄蕊，有时有不育花药，雌蕊 1 枚，柱头 3 裂，子房卵圆形。浆果球形，直径 6～10 mm，熟时黑色。花期 5～6 月；果期 9～10 月。

生于山坡路边、林边及山沟灌丛中。国内分布于河北、山西、陕西、甘肃、四川、湖北、河南、安徽、浙江、台湾等省份。

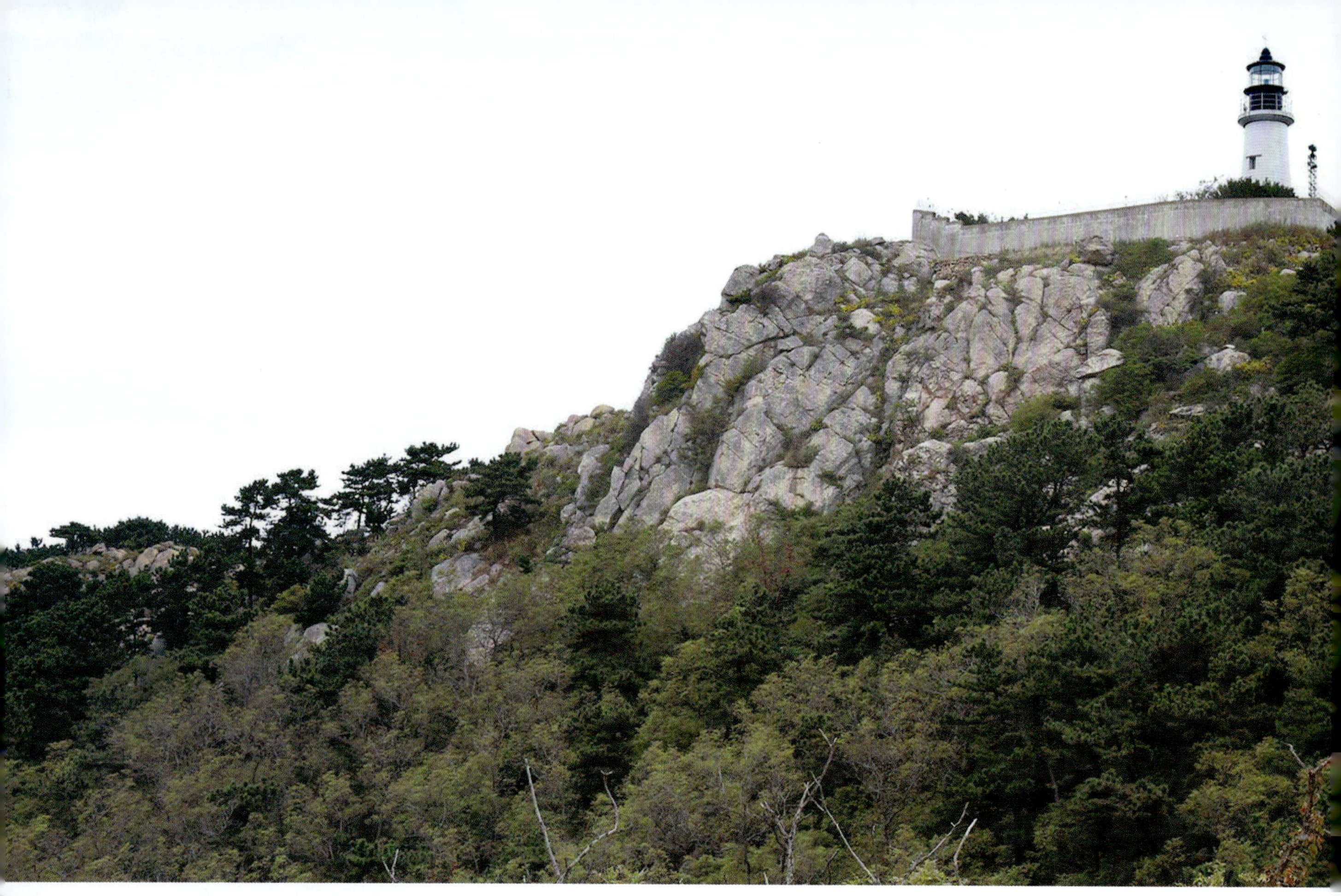

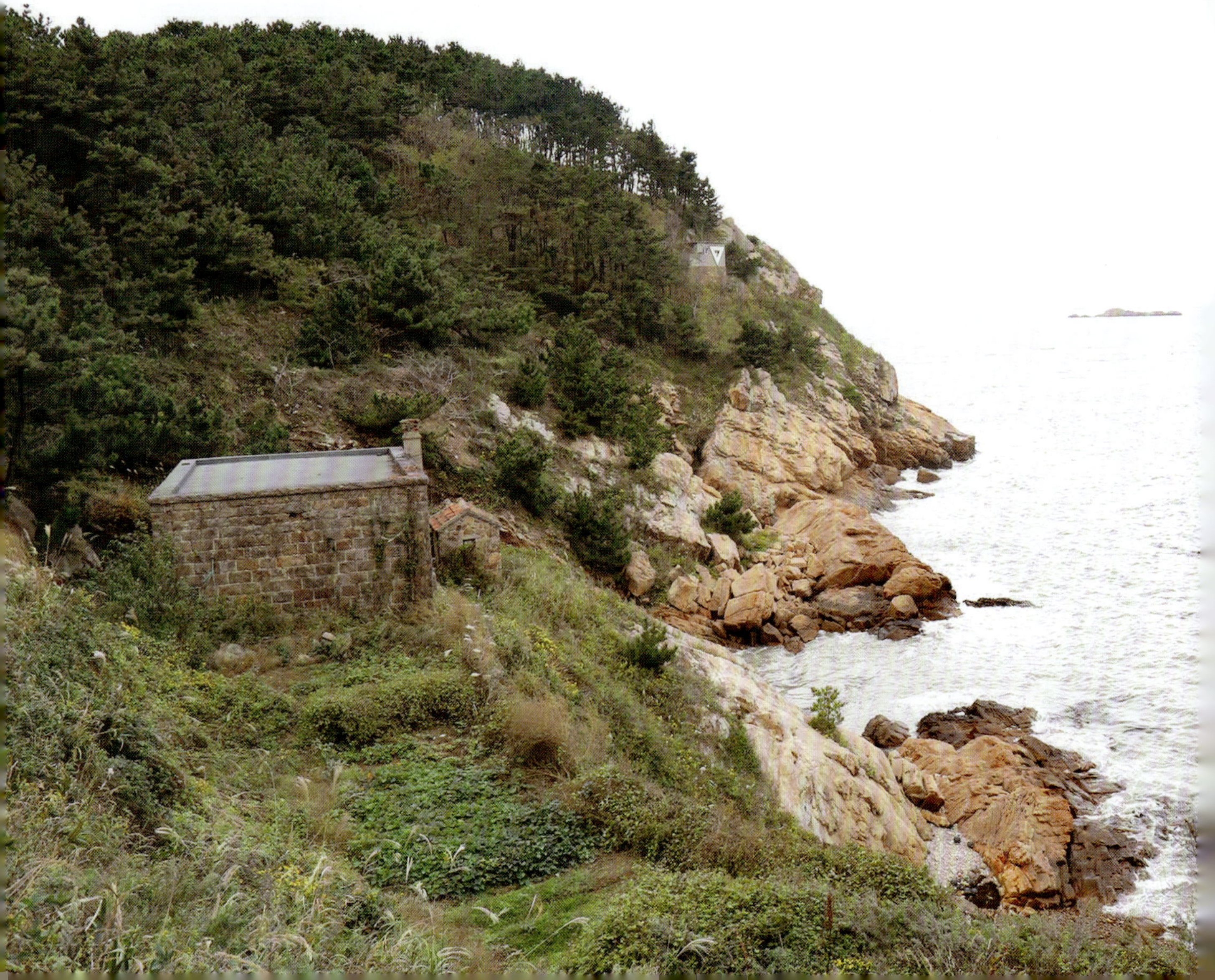

苏山岛

苏山岛景观之一

苏山岛隶属于山东省荣成市，属无居民海岛，地理位置 36°44′48″N、122°15′48″E。岛东西长 1.8 km，南北平均宽 0.3 km，岛陆投影面积 47.2 hm²。苏山岛为基岩岛，其上基岩裸露，无土壤。

苏山岛植被由天然植被和人工植被组成。天然植被由乔木林和草丛组成。乔木林面积较大，超过 10 hm²；草丛面积较小，主要分布在岛南部陡峭的岩石岸较低海拔处。苏山岛上有少部分军事设施及植被，在建筑物附近种植了少量观赏植物。在苏山岛共发现 37 科 82 属 92 种植物，其中乔木 10 种、灌木 17 种、草本 58 种、藤本 7 种。禾本科 15 种，占总数 16%；豆科 10 种，占总数 11%；菊科 10 种，占总数 11%；蔷薇科 4 种，占总数 4%；百合科 4 种，占总数 4%；其余科 49 种，共占总数的 53%。

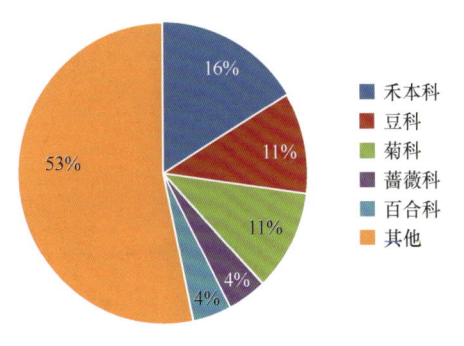

苏山岛景观之二

苏山岛植物各科的占比

蕨 Pteridium aquilinum var. latiusculum

蕨科 Pteridiaceae
蕨属 Pteridium

植株高 1 m。根状茎横走，黑色，密被锈黄色毛。叶疏生；叶柄粗壮，长达 50 cm，深禾秆色，基部密被锈黄色短毛；叶片阔或长圆三角形，长达 50 cm，宽达 40 cm，先端渐尖、羽裂，三回、四回羽状；羽片 10 对，互生或近对生，基部一对最大，先端尾尖，基部楔形，二回、三回羽状；小羽片 10 对，互生，披针形，末回小羽片或裂片互生，长圆形，圆钝头，全缘或下部有 1～3 对浅裂或呈波状圆齿；叶脉羽状，分离，侧脉 2 叉，下面隆起；叶革质，两面近光滑或沿各回羽轴及叶脉下面疏生灰色短毛。孢子囊群线形，生于小脉顶端的联结脉上；囊群盖线形，薄纸质，有变质的叶缘反卷而成的假盖。

广泛分布于全国各地。

全草药用，有祛风湿、利尿解热、杀虫的功效。嫩叶可作蔬菜食用（蕨菜）。根状茎含丰富的淀粉，可做凉粉、酿酒等。

全缘贯众 Cyrtomium falcatum

鳞毛蕨科 Dryopteridaceae

贯众属 Cyrtomium

植株高 25～60 cm。根状茎短粗，直立，密被鳞片；鳞片大，棕褐色，质厚，阔卵形或卵形，有缘毛。叶簇生；叶柄长 10～25 cm，粗约 4 mm，禾秆色，密被大鳞片，向上渐稀疏；叶片长圆状披针形，长 10～35 cm，宽 8～15 cm，一回羽状；顶生羽片有长柄，与侧生羽片分离，卵状披针形或呈 2~3 叉状；侧生羽片 3～11 对或更多，互生或近对生，略斜展，有短柄，卵状镰刀形，中部的略大，长 6～10 cm，宽 2～4 cm，先端尾状渐尖或长渐尖，基部圆形，上侧多少呈耳状凸起，下侧圆楔形，全缘，有时波状缘或多少有浅粗齿，有加厚的边，其余向上各对羽片渐狭缩，向下近等大或略小；叶脉网状，每网眼有内藏小脉 1～3 条；叶革质，仅沿叶轴有少数纤维状小鳞片。孢子囊群圆形，生于内藏小脉中部；囊群盖圆盾形，边缘略有微齿；孢子周壁有疣状褶皱，其表面有细网状纹饰。

生于沿海潮水线以上的岩石壁上。国内分布于江苏、浙江、福建、广东、台湾等省份。

根状茎药用，有清热解毒、驱钩虫和蛔虫等功效。

黑松 Pinus thunbergii

松科 Pinaceae

松属 Pinus

常绿乔木。高达 30 m，胸径 2 m；树皮灰黑色，片状脱落；一年生枝淡黄褐色，无毛；冬芽银白色，圆柱形。叶 2 针 1 束，长 12 cm，径 2 mm，粗硬；树脂道 6～11 个，中生；叶鞘宿存。球果卵圆形或卵形，长 6 cm；种鳞卵状椭圆形，鳞盾肥厚，横脊明显，鳞脐微凹，有短刺；种子倒卵状椭圆形，连翅长达 1.8 cm，翅灰褐色，有深色条纹；中部种鳞卵状椭圆形，鳞盾微肥厚，横脊显著，鳞脐微凹，有短刺；子叶 5～10（多为 7～8），初生叶条形，叶缘具疏生短刺毛，或近全缘。花期 4～5 月；球果第二年 10 月成熟。

原产日本及朝鲜南部海岸地区。全国各地均有栽培。

木材可作建筑、矿柱、器具、板料及薪炭等用材；亦可提取树脂。

榆 Ulmus pumila

榆科 Ulmaceae
榆属 Ulmus

落叶乔木。高达 25 m；树皮暗灰色，纵裂；小枝灰白色，初有毛；冬芽卵圆形，暗棕色，有毛。叶卵形或卵状椭圆形，长达 6 cm，宽 2.5 cm，先端渐尖，基部阔楔形或近圆形，对称，边缘重锯齿或单锯齿；侧脉 9~14 对，上面无毛，下面脉腋有簇生毛；叶柄长达 5 mm，有短柔毛。花两性，簇生于去年生枝上，有短梗；花萼 4 裂，雄蕊 4，与萼片对生；子房扁平，花柱 2 裂。翅果近圆形，长 1~1.5 cm，顶端有凹缺，果核位于翅果中央，熟时黄白色，仅柱头有毛。花期 3 月；果期 4~5 月。

国内分布于东北、华北、西北、西南地区。

木材坚韧，可供建筑、桥梁、农具等用。可净化空气，为吸收二氧化硫能力极强的树种。翅果含油量高，可用于医药、轻工业、化工业。树皮、叶和翅果可药用，具有安神、利小便的功效。

刺榆 Hemiptelea davidii

榆科 Ulmaceae
刺榆属 Hemiptelea

落叶小乔木或灌木。树皮暗灰色，纵裂；小枝常有枝刺；幼时有短柔毛；冬芽卵圆形，有毛。叶椭圆形或卵形，长达6 cm，宽3 cm，先端钝尖，基部浅心形或圆形，边缘有锯齿，上面深绿色，初有硬毛，下面黄绿色，初时沿脉疏生毛；叶柄长4 mm，密生短柔毛。花1～4生于新枝基部叶腋，与叶同放；萼4～5裂，宿存；雄蕊4～5，与萼片对生；雌蕊歪生。小坚果斜卵形，扁平，长5～7 mm，上半部有鸡冠状狭翅。

生于山坡、山谷、路边。国内分布于东北、华北、华东及西北地区。

材质坚硬致密，供农具及器具用。种子可榨油。

黑弹树 Celtis bungeana

榆科 Ulmaceae
朴属 Celtis

乔木。高达 20 m；树皮淡灰色，平滑；小枝无毛，幼时萌枝密被毛。叶卵形或卵状椭圆形，长达 8 cm，先端渐尖或尾尖，基部偏斜，边缘上半部有浅钝锯齿或近全缘，两面无毛，近革质，幼树及萌枝叶下面沿脉有毛；叶柄长达 1 cm。核果球形，径达 7 mm，蓝黑色；果梗长于叶柄 2 倍以上；果核白色，表面平滑。花期 3～4 月；果期 10 月。

广泛分布于全国各地。

木材可供家具、农具及建筑用材。茎皮纤维可代麻用。

桑 Morus alba

桑科 Moraceae
桑属 Morus

小乔木或灌木。高达 10 m；树皮黄褐色或灰褐色，浅裂；小枝细长，黄色、灰白色或灰褐色，光滑或幼时有毛；冬芽红褐色。叶卵形至阔卵形，长达 15 cm，宽 13 cm，先端尖或渐尖，基部圆形或浅心形，缘有不整齐的疏钝锯齿，偶有裂，上面绿色无毛，下面淡绿色，沿叶脉或腋间有白色毛；叶柄长达 2.5 cm。雌雄多异株；雄花序长 1.5～3.5 cm，下垂；花被边缘及花序轴有细绒毛；雌花序长 1.2～2 cm；花被片阔卵形，果时肉质；子房卵圆形，顶部有外卷的 2 柱头，花柱短或无。椹果多圆柱状，熟时白色、红色或紫黑色，大小不等。花期 4～5 月；果期 5～7 月。

广泛分布于全国各地。

叶可饲桑蚕。椹果可生吃及酿酒，富营养。种子榨油，适用于油漆及涂料。木材坚实、有弹性，可作家具、器具、装饰及雕刻材。干枝培养桑杈，细枝条用于编织筐篓。根、皮、叶、果供药用，桑枝能祛风清热、通络，桑椹能滋补肝肾、养血补血，桑叶能祛风清热、清肝明目、止咳化痰。

无花果 *Ficus carica*

桑科 Moraceae

榕属 *Ficus*

落叶灌木或小乔木。高可达 3 m；树皮灰褐色或暗褐色；枝直立，节间明显。叶倒卵形或圆形，掌状 3~5 深裂，长与宽均可达 20 cm，裂缘有波状粗齿或全缘，先端钝尖，基部心形或近截形，上面粗糙，深绿色，下面黄绿色，沿叶脉有白色硬毛，厚纸质；叶柄长达 13 cm；托叶三角状卵形，脱落。隐头花序单生叶腋。隐花果扁球形或倒卵形、梨形，直径 3 cm，长达 6 cm，黄色、绿色或紫红色。种子卵状三角形，橙黄色或褐黄色。

原产地中海一带。全国各地均有栽培。

为庭院观赏植物。隐花果营养丰富，可生吃，也可制干及加工成各种食品，并有药用价值。叶片药用，治疗痔疾有效。

葎草 Humulus scandens

桑科 Moraceae
葎草属 Humulus

一年生蔓性草本。长达 5 m；茎生倒钩刺。单叶，肾形或近五角形，掌状 5～7 深裂，长达 10 cm，宽达 15 cm，裂片卵圆形，先端渐尖，缘有粗锯齿，叶片基部多心形，叶上面绿色，粗糙，下面灰绿色，疏生刺状刚毛或短柔毛，常有黄色腺点；叶柄长达 20 cm，有短刺毛。雌雄异株；雄株花小，排成圆锥花序；雄花花被片淡黄绿色；雌株的花多排成球形花穗；花穗为多数卵状披针形的苞片组成，每苞片内有 2 花或 1 花；花被片退化成 1 膜质薄片，花柱 2，红褐色，有细刺毛。瘦果扁球形，直径 3 mm，外皮坚硬，有黄褐色的腺点及斑纹；苞片先端短尾状，宿存。花期 7～8 月；果熟期 8～9 月。

生于山坡、路旁、田边。国内分布于除新疆、青海以外的其他地区。

茎皮纤维强韧，可代麻用。全草药用，有健胃、清热、解毒、利尿等功效。种子榨油，含油量约为 30%，可作润滑油及制油墨、肥皂等工业原料用油。

萹蓄 Polygonum aviculare

蓼科 Polygonaceae
蓼属 Polygonum

一年生草本。茎匍匐或斜展，有沟纹。叶片条形至披针形，长4 cm，宽1 cm，先端钝或急尖，基部楔形，有关节，两面无毛，全缘；有短柄或近无柄；托叶鞘膜质，有明显脉纹，先端数裂。花1～5簇生于叶腋，全露或半露出于托叶鞘之外；花梗短，基部有关节；花被5深裂，暗绿色，边缘白色或淡红色；雄蕊8，比花被片短；花柱3，甚短，柱头头状。瘦果卵形，有3棱，长约3 mm，黑色或褐色，无光泽，有不明显的线状小点，微露出于宿存花被外。

生于路边、田野。广泛分布于全国各地。

全草药用，有利尿、清湿热、消炎、止泻、驱虫的功效；也可作饲料。

杠板归 Polygonum perfoliatum

蓼科 Polygonaceae
蓼属 Polygonum

一年生攀援草本。茎四棱形，暗红色，沿棱有倒钩刺，无毛。叶片正三角形，叶柄盾状着生，长达 6 cm，下部宽达 6 cm，先端微尖，基部截形或微心形，上面绿色，无毛，下面淡绿色，沿脉疏生钩刺；叶柄长 2～8 cm，有倒钩刺；托叶鞘叶状，近圆形，穿茎。花序短穗状，长 1～3 cm，顶生或腋生，常包于叶鞘内；苞片圆形，淡红色或白色；花被 5 深裂，长约 2.5 mm，果期增大，肉质，深蓝色；雄蕊 8，短于花被；花柱 3，中部以下合生。瘦果球形，直径 3 mm，黑色，有光泽，包于蓝色肉质的花被内。

生于山坡、路边草丛。国内分布于东北、华东、华中、华南、西南地区及河北、陕西、甘肃等省份。

茎叶可药用，有清热止咳、散瘀解毒、止痛止痒的功效；治疗百日咳、淋浊效果显著。叶可制靛蓝，用作染料。

巴天酸模 Rumex patientia

蓼科 Polygonaceae
酸模属 Rumex

多年生草本。高 1~1.5 m。主根粗大，断面黄色。茎直立，有沟纹，无毛。基生叶和下部叶长椭圆形或长圆状披针形，长达 30 cm，宽达 10 cm，先端钝或急尖，基部圆形、浅心形或楔形，全缘或边缘皱波状；叶柄腹面有沟，长达 8 cm；茎上部叶狭小，长圆状披针形至狭披针形，有短柄；托叶鞘筒状，膜质。圆锥花序顶生和腋生；花两性，花簇轮生，花梗与花被片等长或稍长，中部以下有关节；花被片 6，2 轮，果期内轮花被片增大，呈宽心形，宽约 5 mm，全缘，有网纹，1 片或全部有瘤状突起；雄蕊 6；柱头 3，柱头画笔状。瘦果三棱形，褐色，有光泽，长约 5 mm。

国内分布于东北、华北、西北、华中地区及四川、西藏等地。

根、叶药用，生品能活血散瘀、止血、清热解毒、润肠通便，酒制品能止泻、补血。根可提取栲胶。

尖头叶藜 Chenopodium acuminatum

藜科 Chenopodiaceae
藜属 Chenopodium

一年生草本。高达 80 cm；茎直立，有条棱及绿色或紫红色色条，分枝通常细弱。叶片宽卵形至卵形，上部叶有时呈卵状披针形，长达 4 cm，宽达 3 cm，先端急尖或短渐尖，有短尖头，基部阔楔形、圆形或近截形，上面无粉、浅绿色，下面多少有粉、灰白色，全缘，有透明的狭边缘；叶柄长达 2.5 cm。花序穗状或圆锥状，花序轴上有圆柱状毛束；花两性；花被片 5，阔卵形，边缘膜质，并有红色或黄色粉粒，果期背部增厚，并彼此合成五角星形；雄蕊 5。胞果扁圆形或卵形。种子横生，直径约 1 mm，黑色、有光泽，表面有点纹。

国内分布于东北、华北、西北地区及河南、浙江等省份。

藜 Chenopodium album

藜科 Chenopodiaceae
藜属 *Chenopodium*

一年生草本。高达 1.5 m；茎直立，有条棱及绿色或紫红色色条，多分枝。叶片菱状卵形至阔披针形，长达 6 cm，宽达 5 cm，先端急尖或钝，基部楔形至阔楔形，上面常无粉，有时嫩叶的上面有紫红色粉，下面多少有粉，边缘有不整齐锯齿；叶柄与叶片多等长。花两性，簇生于枝上部，排列成穗状圆锥花序或圆锥花序；花被5裂，阔卵形至椭圆形，背面有隆脊，有粉；雄蕊5；柱头2。胞果包于花被。种子横生，双凸镜形，直径 1.2～1.5 mm，黑色，有光泽，表面有浅沟纹，胚环形。

生于田间、路旁、村边荒地。广泛分布于全国各地。

全草药用，能止泻痢、止痒。幼苗可食用。

皱果苋 Amaranthus viridis

苋科 Amaranthaceae

苋属 Amaranthus

一年生草本。高达 80 cm；全株无毛。茎直立，上部有分枝，绿色或带紫色。叶片卵形，卵状长圆形或卵状椭圆形，长达 9 cm，宽达 6 cm，先端微凹，少数圆钝，有 1 芒尖，基部阔楔形或截形，全缘或微波状；叶柄长达 6 cm，绿色或稍带紫红色。圆锥花序顶生，有分枝，由穗状花序组成，穗状花序圆柱形，细长；苞片及小苞片披针形，长不及 1 mm；花单性或杂性；花被片 3，长圆形或阔倒披针形，长 1.2～1.5 mm，内曲，背面有 1 绿色中脉；雄蕊 3，比花被片短；柱头 3 或 2。胞果卵状扁球形，直径约 2 mm，绿色，极皱缩，超出花被片，不开裂。种子近球形，直径约 1 mm，黑色或黑褐色，有薄的边缘。

国内分布于东北、华北、华东、华南地区及陕西、云南等省份。

全草药用，有清热解毒、利尿止痛的功效。

牛膝 Achyranthes bidentata

苋科 Amaranthaceae
牛膝属 Achyranthes

多年生草本。高达 1.2 m。根圆柱形，直径达 1 cm，土黄色。茎直立，有棱角或四棱形，绿色或带紫红色，有白色贴生毛或开展柔毛，或近无毛，分枝对生，节部膨大。叶片椭圆形或椭圆状披针形，长达 12 cm，宽达 7.5 cm，先端尾尖，基部楔形或阔楔形，两面有柔毛；叶柄长达 3 cm，有柔毛。穗状花序顶生及腋生，长达 5 cm；总花梗长 2 cm，有白色柔毛；花多数，密生，长约 5 mm，花期直立，花后反折，贴向穗轴；苞片阔卵形，长 3 mm，先端长渐尖；小苞片刺状，长 3 mm，先端弯曲，基部两侧各有 1 卵形膜质小片，长约 1 mm；花被片 5，披针形，长 5 mm，光亮，先端急尖，有 1 中脉；雄蕊 5，长 2.5 mm，基部合生成浅杯状，退化雄蕊顶端平圆，稍有缺刻状细锯齿。胞果长圆形，长 2.5 mm，黄褐色，光滑。种子矩圆形，长 1 mm，黄褐色。花期 7～9 月；果期 9～10 月。

国内分布于除东北以外的其他地区。

根药用，有通经活血、舒筋活络的功效。

紫茉莉 *Mirabilis jalapa*

紫茉莉科 Nyctaginaceae
紫茉莉属 *Mirabilis*

一年生或多年生草本。高达 1 m。根圆锥形，深褐色。茎多分枝，圆柱形，无毛或近无毛，节膨大。叶片卵形或三角状卵形，长达 9 cm，宽达 6 cm，先端渐尖，基部楔形或心形，边缘微波状，两面均无毛；叶柄长达 3 cm。花 3～6 簇生枝端，晨、夕开放而午收，有红色、黄色、白色，或红黄相杂；雄蕊 5，花丝细长，常伸出花外，花药球形；花柱单生，线形，伸出花外，柱头头状。果实球形，熟时呈黑色，有棱；胚乳白色，粉质。花期 7～9 月；果期 8～10 月。

广泛分布于全国各地。

栽培供观赏。种子的胚乳干后碾成白粉，加香料可作化妆品。根、叶供药用，有清热解毒、活血滋补的功效。

垂序商陆 Phytolacca americana

商陆科 Phytolaccaceae
商陆属 *Phytolacca*

多年生草本。高达1.5 m。肉质主根肥大，圆锥形。茎直立，绿色或常带紫红色，角棱明显。叶片长椭圆形，长达15 cm，宽达10 cm，先端尖或渐尖，全缘，基部楔形；叶柄长达3 cm。总状花序略下垂；苞片条形或披针形，细小；花萼5，白色或淡粉红色，宿存；无花瓣；雄蕊10；心皮10，基部合生。果穗下垂；浆果扁球形，熟时紫黑色。花期6～8月；果期8～10月。

原产北美洲。国内分布于河北、陕西、山东、江苏、浙江、江西、福建、河南、湖北、广东、四川、云南等省份。多地逸生。

根供药用，同"商陆"。种子利尿，叶可解热，全草可作农药。

马齿苋 Portulaca oleracea

马齿苋科 Portulacaceae
马齿苋属 Portulaca

一年生肉质匍匐草本。茎基部分枝，淡绿色或带紫色。叶片长圆形或倒卵形，长达 2.5 cm，宽达 15 mm，无毛，先端钝圆或平截或微凹，基部楔形，上面暗绿色，下面淡绿色或暗红色，中脉微隆起。花小，直径达 5 mm，两性，单生或 3～5 簇生枝端；无花梗；总苞片 4～5，薄膜质；萼片 2，绿色，阔椭圆形，背部有隆脊，基部与子房贴生；花瓣 4～5，黄色，倒卵状长圆形，先端微凹；雄蕊 8～12，基部合生；花柱比雄蕊稍长，顶端 4～5 裂；子房半下位，1 室，特立中央胎座，胚珠多数。蒴果卵球形，棕色，盖裂。种子多数，细小，肾状卵圆形，有小疣状突起，黑褐色，有光泽。花期 6～8 月；果期 8～9 月。

生于菜园、农田、路旁、荒地，为田间常见杂草。广泛分布于全国各地。

全草药用，有清热解毒、治菌痢的功效。种子明目；又可作农药和兽药。嫩茎叶可食，民间常作蔬菜；又可作家畜饲料。

女娄菜 Silene aprica

石竹科 Caryophyllaceae
蝇子草属 Silene

一年或二年生草本。高达 70 cm；茎直立，密生短柔毛。叶披针形至条状披针形，长达 7 cm，宽达 8 mm，密生短柔毛；上部叶无柄。聚伞花序顶生及腋生；苞片披针形；花梗长短不一，长达 20 mm；萼圆筒形，长 6~8 mm，密被短柔毛，有 10 条脉，先端有 5 齿，萼齿边缘宽膜质，有缘毛，果期萼筒膨大成卵状圆筒形，长达 8~10 mm；花瓣 5，白色或粉红色，与萼片等长或稍长，先端 2 裂，基部渐狭成爪，喉部有 2 鳞片状附属物；雄蕊 10，略短于花瓣，花丝基部密被毛；子房长圆状圆筒形，花柱 3。蒴果卵形，长 8~9 mm，6 齿裂，含多数种子。种子圆肾形，黑褐色，有钝或尖的瘤状突起。

生于山坡、山沟、路边草丛。广泛分布于全国各地。

全草入药，治乳汁少、体虚浮肿等。

石竹 Dianthus chinensis

石竹科 Caryophyllaceae
石竹属 Dianthus

多年生草本。高达 60 cm；茎直立，无毛。叶披针形至条状披针形，长达 6 cm，宽达 7 mm，基部渐狭成短鞘抱茎，先端渐尖，全缘，两面无毛。花单生或呈疏聚伞花序；萼下有苞片 2～3 对，苞片倒卵形至阔椭圆形，先端渐尖或长渐尖，长约为萼筒之半或达萼齿基部；花萼筒状，长达 2 cm，宽达 6 mm；萼齿 5，直立，披针形，边缘膜质，有细缘毛；花瓣 5，瓣片倒卵状扇形，先端齿裂，淡红色、白色或粉红色，下部有长爪，长达 18 mm，喉部有斑纹并疏生须毛；雌、雄蕊柄长约 1 mm；雄蕊 10；花柱 2，丝状。蒴果圆筒形，长约 2.5 mm，比萼长或近等长，顶端 4 齿裂。种子圆形，微扁，灰黑色，边缘带狭翅。

广泛分布于全国各地。

全草药用，有清热、利尿、通经的功效。栽培供观赏。

长蕊石头花 Gypsophila oldhamiana

石竹科 Caryophyllaceae

石头花属 Gypsophila

多年生草本。高达 1 m；全株无毛，带粉绿色。主根粗壮。茎簇生。叶长圆状披针形至狭披针形，长达 8 cm，宽达 12 mm，先端尖，基部稍狭，微抱茎。聚伞花序顶生或腋生，再排列成圆锥状，花较小，密集；苞片卵形，膜质，先端锐尖；花梗长达 5 mm；花萼钟状，长达 2.5 mm，萼齿 5，卵状三角形，边缘膜质，有缘毛；花瓣 5，粉红色或白色，倒卵形，长 4~5.5 mm；雄蕊 10，比花瓣长；子房椭圆形，花柱 2，超出花瓣。蒴果卵状球形，比萼长，顶端 4 裂。种子近肾形，长达 1.5 mm，灰褐色。

国内分布于辽宁、河北、山西、江苏、河南、陕西等省份。

根药用，有清热凉血、消肿止痛、化腐生肌长骨之功效。根的水浸剂可防治蚜虫、红蜘蛛、地老虎等。

木防己 Cocculus orbiculatus

防己科 Menispermaceae
木防己属 Cocculus

缠绕性落叶藤本。长达 3 m；全株有淡褐色短柔毛。根圆柱形，棕褐色或黑褐色。茎木质化，小枝细，表面密生柔毛；老枝近无毛，有条纹。单叶，互生；叶片阔卵形或卵状椭圆形，有时 3 浅裂，长达 6 cm，宽达 4 cm，先端锐尖至钝圆，顶部常有小突尖，基部心形或截形，幼时两面密生灰白色柔毛；叶柄长达 3 cm，密生灰白色柔毛。花黄色，雌雄异株；聚伞状圆锥花序腋生；花有短梗，总花轴和总花梗被柔毛，小苞片 2，卵形；雄花萼片 6，2 轮，内轮 3 片大，外轮 3 片小，长 1～1.5 mm；花瓣 6，卵状披针形，长 1.5～3.5 mm，先端 2 裂，基部两侧有耳并内折；雄蕊 6，离生，与花瓣对生，花药球形；雌花序较短，花少数，萼片和花瓣与雄花相似，有退化雄蕊 6，心皮 6，离生，子房半球形，无毛，花柱短，向外弯曲。核果近球形，直径达 8 mm，蓝黑色，表面有白粉，内果皮坚硬，背脊和两侧有横小肋。种子 1。花期 5～7 月；果期 7～9 月。

生于山坡、路旁、沟岸及灌木丛中。国内分布于除西北和西藏以外的其他地区。

根状茎入药，有祛风除湿、通经活络、解毒、止痛、利尿、消肿、降血压的功效。根含淀粉，可酿酒。茎含纤维，质坚韧，可作纺织原料和造纸原料。

黄堇 Corydalis pallida

罂粟科 Papaveraceae
紫堇属 Corydalis

多年生草本。茎高达 60 cm；全株无毛，淡绿色。基生叶有长柄，叶二至三回羽状全裂，最终裂片卵形或狭卵形，宽达 15 mm，有深浅不等的裂齿，上面绿色，下面灰绿色，有白粉；茎生叶柄较短，叶较小。总状花序，长约 12 cm；苞片狭卵形至披针形，萼片小，花瓣黄色，上瓣长达 1.5 cm，距圆筒形，末端膨大，长达 8 mm，约占花瓣全长的 1/3；雄蕊 6，二体；花柱纤细，柱头 2 裂。蒴果串珠状，长达 3.5 cm，宽达 2.5 mm，2 瓣裂，常有种子 12～16。种子扁球形，直径 2 mm，黑色，表面密生排列整齐的圆锥状小突起。花期 5～6 月；果期 9 月。

生于山沟边、石缝内潮湿处。国内分布于华东、华北、东北地区及河南、陕西。

全草有毒，服用后能使人畜中毒。根药用，有镇痛的功效。

北美独行菜 Lepidium virginicum

十字花科 Cruciferae
独行菜属 Lepidium

一年或二年生草本。高达 50 cm；茎单一，直立，上部分枝，有柱状腺毛。基生叶倒披针形，长达 5 cm，羽状分裂或大头羽裂，裂片大小不等，卵形或长圆形，边缘有锯齿，两面有短伏毛，叶柄长达 1.5 cm；茎生叶有短柄，倒披针形或条形，长达 5 cm，宽达 1 cm，先端急尖，基部渐狭，边缘有尖锯齿或全缘。总状花序顶生，萼片椭圆形，长约 1 mm；花瓣白色，倒卵形，和萼片等长或稍长；雄蕊 2 或 4。短角果近圆形，长 2～3 mm，宽 1～2 mm，扁平有窄翅，顶端微缺，宿存花柱极短；果梗长 2～3 mm。种子卵形，长约 1 mm，红棕色，光滑，边缘有窄翅。花期 4～5 月；果期 6～7 月。

国内分布于河南、安徽、江苏、浙江、福建、江西、广西、湖北等省份。

种子作葶苈子药用，有利水、平喘的功效。全草可作饲料。

荠 Capsella bursa-pastoris

十字花科 Cruciferae
荠属 Capsella

一年或二年生草本。高达 50 cm；无毛，有单毛或分叉毛。茎直立，单生或从下部分枝。基生叶莲座状，大头羽状分裂，长达 12 cm，宽达 2.5 cm，顶裂片卵形至长圆形，侧裂片 3～8 对，长圆形至卵形，浅裂或有不规则粗锯齿或近全缘，叶柄长达 4 cm；茎生叶狭披针形，长达 7 cm，宽达 1.5 cm，基部箭形，抱茎，边缘有缺刻或锯齿。总状花序顶生及腋生，长达 20 cm；花梗长达 8 mm，萼片长圆形，长约 2 mm；花瓣白色，卵形，长 2～3 mm，有短爪。短角果倒三角形，长达 8 mm，宽达 7 mm，扁平，无毛，顶端微凹，裂瓣有网脉；宿存花柱长约 0.5 mm；果梗长 0.5～1.5 cm。种子 2 行，长椭圆形，长约 1 mm，浅褐色。花期 2～4 月；果期 5～7 月。

广泛分布于全国各地。

全草药用，有利尿、止血、清热、明目、消积的功效。茎、叶可作蔬菜。种子含油 20%～30%，属干性油，供工业用。

瓦松 Orostachys fimbriata

景天科 Crassulaceae

瓦松属 Orostachys

二年生肉质草本。一年生的莲座叶条形，先端增大成半圆形白色软骨质，其边缘有流苏状齿。二年生花茎高 5～40 cm。茎上叶互生，条形至披针形，长可达 3 cm，宽达 5 mm，先端有刺尖。花序总状，紧密，呈宽 20 cm 金字塔形；苞片条形，先端渐尖；花梗长达 1 cm；萼片 5，长圆形，长 3 mm；花瓣 5，红色，披针状椭圆形，长 6 mm，宽 1.5 mm，先端渐尖，基部 1 mm 合生；雄蕊 10，多与花瓣同长，花药紫色；鳞片 5，近四方形，长 0.4 mm，先端稍凹。蓇葖果 5，长圆形，长 5 mm，有长 1 mm 的细喙。种子多数，卵形，细小。花期 8～9 月；果期 9～10 月。

广泛分布于全国各地。

全草药用，有止血、活血、敛疮之功效。有小毒，宜慎用。

一球悬铃木 Platanus occidentalis

悬铃木科 Platanaceae
悬铃木属 Platanus

落叶乔木。高达 40 m；树皮片状剥落，内皮乳白色；嫩枝被黄褐色毛。叶阔卵形或近五角形，长达 22 cm，3～5 浅裂，裂缘有齿，中央裂片宽大于长，基部截形、楔形或浅心形，下面初时被灰黄色绒毛，后仅在脉上有毛，离基三出脉；叶柄长达 7 cm，密被绒毛；托叶长 3 cm，上部常扩大呈喇叭形，早落。花常 4～6，单性，成球形的头状花序；雌花心皮 4～6。果序球单生，稀 2，直径 3 cm 或更大，宿存花柱不突起；小坚果顶端钝，基部的绒毛长为坚果的一半。花期 5 月上旬；果期 9～10 月。

原产北美洲。全国各地均有栽培。

作行道树观赏。

牛叠肚 Rubus crataegifolius

蔷薇科 Rosaceae
悬钩子属 Rubus

落叶灌木。高达 3 m；枝有沟棱，有微弯皮刺。单叶，卵形至长卵形，长达 12 cm，宽达 8 cm，花枝上叶稍小，先端渐尖，基部心形或截形，上面无毛，下面脉上有柔毛和皮刺，边缘 3～5 掌状裂，裂片有不规则缺刻状锯齿，掌状 5 脉；叶柄长达 5 cm，疏生柔毛和皮刺；托叶条形，几无毛。数花簇生或短总状花序；花梗长达 1 cm，有柔毛；苞片与托叶相似；花径达 1.5 cm；萼片卵状三角形或卵形，先端渐尖；花瓣椭圆形，白色，与萼片等长；雄蕊直立，花丝宽扁；雌蕊多数，子房无毛。聚合果近球形，直径 1 cm，暗红色，无毛；核有皱纹。花期 5～6 月；果期 7～9 月。

国内分布于东北地区及内蒙古、河北、山西、河南等省份。

果实可生食或制果酱、酿酒。全株可提栲胶。茎皮纤维可作造纸及纤维板的原料。果药用，补肝肾。根有祛风湿的功效。

茅莓 Rubus parvifolius

蔷薇科 Rosaceae
悬钩子属 Rubus

落叶灌木。高达 2 m。小叶 3，偶有 5；小叶菱状圆形或宽楔形，上面伏生疏柔毛，下面密被灰白色绒毛，边缘有不整齐粗锯齿，常有浅裂；叶柄长达 5 cm，顶生小叶柄长达 2 cm，有柔毛和稀疏皮刺；托叶条形，长达 7 mm，有柔毛。伞房花序顶生或腋生；花梗长达 1.5 cm，有柔毛和稀疏皮刺；苞片条形，有柔毛；花径 1 cm；花萼外面密生柔毛和针刺，萼片卵状披针形，先端渐尖，有时条裂；花瓣卵圆形或长圆形，粉红色至紫红色，基部有爪；雄蕊短于花瓣；子房有柔毛。聚合果橙红色，球形，直径达 1.5 cm。花期 5～6 月；果期 7～8 月。

生于山坡杂木林下、向阳山谷、路边或荒野地。广泛分布于全国各地。

果可食用、酿酒、制醋等。根和叶含单宁，可提取栲胶。全株药用，有止痛、活血、祛风湿及解毒的功效。

野蔷薇 Rosa multiflora

蔷薇科 Rosaceae
蔷薇属 Rosa

　　落叶灌木。小枝有粗短稍弯的皮刺。小叶 5～9，连叶柄长 5～10 cm；小叶片长达 5 cm，宽达 2.8 cm，先端尖或圆，基部圆形或楔形，边缘有尖锐单锯齿，上面无毛，下面有柔毛；小叶柄和叶轴有柔毛或无，有腺毛；托叶贴生叶柄，篦齿状。圆锥花序，花梗长达 2.5 cm；花径达 2 cm；萼片披针形；花瓣白色，芳香；花柱靠合成束，长于雄蕊。蔷薇果直径达 8 mm，红褐色或紫褐色，萼片脱落。

　　生于山沟、林缘、灌丛中。国内分布于华北至黄河流域以南。

　　鲜花含芳香油，供食用、化妆品及皂用。花、果及根药用，作泻下剂及利尿剂，又能收敛活血。种子称"营实"，可除风湿、利尿、治痈疽。叶外用治肿毒。根皮含鞣质，可提取栲胶。花艳丽，宜栽植为花篱。

月季花 Rosa chinensis

蔷薇科 Rosaceae
蔷薇属 Rosa

直立灌木。高达 2 m；小枝粗壮，有短粗钩状皮刺，无毛。小叶 3~7，连叶柄长达 11 cm，小叶片长达 6 cm，宽达 3 cm，边缘有锐锯齿，两面无毛；顶生小叶有柄，侧生小叶近无柄；总叶柄有皮刺和腺毛；托叶贴生叶柄，先端分离部分呈耳状，边缘常有腺毛。花少数集生，直径达 5 cm；花梗长达 6 cm，近无毛或有腺毛；萼片卵形，先端尾尖，边缘常有羽状裂片，稀全缘，外面无毛，内面密生长柔毛；花瓣重瓣至半重瓣，红色、粉红色至白色，先端有凹陷，基部楔形；花柱离生，与雄蕊近等长。蔷薇果长 1~2 cm，红色；萼片脱落。花期 4~10 月；果期 7~11 月。

广泛分布于全国各地。

花可提取芳香油，供制香水及糕点。花期长，色香俱佳，为美化园林的著名花木。花、根、叶药用。

山槐 Albizia kalkora

豆科 Leguminosae
合欢属 Albizia

落叶乔木。高达 15 m；小枝棕褐色，皮孔微凸。二回羽状复叶，羽片 2～4 对；小叶 5～14 对，长圆形，长达 4.5 cm，宽达 1.8 cm，先端圆形而有细尖，基部近圆形，偏斜，中脉偏向叶片的上侧，两面密生灰白色平伏毛；叶柄基部有 1 腺体，叶轴顶端有 1 圆形腺体。头状花序，2～3 生于上部叶腋或多个排成顶生伞房状；花黄白色；花萼钟形，长达 3 mm；花冠长达 7 mm，萼及花冠外面密被柔毛。荚果长达 17 cm，宽达 3 cm，深棕色，基部长柄状。种子 4～12。花期 5～7 月；果期 9～10 月。

国内分布于华北、西北、华东、华南至西南地区。

木材可制家具、农具等。根和茎皮药用，能补气活血、消肿止痛。花有安神作用。种子可榨油。

合欢 Albizia julibrissin

豆科 Leguminosae

合欢属 Albizia

落叶乔木。高达 16 m；小枝褐绿色，皮孔黄灰色。羽片 4～12 对；小叶 10～30 对，镰刀形，两侧极偏斜，长达 12 mm，宽达 4 mm，先端尖，基部平截，中脉近上缘；叶柄有一腺体。头状花序，多数，伞房状排列；萼长达 4 mm；花冠长达 1 cm，淡黄色；雄蕊多数，花丝粉红色。荚果扁平带状，长达 15 cm，宽达 2.5 cm，基部短柄状，幼时有毛，褐色。花期 6～7 月；果期 9～10 月。

国内分布于东北至华南及西南地区。

木材可用于制家具。树皮入药，能安神活血、消肿痛。嫩叶可食。花蕾入药，能安神解郁。花美丽，开花如绒簇，十分可爱，常植为行道树，供绿化观赏。

豆茶决明 Cassia nomame

豆科 Leguminosae
决明属 Cassia

一年生草本。高达 60 cm。偶数羽状复叶，小叶 8~28 对，条形或披针形，长达 1 cm，先端圆或尖，有短尖头，基部圆形，偏斜，叶缘有短毛。叶柄上部有 1 黑褐色盘状腺体；花常 1~2 生于叶腋，或数朵排成短的总状花序；萼片 5，离生，外面疏生柔毛；花瓣 5，黄色，长约 6 mm；雄蕊 4，稀 5；子房密生短柔毛。荚果条形扁平，有毛，长达 8 cm，宽 5 mm，成熟时开裂。种子 6~12，近菱形，深褐色，有光泽。花期 7~8 月；果期 8~9 月。

广泛分布于全国各地。

叶可作茶的代用品。

刺槐 Robinia pseudoacacia

豆科 Leguminosae

刺槐属 Robinia

落叶乔木。高达 25 m；树皮褐色，有深沟，小枝光滑。奇数羽状复叶，小叶 7～25；小叶椭圆形或卵形，长达 5 cm，宽达 2 cm，先端圆形或微凹，有小尖头，基部圆形或阔楔形，全缘，无毛或幼时生短毛。总状花序腋生，长达 20 cm，下垂；花萼杯状，浅裂；花白色，长达 2 cm，旗瓣有爪，基部常有黄色斑点。荚果扁平，条状长圆形，腹缝线有窄翅，长 4～10 cm，红褐色，无毛。种子 3～13，黑色，肾形。花期 4～5 月；果期 9～10 月。

原产于美国东部。广泛分布于全国各地。

木质坚硬，可作枕木、农具。叶可作家畜饲料。种子含油 12%，可作制肥皂及油漆的原料。花可提取香精，又是较好的蜜源植物。

尖叶铁扫帚 Lespedeza juncea

豆科 Leguminosae
胡枝子属 Lespedeza

半灌木。高达 1 m；茎直立，帚状分枝，小枝灰绿色或绿褐色。三出羽叶；小叶条状长圆形至倒披针形，长达 3 cm，宽达 7 mm，先端锐尖或钝，有短刺尖，基部楔形，上面灰绿色，近无毛，下面灰色，密被长柔毛；叶柄长达 3 mm；托叶条形，弯曲。总状花序腋生，2～5 花；总花梗长 2～3 cm，较叶为长；花梗甚短，长约 3 mm；小苞片狭披针形，急尖，长约 1.5 mm，与萼筒近等长并贴生其上；萼长 6 mm，5 深裂，被柔毛，裂片披针形；花冠白色，有紫斑，长 8 mm，旗瓣近椭圆形，翼瓣长圆形，较旗瓣稍短，龙骨瓣与旗瓣等长，无瓣花簇生于叶腋，有短花梗。荚果阔椭圆形，长约 3 mm，被毛，花柱宿存。花期 7～8 月；果期 9～10 月。

国内分布于东北、华北地区及甘肃等省份。

水土保持植物。嫩茎、叶可作牲畜饲料和绿肥。

鸡眼草 Kummerowia striata

豆科 Leguminosae
鸡眼草属 Kummerowia

一年生草本。高达 30 cm；茎匍匐或直立，茎和枝上有向下的硬毛。三出掌叶；小叶倒卵形、长圆形，长达 2 cm，宽达 8 mm，先端圆形或钝尖，基部阔楔形或圆形，全缘，侧脉平行，两面中脉和边缘有白色硬毛；托叶大，长卵圆形，比叶柄长，嫩时淡绿色，干时淡褐色，膜质，边缘有毛。1～3 花簇生于叶腋；花梗下端有 2 苞片，萼下有 4 小苞片，其中较小的 1 片生于关节处；萼钟状，长约 3 mm，萼齿 5，阔卵形，带紫色，有白毛；花冠淡紫色，长达 7 mm，旗瓣椭圆形，与龙骨瓣近等长，翼瓣较龙骨瓣稍短，翼瓣和龙骨瓣上端有深红色斑点。荚果扁平，近圆形或椭圆形，顶端锐尖，长达 5 mm，比萼稍长或长 1 倍，表面有网状纹毛，不开裂。种子黑色，有不规则的褐色斑点。花期 7～8 月；果期 8～9 月。

生于山坡、荒野、路旁。国内分布于东北、华北、华东、华中、华南、西南地区。

全草药用，有利尿通淋、解热止痢的功效。可作牧草及绿肥。

葛 *Pueraria lobata*

豆科 Leguminosae
葛属 *Pueraria*

多年生藤本。全株有黄色长硬毛。块根肥厚。三出羽叶；顶生小叶菱状卵形，长达 19 cm，宽达 17 cm，先端渐尖，基部圆形，全缘或 3 浅裂，下面有粉霜；侧生小叶偏斜，边缘深裂；托叶盾形，小托叶条状披针形。总状花序腋生，有 1～3 花簇生在有节瘤状突起的花序轴上；花萼钟形，萼齿 5，上面 2 齿合生，下面 1 齿较长，内、外两面均有黄色柔毛；花冠紫红色，长约 1.5 cm，旗瓣近圆形，基部有附体和爪，翼瓣的短爪长大于宽。荚果扁平条形，长达 10 cm，密生黄色长硬毛。花期 6～8 月；果期 8～9 月。

国内分布于除新疆、西藏以外的其他地区。

根可制葛粉，供食用和酿酒；亦可药用，有解肌退热、生津止渴的功效。从根中提出的总黄酮可治疗冠心病、心绞痛。花称葛花，可药用，有解酒毒、除胃热的作用。叶可作牧草。茎皮纤维可作造纸原料。全株匍匐蔓延，覆盖地面快而大，为良好的水土保持植物。

贼小豆 *Vigna minima*

豆科 Leguminosae
豇豆属 *Vigna*

一年生缠绕草本。疏被倒生硬毛。三出羽叶；顶生小叶卵形至卵状披针形，长达6 cm，宽达4 cm，先端渐尖，基部圆形或楔形，全缘，两面疏生硬毛；侧生小叶斜卵形或卵状披针形；托叶披针形；小托叶狭披针形或条形。总状花序腋生，远长于叶柄，在花序轴节上的两花之间有矩形腺体；花萼斜杯状，萼齿三角形，最下面1片较长；花冠淡黄色，旗瓣近肾形或扁椭圆形，翼瓣倒长卵形，有爪和耳，龙骨瓣卷曲不超过1圈，其中1瓣中部有角状突起。荚果细圆柱形，长达7 cm，宽达6 cm，无毛。种子矩形，扁，褐红色。花期7~8月；果期8~9月。

生于溪边、灌丛及草地中。国内分布于东北、华北、华东、华中、华南等地区。

紫穗槐 Amorpha fruticosa

豆科 Leguminosae
紫穗槐属 Amorpha

落叶灌木。高达 4 m；幼枝密被毛。奇数羽状复叶，小叶 9~25；小叶椭圆形或披针状椭圆形，长达 4 cm，宽达 15 mm，先端圆或微凹，有短尖，基部圆形或阔楔形，两面幼时有白色短柔毛，有透明腺点。总状花序集生于枝条上部，长达 15 cm；花萼钟状，密被短毛并有腺点；花冠蓝紫色，旗瓣倒心形，无翼瓣和龙骨瓣；雄蕊 10，包于旗瓣之中，伸出瓣外。荚果下垂，弯曲，长达 9 mm，宽约 3 mm，棕褐色，有瘤状腺点。花期 6~7 月；果期 8~10 月。

原产于美国。全国各地均有栽培。

为保持水土、固沙造林和防护林带低层树种。枝条可编筐。嫩枝和叶可作家畜饲料及绿肥。荚果和叶的粉末或煎汁可作农药杀虫。蜜源植物。

合萌 Aeschynomene indica

豆科 Leguminosae
合萌属 Aeschynomene

一年生草本。高达 1 m；无毛或微有毛；茎直立，中空。偶数羽状复叶，小叶 20～30 对；小叶条状长圆形，叶脉 1，长达 9 mm，宽达 3 mm，先端钝圆，有小尖头，基部圆形，全缘；托叶卵形或披针形，基部呈耳状，早落。总状花序腋生，花少数；总花梗有疏刺毛，有黏质；苞片小，披针形，长 3 mm，膜质；萼深裂成二唇形，上唇 2 齿，下唇 3 齿；花冠黄色带紫纹，长达 9 mm，易脱落，旗瓣长圆形，先端圆形或微凹，基部有短爪，翼瓣、龙骨瓣与旗瓣近等长，龙骨瓣弯镰形；子房有柄，花柱丝状，向内弯曲。荚果条状长圆形，长达 4 cm，有 4～9 荚节，表面有乳头状突起，成熟时节断。花期 7～8 月；果期 8～9 月。

生于河岸沙地、稀湿润的草地及田边路旁。国内分布于东北、华北、华东、华中、华南及西南等地区。

全草药用，有清热利湿、消肿解毒的功效。又为优良绿肥和牲畜饲料。

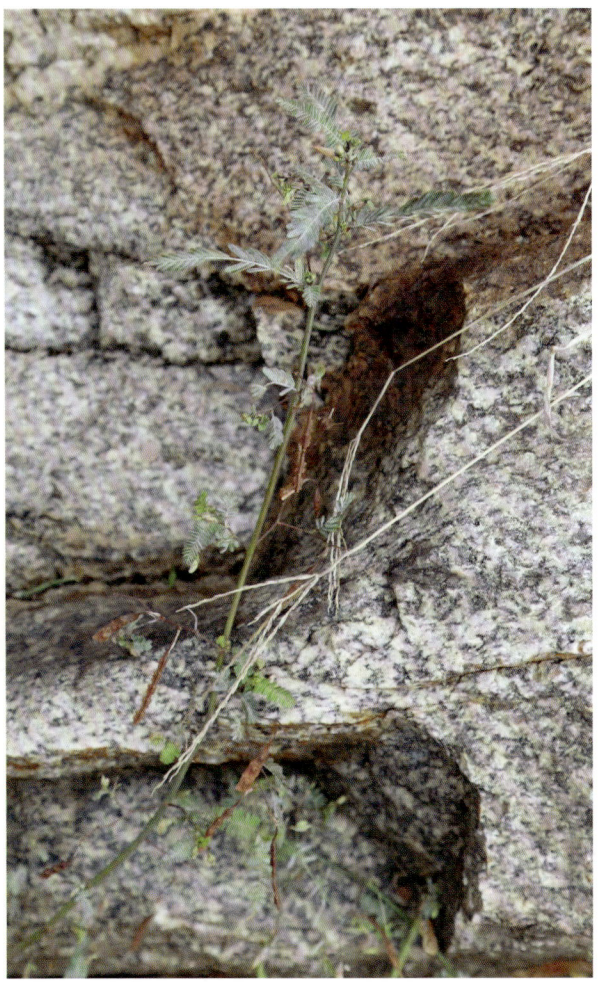

酢浆草 Oxalis corniculata

酢浆草科 Oxalidaceae
酢浆草属 Oxalis

多年生草本。全株有疏柔毛。根状茎细长。茎匍匐或斜升，多分枝。叶互生；三出掌叶，小叶倒心形，无柄；叶柄长达 4 cm；托叶小，与叶柄贴生。伞形花序腋生；总花梗与叶柄近等长；花黄色；萼片 5，披针形或长圆形，长达 4 mm；花瓣 5，长圆状倒卵形，长达 8 mm；雄蕊 10，花丝基部合生；子房长圆柱形，有毛，花柱 5。蒴果长圆柱形，长达 1.5 cm。种子多数，长圆状卵形，扁平，熟时红褐色。花、果期 4～9 月。

生于山坡、路边、村旁、墙根。广泛分布于全国各地。

全草入药，能解热利尿、消肿散瘀。茎、叶含草酸，可用以磨镜或擦铜器，使其具光泽。牛羊食其过多可中毒致死。

野花椒 Zanthoxylum simulans

芸香科 Rutaceae
花椒属 Zanthoxylum

落叶灌木。高达 2 m；树皮灰色，有扁宽而锐尖的皮刺；小枝褐灰色，幼时被疏毛。奇数羽状复叶，有小叶 5～9；小叶片卵圆形、椭圆形、披针形或菱状宽卵形，长达 5 cm，宽达 3.5 cm，先端尖或微凹，基部略偏斜，边缘有细钝锯齿，齿缝间有明显的油点，上面中脉凹陷，侧脉不明显，有粗大的油点和疏密不等的刚毛状针刺；下面被疏柔毛，沿中脉有较多的刚毛状针刺；总叶柄及叶轴有狭翅，上面及小叶柄的基部常有长短不等的小弯刺。聚伞状圆锥花序顶生；花单性、单被，花被片 5～8；雄花有雄蕊 5～7；雌花有心皮 1～2，子房基部有长柄，外面有粗大半透明腺点。蓇葖果倒卵状球形，基部伸长，熟时黄棕色至紫红色，外果皮有较粗大的半透明油点。种子近球形，径 4 mm。花期 5～6 月；果期 7～9 月。

国内分布于华北、华东、华中地区。

果皮、嫩叶可作调料，但风味、品质不如"花椒"。种子榨油，叫"野花椒油"，功用同"花椒"。

地锦 Parthenocissus tricuspidata

葡萄科 Vitaceae
地锦属 Parthenocissus

落叶木质藤本。卷须分枝，顶端有吸盘。叶宽卵形，长达 20 cm，宽达 17 cm，常 3 浅裂，先端急尖，基部心形，边缘有粗锯齿，上面无毛，下面有少数毛；叶柄长达 20 cm。聚伞花序生于短枝顶端两叶之间；花 5 基数；花萼全缘；花瓣狭长圆形，长约 2 mm；雄蕊较花瓣短，花药黄色；花柱短圆柱状。浆果球形，径 6～8 mm，蓝黑色。花期 6～7 月；果期 7～8 月。

生于峭壁及岩石上，公园、街道、庭院常见栽培。广泛分布于全国各地。

根茎药用，有散瘀、消肿的功效。

五叶地锦 Parthenocissus quinquefolia

葡萄科 Vitaceae

地锦属 Parthenocissus

落叶攀援藤本。小枝圆柱形，红色；卷须分枝，顶端有吸盘。掌状复叶，小叶 5；小叶椭圆形至卵状椭圆形，长达 15 cm，先端尖锐，基部楔形，边缘有粗锯齿，上面暗绿色，下面淡绿色。聚伞花序组成圆锥花序。浆果近球形，黑色，微被白粉，径约 6 mm，内有 2～3 种子。花期 6～7 月；果熟期 9～10 月。

原产北美洲。东北、华北地区有栽培。

常用作垂直绿化材料，但攀援能力不及爬山虎。

扁担木 Grewia biloba var. parviflora

椴树科 Tiliaceae
扁担杆属 Grewia

落叶灌木。树皮灰褐色，平滑；幼枝及叶、花序均密生灰黄色星状毛。叶菱状卵形，长达13 cm，宽达7 cm，先端渐尖，或3裂，基部阔楔形至圆形，边缘有不整齐细锯齿，基出三脉，上面疏生星状毛，下面密生星状毛；叶柄长达10 mm，密生星状毛；托叶细条形，长达7 mm，宿存。聚伞花序近伞状与叶对生，常有10余花；花梗长达7 mm，密生星状毛；萼片5，绿色，披针形，先端尖，长6 mm，宽2 mm，外面密生星状毛，里面有单毛；花瓣5，与萼片互生，细小，淡黄绿色，长约1.2 mm；雄蕊多数，花丝无毛，花药黄色；雌蕊长度不及雄蕊，子房有毛，花柱合一，顶端分裂。核果橙红色，有光泽，2~4裂，每裂有2种子。种子淡黄色，径约7 mm。花期6~7月；果期9~10月。

国内分布于华北至华南地区。

茎皮可代麻。种子榨油工业用。根、枝、叶药用，有健脾、固精、祛风湿的功效。

石榴 *Punica granatum*

石榴科 Punicaceae
石榴属 *Punica*

落叶灌木或小乔木。高达 7 m；树皮灰黑色，不规则剥落；小枝四棱形，顶部常刺状。叶对生或簇生，倒卵形或长椭圆状披针形，长达 8 cm，宽达 3 cm，先端尖或钝，基部阔楔形、全缘，中脉在下面凸起，两面光滑；叶柄极短。1 至数花顶生或腋生，有短梗；花萼钟形，亮红色或紫褐色，长达 3 cm，直径 1.5 cm，裂片 5～8，三角形，先端尖，长约 1.5 cm；花瓣与萼裂同数或更多，倒卵形，先端圆，基部有爪，红色、橙红色、黄色或白色；雄蕊多数，花丝细弱弯曲，生于萼筒的喉部内壁上，花药黄色；雌蕊有 1 花柱，4～8 心皮合成多室子房，子房下位，上部多 6 室，下部 3 室。浆果近球形，果皮厚，直径达 18 cm，萼宿存。种子外皮浆汁，红色、粉红色或白色，晶莹透明。花期 5～6 月；果期 8～9 月。

花供观赏。果实可食。茎皮及外果皮药用，有驱虫、止痢、收敛的作用。

小蜡 Ligustrum sinense

木犀科 Oleaceae
女贞属 Ligustrum

落叶灌木。高达 5 m；小枝开展，密生短柔毛。叶薄革质或纸质，椭圆形至披针形，长达 7 cm，宽达 3 cm，先端急尖或钝，基部圆形或阔楔形，下面脉上有短柔毛；叶柄长达 8 mm，有短柔毛。圆锥花序，顶生或腋生，长达 10 cm，花序轴有短柔毛，花白色；花梗长达 3 mm；花萼钟形，无毛，长 1.5 mm，先端截形或呈浅波状齿；花冠长达 5.5 mm，檐部 4 裂，裂片长圆形，等于或略长于花冠筒；雄蕊 2，着生于冠筒上，外露。核果近球形，径达 8 mm，熟时黑色。花期 3～6 月；果期 9～12 月。

国内分布于长江以南地区。

园林绿化树种。嫩叶可代茶。茎皮可制人造棉。果可酿酒。树皮和叶药用，有清热降火等功效。

辽东水蜡树 Ligustrum obtusifolium subsp. suave

木犀科 Oleaceae
女贞属 Ligustrum

　　落叶灌木。高达 3 m；小枝开展，有短柔毛。叶纸质，披针状长椭圆形或长椭圆状倒卵形，长达 6 cm，宽达 2.2 cm，先端钝圆或微凹，基部楔形或阔楔形，两面无毛，或下面中脉有柔毛，侧脉 4～7 对；叶柄长达 2 mm，有短柔毛或无毛。顶生圆锥花序，长达 4 cm，有短柔毛；苞片披针形，长达 7 mm，有短柔毛；花梗长达 2 mm，有短柔毛；花白色，芳香；花萼钟形，长 2 mm，有短柔毛；花冠 4 裂，裂片长达 4 mm，冠筒长达 6 mm；雄蕊 2，短于花冠裂片或达裂片的 1/2 处。核果近球形或宽椭圆形，长达 8 mm，径达 6 mm，熟时黑色。花期 5～6 月；果期 9～10 月。

　　生于山谷杂木林或灌丛。国内分布于黑龙江、辽宁及江苏沿海至浙江舟山群岛。

　　庭院绿化观赏树种。嫩叶可代茶。

萝藦 Metaplexis japonica

萝藦科 Asclepiadaceae
萝藦属 Metaplexis

多年生草质藤本。有乳汁。叶对生，卵状心形，长达 10 cm，宽达 6 cm，先端尖，全缘，基部心形，表面绿色，背面粉绿色，无毛或幼时有毛；有长柄，叶柄顶端有丛生腺体。总状聚伞花序腋生，有长花序梗；花萼 5 深裂，裂片披针形，外面及边缘被柔毛；花冠钟形或近辐状，白色带淡紫红色斑纹，5 深裂，裂片披针形，先端反卷，里面被柔毛；副花冠环状，5 浅裂；雄蕊 5，合生成圆锥状，包围雌蕊，花粉块卵圆形，下垂；子房上位，柱头延伸成 1 长喙，顶端 2 裂。蓇葖果纺锤形，长达 9 cm，直径达 2 cm，表面无毛，有瘤状突起。种子扁卵圆形，褐色，顶端具白色绢质种毛。花期 7~8 月；果期 9~10 月。

生于山坡、林边、荒野、路边。国内分布于东北、华北、华东、华中地区及甘肃、陕西、贵州等省份。

根供药用，可治跌打、蛇咬、疔疮、瘰疬等。种毛可止血。民间用全草治气管炎。茎皮纤维坚韧，可制人造棉。

圆叶牵牛 Ipomoea purpurea

旋花科 Convolvulaceae
番薯属 Ipomoea

一年生草本。全株有硬毛。茎缠绕。叶互生，心形，长达12 cm，多全缘，掌状脉；叶柄长达9 cm。花序腋生，有1~5花，总花梗与叶柄近等长；花梗结果时上部膨大；苞片2，条形；萼片5，外面3片长椭圆形，渐尖，内面2片条状披针形，长达1.5 cm，外面有粗硬毛；花冠漏斗状，紫色、淡红色、白色等，长达5 cm，顶端5浅裂；雄蕊5，不等长，内藏，花丝基部有毛；子房3室，每室2胚珠，柱头头状，3裂。蒴果球形；种子卵圆形，黑色或米黄色，有极短的糠秕状毛。花期6~9月；果期9~10月。

广泛分布于全国各地。

供观赏。种子药用，称"二丑"，有泻水利尿、逐痰、杀虫的功效。

海州常山 Clerodendrum trichotomum

马鞭草科 Verbenaceae
大青属 Clerodendrum

灌木。嫩枝和叶柄有黄褐色短柔毛，枝髓横隔片淡黄色。叶片宽卵形至卵状椭圆形，长达 16 cm，宽达 13 cm，先端渐尖，基部截形或宽楔形，全缘或有波状齿，两面疏生短柔毛或无毛；叶柄长达 8 cm。伞房状聚伞花序顶生或腋生；花萼蕾期绿白色，后紫红色，有 5 棱脊，5 裂几达基部，裂片卵状椭圆形；花冠白色或带粉红色；花柱不超出雄蕊。核果近球形，成熟时蓝紫色。

生于山坡、路旁或村边。国内分布于华北、华东、华中、华南、西南地区。

根、茎、叶、花药用，有祛风除湿、降血压、治疟疾的功效。

沙滩黄芩 Scutellaria strigillosa

唇形科 Labiatae
黄芩属 Scutellaria

多年生草本。有根状茎。茎直立或铺散，高达 40 cm，被柔毛。叶片多长圆形，长达 2 cm，宽达 8 mm，先端钝，基部截形或圆形或浅心形，边缘有钝的浅牙齿或锯齿或全缘，两面密生稍粗糙短毛或有节长毛，下面密生下陷的腺点；叶有短柄或近无柄。花单生于叶腋，花梗长达 5 mm，被短柔毛；花萼长 3.5 mm，密被柔毛；盾片高 1.5 cm；花冠蓝紫色，长达 2 cm，外面被柔毛，冠筒基部微囊状膨大，冠檐二唇形，上唇盔状，先端微缺，下唇 3 裂，中裂片宽卵形，侧裂片狭卵圆形；雄蕊 4，前对较长，有能育半药，退化半药不明显，后对较短，有全药，花室裂口有髯毛，花丝扁平，前对内侧及后对两侧下部有小疏柔毛；花柱丝状，先端微裂；花盘前方隆起，后方延伸成短粗的子房柄；子房 4 裂，裂片等大。小坚果近圆球形，黄褐色，密生钝头的瘤状突起。花期 7 月；果期 8~9 月。

国内分布于辽宁、河北、江苏等省份。

益母草 Leonurus japonicus

唇形科 Labiatae
益母草属 Leonurus

一年或二年生草本。茎直立，高达 1.2 m，钝四棱形，有倒向糙伏毛；茎下部叶轮廓为卵形，掌状 3 裂，达基部，裂片再羽状裂；中部叶轮廓为菱形，3 深裂；花序上的叶呈条形或条状披针形，全缘或有牙齿；叶柄长达 3 cm 或无柄。轮伞花序腋生，有 8~15 花，呈圆球形；小苞片刺状；花萼管状钟形，长达 8 mm，外面有微柔毛，内面上部有微柔毛，有 5 脉，萼齿 5，前 2 齿靠合，后 3 齿较短；花冠粉红色至浅紫红色，长达 1.2 cm，冠筒长约 6 mm，内面近基部有毛环，冠檐二唇形，上唇直伸，内凹，全缘，有缘毛，下唇 3 裂，中裂片倒心形；雄蕊 4，前对较长；花柱顶端 2 浅裂，裂片相等。小坚果长圆状三棱形，长 2.5 mm，淡褐色。花期 6~9 月；果期 9~10 月。

生于山坡、沟谷、路边、村头荒地。广泛分布于全国各地。

全草药用，有治疗月经不调、子宫出血、闭经、痛经等多种妇科疾病的功效。种子药用，称"茺蔚子"，有利尿、治眼疾的功效。

枸杞 Lycium chinense

茄科 Solanaceae

枸杞属 Lycium

蔓性灌木。高达 2 m；枝条有短刺或无。单叶互生或簇生，叶片卵形至卵状披针形，先端尖或钝，全缘，基部楔形。花单生或 2～4 簇生叶腋；花萼钟形，3～5 裂，裂片阔卵形；花冠漏斗状，淡紫色，长达 12 mm，5 深裂，裂片先端圆钝，平展或稍向外反曲，边缘有缘毛；雄蕊 5，伸出花冠外，花丝基部及花冠筒内壁密生 1 圈绒毛；子房 2 室，花柱稍伸出雄蕊，细长，柱头球形。浆果卵形或长卵形，长约达 18 mm，直径达 8 mm，熟时鲜红色。

生于田边、路旁、庭院前后及墙边。广泛分布于全国各地。

根皮药用，清热凉血。果实也可药用，滋补肝肾、强壮筋骨、益精明目。

白英 Solanum lyratum

茄科 Solanaceae

茄属 *Solanum*

草质藤本。长达 1.5 m；全体被有节的长柔毛。单叶互生，叶片多为琴形，长达 6 cm，宽达 4.5 cm，常 3～5 深裂，裂片全缘，侧裂片较小，先端圆钝或矩尖，中裂片较大，卵形，先端渐尖，两面有白色发亮的长柔毛；叶柄长约达 3 cm。聚伞花序顶生或腋外生，总花梗长达约 3 cm，生有节的长柔毛；花梗长达 1.5 cm，无毛，先端膨胀，基部有关节；花萼杯状，直径约 3 mm，无毛，萼齿 5，圆形，先端有短尖头；花冠蓝紫色或白色，直径约 1 cm，5 深裂，裂片椭圆状披针形，先端有微柔毛。浆果球形，直径约 1 cm，成熟后红色。花期 7～8 月；果期 8～10 月。

广泛分布于全国各地。

全草药用，有清热利湿、解毒消肿、祛风湿等功效。

茜草 *Rubia cordifolia*

茜草科 Rubiaceae
茜草属 *Rubia*

多年生攀援草本。根赤黄色。茎4棱，棱上生倒刺。叶常4片轮生，纸质；叶片卵形至卵状披针形，长达9 cm，宽达4 cm，先端渐尖，基部圆形至心形，上面粗糙，下面脉上和叶柄常有倒生小刺，基出3脉或5脉；叶柄长达10 cm。聚伞花序通常排成大而疏松的圆锥花序，腋生和顶生，花萼筒近球形，无毛；花冠黄白色或白色，辐状，5裂；雄蕊5，着生于花冠筒上，花丝极短；子房2室，无毛，花柱2，柱头头状。浆果近球形，径约5 mm，黑色或紫黑色；内有1种子。花期6~7月；果期9~10月。

生于山野荒坡、路边灌草丛。国内分布于东北、华北、西北、华东、中南、西南等地区。

根供药用，有凉血、止血、活血祛瘀的功效。

忍冬 Lonicera japonica

忍冬科 Caprifoliaceae
忍冬属 Lonicera

半常绿攀援藤本。幼枝密生黄褐色柔毛和腺毛。单叶，对生；叶片卵形至卵状披针形，长达8 cm，宽达4 cm，先端急尖或渐尖，基部圆形或近心形，全缘，边缘有缘毛，上面深绿色，下面淡绿色，小枝上部的叶两面密生短糙毛，下部叶近无毛；侧脉6～7对；叶柄长达8 mm，密生短柔毛。两花并生1总梗，生于小枝叶腋，与叶柄等长或稍短，下部梗较长，长达4 cm，密被短柔毛及腺毛；苞片大，叶状，卵形或椭圆形，长达3 cm，两面均被短柔毛或近无毛；小苞片先端圆形或平截，长约1 mm，有短糙毛和腺毛；萼筒长约2 mm，无毛，萼齿三角形，外面和边缘有密毛；花冠先白后黄，长达5 cm，二唇形，下唇裂片条状而反曲，筒部稍长于裂片，外面被疏毛和腺毛；雄蕊和花柱均伸出花冠。浆果，离生，球形，径达7 mm，熟时蓝黑色。种子褐色，长约3 mm，中部有1凸起的脊，两面有浅横沟纹。花期5～6月；果期9～10月。

生于山坡、沟边灌丛。广泛分布于全国各地。

花药用，称"金银花"或"双花"，有清热解毒的功效。为良好的园林植物及水土保持树种。

全叶马兰 *Aster pekinensis*

菊科 Asteraceae
紫菀属 *Aster*

多年生草本。直根纺锤状。茎直立，高达 70 cm，单生或丛生，被细硬毛，中部以上有近直立的帚状分枝。下部叶在花期枯萎；中部叶多而密，条状披针形或倒披针形，长达 4 cm，宽达 6 mm，先端钝或渐尖，常有小尖头，基部渐狭无柄，全缘，边缘稍反卷，上部叶较小，条形，全缘；全部叶下面灰绿色，两面密被粉状短绒毛，中脉在下面凸起。头状花序单生枝端且排列成疏伞房状；总苞半球形，径 8 mm，长 4 mm；总苞片 3 层，覆瓦状排列，外层近条形，长 1.5 mm，内层长圆状披针形，长达 4 mm，先端尖，上部有短粗毛及腺点；舌状花 1 层，管长 1 mm，有毛，舌片淡紫色，长 1.1 cm，宽 2.5 mm；管状花，花冠长 3 mm，管部长 1 mm，有毛。瘦果倒卵形，长 2 mm，宽 1.5 mm，浅褐色，扁，有浅色边肋，或一面有肋而果呈三棱形，上部有短毛及腺；冠毛带褐色，长 0.5 mm，不等长，易脱落。花期 6~10 月；果期 7~11 月。

生于山坡、林缘、灌丛、路旁。国内分布于东北、华中、华东、华北地区及四川、陕西等省份。

狗娃花 Heteropappus hispidus

菊科 Asteraceae
狗娃花属 Heteropappus

一年或二年生草本。茎常单生，高达 50 cm 至 1 m，上部有分枝，有上曲或开展的粗毛。基生叶和茎下部叶在花期枯萎，倒卵形至倒披针形，长达 13 cm；茎中部叶长圆状披针形或倒披针形，长达 7 cm，宽达 1.5 cm，全缘；茎上部叶条形；全部叶质薄，两面有疏毛或无毛，边缘有毛。头状花序在枝顶排列成伞房状；总苞半球形；总苞片 2 层，近等长，条状披针形，草质，或内层菱状披针形而下部及边缘膜质，外面及边缘有粗毛，常有腺点；舌状花约 30，浅红色或白色，条状长圆形，长达 2 cm；管状花长达 7 mm，裂片 5，不等大，其中 1 片较大，冠毛在舌状花极短，白色，膜片状，或部分红色，糙毛状，在管状花糙毛状，初白色，后带红褐色，与花冠近长。瘦果倒卵形，扁，长 3 mm，有细边肋，密被毛。花期 7～8 月；果期 9 月。

生于山坡、林下、林缘、路边、荒地。国内分布于东北、华东、华北、西北地区及四川、湖北等省份。

小蓬草 Conyza canadensis

菊科 Asteraceae
白酒草属 Conyza

一年生草本。茎直立，高达 1 m 或更高，圆柱状，有棱，有条纹，被疏长硬毛。下部叶倒披针形，长达 10 cm，宽达 1.5 cm，先端尖或渐尖，基部渐狭成柄，边缘有疏锯齿或全缘；中、上部叶较小，条状披针形或条形，无柄或近无柄，全缘或少有 1~2 浅齿，两面常有上弯的硬缘毛。头状花序多数，小，直径 4 mm，排列成顶生多分枝的大圆锥花序，花序梗细，长达 1 cm；总苞近圆柱状，长达 4 mm，总苞片 2~3 层，淡绿色，条状披针形或条形，先端渐尖，外层短于内层约一半，背面有疏毛，内层长 3.5 mm，宽约 0.3 mm，边缘干膜质，无毛；花托平，直径 2.5 mm，有不明显的突起；雌花多数，舌状，白毛，长 3.5 mm，舌片小，条形，先端有 2 个钝小齿；两性花淡黄色，花冠管状，上端有 4 或 5 齿裂，管部上部被疏微毛。瘦果条状披针形，长 1.5 mm，稍扁压，被贴微毛；冠毛污白色，1 层，糙毛状，长 3 mm。花、果期 5~9 月。

生于旷野、荒地、田边和路旁。广泛分布于全国各地。

嫩茎和叶可作猪饲料。全草药用，具消炎、止血、祛风湿的功效。

婆婆针 Bidens bipinnata

菊科 Asteraceae

鬼针草属 Bidens

　　一年生草本。茎直立，高达 1 m，下部略有四棱，无毛或上部被稀疏柔毛。叶对生；叶柄长达 6 cm；叶片长达 14 cm，二回羽状分裂，第 1 次分裂深达中脉，裂片再次羽状分裂，小裂片三角形或菱状披针形，有 1～2 对缺刻或深裂，顶生裂片狭，先端渐尖，边缘有稀疏不规整的粗齿，两面均被疏柔毛。头状花序直径达 1 cm；花序梗长达 5 cm；总苞杯形，基部有柔毛；外层苞片 5～7，条形，内层苞片膜质，椭圆形；托片狭披针形，长约 5 mm；舌状花常 1～3，不育，舌片黄色，椭圆形或倒卵状披针形，长 5 mm，宽达 3.2 mm；管状花黄色，长约 4.5 mm，冠檐 5 齿裂。瘦果条形，略扁，有 3～4 棱，长达 18 mm，宽约 1 mm，有瘤状突起及小刚毛；顶生芒刺 3～4，稀 2，长 3～4 mm，有倒刺毛。

　　生于路边、荒地、山坡、田间及沼泽地。广泛分布于全国各地。

　　全草药用，功效与"小花鬼针草"相同。

野菊 Dendranthema indicum

菊科 Asteraceae
菊属 Dendranthema

多年生草本。高达 1 m；有地下匍匐茎；茎直立，茎枝有稀疏毛，或上部的毛较密。茎生叶卵形或长卵形，长达 7 cm，宽达 4 cm，羽状深裂或浅裂，裂片边缘有大小不等的锯齿或缺刻状齿，上面绿色，疏被柔毛，下面浅绿色或灰绿色，柔毛较密；叶柄长约 1 cm 或近无柄。头状花序，直径达 2 cm，在枝端排成疏散的伞房圆锥花序；总苞片约 5 层，外层卵形或长卵形，长达 4 mm，中内层卵形至椭圆状披针形，长达 7 mm，边缘及顶部有白色或浅褐色宽膜质，顶端圆钝；舌状花 1 层，黄色，舌片长椭圆形，长达 12 mm，先端全缘或 2～3 浅齿；管状花多数，基部无鳞片。瘦果无冠毛。花、果期 10～11 月。

生于山坡、海滨沙滩上。国内分布于东北、华北、华中、华南及西南地区。

花、叶及全株入药，有清热解毒、疏风散热、明目、降血压的功效。

茵陈蒿 Artemisia capillaris

菊科 Asteraceae
蒿属 Artemisia

多年生草本。茎直立，基部坚硬，近灌木状，高达 1 m，有纵棱，绿色或老时带紫色，秋季常自基部或茎部发出不育枝，枝上的叶密集，呈莲座状，幼嫩时被绢毛，老时近无毛。早春末抽茎前及秋季近果期时自基部重发的基生叶有柄，长或短；叶片轮廓近卵圆形或长卵形，一至三回羽状全裂或掌裂，裂片条形、条状披针形或长卵形，春季基生叶密被顺展的白绢毛，秋季重发者被较疏的白绢毛；茎中部的叶于花期无柄，一至二回羽状全裂；上部的叶逐渐变小，叶最终裂片狭线形，基部半抱茎，上面近光滑。头状花序密，排列成复总状；总苞卵形或近球形，光滑，长约 2 mm，宽约 1.5 mm，暗绿色或黄绿色；苞片 3～4 层，边缘膜质，花序托近球形，有腺毛；雌花花冠初时管状，近果期时呈类壶形，先端 3 裂，黄绿色；两性花不育，花冠近柱形，先端 5 裂，黄绿色，近上部有时带紫红色，花冠外有腺毛。瘦果长圆形，长约 0.8 mm，有纵条纹。花期 8～9 月；果期 9～10 月。

国内分布于华东、华中、华南地区及辽宁、河北、陕西、四川等省份。

幼苗供药用，能清湿热、利肝胆，为治疗黄疸型肝炎的要药。

艾 *Artemisia argyi*

菊科 Asteraceae
蒿属 *Artemisia*

多年生草本。被绒毛，有香气。常有横卧根状茎。茎高达 1.2 m，上部有开展及斜生的花序枝。茎下部的叶片阔卵形，羽状浅裂或深裂，裂片边缘有锯齿，基部下延成长柄，花期枯萎；茎中部的叶片近长倒卵形，长达 10 cm，宽达 8 cm，羽状深裂或浅裂，侧裂片常 2 对，裂片近长卵形或卵状披针形，全缘或有 1~2 锯齿，齿先端钝尖，顶裂片呈明显或不明显的浅裂，基部近楔形，下延成急狭的短柄，柄长多不及 5 mm，有假托叶；上部叶渐小，2~3 浅裂，或不裂，近无柄；上面绿色，有白色腺点和小凹点，初被灰白色短柔毛，下面被绒毛，呈灰白色。头状花序多数，排列成复总状；总苞近卵形，长约 3 mm，宽约 2.5 mm；总苞片 3 层，被绒毛；雌花约 10，花冠管状，长约 1.3 mm，黄色；两性花 10 余，花冠近喇叭筒状，长约 2 mm，黄色，有时上部带紫色；花冠外被腺毛；子房近柱状，花序托稍突出，呈圆顶状。花期 9~10 月；果期 11 月。

国内除极干旱与高寒地区外，广泛分布于全国各地。

叶供药用，有散寒除湿、温经止血的功效。又为艾绒的原料，供针灸用。

野艾蒿 *Artemisia lavandulaefolia*

菊科 Asteraceae
蒿属 *Artemisia*

多年生草本。被绒毛，有香气。茎高达 1.2 m。叶的形态个体间差异较大，基部叶的轮廓近卵形，二回羽裂，裂片宽窄不一，边缘有少数齿裂或全缘；有长柄；下部叶的轮廓近倒卵形或卵形，二回羽状全裂，终裂片条状披针形或条形，先端钝尖，有柄，有假托叶；中部叶的轮廓近卵圆形或长圆形，长达 11 cm，宽达 9 cm，一至二回羽状全裂，或第一回为羽状全裂而第二回为羽状深裂，侧裂片 2～3 对，终裂片长椭圆形、近条状披针形或条形，边缘有 1～2 小齿或全缘，先端钝尖，叶基部渐狭成柄，柄长达 1.5 cm，有假托叶；上部叶渐小，花序下的叶 3 裂，裂片近长披针形，基部楔形，几无柄；花序间的叶近条形，全缘，叶上面初微被绒毛，有白色腺点及小凹点，下面除主脉外密被绒毛，边缘反卷。头状花序多数，排列成复总状，有短梗及细长苞叶；总苞长圆形，长约 3 mm，宽约 2.5 mm，被绒毛；总苞片 3 层；雌花 4～9，花冠管状，长约 1.5 mm，黄色；两性花 10～20，花冠喇叭筒状，长约 2.4 mm，黄色，上部有时带紫色；花冠外被腺毛；子房长椭圆形或近长卵形，花序托平突或稍突，呈圆顶状。瘦果近长卵形，长约 1.3 mm，有纵纹，棕色。花期 9 月；果期 10 月。

生于山坡、林缘及路旁。广泛分布于全国各地。

入药，作"艾"（家艾）的代用品，有散寒、祛湿、温经、止血作用。嫩苗作菜蔬或腌制酱菜食用。鲜草作饲料。

苦苣菜 *Sonchus oleraceus*

菊科 Asteraceae
苦苣菜属 *Sonchus*

一年或二年生草本。高达 80 cm；茎不分枝或上部分枝，无毛或上部有腺毛。叶柔软，无毛，长椭圆状阔披针形，长达 25 cm，宽达 6 cm，羽状分裂，大头羽状全裂或半裂，顶裂片大，宽三角形，侧裂片长圆形或三角形，边缘有不规则的刺状尖齿，下部叶柄有翅，基部扩大抱茎；中上部叶无柄，基部宽大戟状耳形抱茎。头状花序数个，在茎顶排成伞房状，直径约 1.5 cm；梗或总苞下部疏生腺毛；总苞钟状，长达 12 mm，宽达 15 mm，暗绿色；总苞片 2～3 层，先端尖，背面疏生腺毛和微毛，外层苞片卵状披针形，内层苞片披针形；舌状花黄色，长约 1.3 cm。瘦果长椭圆状倒卵形，压扁，长约 3 mm，褐色或红褐色，边缘有微齿，两面各有 3 条高起的纵肋，肋间有横纹；冠毛白色，毛状，长约 7 mm。花、果期 5～8 月。

国内分布于华东、华中、华北、西南、西北地区及辽宁。

茎叶可作牲畜饲料。全草亦可药用，能清热、凉血、解毒。

黄瓜菜 Paraixeris denticulata

菊科 Asteraceae
黄瓜菜属 Paraixeris

一年或二年生草本。高达 120 cm；茎单生，直立，无毛。基生叶及下部茎叶花期枯萎脱落；中下部茎叶卵形、琴状卵形、椭圆形、长椭圆形或披针形，不分裂，长达 10 cm，宽达 5 cm，顶端急尖或钝，有宽翼柄，基部圆形，耳部圆耳状扩大抱茎，或无柄，向基部稍收窄而基部突然扩大圆耳状抱茎，或向基部渐窄成长或短的不明显叶柄，基部稍扩大，耳状抱茎，边缘大锯齿或重锯齿或全缘；上部及最上部茎叶与中下部茎叶同形，但渐小，边缘大锯齿或重锯齿或全缘，无柄，向基部渐宽，基部耳状扩大抱茎，全部叶两面无毛。头状花序多数，在茎枝顶端排成伞房花序或伞房圆锥状花序，含 15 舌状小花；总苞圆柱状，长约 9 mm；总苞片 2 层，外层极小，卵形，长宽不足 0.5 mm，顶端急尖，内层长，披针形或长椭圆形，长约 9 mm，宽约 1.4 mm，顶端钝，有时在外面顶端之下有角状突起，背面沿中脉海绵状加厚，全部总苞片外面无毛；舌状小花黄色。瘦果长椭圆形，压扁，黑色或黑褐色，长 2.1 mm，有 10～11 条高起的钝肋，上部沿脉有小刺毛，向上渐尖成粗喙，喙长 0.4 mm；冠毛白色，糙毛状，长 3.5 mm。花、果期 5～11 月。

生于山坡、林缘、岩石缝间。国内分布于黑龙江、吉林、辽宁、河北、山西、甘肃、江苏、安徽、浙江、江西、河南、湖北、广东、四川、贵州等省份。

嫩茎叶可作饲料。全草药用，具有清热、解毒、消肿的功效。

雀麦 Bromus japonicus

禾本科 Gramineae
雀麦属 Bromus

一年生草本。秆直立，丛生，高达 1 m。叶鞘紧密贴生秆上，有白色柔毛；叶舌透明膜质，先端不规则齿裂，长 1.5～2 mm；叶片长达 30 cm；宽达 8 mm，两面有毛或背面无毛。圆锥花序开展，下垂，长可达 30 cm，每节有 3～7 细分枝；小穗幼时圆柱形，成熟后压扁，长 17～34 mm（含芒），含 7～14 小花；颖披针形，有膜质边缘，第一颖 3～5 脉，长 5～6 mm，第二颖 2～9 脉，长 7～9 mm；稃卵圆形，边缘膜质，7～9 脉，先端 2 裂，其下 2 mm 处生有长 5～10 mm 的芒；内稃较狭，短于外稃，背有疏刺毛。颖果压扁，长约 7 mm。花、果期 5～7 月。

生于路边、山坡、河滩、溪边、荒草丛。国内分布于长江及黄河流域。

可作牧草。颖果可提取淀粉。

朝阳隐子草 Cleistogenes hackelii

禾本科 Gramineae
隐子草属 Cleistogenes

多年生草本。秆丛生，基部具鳞芽，高30～85 cm，径0.5～1 mm，具多节。叶鞘长于或短于节间，常疏生疣毛，鞘口具较长的柔毛；叶舌具长0.2～0.5 mm的纤毛，叶片长3～10 cm，宽2～6 mm，两面均无毛，边缘粗糙，扁平或内卷。圆锥花序开展，长4～10 cm，基部分枝长3～5 cm；小穗长5～7 mm，含2～4小花；颖膜质，具1脉，第一颖长1～2 mm，第二颖长2～3 mm；外稃边缘及先端带紫色，背部具青色斑纹，具5脉，边缘及基盘具短纤毛，第一外稃长4～5 mm，先端芒长2～5 mm，内稃与外稃近等长。花、果期7～11月。

国内分布甘肃、河北、山西、山东、河南、陕西、江苏、安徽、湖北、湖南、四川、福建、贵州等地；多生于山坡林下或林缘灌丛。

知风草 *Eragrostis ferruginea*

禾本科 Gramineae
画眉草属 *Eragrostis*

多年生草本。秆丛生，直立或基部倾斜，极压扁；高达 110 cm。叶鞘极压扁，鞘口有毛，脉上常有腺点；叶舌退化成短毛状，长约 0.3 mm；叶片扁平或内卷，长达 40 cm，宽达 6 mm，上部叶超出花序之上。圆锥花序大而开展，长达 30 cm，基部常包于顶生叶鞘内，分枝单生，或 2~3 聚生，枝腋间无毛；小穗柄长达 15 mm，中部或靠上部有 1 腺点，在小枝中部也常存在，腺体多为长圆形，稍凸起；小穗常紫色或淡紫色，长 5~10 mm，宽 2~2.5 mm，含 7~12 小花；颖开展，披针形，1 脉，第一颖长 1.4~2 mm，第二颖长 2~3 mm；外稃卵状披针形，先端稍钝，侧脉明显，第一外稃长约 3 mm；内稃短于外稃，脊上有小纤毛，宿存；花药长约 1 mm。颖果棕红色，长约 1.5 mm。花、果期 8~12 月。

生于路边、荒地及山坡草丛。广泛分布于全国各地。

根系发达，可作保土、固堤植物，又是优良牧草。

芦苇 Phragmites australis

禾本科 Gramineae
芦苇属 Phragmites

多年生高大草本。根状茎粗壮。秆高达 3 m，径达 1 cm，节下常有白粉。叶鞘圆筒形；叶舌极短，截平，或成一圈纤毛；叶片扁平，长达 45 cm，宽达 3.5 cm。圆锥花序顶生，疏散，长达 40 cm，稍下垂，下部分枝腋部有白柔毛；小穗通常含 4～7 小花，长 12～16 mm；颖 3 脉，第一颖长 3～7 mm，第二颖长 5～11 mm；第一小花常为雄性，其外稃长 9～16 mm；基盘细长，有长 6～12 mm 的柔毛；内稃长约 3.5 mm。颖果长圆形。花、果期 7～11 月。

生于池塘、湖泊、河道、海滩和湿地。广泛分布于全国各地。

秆可编织、造纸和盖屋。嫩叶可作饲料。根状茎药用，有健胃、利尿的功效。

鹅观草 *Roegneria kamoji*

禾本科 Gramineae

鹅观草属 *Roegneria*

秆直立或倾斜，高达 1 m。叶鞘外侧边缘常有纤毛；叶片长达 40 cm，宽达 13 mm。穗状花序下垂或弯曲，长达 20 mm；小穗绿色或带紫色，含 3~10 小花，长 13~25 mm（芒除外）；颖卵状披针形至长圆状披针形，边缘膜质，先端锐尖、渐尖或有长 2~7 mm 的短芒，有 3~5 明显的脉，第一颖长 4~6 mm，第二颖长 5~9 mm（芒除外）；外稃披针形，边缘宽膜质，背部常无毛或稍粗糙，第一外稃长 8~11 mm，先端有直芒或上部稍曲折；内稃约与外稃等长，先端钝，脊上有明显的翼。花期早春。

生于山坡、林下、路旁、草地。国内分布于除青海、新疆、西藏以外的其他地区。

叶质柔软而繁盛，产草量大，可食性高，可作牲畜的饲料。

滨麦 Leymus mollis

禾本科 Gramineae
赖草属 Leymus

多年生草本。根状茎下伸生长；须根有沙套。秆单生或丛生，高达 80 cm，紧接花序下部有绒毛，其余部分光滑。叶鞘无毛，基生者常碎裂成纤维状；叶舌长 1~2 cm；叶片长达 15 cm，较厚，坚硬，常内卷，上面粗糙。穗状花序直立或先端稍弯，长达 15 cm；小穗含 2~4 小花，穗轴每节生 2~3 小穗；颖宽披针形，有脊，有柔毛，3~5 脉；外稃披针形，先端渐尖或有尖头，5 脉；第一外稃长 12~14 mm；内稃长 10~12 mm；子房上端有毛。花期 5 月。

国内分布于北方沿海地区。

可作固沙植物。嫩时为牧草。

牛筋草 Eleusine indica

禾本科 Gramineae

穆属 Eleusine

一年生草本。秆常斜生且开展，基部压扁，高达 90 cm。叶鞘压扁，无毛或疏生疣毛，鞘口常有柔毛；叶舌长 1 mm；叶片扁平或卷褶，长达 15 cm，宽达 5 mm，无毛或上面有疣基柔毛。穗状花序 2~7，很少单生，呈指状簇生茎顶端；每小穗长 4~7 mm，宽 2~3 mm，含 3~6 小花；颖披针形，脊上粗糙，第一颖长 1.5~2 mm，第二颖长 2~3 mm；第一外稃长 3~4 mm，有脊，脊上有翅；内稃短于外稃，具 2 脊，沿脊上有纤毛。囊果长 1.5 mm。种子卵形，有明显波状皱纹。花、果期 6~10 月。

生于荒地、路边。广泛分布于全国各地。

可作牧草。全草药用，有活血、补气的功效。秆叶坚韧，可作造纸原料。

狗牙根 Cynodon dactylon

禾本科 Gramineae
狗牙根属 Cynodon

多年生草本。有根状茎。秆匍匐地面可长达 1 m，直立部分高达 30 cm，光滑。叶片条形，长达 12 cm，宽达 3 mm，互生，在秆上部之叶，因节间短而似对生状，光滑。穗状花序长达 5（6）cm，（2～）3～5（6）枚生于茎顶，指状排列；小穗灰绿色或带紫色，常含 1 小花，长 2～2.5 mm；颖 1 脉，有膜质边缘，长 1.5～2 mm，2 颖几等长，或第二颖稍长；外稃 3 脉，与小穗等长；内稃 2 脉，与外稃等长；花药淡紫色；子房无毛，柱头紫红色。颖果长圆柱形。花、果期 5～10 月。

生于墙边、路边和荒地上。国内分布于黄河以南地区。

根状茎发达，可铺草坪，又可用作保土植物；药用，有清血的功效。茎叶可作牧草。

野青茅 *Deyeuxia pyramidalis*

禾本科 Gramineae
野青茅属 *Deyeuxia*

多年生草本。秆丛生，高达 60 cm。叶稍疏松，多长于节间；叶舌长 2～5 mm，先端常撕裂；叶片长达 25 cm，宽达 7 mm，无毛，两面粗糙，带灰白色。圆锥花序紧缩似穗状，长达 10 cm，宽达 2 cm；小穗长 5～6 mm，草黄色或紫色；颖披针形，先端尖，2 颖近等长或第二颖稍长，第一颖 1 脉，第二颖 3 脉；外稃长圆状披针形，长 4～6 mm，先端常有微齿，基盘两侧的毛长达外稃的 1/5～1/3，芒自外稃的基部至下部 1/5 处伸出，长 7～8 mm，近中部膝曲；内稃与外稃等长或稍短；延伸小穗轴长 1.5～2 mm，有 1～2 mm 长的柔毛；花药长 2～3 mm。花、果期 6～9 月。

国内分布于东北、华北、华中、西南地区及陕西、甘肃。

可作牧草。

鼠尾粟 Sporobolus fertilis

禾本科 Gramineae
鼠尾粟属 Sporobolus

多年生草本。秆直立，丛生，高达1.2 m，无毛。叶鞘平滑无毛；叶舌极短，纤毛状，长约0.2 mm；叶片质较硬，无毛或上面基部疏生柔毛，常内卷，长达65 cm，宽达5 mm。圆锥花序紧缩呈线形，长达44 cm，宽达1.2 cm，分枝直立，其上密生长约2 mm的小穗；小穗灰绿色且略带紫色，含1花；颖膜质，第一颖无脉，长约0.5 mm，第二颖1脉，长1～1.5 mm；外稃有1主脉及不明显的2侧脉，与小穗等长；雄蕊3，花药黄色，长0.8～1 mm。囊果成熟后红褐色，明显短于外稃和内稃，长1～1.2 mm，顶端平截。花、果期3～12月。

生于路边、山坡和草地。国内分布于长江流域以南及陕西。

嫩时为牧草；老秆可供编织及造纸。

马唐 Digitaria sanguinalis

禾本科 Gramineae
马唐属 Digitaria

一年生草本。秆基部常倾斜，节着土即生根，高达 80 cm。叶鞘常疏生疣基软毛，稀无毛；叶舌长 1～3 mm；叶片长达 15 cm，宽达 12 mm，两面疏生软毛或无毛，边缘变厚而粗糙。总状花序 4～12，指状排列于茎顶端；小穗成对着生穗轴各节，披针形，长 3～3.5 mm，1 有长柄，1 近无柄；第一颖长约 0.2 mm，钝三角形；第二颖长为小穗的 1/2～3/4，狭窄，有不明显的 3 脉，边缘有纤毛；第一外稃与小穗等长，具 7 脉，中部 3 脉明显，脉间距离较宽而无毛，侧脉很接近或不明显，无毛或在脉间贴生柔毛。颖果灰绿色。花、果期 6～9 月。

生于田间、荒地及路边。广泛分布于全国各地。

茎叶为秋季优良牧草。颖果加工后洁白如谷粒。

狗尾草 Setaria viridis

禾本科 Gramineae
狗尾草属 Setaria

一年生草本。秆直立或基部膝曲，高达 1 cm。叶鞘较松弛，无毛或有柔毛；叶舌纤毛状，长 1~2 mm；叶片长达 30 cm，宽达 18 mm。圆锥花序紧密成长圆柱状或基部稍疏离，直立或稍弯曲，长达 15 cm；小穗长达 2.5 mm，先端钝，2 至数枚簇生，刚毛小枝 1~6；第一颖卵形，长约为小穗的 1/3，3 脉；第二颖与小穗等长，5~7 脉；第一外稃与小穗等长，5~7 脉，有 1 狭窄内稃。颖果有细点状皱纹，成熟后很少膨胀。花、果期 5~10 月。

生于海拔 4000 m 以下的荒野、路旁及田埂。广泛分布于全国各地。

秆、叶可作饲料，也可入药，治痈瘀、面癣。全草加水煮沸 20 min 后，滤出液可喷杀菜虫。

野古草 *Arundinella anomala*

禾本科 Gramineae
野古草属 *Arundinella*

多年生草本。根状茎横走，长达 10 cm。秆直立，高达 1.1 m。叶鞘无毛或密生糙毛；叶舌甚短，上缘圆凸，具纤毛；叶片扁平，长达 35 cm，宽达 15 mm。圆锥花序稍紧缩或开展，长达 40～70 cm，分枝直立或斜升；小穗孪生，长达 5 mm；颖灰绿色或带紫色，有 3～5 明显的脉，第一颖长为小穗的 1/2～2/3，第二颖与小穗等长或稍短；第一外稃无芒，3～5 脉，基盘无毛；内稃较短；第二外稃长 2.5～3.5 mm，5 脉，无芒或有小尖头，基盘两侧及腹面有长约为稃体 1/3～1/2 的毛；内稃稍短；雄蕊 3。花、果期 7～10 月。

国内分布于除青海、新疆、西藏以外的其他地区。

嫩秆叶为优良牧草。根状茎发达，在阴坡生长茂盛，可作保土护坡植物。

芒 Miscanthus sinensis

禾本科 Gramineae
芒属 Miscanthus

多年生苇状草本。高达 2 m；无毛或在花序下疏生柔毛。叶鞘长于节间，无毛，仅鞘口有长柔毛；叶舌长达 3 mm，圆钝，先端有小纤毛；叶片长达 50 cm，宽达 1 cm。圆锥花序扇形，主轴只延伸到中部以下，分枝强而直立，长达 40 cm；每节有 1 短柄和 1 长柄小穗；小穗柄无毛，长柄长 4～6 mm，短柄长约 2 mm；小穗披针形，长 4.5～5 mm，基盘有与小穗近等长或稍短的白色或淡黄褐色丝状毛；第一颖 2 脊 3 脉，无毛；第二颖舟形，先端渐尖，无毛，边缘有小纤毛；第一外稃较颖稍短；第二外稃较颖短 1/3，在先端 2 裂齿间伸出一长 8～10 mm 的芒，芒稍扭转、膝曲；内稃小，长仅及外稃的 1/2。花、果期 7～12 月。

生于山坡、河滩、堤岸。广泛分布于全国各地。

茎秆高而坚强，可作篱墙。幼茎可药用，有散血去毒的功效；亦可作为牧草。秆皮可造纸、编草鞋。花序可做扫帚。

黄背草 *Themeda japonica*

禾本科 Gramineae
菅属 *Themeda*

多年生草本。秆基部压扁，高达 1.5 m。叶鞘紧裹茎秆，常有硬疣毛；叶舌长 1～2 mm；叶片长达 50 cm，宽达 8 mm。伪圆锥花序较狭窄，由具佛焰苞的总状花序组成，总状花序长达 1.7 cm，佛焰苞长达 3 cm，舟形，托在下部；每总状花序有小穗 7，基部 2 对小穗雄性或中性，生在同一平面上，很像轮生的总苞，上部 3 枚小穗中有 1 枚为两性，有一至二回膝曲的芒而无柄，2 枚为雄性或中性，有柄而无芒。花、果期 6～12 月。

国内分布于除新疆、西藏、青海、甘肃、内蒙古以外的其他地区。

优良的水土保持植物。秆可用于造纸及盖屋，嫩茎叶可作牧草。全草药用，有利尿、祛湿热的功效。

具芒碎米莎草 Cyperus microiria

莎草科 Cyperaceae
莎草属 Cyperus

一年生草本。无根状茎。秆丛生，细弱或稍粗壮，高达50 cm，扁三棱形。叶短于秆，宽2～5 mm；叶鞘常呈棕红色。叶状苞片3～5，下面2片常长于花序；长侧枝花序复出，有辐射枝4～9；穗状花序卵形或长圆状卵形，长1～4 cm，有5至多数小穗；小穗排列松散，斜展，长圆形、披针形或条状披针形，压扁，长4～10 mm，宽约2 mm，有6～22花；小穗轴有白色的狭翅；鳞片排列疏松，宽倒卵形，顶端微凹，有明显突出于鳞片先端的短尖，背面有龙骨状突起，绿色，有3～5条脉，两侧呈黄色或麦秆黄色；雄蕊3，花药短；花柱短，柱头3。小坚果三棱状倒卵形或椭圆形，与鳞片近等长，褐色，有密的细点。花、果期6～10月。

生于田间、水边湿地。广泛分布于全国各地。

糙叶薹草 Carex scabrifolia

莎草科 Cyperaceae
薹草属 Carex

多年生草本。有细长匍匐根状茎。秆高达60 cm，三棱形，基部叶鞘紫红褐色，腹面有网状细裂。叶短于秆或上面的稍长于秆，宽2～3 mm。苞片叶状，长于花序，无鞘；小穗3～5；上部2～3雄性，条状圆柱形，长1～3.5 cm；其余雌性，长椭圆形，长1.5～2 cm，密生花；雌花鳞片卵状三角形或披针状宽卵形，长约5 mm，黄褐色，先端渐尖，有3脉，边缘膜质。果囊长椭圆形，长6～8.5 mm，黄褐色或棕褐色，革质或近木质，有多数凹陷脉，上部急缩成短喙，喙口微凹；小坚果长圆形，有3棱，长约5 mm；花柱短，柱头3，短。

生于海边沙滩。国内分布于辽宁、河北、江苏、浙江、台湾等省份。

鸭跖草 Commelina communis

鸭跖草科 Commelinaceae
鸭跖草属 Commelina

一年生草本。株高达 60 cm；茎肉质多分枝，基部匍匐，上部近直立。单叶，互生，披针形或卵状披针形，长达 9 cm，宽达 2 cm，先端锐尖；无柄或几无柄，基部有膜质短叶鞘，白色，有绿纹，鞘口有白色纤毛。佛焰苞有柄，心状卵形，边缘对合折叠，基部不相连，有毛；花两性，两侧对称；萼片 3，薄膜质；花瓣 3，蓝色，后方的 2 片较大，卵圆形，前方的 1 片卵状披针形；能育雄蕊 3。蒴果 2 室，每室 2 枚种子。种子表面有皱纹。花、果期 6～10 月。

生于路旁、林厂、山涧、水沟边较阴湿处。广泛分布于全国各地。

全草药用，有清热解毒、利尿的功效；也可作饲料。

饭包草 Commelina bengalensis

鸭跖草科 Commelinaceae
鸭跖草属 Commelina

与"鸭跖草"相似，主要区别是：本种为多年生；茎多分枝，长可达 70 cm；叶为阔卵形至卵状椭圆形，先端钝，有明显的短叶柄；佛焰苞下部合生成漏斗状；聚伞花序有数花，几不伸出佛焰苞外；蒴果 3 室；花、果期 7~10 月。

生于路边、水溪边及林下阴湿处。国内分布于秦岭—淮河流域以南地区及河北。

全草药用，有清热解毒、消肿利水的功效。

华东菝葜 Smilax sieboldii

百合科 Liliaceae
菝葜属 Smilax

攀援半灌木。长达 2.5 m。根状茎粗短，质坚韧。茎枝绿色，有平展细刺。叶片草质，卵形，长达 8 cm，宽达 6 cm，先端尖或渐尖，全缘或略波状，基部浅心形、截形或钝圆；叶脉5，稍弧形；叶柄长 1～1.5 cm，中部以下渐宽成狭鞘；有卷须；脱落点位于上部。伞形花序有花数朵至十几朵；总花梗纤细，长 1～2 cm；花序托几不膨大；花绿色或黄绿色，花被片6，长卵形或长椭圆形；雄花稍大，雄蕊6；雌花有6退化雄蕊，雌蕊1，柱头3裂，子房卵圆形。浆果球形，直径 6～7 mm，成熟时黑色。花期5月；果期8～10月。

国内分布于辽宁、江苏、安徽、浙江、台湾、福建等省份。

根供药用，有祛风湿、通经络的功效。根含鞣质，可提取栲胶。

黄花菜 *Hemerocallis citrina*

百合科 Liliaceae
萱草属 *Hemerocallis*

植株较高大。根稍肉质，中下部常纺锤状膨大。叶达20，长达1 m，宽达2 cm。花葶稍长于叶，基部三棱形，上部近圆柱形，有分枝；苞片披针形，自下向上渐短；花梗短，长不及1 cm；花多朵，淡黄色，花蕾期有时先端带黑紫色；花被管长3～5 cm，花被裂片长达8 cm。蒴果钝三棱状椭圆形。种子多枚，黑色，有棱。花期6～7月；果期9月。

生于山坡、林缘，或栽培于田边。国内分布于秦岭以南地区及河北、山西等省份。

花蕾供食用，经蒸晒后加工为金针菜，为美味菜肴的原料，还有健胃、利尿、消肿等功效。根可以酿酒。

薤白 *Allium macrostemon*

百合科 Liliaceae

葱属 *Allium*

鳞茎近球状，粗 0.7～2 cm，基部常具小鳞茎；鳞茎外皮带黑色，纸质或膜质，不破裂。叶 3～5 枚，半圆柱状，或因背部纵棱发达而为三棱状半圆柱形，中空，上面具沟槽，比花葶短。花葶圆柱状，高 30～70 cm，1/4～1/3 被叶鞘；总苞 2 裂，比花序短；伞形花序半球状至球状，具多而密集的花，或间具珠芽或有时全为珠芽；小花梗近等长，比花被片长 3～5 倍，基部具小苞片；珠芽暗紫色，基部亦具小苞片；花淡紫色或淡红色；花被片矩圆状卵形至矩圆状披针形，长 4～5.5 mm，宽 1.2～2 mm，内轮的常较狭；花丝等长，比花被片稍长直到比其长 1/3，在基部合生并与花被片贴生，分离部分的基部呈狭三角形扩大，向上收狭成锥形，内轮的基部约为外轮基部宽的 1.5 倍；子房近球状，腹缝线基部具有帘的凹陷蜜穴；花柱伸出花被外。花、果期 5～7 月。

生于海拔 1500 m 以下的山坡、丘陵、山谷或草地上。除新疆、青海外，全国其他地区均有分布。

鳞茎作药用，也可作蔬菜食用，在少数地区已有栽培。

绵枣儿 Scilla scilloides

百合科 Liliaceae
绵枣儿属 Scilla

多年生草本。高达 40 cm。鳞茎卵圆形或近球形，高达 4.5 cm，直径达 2.5 cm；鳞茎皮黄褐色或黑棕色。叶基生，常 2～5，狭带形或披针形，长达 30 cm，宽达 8 mm，先端尖，全缘，两面绿色。花葶单生，直立，长于叶；总状花序顶生，长达 15 cm，有多数花，粉红色或淡紫红色；花梗长达 1 cm，基部有 1～2 片小苞片，披针形或条形；花被片 6，椭圆形或匙形，长 2.5～4 mm，宽 1～2 mm，先端钝尖，基部稍合生；雄蕊 6，花丝基部扩大，扁平，有细乳头状突起；雌蕊 1，柱头小，花柱长 1～1.5 mm，子房卵圆形，基部有短柄，表面有细小乳头状突起。蒴果倒卵形，长 4～6 mm，宽 2～3.5 mm。种子 1～3，棱形或狭椭圆形，黑色。花期 8～9 月；果期 9～10 月。

国内分布于东北、华东、华北、华中地区及四川、云南、广东等省份。

鳞茎含淀粉，可作工业用的浆料；还可供药用，外敷有消肿止痛的功效。

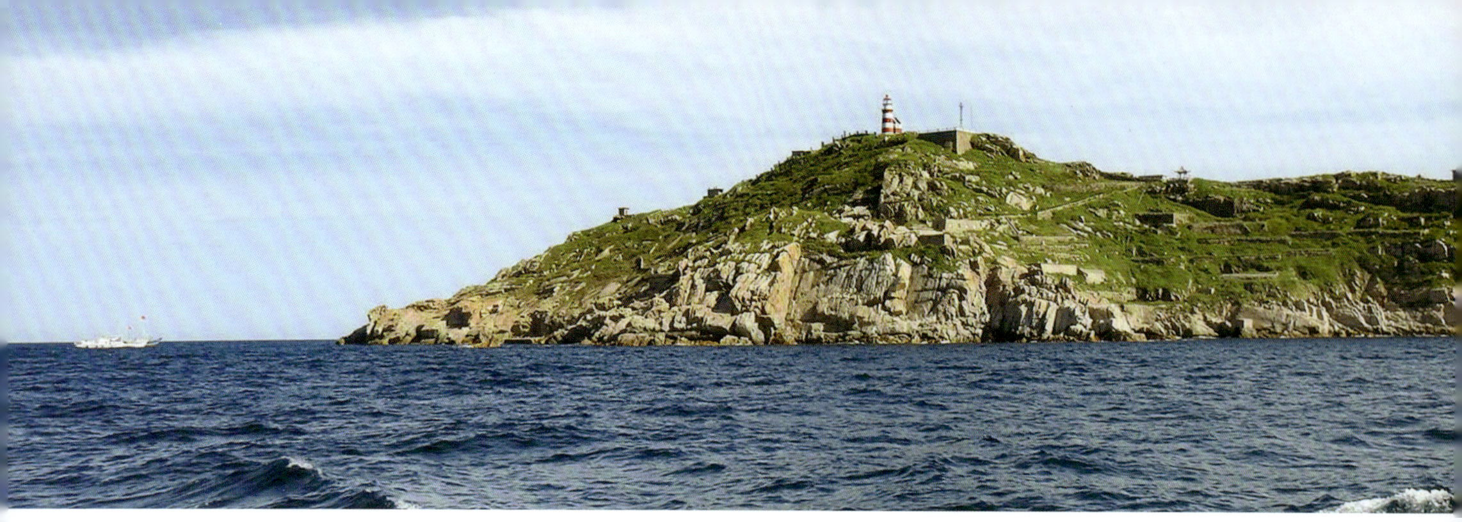

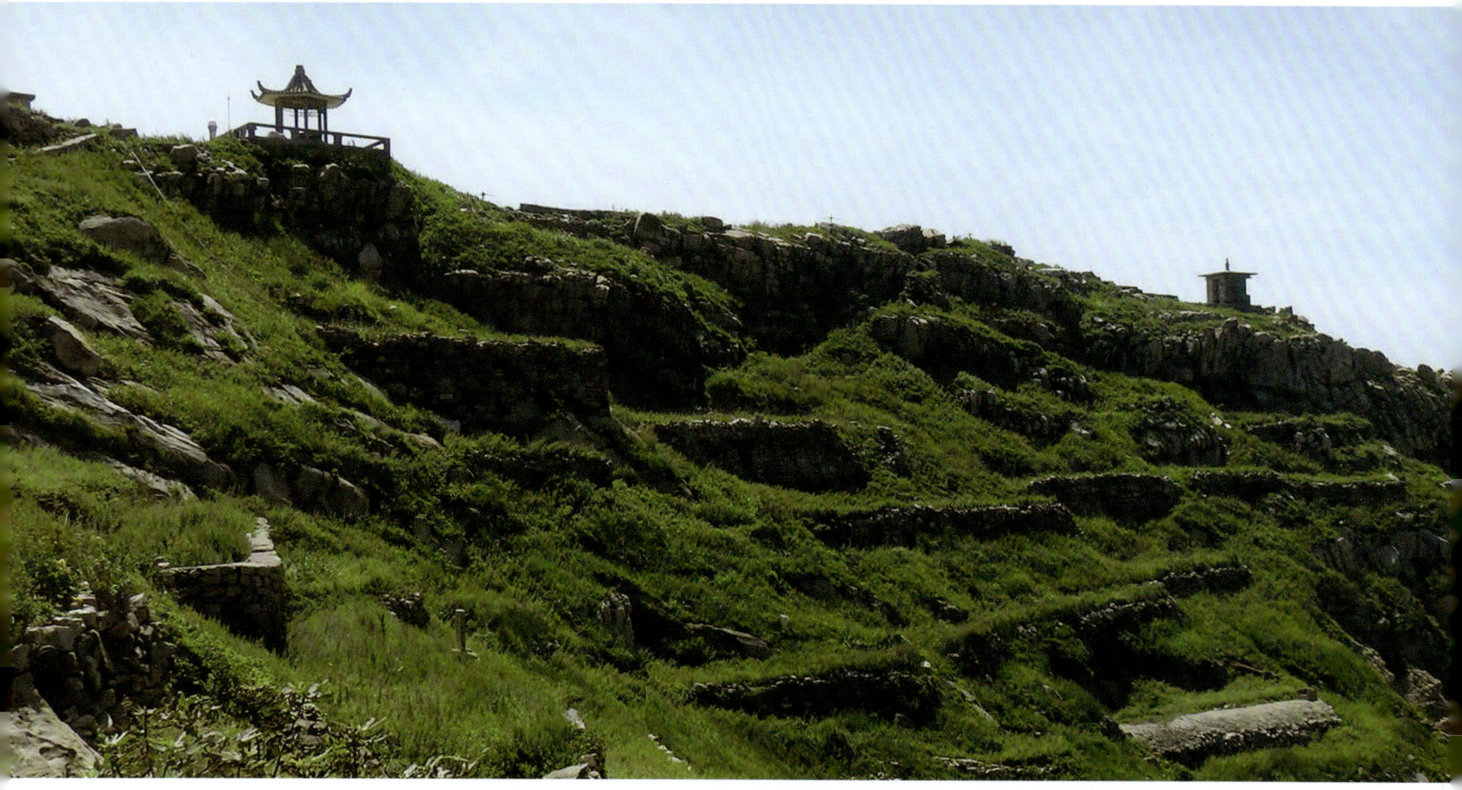

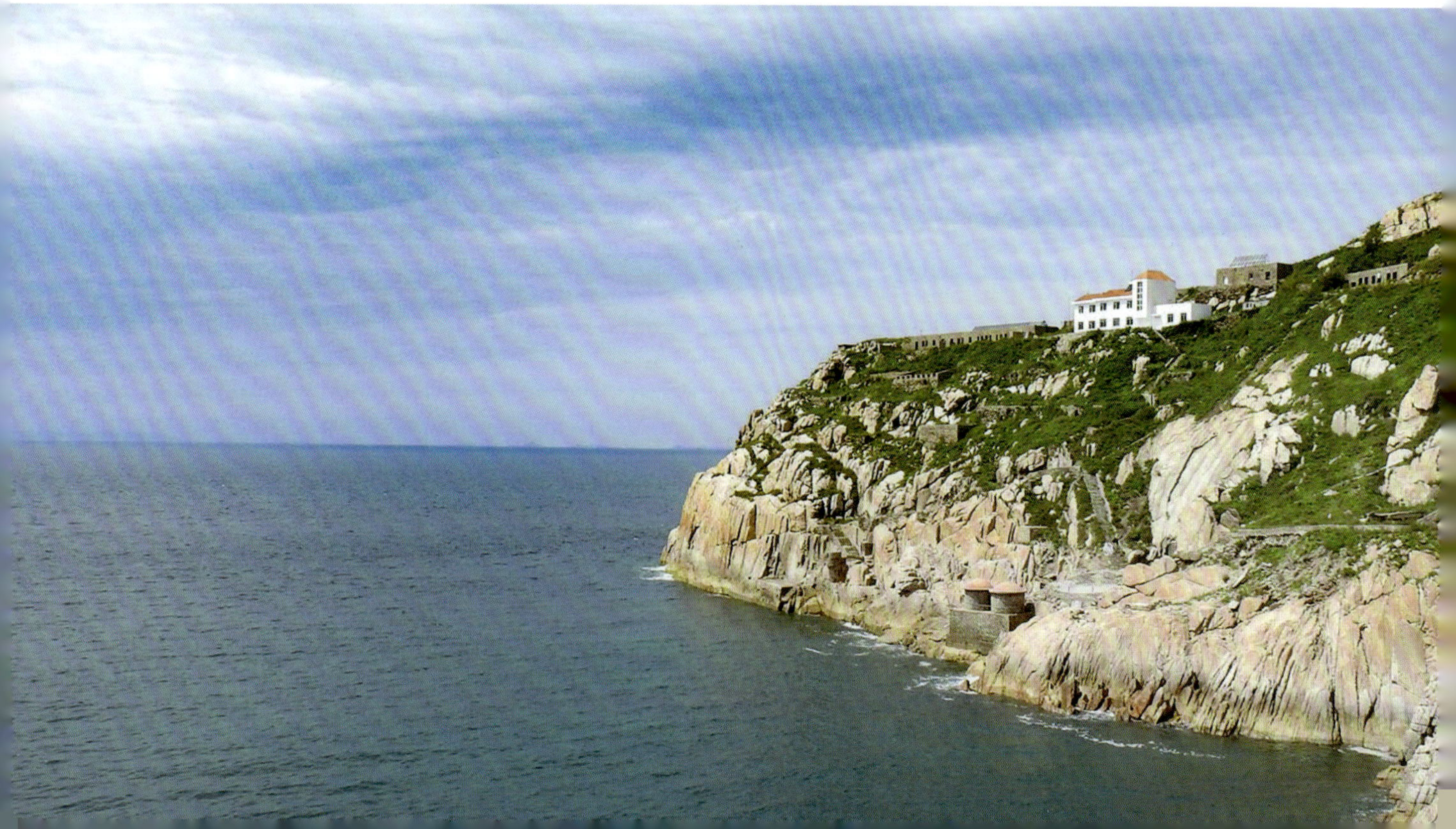

千里岩

千里岩全貌

千里岩景观一

千里岩景观二

千里岩隶属于山东省烟台市，属无居民海岛，地理位置36°15′56″N，121°23′10″E。千里岩形似哑铃，呈南北走向，南北长约0.8 km，东西宽约0.2 km，面积为18.0 hm^2，南山最高点海拔93.8 m，北山最高点海拔80.0 m。海岸为岩岸，地形陡峭。

千里岩植被以天然植被为主。主要植被类型为草丛，有少量灌木分布，代表种为紫穗槐、青花椒和大叶胡颓子。由于岛体岩石裸露较多，植被盖度整体比较低，约25%。在千里岩共发现38科70属78种植物，其中乔木6种、灌木9种、草本59种、藤本4种。禾本科17种，占总数22%；菊科9种，占总数12%；藜科4种，占总数5%；百合科4种，占总数5%；蔷薇科3种，占总数4%；豆科3种，占总数4%；其余科38种，共占总数的49%。

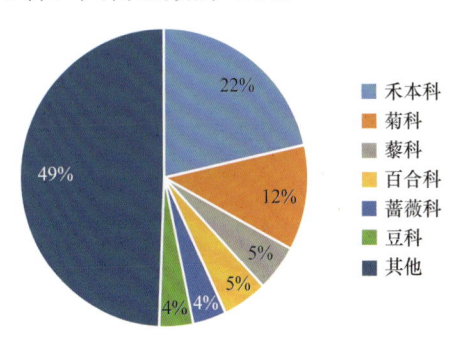

千里岩植物各科的占比

全缘贯众 Cyrtomium falcatum

鳞毛蕨科 Dryopteridaceae
贯众属 Cyrtomium

植株高 25～60 cm。根状茎短粗，直立，密被鳞片；鳞片大，棕褐色，质厚，阔卵形或卵形，有缘毛。叶簇生；叶柄长 10～25 cm，粗约 4 mm，禾秆色，密被大鳞片，向上渐稀疏；叶片长圆状披针形，长 10～35 cm，宽 8～15 cm，一回羽状；顶生羽片有长柄，与侧生羽片分离，卵状披针形或呈 2~3 叉状；侧生羽片 3～11 对或更多，互生或近对生，略斜展，有短柄，卵状镰刀形，中部的略大，长 6～10 cm，宽 2～4 cm，先端尾状渐尖或长渐尖，基部圆形，上侧多少呈耳状凸起，下侧圆楔形，全缘，有时波状缘或多少有浅粗齿，有加厚的边，其余向上各对羽片渐狭缩，向下近等大或略小；叶脉网状，每网眼有内藏小脉 1～3 条；叶革质，仅沿叶轴有少数纤维状小鳞片。孢子囊群圆形，生于内藏小脉中部；囊群盖圆盾形，边缘略有微齿；孢子周壁有疣状褶皱，其表面有细网状纹饰。

生于沿海潮水线以上的岩石壁上。国内分布于江苏、浙江、福建、广东、台湾等省份。

根状茎药用，有清热解毒、驱钩虫和蛔虫等功效。

胡桃 *Juglans regia*

胡桃科 Juglandaceae
胡桃属 *Juglans*

乔木。高达 25 m；树皮幼时淡灰色，平滑，老时纵裂；枝无毛。小叶 5～9，椭圆形或椭圆状倒卵形，长 4.5～12 cm，先端钝尖，基部楔形或近圆形，侧生小叶基部偏斜，全缘，幼树及萌枝上的叶缘有疏齿，叶有香气。雄花序长 12～16 cm；雌花序有 1～3 花；柱头淡黄绿色。果球形，径 3～5 cm，无毛；核径 3～4 cm，两端平或钝，有 2 纵脊及不规则浅刻纹。花期 4～5；果期 9～10 月。

新疆的霍城、新源、额敏一带有野生胡桃林；国内分布于西北、华北等地区。

木材不翘裂，纹理美丽，耐冲击，供军工、航空、家具、体育器材等用。核仁营养价值高，供食用；可榨油，作高级食用油及工业用油。

无花果 Ficus carica

桑科 Moraceae

榕属 Ficus

　　落叶灌木或小乔木。高可达3 m以上；树皮灰褐色或暗褐色；树冠多圆球形；枝直立，粗壮，节间明显。叶倒卵形或近圆形，掌状3～5深裂，长与宽均可达20 cm以上，裂缘有波状粗齿或全缘，先端钝尖，基部心形或近截形，上面粗糙，深绿色，下面黄绿色，沿叶脉有白色硬毛，厚纸质；叶柄长9～13 cm，较粗壮；托叶三角状卵形，初绿色，后带红色，脱落性。隐头花序单生叶腋。隐花果扁球形或倒卵形、梨形，直径在3 cm以上，长5～6 cm，黄色、绿色或紫红色。种子卵状三角形，橙黄色或褐黄色。

　　原产地中海一带。全国各地均有栽培。

　　为庭院观赏植物。隐花果营养丰富，可生吃，也可制干及加工成各种食品，并有药用价值。叶片药用，治疗痔疾有效。

葎草 *Humulus scandens*

桑科 Moraceae

葎草属 *Humulus*

一年生蔓性草本。长达 5 m；茎生倒钩刺。单叶，肾形或近五角形，掌状 5~7 深裂，长达 10 cm，宽达 15 cm，裂片卵圆形，先端渐尖，缘有粗锯齿，叶片基部多心形，叶上面绿色，粗糙，下面灰绿色，疏生刺状刚毛或短柔毛，常有黄色腺点；叶柄长达 20 cm，有短刺毛。雌雄异株；雄株花小，排成圆锥花序；雄花花被片淡黄绿色；雌株的花多排成球形花穗；花穗为多数卵状披针形的苞片组成，每苞片内有 2 花或 1 花；花被片退化成 1 膜质薄片，花柱 2，红褐色，有细刺毛。瘦果扁球形，直径 3 mm，外皮坚硬，有黄褐色的腺点及斑纹；苞片先端短尾状，宿存。花期 7~8 月；果熟期 8~9 月。

生于山坡、路旁、田边。国内分布于除新疆、青海以外的其他地区。

茎皮纤维强韧，可代麻用。全草药用，有健胃、清热、解毒、利尿等功效。种子榨油，含油量约为 30%，可作润滑油及制油墨、肥皂等工业原料用油。

萹蓄 Polygonum aviculare

蓼科 Polygonaceae
蓼属 Polygonum

一年生草本。茎匍匐或斜展，有沟纹。叶片条形至披针形，长4 cm，宽1 cm，先端钝或急尖，基部楔形，有关节，两面无毛，全缘；有短柄或近无柄；托叶鞘膜质，有明显脉纹，先端数裂。花1～5簇生于叶腋，全露或半露出于托叶鞘之外；花梗短，基部有关节；花被5深裂，暗绿色，边缘白色或淡红色；雄蕊8，比花被片短；花柱3，甚短，柱头头状。瘦果卵形，有3棱，长约3 mm，黑色或褐色，无光泽，有不明显的线状小点，微露出于宿存花被外。

生于路边、田野。广泛分布于全国各地。

全草药用，有利尿、清湿热、消炎、止泻、驱虫的功效；也可作饲料。

巴天酸模 Rumex patientia

蓼科 Polygonaceae

酸模属 Rumex

多年生草本。高1～1.5 m。主根粗大，断面黄色。茎直立，粗壮，不分枝或分枝，有沟纹，无毛。基生叶和茎下部叶长椭圆形或长圆状披针形，长15～30 cm，宽4～10 cm，先端钝或急尖，基部圆形、浅心形或楔形，全缘或边缘皱波状；叶柄粗壮，腹面有沟，长4～8 cm；茎上部叶狭小，长圆状披针形至狭披针形，有短柄；托叶鞘筒状，膜质。圆锥花序大型，顶生和腋生；花两性，花簇轮生，密接，花梗与花被片等长或稍长，中部以下有关节；花被片6，排成2轮，果期内轮花被片增大，呈宽心形，宽约5 mm，全缘，有网纹，1片或全部有瘤状突起；雄蕊6；柱头3，柱头画笔状。瘦果三棱形，褐色，有光泽，长约5 mm。

国内分布于东北、华北、西北、华中地区及四川、西藏等地。

根、叶药用，生品能活血散瘀、止血、清热解毒、润肠通便，酒制品能止泻、补血。根可提取栲胶。

藜 Chenopodium album

藜科 Chenopodiaceae
藜属 Chenopodium

一年生草本。高达 1.5 m；茎直立，有条棱及绿色或紫红色色条，多分枝。叶片菱状卵形至阔披针形，长达 6 cm，宽达 5 cm，先端急尖或钝，基部楔形至阔楔形，上面常无粉，有时嫩叶的上面有紫红色粉，下面多少有粉，边缘有不整齐锯齿；叶柄与叶片多等长。花两性，簇生于枝上部，排列成穗状圆锥花序或圆锥花序；花被5裂，阔卵形至椭圆形，背面有隆脊，有粉；雄蕊5；柱头2。胞果包于花被。种子横生，双凸镜形，直径 1.2~1.5 mm，黑色，有光泽，表面有浅沟纹，胚环形。

生于田间、路旁、村边荒地。广泛分布于全国各地。

全草药用，能止泻痢、止痒。幼苗可食用。

地肤 *Kochia scoparia*

藜科 Chenopodiaceae
地肤属 *Kochia*

一年生草本。高 50~100 cm；茎直立，圆柱状，淡绿色或带紫红色，有多数条棱，稍有短柔毛或几无毛；有分枝。叶扁平，披针形或条状披针形，长 2~5 cm，宽 3~7 cm，无毛或稍有毛，先端短渐尖，基部渐狭成短柄，通常有 3 条明显的主脉，边缘有疏生的锈色绢状缘毛，茎上部叶较小，无柄，1 脉。花两性或兼有雌性；通常 1~3 生于上部叶腋，构成疏穗状圆锥花序；花下有时有锈色长柔毛，花被绿色，花被裂片近三角形，无毛或先端稍有毛，基部合生，黄绿色，果期自背部生出横翅，翅端附属物三角形至倒卵形，有时近扇形，脉不很明显，边缘微波状或有缺刻；雄蕊 5；花柱极短，柱头 2。胞果扁球形，果皮膜质，与种子离生。种子卵形，黑褐色，长 1.5~2 mm，胚环形，胚乳块状。

生于田边、路边、海滩荒地。广泛分布于全国各地。

果实药用，称"地肤子"，有利尿消肿、祛风除湿的功效。嫩叶可食用。

盐地碱蓬 *Suaeda salsa*

藜科 Chenopodiaceae
碱蓬属 *Suaeda*

　　一年生草本。高达 80 cm，绿色或紫红色；茎直立，有微条棱，无毛。叶半圆柱形，长达 2.5 cm，宽 2 mm，先端尖或微钝，无柄。团伞花序有 3～5 花，腋生；小苞片卵形，全缘；花两性或兼有雌性，花被半球形，5 裂，裂片卵形，稍肉质，果期背部稍增厚，常在基部延伸出三角形或狭翅状突起；雄蕊 5；柱头 2。胞果包于花被内，果皮膜质。种子横生，双凸镜形或歪卵形，直径达 1.5 mm，黑色，有光泽，表面网点纹不清晰。

　　生于盐碱荒地。国内分布于华东、东北、西北等地区。

　　种子可食用。幼苗可作蔬菜。

牛膝 Achyranthes bidentata

苋科 Amaranthaceae
牛膝属 Achyranthes

多年生草本。高达 1.2 m。根圆柱形，直径达 1 cm，土黄色。茎直立，有棱角或四棱形，绿色或带紫红色，有白色贴生毛或开展柔毛，或近无毛，分枝对生，节部膨大。叶片椭圆形或椭圆状披针形，长达 12 cm，宽达 7.5 cm，先端尾尖，基部楔形或阔楔形，两面有柔毛；叶柄长达 3 cm，有柔毛。穗状花序顶生及腋生，长达 5 cm；总花梗长 2 cm，有白色柔毛；花多数，密生，长约 5 mm，花期直立，花后反折，贴向穗轴；苞片阔卵形，长 3 mm，先端长渐尖；小苞片刺状，长 3 mm，先端弯曲，基部两侧各有 1 卵形膜质小片，长约 1 mm；花被片 5，披针形，长 5 mm，光亮，先端急尖，有 1 中脉；雄蕊 5，长 2.5 mm，基部合生成浅杯状，退化雄蕊顶端平圆，稍有缺刻状细锯齿。胞果长圆形，长 2.5 mm，黄褐色，光滑。种子长圆形，长 1 mm，黄褐色，光滑；种子矩圆形，长 1 mm，黄褐色。花期 7～9 月；果期 9～10 月。

生于山沟、溪边等阴湿肥沃的土壤中。国内分布于除东北地区以外的其他地区。

根药用，有通经活血、舒筋活络的功效。

紫茉莉 Mirabilis jalapa

紫茉莉科 Nyctaginaceae
紫茉莉属 Mirabilis

一年或多年生草本。高达 1 m。根圆锥形，深褐色。茎多分枝，圆柱形，无毛或近无毛，节处膨大。叶片卵形或三角状卵形，长 5～9 cm，宽 3～6 cm，先端渐尖，基部楔形或心形，边缘微波状，两面均无毛；叶柄长 1～3 cm。花 3～6 簇生枝端，晨、夕开放而午收，有红、黄、白各色，也有红黄相杂的。果实球形，熟时呈黑色，有棱；胚乳白色，粉质。花期 7～9 月；果期 8～10 月。

原产热带美洲。全国各地均有栽培。

栽培供观赏。种子的胚乳干后碾成白粉，加香料可作化妆品。根、叶供药用，有清热解毒、活血滋补的功效。

马齿苋 *Portulaca oleracea*

马齿苋科 Portulacaceae
马齿苋属 *Portulaca*

一年生肉质匍匐草本。茎基部分枝，淡绿色或带紫色。叶片长圆形或倒卵形，长达 2.5 cm，宽达 15 mm，无毛，先端钝圆或平截或微凹，基部楔形，上面暗绿色，下面淡绿色或暗红色，中脉微隆起。花小，直径达 5 mm，两性，单生或 3～5 簇生枝端；无花梗；总苞片 4～5，薄膜质；萼片 2，绿色，阔椭圆形，背部有隆脊，基部与子房贴生；花瓣 4～5，黄色，倒卵状长圆形，先端微凹；雄蕊 8～12，基部合生；花柱比雄蕊稍长，顶端 4～5 裂；子房半下位，1 室，特立中央胎座，胚珠多数。蒴果卵球形，棕色，盖裂。种子多数，细小，肾状卵圆形，有小疣状突起，黑褐色，有光泽。花期 6～8 月；果期 8～9 月。

生于菜园、农田、路旁、荒地，为田间常见杂草。广泛分布于全国各地。

全草药用，有清热解毒、治菌痢的功效。种子明目；又可作农药和兽药。嫩茎叶可食，民间常作蔬菜；又可作家畜饲料。

女娄菜 Silene aprica

石竹科 Caryophyllaceae

蝇子草属 Silene

一年或二年生草本。高达 70 cm；茎直立，密生短柔毛。叶披针形至条状披针形，长达 7 cm，宽达 8 mm，密生短柔毛；上部叶无柄。聚伞花序顶生及腋生；苞片披针形；花梗长短不一，长达 20 mm；萼圆筒形，长 6～8 mm，密被短柔毛，有 10 条脉，先端有 5 齿，萼齿边缘宽膜质，有缘毛，果期萼筒膨大成卵状圆筒形，长达 8～10 mm；花瓣 5，白色或粉红色，与萼片等长或稍长，先端 2 裂，基部渐狭成爪，喉部有 2 鳞片状附属物；雄蕊 10，略短于花瓣，花丝基部密被毛；子房长圆状圆筒形，花柱 3。蒴果卵形，长 8～9 mm，6 齿裂，含多数种子。种子圆肾形，黑褐色，有钝或尖的瘤状突起。

生于山坡、山沟、路边草丛。广泛分布于全国各地。

全草入药，治乳汁少、体虚浮肿等。

木防己 Cocculus orbiculatus

防己科 Menispermaceae
木防己属 Cocculus

缠绕性落叶藤本。长达 3 m；全株有淡褐色短柔毛。根圆柱形，棕褐色或黑褐色。茎木质化，小枝细，表面密生柔毛；老枝近无毛，有条纹。单叶，互生；叶片阔卵形或卵状椭圆形，有时 3 浅裂，长达 6 cm，宽达 4 cm，先端锐尖至钝圆，顶部常有小突尖，基部心形或截形，幼时两面密生灰白色柔毛；叶柄长达 3 cm，密生灰白色柔毛。花黄色，雌雄异株；聚伞状圆锥花序腋生；花有短梗，总花轴和总花梗被柔毛，小苞片 2，卵形；雄花萼片 6，2 轮，内轮 3 片大，外轮 3 片小，长 1~1.5 mm；花瓣 6，卵状披针形，长 1.5~3.5 mm，先端 2 裂，基部两侧有耳并内折；雄蕊 6，离生，与花瓣对生，花药球形；雌花序较短，花少数，萼片和花瓣与雄花相似，有退化雄蕊 6，心皮 6，离生，子房半球形，无毛，花柱短，向外弯曲。核果近球形，直径达 8 mm，蓝黑色，表面有白粉，内果皮坚硬，背脊和两侧有横小肋。种子 1。花期 5~7 月；果期 7~9 月。

生于山坡、路旁、沟岸及灌木丛中。国内分布于除西北和西藏以外的其他地区。

根状茎入药，有祛风除湿、通经活络、解毒、止痛、利尿、消肿、降血压的功效。根含淀粉，可酿酒。茎含纤维，质坚韧，可作纺织原料和造纸原料。

黄堇 Corydalis pallida

罂粟科 Papaveraceae
紫堇属 Corydalis

多年生草本。茎高达 60 cm；全株无毛，淡绿色。基生叶有长柄，叶二至三回羽状全裂，最终裂片卵形或狭卵形，宽达 15 mm，有深浅不等的裂齿，上面绿色，下面灰绿色，有白粉；茎生叶柄较短，叶较小。总状花序，长约 12 cm；苞片狭卵形至披针形，萼片小，花瓣黄色，上瓣长达 1.5 cm，距圆筒形，末端膨大，长达 8 mm，约占花瓣全长的 1/3；雄蕊 6，二体；花柱纤细，柱头 2 裂。蒴果串珠状，长达 3.5 cm，宽达 2.5 mm，2 瓣裂，常有种子 12～16。种子扁球形，直径 2 mm，黑色，表面密生排列整齐的圆锥状小突起。花期 5～6 月；果期 9 月。

生于山沟边、石缝内潮湿处。国内分布于华东、华北、东北地区及河南、陕西等省份。

全草有毒，服用后能使人畜中毒。根药用，有镇痛的功效。

白菜 *Brassica pekinensis*

十字花科 Cruciferae
芸薹属 *Brassica*

二年生草本。高 40～60 cm，植株常无毛，有时叶下面中脉上有少数刺毛。基生叶多数，大形，倒卵状长圆形至宽倒卵形，长 30～60 cm，宽不及长的一半，先端圆钝，边缘皱缩，波状，有时有不明显牙齿，中脉白色，很宽，有多数粗壮侧脉，叶柄白色，扁平，长 5～9 cm，宽 2～8 cm，边缘有带缺刻的宽薄翅，上部茎生叶长圆状卵形、长圆状披针形至长披针形，长 2～7 cm，先端圆钝至短急尖，全缘或有裂齿，有柄或抱茎，有粉霜。花鲜黄色，直径 1～2 cm；花梗长 4～6 mm；萼片长圆形或卵状披针形，长 4～5 mm，直立，淡绿色至黄色；花瓣倒卵形，长 7～8 mm，基部渐窄成爪。长角果较粗短，长 3～6 cm，宽约 3 mm，两侧压扁，直立，喙长 4～10 mm，宽约 1 mm，顶端圆；果梗开展或上升，长 2～3 cm，较粗。种子球形，直径 1～2 mm，棕色。花期 5 月；果期 6 月。

广泛分布于全国各地。

是东北、华北地区的冬、春季主要蔬菜。

青菜 *Brassica chinensis*

十字花科 Cruciferae
芸薹属 *Brassica*

一年或二年生草本。高 25～75 cm，无毛，有粉霜。根粗，坚硬，常成纺锤形块根，顶端常有短根颈。茎直立，有分枝。基生叶倒卵形或宽倒卵形，长 20～30 cm，深绿色，有光泽，基部渐狭成宽柄，全缘或有不显明圆齿或波状齿，中脉白色，宽达 1.5 cm，有多条纵脉，叶柄长 3～5 cm，有或无窄边；下部茎生叶和基生叶相似，基部渐狭成叶柄；上部茎生叶倒卵形或椭圆形，长 3～7 cm，宽 1～4 cm，基部抱茎，宽展，两侧有垂耳，全缘，微有粉霜。总状花序顶生，呈圆锥状；花浅黄色，长约 1 cm，授粉后长达 1.5 cm，花梗细，与花等长或较短；萼片长圆形，长 3～4 mm，直立、开展，白色或黄色；花瓣长圆形，长约 5 mm，先端圆钝，有脉纹和宽爪。长角果条形，长 2～6 cm，宽 3～4 mm，坚硬，无毛，果瓣有明显中脉及网结侧脉；喙顶端细，基部宽，长 0.8～1.2 cm；果梗长 0.8～3 cm。种子球形，直径 1～2 mm，紫褐色，有蜂窝纹。花期 4 月；果期 5 月。

广泛分布于全国各地。

嫩叶供蔬菜用，为我国最普遍蔬菜之一。

八宝 Hylotelephium erythrostictum

景天科 Crassulaceae

八宝属 Hylotelephium

多年生草本。有胡萝卜状块根。茎直立，高30～70 cm，不分枝。叶对生，稀为互生或3叶轮生，长圆形至卵状长圆形，长4.5～7 cm，宽2～3.5 cm，先端急尖或钝，基部渐狭，边缘有疏锯齿，无柄。伞房状聚伞花序顶生；花密生，直径约1 cm，花梗长约1 cm；萼片5，卵形，长1.5 mm；花瓣5，白色或粉红色，宽披针形，长5～6 mm，渐尖；雄蕊10，与花瓣等长或稍短，花药紫色，鳞片5，长圆状楔形，长1 mm，先端有微缺；心皮5，直立，基部几分离。花期8～10月。

生于山坡草地或山谷。国内分布于华东、华中、华北、东北、西南地区及陕西。

全草药用，有清热解毒、散瘀消肿的功效。观赏花卉。

草莓 Fragaria ananassa

蔷薇科 Rosaceae
草莓属 Fragaria

多年生草本。高 10~40 cm；茎密生开展黄色柔毛。掌状三出复叶，小叶有短柄，质地较厚，长 3~7 cm，宽 2~6 cm，先端圆钝，基部阔楔形，侧生小叶基部偏斜，边缘有缺刻状锯齿，上面几无毛，下面疏生毛，沿脉较密；叶柄长 2~10 cm，密生开展黄色柔毛。聚伞花序，有 5~15 花，花序下有 1 短柄的小叶；花直径 1.5~2 cm；萼片稍长于副萼片，副萼片椭圆状披针形，全缘，稀 2 深裂，果时增大；花瓣白色，近圆形或倒卵状椭圆形，基部有不明显的爪；雄蕊 20，不等长；雌蕊多数。聚合果直径达 3 cm，有直立宿存萼片，瘦果尖卵形，光滑。花期 4~5 月；果期 6~7 月。

广泛分布于全国各地。

果实多汁，味甜酸可口，供生食，或制果酱及罐头，是初夏重要的水果。

野蔷薇 Rosa multiflora

蔷薇科 Rosaceae
蔷薇属 Rosa

　　落叶灌木。小枝有短、粗而稍弯的皮刺。小叶5～9，靠近花序的小叶有时为3，连叶柄长5～10 cm；小叶片长1.5～5 cm，宽0.8～2.8 cm，先端急尖或圆钝，基部近圆形或楔形，边缘有尖锐单锯齿，稀有重锯齿，上面无毛，下面有柔毛；小叶柄和叶轴有柔毛或无毛，有散生腺毛；托叶多贴生于叶柄，篦齿状。花多数组成圆锥花序，花梗长1.5～2.5 cm，有时基部有篦齿状小苞片；花直径1.5～2 cm；萼片披针形，有时中部有2条形裂片；花瓣白色，芳香；花柱靠合成束，稍长于雄蕊。蔷薇果直径6～8 mm，红褐色或紫褐色，萼片脱落。

　　生于山沟、林缘、灌丛中。国内分布于华北至黄河流域以南地区。

　　鲜花含芳香油，供食用、化妆品及皂用。花、果及根药用，作泻下剂及利尿剂，又能收敛活血。种子称"营实"，可除风湿、利尿、治痈疽。叶外用治肿毒。根皮含鞣质，可提取栲胶。花艳丽，宜栽植为花篱。

欧洲甜樱桃 Cerasus avium

蔷薇科 Rosaceae

樱属 Cerasus

乔木。高达20 m；树皮灰褐色；小枝浅红褐色，无毛。叶卵圆形至椭圆形，长达1.5 cm，宽达8 cm，先端长渐尖或突尖，基部宽楔形或圆形，缘有细钝锯齿，齿端有腺体，侧脉10～13对，上面无毛，下面或被短柔毛；叶柄长达5 cm，近叶基处有1～6腺体；托叶长1 cm，条形，有腺齿。伞形花序含2～4花；梗长达6 cm，总梗极短，基部围翻卷张开宿存芽鳞，花后反折；花直径达3.5 cm；萼筒钟形，萼片三角形，全缘或有锯齿，开花时外翻；花瓣倒卵形，先端截形或有微凹，白色，开花后期略带粉色。核果卵状球形或圆球形，先端尖，基部微凹，径达2.5 cm，熟时黄色、暗红色或紫红色；核卵形或长卵形。花期4月；果熟期6月。

原产欧洲及亚洲西部。我国北方多地栽培。

著名的栽培大樱桃种系之一，果形大，风味优美，适宜生吃及加工成罐头。种仁可榨油。花供观赏。

合欢 Albizia julibrissin

豆科 Leguminosae
合欢属 Albizia

落叶乔木。高达 16 m；小枝褐绿色，皮孔黄灰色。羽片 4~12 对；小叶 10~30 对，镰刀形，两侧极偏斜，长达 12 mm，宽达 4 mm，先端尖，基部平截，中脉近上缘；叶柄有一腺体。头状花序，多数，伞房状排列；萼长达 4 mm；花冠长达 1 cm，淡黄色；雄蕊多数，花丝粉红色。荚果扁平带状，长达 15 cm，宽达 2.5 cm，基部短柄状，幼时有毛，褐色。花期 6~7 月；果期 9~10 月。

国内分布于东北至华南及西南地区。

木材可用于制家具。树皮入药，能安神活血、消肿痛。嫩叶可食。花蕾入药，能安神解郁。花美丽，开花如绒簇，十分可爱，常植为行道树，供绿化观赏。

刺槐 Robinia pseudoacacia

豆科 Leguminosae

刺槐属 Robinia

落叶乔木。高达 25 m；树皮褐色，有深沟，小枝光滑。奇数羽状复叶，小叶 7～25；小叶椭圆形或卵形，长 2～5 cm，宽 1～2 cm，先端圆形或微凹，有小尖头，基部圆形或阔楔形，全缘，无毛或幼时疏生短毛。总状花序腋生，长 10～20 cm，下垂；花萼杯状，浅裂；花白色，芳香，长 1.5～2 cm，旗瓣有爪，基部常有黄色斑点。荚果扁平，条状长圆形，腹缝线有窄翅，长 4～10 cm，红褐色，无毛。种子 3～13，黑色，肾形。花期 4～5 月；果期 9～10 月。

原产于美国东部。广泛分布于全国各地。

木质坚硬，可作枕木、农具。叶可作家畜饲料。种子含油 12%，可作制肥皂及油漆的原料。花可提取香精，又是较好的蜜源植物。

紫穗槐 Amorpha fruticosa

豆科 Leguminosae

紫穗槐属 Amorpha

落叶灌木。高达 4 m；幼枝密被毛。奇数羽状复叶，小叶 9～25；小叶椭圆形或披针状椭圆形，长达 4 cm，宽达 15 mm，先端圆或微凹，有短尖，基部圆形或阔楔形，两面幼时有白色短柔毛，有透明腺点。总状花序集生于枝条上部，长达 15 cm；花萼钟状，密被短毛并有腺点；花冠蓝紫色，旗瓣倒心形，无翼瓣和龙骨瓣；雄蕊 10，包于旗瓣之中，伸出瓣外。荚果下垂，弯曲，长达 9 mm，宽约 3 mm，棕褐色，有瘤状腺点。花期 6～7 月；果期 8～10 月。

原产于美国。全国各地均有栽培。

为保持水土、固沙造林和防护林带低层树种。枝条可编筐。嫩枝和叶可作家畜饲料和绿肥。荚果和叶的粉末或煎汁可作农药杀虫。蜜源植物。

酢浆草 Oxalis corniculata

酢浆草科 Oxalidaceae
酢浆草属 Oxalis

多年生草本。全株有疏柔毛。根状茎细长。茎匍匐或斜升，多分枝。叶互生；三出掌状复叶，小叶倒心形，无柄；叶柄长 2～4 cm；托叶小而明显，与叶柄贴生。伞形花序腋生；总花梗与叶柄近等长；花黄色；萼片 5，披针形或长圆形，长 3～4 mm；花瓣 5，长圆状倒卵形，长 6～8 mm；雄蕊 10，花丝基部合生；子房长圆柱形，有毛，花柱 5。蒴果长圆柱形，长 1～1.5 cm。种子多数，长圆状卵形，扁平，熟时红褐色。花、果期 4～9 月。

生于山坡、路边、村旁、墙根。广泛分布于全国各地。

全草入药，能解热利尿、消肿散淤。茎叶含草酸，可用以磨镜或擦铜器，使其具光泽。牛羊食其过多可中毒致死。

花椒 Zanthoxylum bungeanum

芸香科 Rutaceae
花椒属 Zanthoxylum

落叶乔木或灌木。高达 7 m；树皮深灰色，有扁刺及木栓质的瘤状突起；小枝灰褐色，被疏毛或无，点状皮孔白色；托叶刺基部扁宽，对生。奇数羽状复叶，小叶 5～11；小叶片卵圆形或卵状长圆形，长达 7 cm，宽达 3 cm，先端尖或微凹，基部圆形，边缘有细钝锯齿，齿缝间有半透明油点，上面平滑，下面脉上常有细刺及褐色簇毛；总叶柄及叶轴上有不明显的狭翅。聚伞状圆锥花序，顶生；花单性、单被，花被片 4～8，黄绿色；雄花有 5～7 雄蕊，花丝条形，药隔中间近顶处常有 1 色泽较深的油点；雌花有 3～4 心皮，脊部各有 1 隆起膨大的油点，子房无柄，花柱侧生，外弯。蓇葖果圆球形，2～3 聚生，基部无柄，熟时外果皮红色或紫红色，密生疣状油点。种子圆卵形，径 3.5 mm。花期 4～5 月；果期 7～8 月或 9～10 月。

国内分布于北起东北南部，南至五岭北坡，东南至江苏、浙江沿海一带，西南至西藏。

果皮为调料，并可提取芳香油；又可药用，有散寒燥湿、杀虫的功效。种子可榨油。

香椿 Toona sinensis

楝科 Meliaceae
香椿属 Toona

落叶乔木。高达 25 m；树皮灰褐色，纵裂而片状剥落；冬芽密生暗褐色毛；幼枝粗壮，暗褐色，被柔毛。偶数羽状复叶，长 30～50 cm，有特殊香味，有小叶 10～22 对；小叶对生，长椭圆状披针形或狭卵状披针形，长 6～15 cm，宽 3～4 cm，先端渐尖或尾尖，基部圆形，不对称，全缘或有疏浅锯齿，嫩时下面有柔毛，后渐脱落；小叶柄短；总叶柄有浅沟，基部膨大。顶生圆锥花序，下垂，被细柔毛，长达 35 cm；花白色，有香气，有短梗；花萼筒小，5 浅裂；花瓣 5，长椭圆形；雄蕊 10，其中 5 枚退化；花盘近念珠状，无毛；子房圆锥形，有 5 条细沟纹，无毛，每室 8 胚珠。蒴果狭椭圆形，深褐色，长 2～3 cm，熟时 5 瓣裂。种子上端有膜质长翅。花期 5～6 月；果期 9～10 月。

国内分布于华北、华东、华中、华南及西南地区。

木材细致美观，为上等家具、室内装修和船舶用材。幼芽、嫩叶可生食、熟食及腌食，味香可口，为上等"木本蔬菜"。根皮、果药用，有收敛止血、祛湿止痛的功效。

斑地锦 Euphorbia maculata

大戟科 Euphorbiaceae
大戟属 Euphorbia

一年生平卧小草本。乳汁白色。茎纤细，多分枝，绿紫色，全株有白色细柔毛。叶对生，长圆形或椭圆形，长达1 cm，宽至6 mm，先端圆钝，边缘有细齿，基部偏斜，绿色或带紫色，叶中部有一紫斑，有短柄。杯状聚伞花序单生于叶腋及枝顶，总苞倒圆锥形，先端4～5裂，裂片间有腺体4，长圆形，有白色花瓣状附属物，总苞内有多数雄花及1雌花；子房有长柄，3室，花柱3，离生，顶端2裂。蒴果三棱状近球形，无毛。种子卵形，褐色，外被灰白色蜡粉。花期5～10月；果期6～10月。

生于田边、路旁、农舍附近及海滨沙地。国内分布于除海南以外的其他地区。

全草药用，有清利湿热、降压、止血的功效。

扶芳藤 Euonymus fortunei

卫矛科 Celastraceae
卫矛属 Euonymus

常绿匍匐或攀援灌木。茎枝常有许多细根，小枝绿色，有细密疣状皮孔。叶薄革质，椭圆形，稀长圆状倒卵形，长2～8 cm，宽1～4 cm，先端短尖或渐尖，基部阔楔形，边缘有钝锯齿；叶柄长4～8 mm。聚伞花序腋生，总花梗长达4 cm，第2次分枝长不超过6 mm；花梗长约3 mm；花绿白色，4数，直径约6 mm；萼片半圆形，长约1.5 mm；花瓣卵形，长2～3 mm；雄蕊着生于花盘边缘，花丝长约2 mm；花柱长约1 mm。蒴果近球形，淡红色，径约7 mm，稍有4条浅沟。种子有红色假种皮。花期6～7月；果期9～10月。

国内分布于华东、华中地区及四川、陕西等省份。

优良垂直绿化树种。茎、叶药用，有行气、舒筋散瘀之功效。

葡萄 *Vitis vinifera*

葡萄科 Vitaceae
葡萄属 *Vitis*

落叶木质藤本。长10～20 m；树皮片状剥落；幼枝有毛或无毛；卷须分枝，与叶对生。叶近圆形，长7～15 cm，宽7～15 cm，3～5浅裂，中裂片卵形，短渐尖，基部深心形，裂片有时重叠，边缘有不整齐粗锯齿，锯齿有短尖，下面绿色，无毛或沿脉有短柔毛；叶柄长3～8 cm。圆锥花序与叶对生，长10～15 cm，花两性或杂性异株；花小，黄绿色；花萼盘状全缘；花瓣5，长约2 mm，顶部粘合成帽状，花开时整个脱落；雄蕊5；花盘由5腺体组成，基部与子房贴生，子房2室，每室有2胚珠。浆果，形状因品种而异，熟时紫红色或带绿色，有白粉。种子3～4，褐色。花期6月；果期8～9月。

原产欧洲、西亚及北非。全国各地均有栽培。

为著名水果，可鲜食、酿酒、制干等。从皮渣中提取酒石酸、酒精、醋及鞣酸等。根、藤药用，有止呕、安胎的功效。

蜀葵 *Althaea rosea*

锦葵科 Malvaceae
蜀葵属 *Althaea*

多年生草本。高达 2 m；茎枝有密刚毛。叶近圆心形，直径达 16 cm，掌状 5~7 浅裂或波状棱角，中裂片长约 3 cm，宽达 6 cm，上面疏生星状柔毛，下面有星状长硬毛或绒毛；叶柄长达 15 cm，有星状长硬毛；托叶卵形，长约 8 mm，先端有 3 尖。花腋生、单生或近簇生，总状花序式；有叶状苞片；花梗长约 5 mm，果时延长达 2.5 cm，有星状长硬毛；副萼杯状，常 6~7 裂，裂片卵状披针形，长达 1 cm，有密星状粗硬毛，基部合生；萼钟状，直径达 3 cm，5 齿裂，裂片卵状三角形，长达 1.5 cm，有密星状粗硬毛；花大，直径达 10 cm，有红、紫、白、粉红、黄和黑紫等色，单瓣或重瓣，花瓣倒卵状三角形，长约 4 cm，先端凹缺，基部狭，爪上有长髯毛；雄蕊柱无毛，长约 2 cm，花丝纤细，长约 2 mm，花药黄色；花柱多分枝，微有细毛。果盘状，直径约 2 cm，有短柔毛，分果爿近圆形，有纵槽。花、果期 6~9 月。

国内分布于西南地区。

种子、根、花药用。种子可利水通淋、滑肠，还可榨油。根、花可解毒、消痈。茎皮纤维可代麻用。花大而美，花期长，栽培供观赏。

山茶 Camellia japonica

山茶科 Theaceae
山茶属 *Camellia*

常绿灌木或小乔木。小枝淡绿色，无毛。叶倒卵形至椭圆形，长5～12 cm，宽3～4 cm，先端短渐尖，基部楔形，边缘有尖或钝锯齿，上面暗绿色，有光泽，下面淡绿色，两面无毛；叶柄长8～15 mm。花大，红色或白色，径6～8 cm，近无梗；单生或对生于叶腋或枝顶，花瓣5～7，近圆形，萼片密被绒毛；子房无毛，3室，花柱3，离生。蒴果球形，径2～3 cm；种子近球形或有棱角。花期12月至翌年5月；果实秋季成熟。

国内分布于秦岭—淮河以南地区。

品种繁多，为著名花木。种子榨油，食用及工业用。花为收敛止血药。

大叶胡颓子 *Elaeagnus macrophylla*

胡颓子科 Elaeagnaceae
胡颓子属 *Elaeagnus*

常绿攀援灌木。高可达 4 m；树皮及老枝灰黑色；嫩枝有圆滑棱脊，无棘刺。叶薄革质，卵形、宽椭圆形至近圆形，长达 9 cm，宽达 6 cm，先端突尖、钝尖或圆形，基部圆形，全缘，幼叶两面密生银灰色腺鳞，上面呈深绿色，侧脉 6～8 对；叶柄扁圆形，长达 2 cm，银灰色。通常 1～8 花生于叶腋短枝上；花梗长 4 mm；萼筒钟形，长 5 mm，在裂片下面开展，在子房上方骤缩，裂片 4，卵状三角形，先端钝尖，两面密生银灰色腺鳞；雄蕊与裂片互生，花药长圆形，长约 3 mm；花柱被鳞片及星状毛，顶端略弯曲，高于雄蕊。果长椭圆形，密被银灰色腺鳞，长达 2 cm，径达 8 mm，两端圆或钝尖，顶端有小尖头。果核两端钝尖，淡黄褐色，有 8 条纵肋。花期 10～11 月；翌年 5～6 月果实成熟。

生于向阳山坡的崖缝及峭壁的树丛间，常与野生的山茶共生组成群落。国内分布于江苏、浙江的沿海岛屿及台湾。

可供观赏。果可生吃。根、叶可药用，有收敛、止泻、平喘、镇咳的功效。

芫荽 Coriandrum sativum

伞形科 Umbelliferae
芫荽属 Coriandrum

一年生草本。全体无毛，有强烈香气。茎圆柱形，直立，高20～100 cm。基生叶一至二回羽状全裂，裂片阔卵形，边缘深裂或有缺刻；叶柄长2～8 cm；茎生叶三回以至多回羽状裂，末回裂片狭条形，长5～10 mm，宽0.5～1 mm，全缘，先端钝。复伞形花序顶生或与叶对生；花序梗长2～8 cm，无总苞片；伞幅3～7；小总苞片2～5，条形，全缘；小伞形花序有花3～9；萼齿大小不等；花瓣白色或带淡紫色，倒卵形，先端有内折的小舌片，在花序边缘有辐射瓣。双悬果圆球形，背面主棱及相邻的次棱较明显；油管不明显。花、果期5～7月。

原产地中海地区。广泛分布于全国各地。

供作蔬菜。果实药用，有驱风、健胃的功效。

滨海前胡 Peucedanum japonicum

伞形科 Umbelliferae
前胡属 Peucedanum

多年生草本。茎粗壮，常呈蜿蜒状，光滑无毛，有浅槽和纵条纹。叶片宽大，质厚，一至二回三出式分裂；一回羽片卵圆形或三角状圆形，长7～9 cm，3浅裂或深裂，基部心形，有长柄；二回羽片的侧裂片卵形，中间裂片倒卵形，均无脉，有3～5粗锯齿，网状脉非常细致而清晰，两面无毛，粉绿色；基生叶有长达5 cm的叶柄，基部叶鞘宽阔抱茎，边缘膜质。伞形花序分枝，顶端花序直径约10 cm；花序梗粗壮；总苞片2～3，有时缺；伞幅15～30；小总苞片8～10；花瓣通常紫色，稀白色，卵形至倒卵形，外面有毛。双悬果卵圆形至椭圆形，长达6 mm，有小硬毛，背棱条形稍突起，侧棱厚翅状；每棱槽内有油管3～4，合生面有油管8。

生于海滩。国内分布于浙江、福建、台湾等省份。

萝藦 *Metaplexis japonica*

萝藦科 Asclepiadaceae
萝藦属 *Metaplexis*

多年生草质藤本。有乳汁。叶对生，卵状心形，长4～10 cm，宽3～6 cm，先端尖，全缘，基部心形，表面绿色，背面粉绿色，无毛或幼时被微毛；有长柄，叶柄顶端有丛生腺体。总状聚伞花序腋生，有长花序梗；花萼5深裂，裂片披针形，外面及边缘被柔毛；花冠钟形或近辐状，白色带淡紫红色斑纹，5深裂，裂片披针形，先端反卷，里面被柔毛；副花冠环状，5浅裂；雄蕊5，合生成圆锥状，包围雌蕊，花粉块卵圆形，下垂；子房上位，柱头延伸成1长喙，顶端2裂。蓇葖果纺锤形，长7～9 cm，直径1～2 cm，表面无毛，常有瘤状突起。种子扁卵圆形，褐色，顶端具白色绢质种毛。花期7～8月；果期9～10月。

生于山坡，林边、荒野、路边。国内分布于东北、华北、华东、华中地区及甘肃、陕西、贵州等省份。

根供药用，可治跌打、蛇咬、疔疮、瘰疬等。种毛可止血。民间用全草治气管炎。茎皮纤维坚韧，可制人造棉。

砂引草 Messerschmidia sibirica

紫草科 Boraginaceae
砂引草属 Messerschmidia

多年生草本。高达 30 cm。根状茎细长。茎单一或丛生，密生糙伏毛或白色长柔毛。叶披针形或长圆形，长达 5 cm，宽达 1 cm，先端圆钝，稀微尖，基部楔形或圆形，两面密生糙伏毛或长柔毛；近无柄。聚伞花序伞房状，顶生，二叉状分枝；花密集，白色；花萼密生向上的糙伏毛，5 裂至近基部，裂片披针形；花冠钟状，花冠筒较裂片长，裂片 5，外弯，外面密生向上的糙伏毛；雄蕊 5，内藏；子房 4，每室 1 胚珠，柱头 2，下部环状膨大。果实有 4 钝棱，椭圆形，长约 8 mm，径约 5 mm，先端凹入，密生伏毛，核有纵肋，成熟时分裂为 2 个分核。花期 5 月；果期 6～7 月。

生于海滨或盐碱地。国内分布于东北地区及河北、河南、陕西、甘肃、宁夏等省份。

花可提取香料。植株浸泡后，外用消肿、治关节痛。良好的固沙植物。

薄荷 Mentha haplocalyx

唇形科 Labiatae
薄荷属 Mentha

多年生草本。茎高达 60 cm，四棱形，上部有倒向微柔毛，下部仅沿棱有微柔毛。叶长圆状披针形至卵状披针形，长达 5 cm，稀 7 cm，宽达 3 cm，先端锐尖，基部楔形至圆形，边缘在基部以上疏生粗大的牙齿状锯齿，上面沿脉密生微柔毛，其余部分疏生柔毛或无毛，下面沿脉密生微柔毛；叶柄长达 1 cm，有微柔毛。轮伞花序腋生，球形，有总梗或无；花梗纤细，长约 2.5 mm；花萼管状钟形，长约 2.5 mm，外有微柔毛及腺点，10 脉，萼齿 5，狭三角状钻形；花冠淡紫色，长约 4 mm，外面略有微柔毛，内面喉部以下有微柔毛，冠檐 4 裂，上裂片较大，先端 2 裂，其余 3 裂片等大，先端圆钝；雄蕊 4，前对稍长，稍伸出冠外，花药卵圆形，2 室；花柱顶端 2 裂，裂片近相等。小坚果卵球形，黄褐色，有窝点。花期 7～9 月；果期 10 月。

生于山沟、河旁、水塘边湿地。广泛分布于全国各地。

全草药用，有祛风热、清利头目的功效。也可提取挥发油。

枸杞 Lycium chinense

茄科 Solanaceae

枸杞属 Lycium

蔓性灌木。高1～2 m；枝条弯曲或匍匐，有短刺或无。单叶互生或簇生，叶片卵形至卵状披针形，先端尖或钝，全缘，基部楔形。花单生或2～4簇生叶腋；花萼钟形，3～5裂，裂片阔卵形；花冠漏斗状，淡紫色，长9～12 mm，筒部向上骤然扩大，稍短于或近等于檐部裂片，5深裂，裂片先端圆钝，平展或稍向外反曲，边缘有缘毛；雄蕊5，伸出花冠外，花丝基部及花冠筒内壁密生1圈绒毛；子房2室，花柱稍伸出雄蕊，细长，柱头球形。浆果卵形或长卵形，长5～18 mm，直径4～8 mm，熟时鲜红色。

生于田边、路旁、庭院前后及墙边。广泛分布于全国各地。

根皮药用，清热凉血。果实也可药用，滋补肝肾、强壮筋骨、益精明目。

忍冬 Lonicera japonica

忍冬科 Caprifoliaceae

忍冬属 Lonicera

半常绿攀援藤本。幼枝密生黄褐色柔毛和腺毛。单叶，对生；叶片卵形、长圆状卵形或卵状披针形，长 3～8 cm，宽 2～4 cm，先端急尖或渐尖，基部圆形或近心形，全缘，边缘有缘毛，上面深绿色，下面淡绿色，小枝上部的叶两面密生短糙毛，下部叶近无毛；侧脉 6～7 对；叶柄长 4～8 mm，密生短柔毛。两花并生于 1 总梗，生于小枝上部叶腋，与叶柄等长或稍短，下部梗较长，长 2～4 cm，密被短柔毛及腺毛；苞片大，叶状，卵形或椭圆形，长 2～3 cm，两面均被短柔毛或有时近无毛；小苞片先端圆形或平截，长约 1 mm，有短糙毛和腺毛；萼筒长约 2 mm，无毛，萼齿三角形，外面和边缘有密毛；花冠先白后黄，长 2～5 cm，二唇形，下唇裂片条状而反曲，筒部稍长于裂片或近等长，外面被疏毛和腺毛；雄蕊和花柱均伸出花冠外。浆果，离生，球形，径 5～7 mm，熟时蓝黑色。种子褐色，长约 3 mm，中部有 1 凸起的脊，两面有浅横沟纹。花期 5～6 月；果期 9～10 月。

生于山坡、沟边灌丛。广泛分布于全国各地。

花药用，称"金银花"或"双花"，有清热解毒的功效。为良好的园林植物及水土保持树种。

金银忍冬 Lonicera maackii

忍冬科 Caprifoliaceae
忍冬属 Lonicera

落叶灌木。树皮灰色，细纵裂，幼枝有短柔毛；小枝中空，冬芽有5~6对鳞片，芽鳞有疏柔毛。叶对生；叶常卵状椭圆形或卵状披针形，长达8 cm，宽达6 cm，先端多渐尖，基部阔楔形或圆形，全缘，两面脉上有短柔毛或无；叶柄长达5 mm，有短柔毛；无托叶。花成对，腋生，有总花梗；总花梗短于叶柄，长2 mm，有短柔毛；苞片条形，长达6 mm，小苞片多少连合成对，长多为萼筒的1/2，先端平截；相邻两萼筒分离，长约2 mm，无毛或疏生腺毛，萼齿5，不等大，长2~3 mm，有长缘毛；花冠先白后黄，外面疏生柔毛，二唇形，裂片长于花冠筒2~3倍；雄蕊5，与花柱均约为花冠的2/3，花丝中部以下和花柱均有柔毛。浆果球形，径5~6 mm，红色或暗红色。种子有小浅凹点。花期5~6月；果期8~10月。

生于山坡石缝及湿润处的杂木林中。广泛分布于全国各地。

深秋果红，为优良观赏植物。茎皮可制人造棉。种子油制肥皂。

栝楼 *Trichosanthes kirilowii*

葫芦科 Cucurbitaceae
栝楼属 *Trichosanthes*

多年生攀援草本。圆柱状块根肥厚，灰黄色。茎被白色柔毛；卷须有3～7分枝。叶片轮廓圆形，长、宽均达20 cm，常3～5浅裂至中裂，两面沿脉被长柔毛状硬毛，基出掌状脉5条。花单性，雌雄异株；雄花序总状，小苞片倒卵形或阔圆形，长达2.5 cm；雄花花萼筒筒状，顶端扩大，有短柔毛，花萼裂片披针形，全缘，花冠白色，5深裂，裂片倒卵形，先端中央有1绿色尖头，边缘分裂成流苏状，雄蕊3，花药靠合；雌花单生，花萼筒圆筒形，裂片和花冠同雄花，子房椭圆形，绿色，花柱长2 cm，柱头3。果梗粗壮，果实椭圆形或近球形，长达10 cm，成熟时近球形，黄褐色或橙黄色，光滑。种子多数，压扁，卵状椭圆形，淡黄褐色。花期5～8月；果期8～10月。

生于山坡、路旁、灌丛。国内分布于华北、华东、华中、华南、西南地区及辽宁、陕西等省份。

根、果实、果皮和种子药用：根称"天花粉"，有清热生津、解热清毒的功效；果实、果皮和种子（瓜蒌仁）有清热化痰、润肺止咳、滑肠的功效。

南瓜 Cucurbita moschata

葫芦科 Cucurbitaceae
南瓜属 Cucurbita

一年生蔓生草本。茎长达数米，节处生根，有棱沟，被短刚毛；卷须3～5分枝。叶片阔卵形或卵圆形，有五角或5浅裂，两面密被刚毛和茸毛，上面常有白斑。花单生，雌雄同株；雄花花萼裂片条形，上部扩大成叶状，花冠黄色，钟状，5中裂，裂片外展，有皱褶，雄蕊3，花丝腺体状，花药靠合，花室S形折曲；雌花花萼裂片显著叶状，子房圆形或椭圆形，1室，花柱短，柱头3，膨大，顶端2裂。果梗有棱和槽，瓜蒂扩大成喇叭状；瓠果形状多样，外面常有纵沟或无。种子多数卵形或椭圆形，灰白色，边缘薄。花期5～7月；果期6～9月。

广泛分布于全国各地。

果实可食用。种子及全株可药用：种子有清热除湿、驱虫的功效；藤有清热的作用；瓜蒂有安胎的功效；根治牙痛。

阿尔泰狗娃花 Heteropappus altaicus

菊科 Asteraceae

狗娃花属 Heteropappus

多年生草本。茎高达 60 cm，有上曲的贴毛或开展的毛，基部有分枝。基部叶在花期枯萎；下部叶条形、长圆状披针形或倒披针形，长达 6 cm，宽达 1.5 cm，全缘或有疏齿；上部叶渐小，条形；全部叶两面或下面有粗毛或细毛，常有腺点。头状花序在枝顶排列成伞房状；总苞半球形，径达 1.8 cm；总苞片 2~3 层，近等长或外层稍短，条形或长圆状披针形，长达 8 mm，草质，边缘膜质，外面有毛，有腺点；舌状花约 20，舌片浅蓝紫色，长圆状条形，长达 15 mm；管状花长 6 mm，5 裂，裂片不等大；冠毛污白色或红褐色，长 4~6 mm，有微糙毛。瘦果倒卵状长圆形，扁，长达 2.8 mm，有绢毛，上部有腺点。花、果期 6~10 月。

生于山坡、路边、荒地。国内分布于东北、华北、西北地区及四川。

全草药用，有清热降火的功效。

金盏银盘 Bidens biternata

菊科 Asteraceae

鬼针草属 Bidens

一年生草本。茎直立，高 30～150 cm，略有四棱，无毛或被稀疏卷曲短柔毛。叶为一回羽状复叶；顶生小叶卵形或卵状披针形，长 2～7 cm，宽 1～2.5 cm，先端渐尖，基部楔形，边缘有锯齿，有时一侧深裂为 1 小裂片，两面均有柔毛，侧生小叶 1～2 对，卵形或卵状长圆形，近顶端的 1 对稍小，通常不分裂，基部下延，下部的 1 对约与顶生小叶相等，有明显的柄，三出复叶状分裂或仅一侧有裂片，裂片椭圆形，边缘有锯齿；总叶柄长 1.5～5 cm；头状花序直径 7～10 mm，花序梗长 1.5～5.5 cm；总苞基部有短柔毛；外层苞片 8～10，草质，条形，长 3～6.5 mm，背部密被短柔毛，内层苞片长椭圆形或长圆状披针形，长 5～6 mm，被短柔毛；舌状花通常 3～5，不育，淡黄色，舌片长椭圆形，长约 4 mm，宽 2.5～3 mm，先端 3 齿裂，或有时无舌状花；管状花长 4～5.5 mm，冠檐 5 齿裂。瘦果条形，黑色，长 9～19 mm，宽 1 mm，有 4 棱，两端稍狭，顶端芒刺 3～4，长 3～4 mm，有倒刺毛。

生于路边、村旁及荒地上。国内分布于华南、华东、华中、西南地区及河北、山西、辽宁等省份。

全草药用，功效与"小花鬼针草"相同。

野菊 Dendranthema indicum

菊科 Asteraceae

菊属 Dendranthema

多年生草本。高达 1 m；有地下匍匐茎；茎直立，茎枝有稀疏毛，或上部的毛较密。茎生叶卵形或长卵形，长达 7 cm，宽达 4 cm，羽状深裂或浅裂，裂片边缘有大小不等的锯齿或缺刻状齿，上面绿色，疏被柔毛，下面浅绿色或灰绿色，柔毛较密；叶柄长约 1 cm 或近无柄。头状花序，直径达 2 cm，在枝端排成疏散的伞房圆锥花序；总苞片约 5 层，外层卵形或长卵形，长达 4 mm，中内层卵形至椭圆状披针形，长达 7 mm，边缘及顶部有白色或浅褐色宽膜质，顶端圆钝；舌状花 1 层，黄色，舌片长椭圆形，长达 12 mm，先端全缘或 2~3 浅齿；管状花多数，基部无鳞片。瘦果无冠毛。花、果期 10~11 月。

生于山坡、海滨沙滩上。国内分布于东北、华北、华中、华南及西南地区。

花、叶及全株入药，有清热解毒、疏风散热、明目、降血压的功效。

茵陈蒿 Artemisia capillaris

菊科 Asteraceae

蒿属 Artemisia

多年生草本。茎直立，基部坚硬，近灌木状，高 1 m，有纵棱，绿色或老时带紫色，秋季常自基部或茎部发出不育枝，枝上的叶密集，呈莲座状，幼嫩时被绢毛，老时近无毛。早春末抽茎前及秋季近果期时自基部重发的基生叶有柄，长或短。叶片轮廓近卵圆形或长卵形，一至三回羽状全裂或掌裂，裂片条形、条状披针形或长卵形，春季基生叶密被顺展的白绢毛，秋季重发者被较疏的白绢毛；茎中部的叶于花期无柄，一至二回羽状全裂；上部的叶逐渐变小，叶最终裂片狭线形，基部半抱茎，上面近光滑。头状花序密或较密，排列成复总状；总苞卵形或近球形，光滑，长约 2 mm，宽约 1.5 mm，暗绿色或黄绿色；苞片 3～4 层，边缘膜质，花序托近球形，有腺毛；雌花花冠初时管状，近果期时呈类壶形，先端 3 裂，黄绿色；两性花不育，花冠近柱形，先端 5 裂，黄绿色，近上部有时带紫红色，花冠外有腺毛。瘦果长圆形，长约 0.8 mm，有纵条纹。花期 8～9 月；果期 9～10 月。

国内分布于华东、华中、华南地区及辽宁、河北、陕西、四川等省份。

幼苗供药用，能清湿热、利肝胆，为治疗黄疸型肝炎的要药。

艾 *Artemisia argyi*

菊科 Asteraceae
蒿属 *Artemisia*

多年生草本。植物体被绒毛，有香气。根略粗长，有侧根；常有横卧地下根状茎。茎高 50~120 cm，上部有开展及斜生的花序枝。茎下部的叶片阔卵形，羽状浅裂或深裂，裂片边缘有锯齿，基部下延成长柄，花期枯萎；茎中部的叶片近长倒卵形，长 6~10 cm，宽 4~8 cm，羽状深裂或浅裂，侧裂片常为 2 对，裂片近长卵形或卵状披针形，全缘或有 1~2 锯齿，齿先端钝尖，顶裂片呈明显或不明显的浅裂，基部近楔形，下延成急狭的短柄，柄长多不及 5 mm，有假托叶；上部叶渐小，2~3 浅裂，或不裂，近无柄；上面绿色，有白色腺点和小凹点，初被灰白色短柔毛，后逐渐脱落，下面被绒毛，呈灰白色。头状花序多数，排列成复总状；总苞近卵形，长约 3 mm，宽 2~2.5 mm；总苞片 3 层，被绒毛；雌花约 10，花冠管状，长约 1.3 mm，黄色；两性花 10 余，花冠近喇叭筒状，长约 2 mm，黄色，有时上部带紫色；花冠外被腺毛；子房近柱状，花序托稍突出，呈圆顶状。花期 9~10 月；果期 11 月。

国内除极干旱与高寒地区外，广泛分布于全国各地。

叶供药用，有散寒除湿、温经止血的功效。又为艾绒的原料，供针灸用。

野艾蒿 *Artemisia lavandulaefolia*

菊科 Asteraceae
蒿属 *Artemisia*

多年生草本。植物体被绒毛，有香气。茎直立，高 60～120 cm。叶的形态个体间差异较大，基部叶的轮廓近卵形，二回羽裂，裂片宽窄不一，边缘有少数齿裂或全缘；有长柄；下部叶的轮廓近倒卵形或卵形，二回羽状全裂，终裂片条状披针形或条形，先端钝尖，有柄，有假托叶；中部叶的轮廓近卵圆形或长圆形，长 6～11 cm，宽 4～9 cm，一至二回羽状全裂，或第一回为羽状全裂而第二回为羽状深裂，侧裂片 2～3 对，终裂片长椭圆形、近条状披针形或条形，边缘有 1～2 小齿或全缘，先端钝尖，叶基部渐狭成柄，柄长 1～1.5 cm，有假托叶；上部叶渐小，花序下的叶 3 裂，裂片近长披针形，基部楔形，几无柄；花序间的叶近条形，全缘，叶上面初微被绒毛，后近无毛，有白色腺点及小凹点，下面除主脉外密被绒毛，边缘反卷。头状花序多数，排列成复总状，有短梗及细长苞叶；总苞长圆形，长约 3 mm，宽 2～2.5 mm，被绒毛；总苞片 3 层；雌花 4～9，花冠管状，长 1.3～1.5 mm，黄色；两性花 10～20，花冠喇叭筒状，长 2～2.4 mm，黄色，上部有时带紫色；花冠外被腺毛；子房长椭圆形或近长卵形，花序托平突或稍突，呈圆顶状。瘦果近长卵形，长约 1.3 mm，有纵纹，棕色。花期 9 月；果期 10 月。

生于山坡、林缘及路旁。国内分布于东北、华北、华中、华东、西北、西南等地区。

苦苣菜 Sonchus oleraceus

菊科 Asteraceae
苦苣菜属 Sonchus

一年或二年生草本。高达 80 cm；茎不分枝或上部分枝，无毛或上部有腺毛。叶柔软，无毛，长椭圆状阔披针形，长达 25 cm，宽达 6 cm，羽状分裂，大头羽状全裂或半裂，顶裂片大，宽三角形，侧裂片长圆形或三角形，边缘有不规则的刺状尖齿，下部叶柄有翅，基部扩大抱茎；中上部叶无柄，基部宽大戟状耳形抱茎。头状花序数个，在茎顶排成伞房状，直径约 1.5 cm；梗或总苞下部疏生腺毛；总苞钟状，长达 12 mm，宽达 15 mm，暗绿色；总苞片 2～3 层，先端尖，背面疏生腺毛和微毛，外层苞片卵状披针形，内层苞片披针形；舌状花黄色，长约 1.3 cm。瘦果长椭圆状倒卵形，压扁，长约 3 mm，褐色或红褐色，边缘有微齿，两面各有 3 条高起的纵肋，肋间有横纹；冠毛白色，毛状，长约 7 mm。花、果期 5～8 月。

国内分布于华东、华中、华北、西南、西北地区及辽宁。

茎叶可作牲畜饲料。全草亦可药用，能清热、凉血、解毒。

多裂翅果菊 Pterocypsela laciniata

菊科 Asteraceae
翅果菊属 Pterocypsela

多年生草本。根粗厚，分枝呈萝卜状。茎单生，高达 2 m，上部圆锥状花序分枝，茎枝无毛。中下部茎叶倒披针形、椭圆形或长椭圆形，规则或不规则二回羽状深裂，长达 30 cm，宽达 17 cm，无柄，基部宽大，顶裂片狭线形，一回侧裂片 5 对或更多，中上部的侧裂片较大，向下的侧裂片渐小，二回侧裂片线形或三角形，全部茎叶或中下部茎叶极少一回羽状深裂，披针形或长椭圆形，长达 30 cm，宽达 8 cm，侧裂片 1~6 对、镰刀形、长椭圆形，顶裂片线形、披针形、宽线形；向上的茎叶渐小。头状花序多数，在茎枝顶端排成圆锥花序。总苞果期卵球形，长达 3 cm，宽 9 mm；总苞片 4~5 层，外层卵形、宽卵形或卵状椭圆形，长达 9 mm，宽达 3 mm，中内层长披针形，长 1.4 cm，宽 3 mm，全部总苞片顶端急尖或钝，边缘或上部边缘染红紫色；舌状小花 21 枚，黄色。瘦果椭圆形，压扁，棕黑色，长 5 mm，宽 2 mm，边缘有宽翅，每面有 1 条高起的细脉纹，顶端急尖成长 0.5 mm 的粗喙。冠毛 2 层，白色，长 8 mm，几为单毛状。花、果期 7~10 月。

国内分布于东北、华东、华北、华中、西南地区及陕西、广东等省份。

幼嫩茎叶可作蔬菜食用。

莴苣 Lactuca sativa

菊科 Asteraceae
莴苣属 Lactuca

一年或二年生草本。高 30～100 cm；茎直立，粗壮，多少有纵沟棱，无毛。基生叶丛生，长圆状倒卵形或椭圆形，长 10～30 cm，先端圆形，有柄，全缘或有浅刺状牙齿，平展或卷曲成皱波状，两面无毛；茎生叶向上渐小，椭圆形或三角状卵形，先端尖或钝，基部心形，抱茎。头状花序多数，在茎顶排成伞房圆锥状；总苞长 8～10 mm，宽 3～5 mm；总苞片 3～4 层，先端钝，稍肉质，外层苞片卵状披针形，内层苞片长圆状条形；舌状花黄色。瘦果椭圆状倒卵形，长约 4 mm，灰色、肉红色或褐色，微压扁，两面各有纵肋 7～8 条，上部有开展的柔毛，喙细长，与果身等长或稍长；冠毛白色，与瘦果近等长。花、果期 7～8 月。

原产欧洲。广泛分布于全国各地。

供作蔬菜。种子药用，有活血祛瘀、通乳的功效。

香蒲 Typha orientalis

香蒲科 Typhaceae
香蒲属 Typha

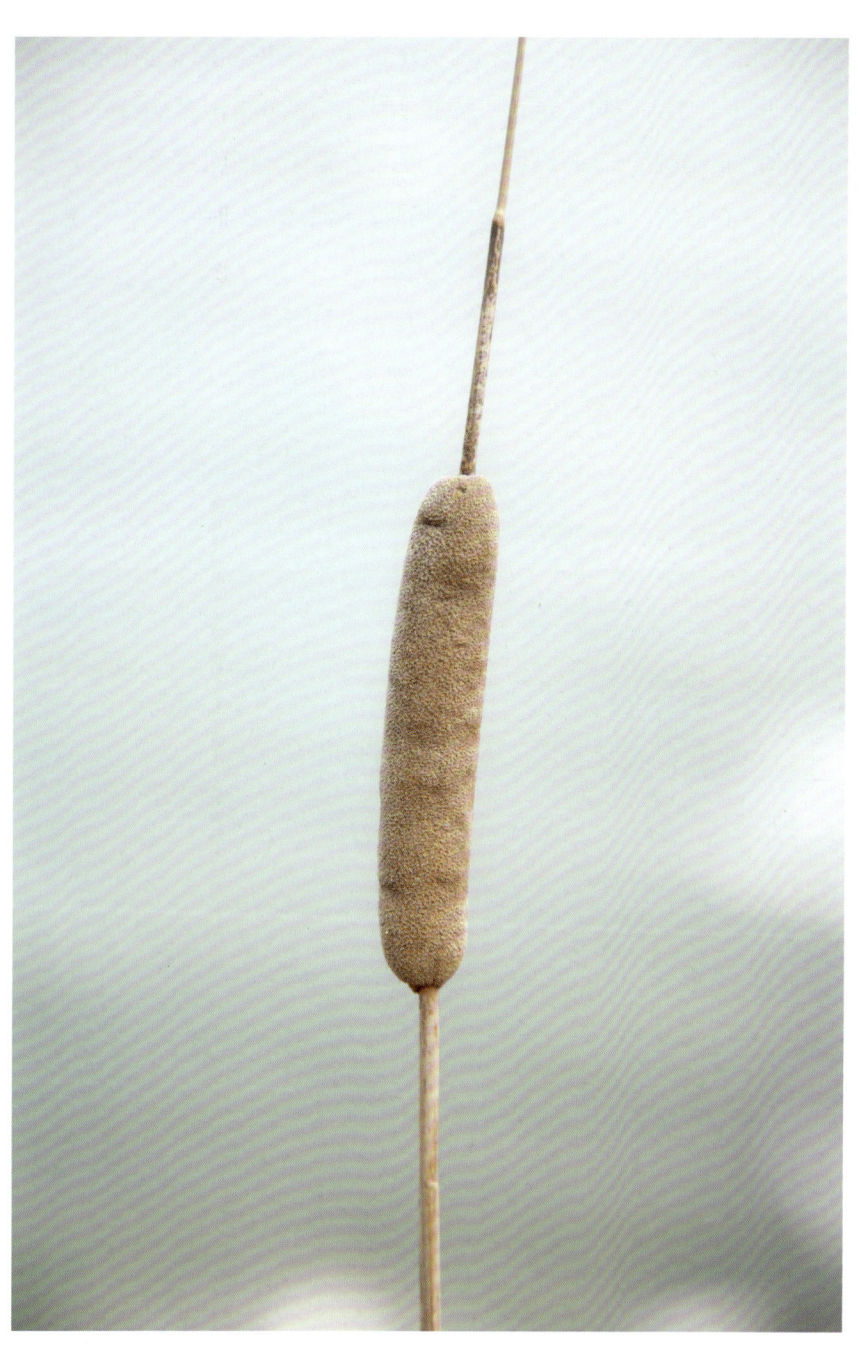

多年生沼生植物。植株高达 2 m。根状茎粗壮。叶片带状，扁平，长约达 70 cm，宽约达 9 mm，基部扩大成鞘，抱茎，开裂，叶鞘边缘白色膜质。雌雄花序紧密相连；花序上有膜质的叶状苞片；雄花序长达 9.2 cm；雄花由 2～4 枚雄蕊组成，基部有一柄，花药长约 2.5 mm，花粉粒单生；雌花序长达 15.2 cm，圆柱状，果期花各部增长；雌花全长约 8 mm；不孕花长约 6 mm；雌花基部的白色柔毛长约 7 mm，比柱头稍长或等长；无小苞片。果实长 1 mm。花、果期 6～8 月。

生于湖泊、池沼、沟塘浅水处。国内分布于东北、华北、华东地区及湖南、陕西、广东、云南等省份。

花粉药用，称"蒲黄"，有行瘀利尿的功效，炒炭可收敛止血。雌花称"蒲绒"，可作填充用。茎叶纤维柔韧，是编织、造纸的原料。

硬质早熟禾 Poa sphondylodes

禾本科 Gramineae
早熟禾属 Poa

多年生草本。秆密丛生，高达 60 cm，有 3~4 节，顶部节间特长，细而坚实，顶节常位于秆中部以下，花序基部以下秆和节下处常稍糙涩。叶鞘无毛，秆基部叶鞘有时呈淡紫色；叶舌膜质，长约 4 mm；叶片稍粗糙，长达 7 cm，宽约 1 mm。圆锥花序紧缩，几成穗状，长 3~10 cm，宽约 1 cm；小穗常绿色，成熟后草黄色，含 4~6 小花，长 5~7 mm；颖披针形，先端锐尖，长约 3 mm，有 3 脉，第一颖常稍短于第二颖；外稃披针形，硬纸质，有 5 脉，脊和边脉下部有长柔毛；基盘有绵毛；第一外稃长约 3 mm；内稃与外稃近等长，有时小穗上部小花之内稃稍长于外稃。颖果纺锤形，腹面有凹沟。花、果期 6~7 月。

生于山坡、路边及空旷地上。国内分布于东北、华北和西北地区。

朝阳隐子草 Cleistogenes hackelii

禾本科 Gramineae

隐子草属 Cleistogenes

多年生草本。秆丛生,基部具鳞芽,高 30~85 cm,径 0.5~1 mm,具多节。叶鞘长于或短于节间,常疏生疣毛,鞘口具较长的柔毛;叶舌具长 0.2~0.5 mm 的纤毛,叶片长 3~10 cm,宽 2~6 mm,两面均无毛,边缘粗糙,扁平或内卷。圆锥花序开展,长 4~10 cm,基部分枝长 3~5 cm;小穗长 5~7 mm,含 2~4 小花;颖膜质,具 1 脉,第一颖长 1~2 mm,第二颖长 2~3 mm;外稃边缘及先端带紫色,背部具青色斑纹,具 5 脉,边缘及基盘具短纤毛,第一外稃长 4~5 mm,先端芒长 2~5 mm,内稃与外稃近等长。花、果期 7~11 月。

国内分布甘肃、河北、山西、山东、河南、陕西、江苏、安徽、湖北、湖南、四川、福建、贵州等地;多生于山坡林下或林缘灌丛。

知风草 *Eragrostis ferruginea*

禾本科 Gramineae
画眉草属 *Eragrostis*

多年生草本。秆丛生，直立或基部倾斜，极压扁；高达 110 cm。叶鞘极压扁，鞘口有毛，脉上常有腺点；叶舌退化成短毛状，长约 0.3 mm；叶片扁平或内卷，长达 40 cm，宽达 6 mm，上部叶超出花序之上。圆锥花序大而开展，长达 30 cm，基部常包于顶生叶鞘内，分枝单生，或 2～3 聚生，枝腋间无毛；小穗柄长达 15 mm，中部或靠上部有 1 腺点，在小枝中部也常存在，腺体多为长圆形，稍凸起；小穗常紫色或淡紫色，长 5～10 mm，宽 2～2.5 mm，含 7～12 小花；颖开展，披针形，1 脉，第一颖长 1.4～2 mm，第二颖长 2～3 mm；外稃卵状披针形，先端稍钝，侧脉明显，第一外稃长约 3 mm；内稃短于外稃，脊上有小纤毛，宿存；花药长约 1 mm。颖果棕红色，长约 1.5 mm。花、果期 8～12 月。

生于路边、荒地及山坡草丛。广泛分布于全国各地。

根系发达，可作保土、固堤植物。又是优良牧草。

芦苇 Phragmites communis

禾本科 Gramineae
芦苇属 Phragmites

多年生高大草本。根状茎粗壮。秆高达 3 m，径达 1 cm，节下常有白粉。叶鞘圆筒形；叶舌极短，截平，或成一圈纤毛；叶片扁平，长达 45 cm，宽达 3.5 cm。圆锥花序顶生，疏散，长达 40 cm，稍下垂，下部分枝腋部有白柔毛；小穗通常含 4～7 小花，长 12～16 mm；颖 3 脉，第一颖长 3～7 mm，第二颖长 5～11 mm；第一小花常为雄性，其外稃长 9～16 mm；基盘细长，有长 6～12 mm 的柔毛；内稃长约 3.5 mm。颖果长圆形。花、果期 7～11 月。

生于池塘、湖泊、河道、海滩和湿地。广泛分布于全国各地。

秆为造纸原料或作编席织帘及建棚材料，茎、叶嫩时为饲料，根状茎供药用。为固堤造陆的先锋环保植物。

纤毛鹅观草 Roegneria ciliaris

禾本科 Gramineae

鹅观草属 Roegneria

秆单生或成疏丛。高40～80 cm，常被白粉，直立或基部膝曲。叶鞘无毛；叶片扁平，长10～20 cm，宽3～10 mm，无毛，边缘粗糙。穗状花序长10～20 cm，直立或稍下垂；小穗通常绿色，长15～22 mm（芒除外），含（6）7～12小花；颖长圆状披针形，先端有短尖头，两侧或一侧有齿，5～7脉，明显，长7～9 mm，边缘及边脉上有纤毛；外稃长圆状披针形，背部有粗毛，边缘有长而硬的纤毛，先端两侧或一侧有齿；基盘两侧及腹面有极短的毛；第一外稃长8～9 mm，先端延伸成反曲的芒，芒长10～30 mm，内稃长约为外稃长度的2/3，长圆状倒卵形，先端钝。颖果顶端有茸毛。花、果期4～8月。

生于路旁、林缘及山坡。国内分布于东北、华北、华东地区。

抽穗前秆叶柔软，可作牧草；抽穗后，茎秆粗韧，利用价值降低。

鹅观草 Roegneria kamoji

禾本科 Gramineae
鹅观草属 Roegneria

秆直立或倾斜，高达 1 m。叶鞘外侧边缘常有纤毛；叶片长达 40 cm，宽达 13 mm。穗状花序下垂或弯曲，长达 20 cm；小穗绿色或带紫色，含 3～10 小花，长 13～25 mm（芒除外）；颖卵状披针形至长圆状披针形，边缘膜质，先端锐尖、渐尖或有长 2～7 mm 的短芒，有 3～5 明显的脉，第一颖长 4～6 mm，第二颖长 5～9 mm（芒除外）；外稃披针形，边缘宽膜质，背部常无毛或稍粗糙，第一外稃长 8～11 mm，先端有直芒或上部稍曲折；内稃约与外稃等长，先端钝，脊上有明显的翼。花期早春。

生于山坡、林下、路旁、草地。国内分布于除青海、新疆、西藏以外的其他地区。

叶质柔软而繁盛，产草量大，可食性高，可作牲畜的饲料。

牛筋草 *Eleusine indica*

禾本科 Gramineae
穆属 *Eleusine*

一年生草本。秆常斜生且开展，基部压扁，高达 90 cm。叶鞘压扁，无毛或疏生疣毛，鞘口常有柔毛；叶舌长 1 mm；叶片扁平或卷褶，长达 15 cm，宽达 5 mm，无毛或上面有疣基柔毛。穗状花序 2~7 枚，很少单生，呈指状簇生茎顶端；每小穗长 4~7 mm，宽 2~3 mm，含 3~6 小花；颖披针形，脊上粗糙，第一颖长 1.5~2 mm，第二颖长 2~3 mm；第一外稃长 3~4 mm，有脊，脊上有翅；内稃短于外稃，具 2 脊，沿脊上有纤毛。囊果长 1.5 mm。种子卵形，有明显波状皱纹。花、果期 6~10 月。

生于荒地、路边。广泛分布于全国各地。

可作牧草。全草药用，有活血、补气的功效。秆叶坚韧，可作造纸原料。

虎尾草 *Chloris virgata*

禾本科 Gramineae
虎尾草属 *Chloris*

一年生草本。秆丛生，直立或膝曲，光滑无毛，高达 75 cm。叶鞘无毛，背部有脊，松弛，秆最上部叶鞘常包藏花序；叶舌长约 1 mm，无毛或具纤毛；叶片长达 25 cm，宽达 6 mm，平滑或上面及边缘粗糙。穗状花序 5～10 余枚，指状生于茎顶部，长达 5 cm；小穗长 3～4 mm（芒除外），幼时淡绿色，成熟后常带紫色；颖 1 脉，膜质，第一颖长约 1.8 mm，第二颖长约 3 mm，有长 0.5～1.5 mm 的芒；第一外稃长 3～4 mm，3 脉，边脉上有长柔毛，芒由先端下部伸出，长 5～15 mm；内稃短于外稃，具 2 脊，脊上有纤毛；不孕外稃先端截平，长约 2 mm。花、果期 6～10 月。

生于路边、荒地、墙头、房檐上。广泛分布于全国各地。

可作牧草。

狗牙根 *Cynodon dactylon*

禾本科 Gramineae
狗牙根属 *Cynodon*

多年生草本。有根状茎。秆匍匐地面可长达 1 m，直立部分高 10~30 cm，径 1~1.5 mm，光滑无毛。叶片条形，长 1~12 cm，宽 1~3 mm，互生，在秆上部之叶，因节间短而似对生状，通常光滑无毛。穗状花序长 2~5（6）cm，（2~）3~5（6）枚生于茎顶，指状排列；小穗灰绿色或带紫色，常含 1 小花，长 2~2.5 mm；颖 1 脉，有膜质边缘，长 1.5~2 mm，2 颖几等长，或第二颖稍长；外稃 3 脉，与小穗等长；内稃 2 脉，与外稃等长；花药淡紫色；子房无毛，柱头紫红色。颖果长圆柱形。花、果期 5~10 月。

生于墙边、路边和荒地上。国内分布于黄河以南地区。

根状茎发达，可铺草坪，又可用作保土植物；药用，有清血的功效。茎叶可作牧草。

鼠尾粟 Sporobolus fertilis

禾本科 Gramineae
鼠尾粟属 Sporobolus

多年生草本。秆直立，丛生，高达 1.2 m，无毛。叶鞘平滑无毛；叶舌极短，纤毛状，长约 0.2 mm；叶片质较硬，无毛或上面基部疏生柔毛，常内卷，长达 65 cm，宽达 5 mm。圆锥花序紧缩呈线形，长达 44 cm，宽达 1.2 cm，分枝直立，其上密生长约 2 mm 的小穗；小穗灰绿色且略带紫色，含 1 花；颖膜质，第一颖无脉，长约 0.5 mm，第二颖 1 脉，长 1～1.5 mm；外稃有 1 主脉及不明显的 2 侧脉，与小穗等长；雄蕊 3，花药黄色，长 0.8～1 mm。囊果成熟后红褐色，明显短于外稃和内稃，长 1～1.2 mm，顶端平截。花、果期 3～12 月。

生于路边、山坡和草地。国内分布于长江流域以南地区及陕西。

嫩时为牧草；老秆可供编织及造纸。

马唐 Digitaria sanguinalis

禾本科 Gramineae
马唐属 Digitaria

一年生草本。秆基部常倾斜，节着土即生根，高达80 cm。叶鞘常疏生疣基软毛，稀无毛；叶舌长1～3 mm；叶片长达15 cm，宽达12 mm，两面疏生软毛或无毛，边缘变厚而粗糙。总状花序4～12枚，指状排列于茎顶端；小穗成对着生穗轴各节，披针形，长3～3.5 mm，1有长柄，1近无柄；第一颖长约0.2 mm，钝三角形；第二颖长为小穗的1/2～3/4，狭窄，有不明显的3脉，边缘有纤毛；第一外稃与小穗等长，具7脉，中部3脉明显，脉间距离较宽而无毛，侧脉很接近或不明显，无毛或在脉间贴生柔毛。颖果灰绿色。花、果期6～9月。

生于田间、荒地及路边。广泛分布于全国各地。

茎叶为秋季优良牧草。颖果加工后洁白如谷粒。

狗尾草 *Setaria viridis*

禾本科 Gramineae

狗尾草属 *Setaria*

一年生草本。秆直立或基部膝曲，高 10～100 cm，径 3～7 mm。叶鞘较松弛，无毛或有柔毛；叶舌纤毛状，长 1～2 mm；叶片长 4～30 cm，宽 2～18 mm。圆锥花序紧密排列成长圆柱状或基部稍疏离，直立或稍弯曲，长 2～15 cm；小穗长 2～2.5 mm，先端钝，2 至数枚簇生，刚毛小枝 1～6 枚；第一颖卵形，长约为小穗的 1/3，3 脉；第二颖与小穗等长，5～7 脉；第一外稃与小穗等长，5～7 脉，有 1 狭窄内稃。颖果有细点状皱纹，成熟后很少膨胀。花、果期 5～10 月。

生于海拔 4000 m 以下的荒野、路旁及田埂。广泛分布于全国各地。

秆、叶可作饲料，也可入药，治痈瘀、面癣。全草加水煮沸 20 min 后，滤出液可喷杀菜虫。

结缕草 *Zoysia japonica*

禾本科 Gramineae
结缕草属 *Zoysia*

多年生草本。有匍匐茎，植株高15～20 cm。下部叶鞘松弛，上部叶鞘紧密抱茎；叶舌不明显，有白柔毛，长约1.5 mm；叶片质较硬，扁平或稍卷折，长2.5～5 cm，宽2～4 mm。总状花序穗状，长2～4 cm，宽3～5 mm；小穗卵圆形，长2.5～3.5 mm，宽1～1.5 mm，小穗柄可长于小穗并且常弯曲；外稃膜质，1脉，长2.5～3 mm；雄蕊3，花丝短，花药长约1.5 mm。颖果卵形，长1.5～2 mm。花、果期5～8月。

生于干旱山坡、路旁。广泛分布于全国各地。

植株矮，根状茎发达，又耐践踏，是理想的草坪植物，尤宜铺设足球场。

芒 Miscanthus sinensis

禾本科 Gramineae

芒属 Miscanthus

多年生苇状草本。高达 2 m；无毛或在花序下疏生柔毛。叶鞘长于节间，无毛，仅鞘口有长柔毛；叶舌长达 3 mm，圆钝，先端有小纤毛；叶片长达 50 cm，宽达 1 cm。圆锥花序扇形，主轴只延伸到中部以下，分枝强而直立，长达 40 cm；每节有 1 短柄和 1 长柄小穗；小穗柄无毛，长柄长 4~6 mm，短柄长约 2 mm；小穗披针形，长 4.5~5 mm，基盘有与小穗近等长或稍短的白色或淡黄褐色的丝状毛；第一颖 2 脊 3 脉，无毛；第二颖舟形，先端渐尖，无毛，边缘有小纤毛；第一外稃较颖稍短；第二外稃较颖短 1/3，在先端 2 裂齿间伸出一长 8~10 mm 的芒，芒稍扭转、膝曲；内稃小，长仅及外稃的 1/2。花、果期 7~12 月。

生于山坡、河滩、堤岸。广泛分布于全国各地。

茎秆高而坚强，可作篱墙。幼茎可药用，有散血去毒的功效；亦可作为牧草。秆皮可造纸、编草鞋。花序可做扫帚。

白茅 Imperata cylindrica

禾本科 Gramineae
白茅属 Imperata

多年生草本。根状茎发达。秆高达 90 cm，具 2~4 节，节上生有长达 10 mm 的柔毛。叶鞘老时常破碎成纤维状，无毛或上部边缘及鞘口有纤毛；叶舌干膜质，长约 1 mm，顶端有细纤毛；叶片先端渐尖，主脉在背面明显突出，长达 40 cm，宽达 8 mm；顶生叶短小，长达 3 cm。圆锥花序穗状，长达 15 cm，宽达 2 cm，分枝短，排列紧密；小穗成对或单生，基部生有细长丝状柔毛，毛长 10~15 mm，小穗长 2.5~3.5（~4）mm；小穗柄长短不等；2 颖相等，具 5 脉，中脉延伸至上部，背部脉间疏生长于小穗本身 3~4 倍的丝状长毛，边缘有纤毛；第一外稃卵状长圆形，长为颖的一半或更短，顶端尖；第二外稃长约 1.5 mm，内稃宽约 1.5 mm，无芒，具微小的齿裂；雄蕊 2，花药黄色，长 2~3 mm，先于雌蕊而成熟；柱头 2，紫黑色。花、果期 5~8 月。

生于山坡、草地、路边、田埂及荒地。广泛分布于全国各地。

优良牧草。根状茎药用，有清凉利尿的功效。秆叶作造纸原料。

白羊草 *Bothriochloa ischaemum*

禾本科 Gramineae

孔颖草属 *Bothriochloa*

多年生草本。根状茎短。秆丛生，基部膝曲，高达 70 cm，3 至多节，节无毛或有白色髯毛。叶舌约 1 mm，有纤毛；叶片长达 16 cm，宽达 3 mm，两面疏生疣基柔毛或背面无毛。4 至多枚总状花序在秆顶端呈指状或伞房状排列，长达 6.5 cm，灰绿色或带紫色，穗轴节间与小穗柄两侧有丝状毛；无柄小穗长 4～5 mm，基盘有髯毛；第一颖背部中央稍下凹，5～7 脉，下部 1/3 处常有丝状柔毛，边缘内卷，上部 2 脊，脊上粗糙；第二颖舟形，中部以上有纤毛；第一外稃长圆状披针形，长约 3 mm，边缘上部疏生纤毛；第二外稃退化成条形，先端延伸成一膝曲的芒；有柄小穗雄性，无芒。花、果期 6～10 月。

生于低山坡、草地、田梗、路边。广泛分布于全国各地。

是重要的保持水土禾草。秆及叶嫩时为优良牧草。

黄背草 *Themeda japonica*

禾本科 Gramineae
菅属 *Themeda*

多年生草本。秆基部压扁，高达 1.5 m。叶鞘紧裹茎秆，常有硬疣毛；叶舌长 1～2 mm；叶片长 10～50 cm，宽 4～8 mm。伪圆锥花序较狭窄，由具佛焰苞的总状花序组成，总状花序长 1.5～1.7 cm，佛焰苞长 2.5～3 cm，舟形，托在下部；每总状花序有小穗 7 枚，基部 2 对小穗雄性或中性，生在同一平面上，很像轮生的总苞，上部 3 枚小穗中有 1 枚为两性，有一至二回膝曲的芒而无柄，2 枚为雄性或中性，有柄而无芒。花、果期 6～12 月。

生于山坡、草地及道旁。国内分布于除新疆、西藏、青海、甘肃、内蒙古以外的其他地区。

优良的水土保持植物。秆可用于造纸及盖屋。嫩茎叶可作牧草。全草药用，有利尿、祛湿热的功效。

具芒碎米莎草 Cyperus microiria

莎草科 Cyperaceae
莎草属 Cyperus

一年生草本。无根状茎。秆丛生，细弱或稍粗壮，高达 50 cm，扁三棱形。叶短于秆，宽 2~5 mm，叶鞘常呈棕红色。叶状苞片 3~5，下面 2 片常长于花序；长侧枝花序复出，有辐射枝 4~9；穗状花序卵形或长圆状卵形，长 1~4 cm，有 5 至多数小穗；小穗排列松散，斜展，长圆形、披针形或条状披针形，压扁，长 4~10 mm，宽约 2 mm，有 6~22 花；小穗轴有白色的狭翅；鳞片排列疏松，宽倒卵形，顶端微凹，有明显突出于鳞片先端的短尖，背面有龙骨状突起，绿色，有 3~5 条脉，两侧呈黄色或麦秆黄色；雄蕊 3，花药短；花柱短，柱头 3。小坚果三棱状倒卵形或椭圆形，与鳞片近等长，褐色，有密的细点。花、果期 6~10 月。

生于田间、水边湿地。广泛分布于全国各地。

鸭跖草 *Commelina communis*

鸭跖草科 Commelinaceae
鸭跖草属 *Commelina*

一年生草本。株高 20～60 cm；茎肉质多分枝，基部匍匐而节上生根，上部近直立。单叶，互生；披针形或卵状披针形，长 4～9 cm，宽 1.5～2 cm，先端锐尖；无柄或几无柄，基部有膜质短叶鞘，白色，有绿纹，鞘口有白色纤毛。佛焰苞有柄，心状卵形，边缘对合折叠，基部不相连，有毛；花两性，两侧对称；萼片 3，薄膜质；花瓣 3，蓝色，后方的 2 片较大，卵圆形，前方的 1 片卵状披针形；能育雄蕊 3。蒴果 2 室，每室 2 枚种子。种子表面有皱纹。花、果期 6～10 月。

生于路旁、林厂、山涧、水沟边较阴湿处。广泛分布于全国各地。

全草药用，有清热解毒、利尿的功效；也可作饲料。

饭包草 Commelina benghalensis

鸭跖草科 Commelinaceae
鸭跖草属 Commelina

与"鸭跖草"相似，主要区别是：本种为多年生；茎多分枝，长可达 70 cm；叶为阔卵形至卵状椭圆形，先端钝，有明显的短叶柄；佛焰苞下部合生成漏斗状；聚伞花序有数花，几不伸出佛焰苞外；蒴果 3 室；花、果期 7～10 月。

生于路边、水溪边及林下阴湿处。国内分布于秦岭—淮河流域以南地区及河北。

全草药用，有清热解毒、消肿利水的功效。

葱 Allium fistulosum

百合科 Liliaceae
葱属 Allium

鳞茎单生，圆柱形，粗1～2 cm，有的可达4 cm左右；鳞茎外皮白色或淡红褐色，膜质或薄革质，不破裂。叶圆筒形，中空。花葶圆柱形，中空，中部以下膨大，向顶端渐细，下部有叶鞘；总苞2裂，膜质；伞形花序，球形，多花，密集；花梗纤细，基部无小苞片；花白色，花被片有反折的小尖头；花丝锥形，长为花被片的1.5～2倍；子房倒卵形，腹缝线基部有不明显的蜜穴，花柱细长，伸出花被外。花期4～5月；果期6～7月。

原产于西伯利亚。全国各地均有栽培。

为重要的蔬菜和调味料。鳞茎及种子供药用，有通乳、解毒的功效。

韭 *Allium tuberosum*

百合科 Liliaceae

葱属 *Allium*

多年生草本。根状茎横生并倾斜。鳞茎簇生，近圆柱形；鳞茎外皮黄褐色，破裂成纤维状或网状。叶扁平条形，实心，宽2~7 mm，边缘平滑。花葶细圆柱状，常有2纵棱，比叶长，高25~50 cm，下部有叶鞘；总苞单侧开裂，或2~3裂，宿存；伞形花序近球形，花稀疏；花梗近等长，基部有小苞片；数枚花梗的基部还有1片共同的苞片；花白色或微带红色，花被片有黄绿色的中脉。蒴果，有倒心形的果瓣。种子近扁卵形，黑色。花期7~8月；果期8~9月。

原产亚洲东部和南部。广泛分布于全国各地。

叶、花葶及花均为蔬菜。种子供药用，为兴奋、强壮、健胃、补肾药。根外用能消瘀止血，内服能止汗。

薤白 *Allium macrostemon*

百合科 Liliaceae

葱属 *Allium*

鳞茎近球状，粗 0.7~2 cm，基部常具小鳞茎；鳞茎外皮带黑色，纸质或膜质，不破裂。叶 3~5 枚，半圆柱状，或因背部纵棱发达而为三棱状半圆柱形，中空，上面具沟槽，比花葶短。花葶圆柱状，高 30~70 cm，1/4~1/3 被叶鞘；总苞 2 裂，比花序短；伞形花序半球状至球状，具多而密集的花，或间具珠芽或有时全为珠芽；小花梗近等长，比花被片长 3~5 倍，基部具小苞片；珠芽暗紫色，基部亦具小苞片；花淡紫色或淡红色；花被片矩圆状卵形至矩圆状披针形，长 4~5.5 mm，宽 1.2~2 mm，内轮的常较狭；花丝等长，比花被片稍长直到比其长 1/3，在基部合生并与花被片贴生，分离部分的基部呈狭三角形扩大，向上收狭成锥形，内轮的基部约为外轮基部宽的 1.5 倍；子房近球状，腹缝线基部具有帘的凹陷蜜穴；花柱伸出花被外。花、果期 5~7 月。

生于海拔 1500 m 以下的山坡、丘陵、山谷或草地上。除新疆、青海外，全国其他地区均有分布。

鳞茎作药用，也可作蔬菜食用，在少数地区已有栽培。

卷丹 Lilium lancifolium

百合科 Liliaceae

百合属 Lilium

多年生草本。高达 80 cm。鳞茎卵状球形，直径达 6 cm，鳞片白色，宽卵形，长达 3 cm，宽达 2 cm。茎直立，绿色或淡紫色，有白色绵毛。叶互生；叶片卵状披针形或披针形，长达 16 cm，宽达 1.8 cm，先端渐尖，边缘有乳头状突起，两面疏被短毛或渐脱落近无毛，有 5～7 条脉；上部叶腋有珠芽。花 3～10，排成总状花序；花橘红色，下垂；苞片叶状，卵状披针形，长达 2 cm，宽达 1 cm；花梗长达 10 cm，有白色绵毛；花被片 6，披针形，反卷，长达 10 cm，宽达 2 cm，内侧有紫黑色斑点，蜜腺两边有乳头状突起和白色短毛；雄蕊 6，花丝无毛，花药长圆形，紫色，四面开裂；雌蕊 1，柱头 3 浅裂，子房圆柱形。蒴果狭长倒卵形，长 3～4 cm。种子多数。花期 6～7 月；果期 8～9 月。

生于山坡、林缘、山沟路旁草丛中。国内分布于华东、华北、西北、华中地区及吉林、广西、四川等省份。

鳞茎含淀粉，可供食用；还可入药，具有滋补强壮、润肺止咳、镇静安神等功效。花大，色泽鲜艳、美丽，可栽培供观赏。

薯蓣 *Dioscorea opposita*

薯蓣科 Dioscoreaceae
薯蓣属 *Dioscorea*

多年生缠绕草本。地下茎圆柱形，垂直，长达 1 m，直径达 7 cm，外皮灰褐色，生多数须根，肉质，质脆，断面白色，带黏性；茎纤细而长，常带紫色，有棱线，光滑无毛，右旋缠绕。叶对生或 3 叶轮生；叶腋常生珠芽，名"零余子"，俗称"山药豆"；叶片三角状卵形或三角状阔卵形，全缘，通常 3 裂，侧裂片圆耳状，中裂片先端渐尖，基部心形；叶脉 7~9，自叶基部伸出，网脉明显；叶柄带紫色。花单性，雌雄异株；花小，排成穗状花序，雄花序直立，雌花序下垂；花被片 6；雄花有 6 雄蕊；雌花花柱 3，柱头 2 裂。蒴果有 3 棱，呈翅状。种子扁圆形，有宽翅。花期 6~9 月；果期 7~11 月。

生于向阳山坡或疏林下土层深厚疏松的砂质土壤上；或栽培。广泛分布于全国各地。

根状茎含淀粉及蛋白质，为重要蔬菜；也可药用，能健脾胃、补肺肾，治消化不良、食欲不振及病后虚弱等症。

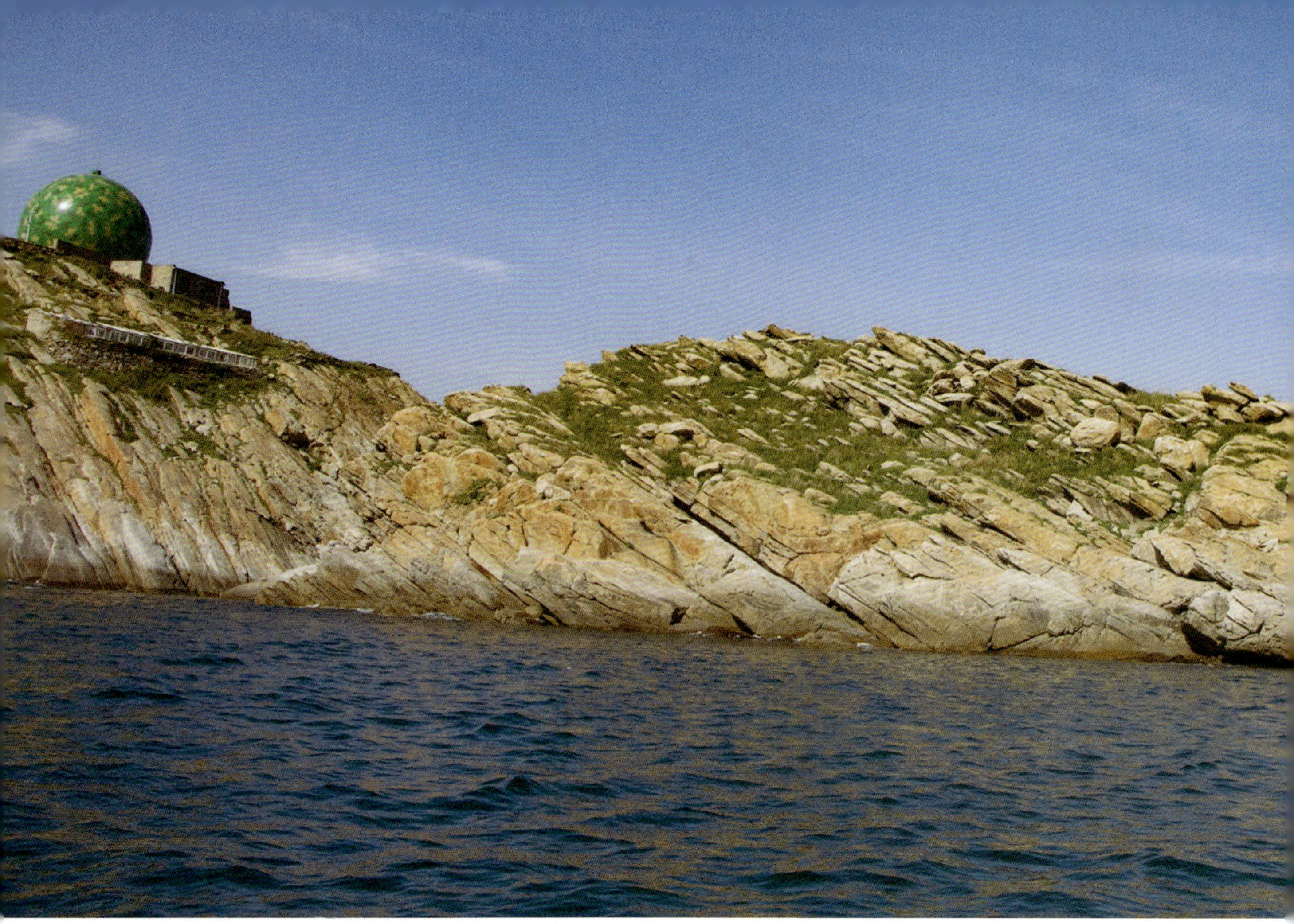

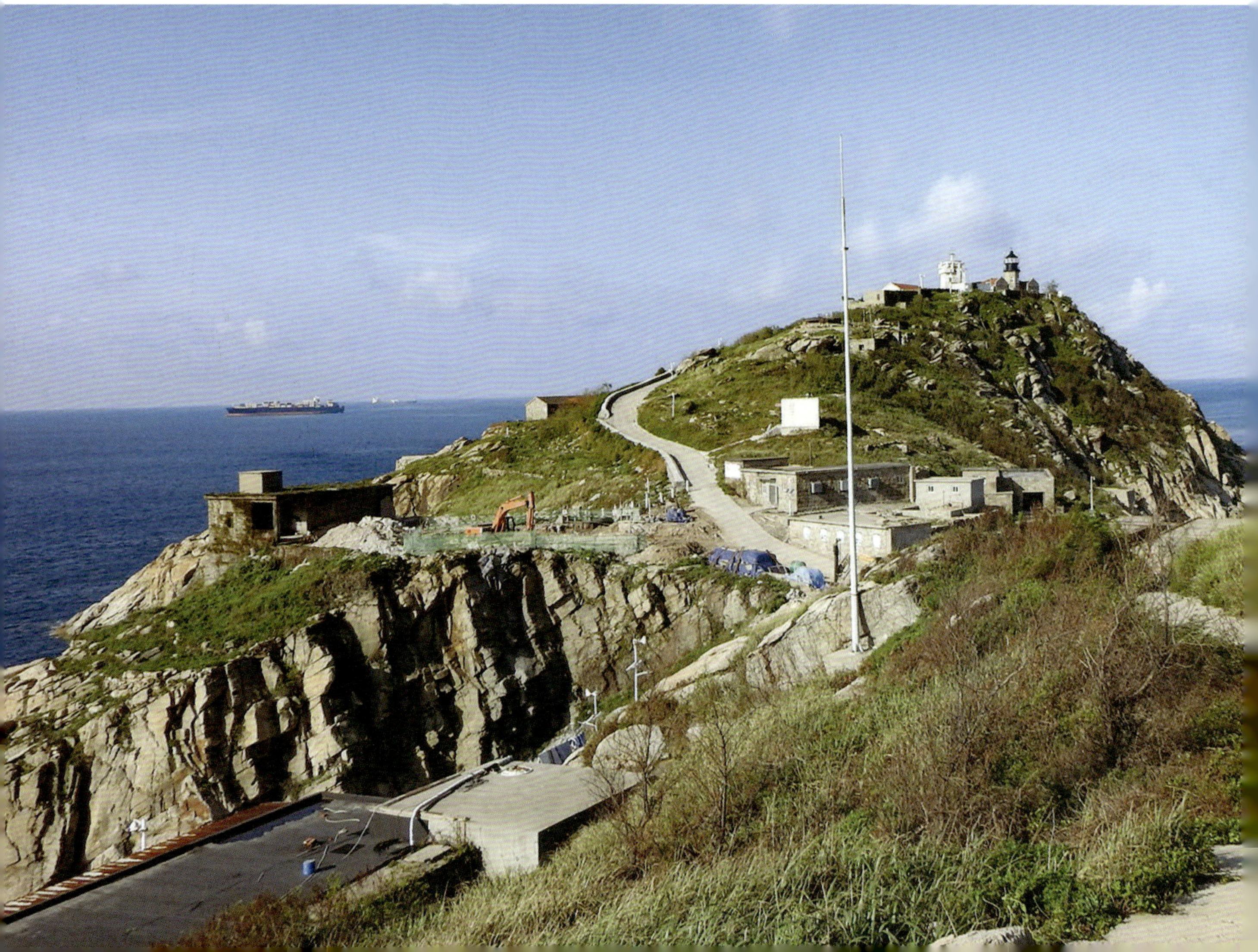

朝连岛全貌

朝连岛景观

朝连岛

朝连岛隶属于山东省青岛市，属无居民海岛，地理位置35°53′41″N、120°52′38″E。该岛东西长1.5 km，南北宽0.3 km，海拔75.0 m。朝连岛呈西南-东北走向，岛陆投影面积24.6 hm²，岛岸线长约3.7 km。岛上岩石居多，少部分土壤是岩石风化的产物，土壤贫瘠。

朝连岛植被主要由天然植被组成。天然植被由乔木林、灌丛、草丛组成。乔木林主要分布在岛阳坡西北部，面积约3 hm²；草丛面积最大，超过5 hm²，主要分布于岩石裸露比较多的阳坡；灌丛面积最小，约0.5 hm²，以紫穗槐为建群种和优势种，主要分布在阴坡陡峭悬崖处。在朝连岛共发现37科79属90种植物，其中乔木6种、灌木7种、草本72种、藤本5种。禾本科18种，占总数20%；菊科15种，占总数16%；百合科5种，占总数7%；蓼科5种，占总数5%；其余科47种，共占总数52%。

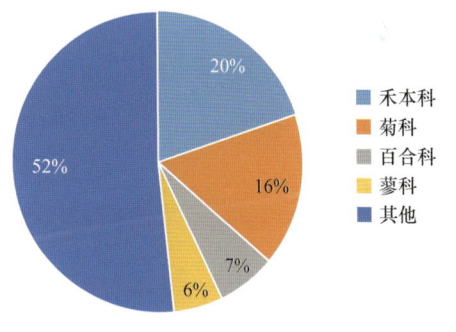

朝连岛植物各科的占比

全缘贯众 Cyrtomium falcatum

鳞毛蕨科 Dryopteridaceae

贯众属 Cyrtomium

植株高达 60 cm。根状茎短粗，直立，密被鳞片；鳞片大，棕褐色，质厚，阔卵形或卵形，有缘毛。叶簇生；叶柄长达 25 cm，粗约 4 mm，禾秆色，密被大鳞片，向上渐稀疏；叶片长圆状披针形，长达 35 cm，宽达 15 cm，一回羽状；顶生羽片有长柄，与侧生羽片分离，卵状披针形或呈 2~3 叉状；侧生羽片 3~11 对，互生或近对生，略斜展，有短柄，卵状镰刀形，中部的略大，长达 10 cm，宽达 4 cm，先端尾状或长渐尖，基部圆形，上侧呈耳状凸起，下侧圆楔形，全缘，有时波状缘或多少有浅粗齿，有加厚的边，其余向上各对羽片渐狭缩，向下近等大或略小；叶脉网状，每网眼有内藏小脉 1~3 条；叶革质，仅沿叶轴有少数纤维状小鳞片。孢子囊群圆形，生于内藏小脉中部；囊群盖圆盾形，边缘有微齿；孢子周壁有疣状褶皱，其表面有细网状纹饰。

生于沿海潮水线以上的岩石壁上。国内分布于江苏、浙江、福建、广东、台湾等省份。

根状茎药用，有清热解毒、驱钩虫和蛔虫等功效。

加杨 Populus × canadensis

杨柳科 Salicaceae

杨属 Populus

乔木。高 30 m；树干灰色，深纵裂；树冠卵形；萌枝及苗茎棱角明显；小枝圆柱形，无毛；芽先端外曲，富黏质。叶三角形或三角状卵形，长达 12 cm，长大于宽，先端渐尖，基部截形，常有 1～2 腺体，边缘半透明，有圆锯齿；叶柄侧扁，带红色。雄花序长达 15 cm，花序轴光滑；每花有雄蕊 15～40；苞片淡绿褐色，丝状深裂；花盘淡黄绿色，全缘，花丝细长，超出花盘；雌花序有花 45～50；柱头 4 裂。果序达 27 cm；蒴果卵圆形，长约 8 mm，瓣裂。花期 4 月；果期 5 月。

原产北美。能耐瘠薄及微碱性土壤，速生，扦插易成活。

木材供箱板、家具、火柴杆、造纸等用。为良好的绿化树种。

榆 *Ulmus pumila*

榆科 Ulmaceae

榆属 *Ulmus*

落叶乔木。高达 25 m；树皮暗灰色，纵裂；小枝灰白色，初有毛；冬芽卵圆形，暗棕色，有毛。叶卵形或卵状椭圆形，长达 6 cm，宽 2.5 cm，先端渐尖，基部阔楔形或近圆形，对称，边缘重锯齿或单锯齿；侧脉 9～14 对，上面无毛，下面脉腋有簇生毛；叶柄长达 5 mm，有短柔毛。花两性，簇生于去年生枝上，有短梗；花萼 4 裂，雄蕊 4，与萼片对生；子房扁平，花柱 2 裂。翅果近圆形，长 1～1.5 cm，顶端有凹缺，果核位于翅果中央，熟时黄白色，仅柱头有毛。花期 3 月；果期 4～5 月。

国内分布于东北、华北、西北、西南地区。

木材坚韧，可供建筑、桥梁、农具等用。可净化空气，为吸收二氧化硫能力极强的树种。翅果含油量高，可用于医药、轻工业、化工业。树皮、叶和翅果可药用，具安神、利小便的功效。

无花果 Ficus carica

桑科 Moraceae
榕属 Ficus

落叶灌木或小乔木。高可达 3 m；树皮灰褐色或暗褐色；枝直立，节间明显。叶倒卵形或圆形，掌状 3~5 深裂，长与宽均可达 20 cm，裂缘有波状粗齿或全缘，先端钝尖，基部心形或近截形，上面粗糙，深绿色，下面黄绿色，沿叶脉有白色硬毛，厚纸质；叶柄长达 13 cm；托叶三角状卵形，脱落。隐头花序单生叶腋。隐花果扁球形或倒卵形、梨形，直径 3 cm，长达 6 cm，黄色、绿色或紫红色。种子卵状三角形，橙黄色或褐黄色。

原产地中海一带。全国各地均有栽培。

为庭院观赏植物。隐花果营养丰富，可生吃，也可制干及加工成各种食品，并有药用价值。叶片药用，治疗痔疾有效。

葎草 Humulus scandens

桑科 Moraceae
葎草属 Humulus

一年生蔓性草本。长达 5 m；茎生倒钩刺。单叶，肾形或近五角形，掌状 5~7 深裂，长达 10 cm，宽达 15 cm，裂片卵圆形，先端渐尖，缘有粗锯齿，叶片基部多心形，叶上面绿色，粗糙，下面灰绿色，疏生刺状刚毛或短柔毛，常有黄色腺点；叶柄长达 20 cm，有短刺毛。雌雄异株；雄株花小，排成圆锥花序；雄花花被片淡黄绿色；雌株的花多排成球形花穗；花穗由多数卵状披针形的苞片组成，每苞片内有 2 花或 1 花；花被片退化成 1 膜质薄片，花柱 2，红褐色，有细刺毛。瘦果扁球形，直径 3 mm，外皮坚硬，有黄褐色的腺点及斑纹；苞片先端短尾状，宿存。花期 7~8 月；果熟期 8~9 月。

生于山坡、路旁、田边。国内分布于除新疆、青海以外的其他地区。

茎皮纤维强韧，可代麻用。全草药用，有健胃、清热、解毒、利尿等功效。种子榨油，含油量约为 30%，可作润滑油及制油墨、肥皂等工业原料用油。

萹蓄 Polygonum aviculare

蓼科 Polygonaceae
蓼属 *Polygonum*

一年生草本。茎匍匐或斜展，多分枝，有沟纹。叶片条形至披针形、椭圆形，长4 cm，宽1 cm，先端钝或急尖，基部楔形，有关节，两面无毛，全缘；有短柄或近无柄；托叶鞘膜质，茎下部者褐色，茎上部者白色透明，有明显脉纹，先端数裂。花1～5簇生于叶腋，全露或半露出于托叶鞘之外；花梗短，基部有关节；花被5深裂，暗绿色，边缘白色或淡红色；雄蕊8，比花被片短；花柱3，甚短，柱头头状。瘦果卵形，有3棱，长约3 mm，黑色或褐色，无光泽，有不明显的线状小点，微露出于宿存花被外。

生于路边、田野。广泛分布于全国各地。

全草药用，有利尿、清湿热、消炎、止泻、驱虫的功效；也可作饲料。

酸模叶蓼 *Polygonum lapathifolium*

蓼科 Polygonaceae

蓼属 *Polygonum*

一年生草本。高达 1.5 m；茎直立，上部分枝，无毛，节部膨大。叶片披针形，先端渐尖或急尖，基部楔形，上面绿色，中央常有黑褐色新月形斑块，两面沿脉及叶缘有伏生的粗硬毛，全缘，下面有腺点；叶柄短，有短硬毛；托叶鞘筒状，膜质，淡褐色，无毛，先端截形，无缘毛。数枚花穗构成圆锥花序；苞片膜质，漏斗状，顶端斜形，有稀疏缘毛，内有数花；花被淡绿色或粉红色，长 2～2.5 mm，常 4 深裂，裂片椭圆形，有腺点，外面 2 裂片各有 3 条显著凸起的脉纹，脉纹先端叉分为 2 钩状分枝；雄蕊常 6；花柱 2，向外弯曲。瘦果卵圆形，扁平，两面微凹，黑褐色，有光泽。

生于路边、山坡及水边湿地。广泛分布于全国各地。

果实药用，有利尿的功效，主治水肿和疮毒。

春蓼 *Polygonum persicaria*

蓼科 Polygonaceae
蓼属 *Polygonum*

一年生草本。高达 1.5 m；茎直立，无毛或有稀疏的硬伏毛。叶片披针形，长达 10 cm，宽达 2 cm，先端长渐尖，基部楔形，主脉及叶缘有硬毛；叶柄短或近无，下部者较长，长不超过 1 cm，有硬毛；托叶鞘筒状，膜质，紧贴茎上，有毛，先端截形，有缘毛。由多数花穗构成圆锥状花序；花穗圆柱状，直立，较紧密，长达 5 cm；花穗梗近无毛，有时有腺点；苞片漏斗状，紫红色，先端斜形，有疏缘毛；花被粉红色或白色，长 2.5～3 mm，5 深裂；雄蕊 7～8，能育 6，短于花被；花柱 2，稀 3，外弯。瘦果广卵形，两面扁平或稍凸，稀三棱形，黑褐色，有光泽，长 1.8～2.5 mm，包于宿存花被内。

生于水沟、溪边、山坡、路边湿草地。国内分布于东北、华北、西北、华中地区及广西、四川、贵州等省份。

杠板归 *Polygonum perfoliatum*

蓼科 Polygonaceae

蓼属 *Polygonum*

一年生攀援草本。茎四棱形，暗红色，沿棱有倒钩刺，无毛。叶片正三角形，叶柄盾状着生，长达6 cm，下部宽达6 cm，先端微尖，基部截形或微心形，上面绿色，无毛，下面淡绿色，沿脉疏生钩刺；叶柄长2～8 cm，有倒钩刺；托叶鞘叶状，近圆形，穿茎。花序短穗状，长1～3 cm，顶生或腋生，常包于叶鞘内；苞片圆形；淡红色或白色，花被5深裂，长约2.5 mm，果期增大，肉质，深蓝色；雄蕊8，短于花被；花柱3，中部以下合生。瘦果球形，直径3 mm，黑色，有光泽，包于蓝色肉质的花被内。

生于山坡、路边草丛。国内分布于东北、华东、华中、华南、西南地区及河北、陕西、甘肃等省份。

茎叶可药用，有清热止咳、散瘀解毒、止痛止痒的功效；治疗百日咳、淋浊效果显著。叶可制靛蓝，用作染料。

巴天酸模 Rumex patientia

蓼科 Polygonaceae

酸模属 Rumex

多年生草本。高1～1.5 m。主根粗大，断面黄色。茎直立，有沟纹，无毛。基生叶和下部叶长椭圆形或长圆状披针形，长达30 cm，宽达10 cm，先端钝或急尖，基部圆形、浅心形或楔形，全缘或边缘皱波状；叶柄腹面有沟，长达8 cm；茎上部叶狭小，长圆状披针形至狭披针形，有短柄；托叶鞘筒状，膜质。圆锥花序顶生和腋生；花两性，花簇轮生，花梗与花被片等长或稍长，中部以下有关节；花被片6，2轮，果期内轮花被片增大，呈宽心形，宽约5 mm，全缘，有网纹，1片或全部有瘤状突起；雄蕊6；柱头3，柱头画笔状。瘦果三棱形，褐色，有光泽，长约5 mm。

国内分布于东北、华北、西北、华中地区及四川、西藏等地。

根、叶药用，生品能活血散瘀、止血、清热解毒、润肠通便，酒制品能止泻、补血。根可提取栲胶。

藜 Chenopodium album

藜科 Chenopodiaceae

藜属 Chenopodium

一年生草本。高达 1.5 m；茎直立，有条棱及绿色或紫红色色条，多分枝。叶片菱状卵形至阔披针形，长达 6 cm，宽达 5 cm，先端急尖或钝，基部楔形至阔楔形，上面常无粉，有时嫩叶的上面有紫红色粉，下面多少有粉，边缘有不整齐锯齿；叶柄与叶片多等长。花两性；花簇生于枝上部排列成穗状圆锥花序或圆锥花序；花被5裂，阔卵形至椭圆形，背面有隆脊，有粉；雄蕊 5；柱头 2。胞果包于花被。种子横生，双凸镜形，直径 1.2～1.5 mm，黑色，有光泽，表面有浅沟纹，胚环形。

生于田间、路旁、村边荒地。广泛分布于全国各地。

全草药用，能止泻痢、止痒。幼苗可食用。

地肤 *Kochia scoparia*

藜科 Chenopodiaceae
地肤属 *Kochia*

一年生草本。高达 1 m；茎直立，淡绿色或带紫红色，有条棱，稍有短柔毛或几无毛。叶披针形或条状披针形，长达 5 cm，宽达 7 mm，无毛或稍有毛，先端渐尖，基部渐狭成短柄，常有 3 条明显主脉，边缘有疏生的锈色绢状缘毛，茎上部叶小，无柄，1 脉。花两性或兼有雌性；常 1~3 朵生于上部叶腋，构成疏穗状圆锥花序；花下有时有锈色长柔毛，花被绿色，花被裂片近三角形，无毛或先端稍有毛，基部合生，黄绿色，果期自背部生出横翅，翅端附属物三角形至倒卵形，有时近扇形，脉不明显，边缘微波状或有缺刻；雄蕊 5；花柱极短，柱头 2。胞果扁球形。种子卵形，黑褐色，长 1.5~2 mm，胚环形，胚乳块状。

广泛分布于全国各地。

果实药用，称"地肤子"，有利尿消肿、祛风除湿的功效。嫩叶可食用。

碱蓬 *Suaeda glauca*

藜科 Chenopodiaceae
碱蓬属 *Suaeda*

一年生草本。高达 1 m；茎直立，有条棱，上部多分枝。叶半圆柱形或略扁，长达 5 cm，宽 1.5 mm，灰绿色，无毛，稍向上弯曲，先端微尖，基部收缩。花两性兼有雌性，单生或 2～5 朵簇生成团伞花序，其总花梗与叶基部合生，似花序着生于叶柄上；两性花花被杯状，长 1～1.5 mm，黄绿色；雌花花被近球形，直径约 0.7 mm，较肥厚，灰绿色；花被片 5 裂，裂片卵状三角形，果期增厚，使花被呈五角星形，干后变黑；雄蕊 5；柱头 2。胞果包在花被内。种子横生或斜升，双凸镜形，黑色，直径 2 mm，表面有清晰的颗粒状点纹。

生于盐碱荒地。国内分布于华东、华北、西北地区及黑龙江。

种子含油 25% 左右，可以榨油供工业用。

牛膝 Achyranthes bidentata

苋科 Amaranthaceae

牛膝属 Achyranthes

多年生草本。高达 1.2 m。根圆柱形，直径达 1 cm，土黄色。茎直立，有棱角或四棱形，绿色或带紫红色，有白色贴生毛或开展柔毛，或近无毛，分枝对生，节部膨大。叶片椭圆形或椭圆状披针形，长达 12 cm，宽达 7.5 cm，先端尾尖，基部楔形或阔楔形，两面有柔毛；叶柄长达 3 cm，有柔毛。穗状花序顶生及腋生，长达 5 cm；总花梗长 2 cm，有白色柔毛；花多数，密生，长约 5 mm，花期直立，花后反折，贴向穗轴；苞片阔卵形，长 3 mm，先端长渐尖；小苞片刺状，长 3 mm，先端弯曲，基部两侧各有 1 卵形膜质小片，长约 1 mm；花被片 5，披针形，长 5 mm，光亮，先端急尖，有 1 中脉；雄蕊 5，长 2.5 mm，基部合生成浅杯状，退化雄蕊顶端平圆，稍有缺刻状细锯齿。胞果长圆形，长 2.5 mm，黄褐色，光滑。种子矩圆形，长 1 mm，黄褐色。花期 7～9 月；果期 9～10 月。

生于山沟、溪边等阴湿肥沃的土壤中。国内分布于除东北地区以外的其他地区。

根药用，有通经活血、舒筋活络的功效。

紫茉莉 Mirabilis jalapa

紫茉莉科 Nyctaginaceae
紫茉莉属 Mirabilis

一年生或多年生草本。高达1 m。根圆锥形，深褐色。茎多分枝，圆柱形，无毛或近无毛，节膨大。叶片卵形或三角状卵形，长达9 cm，宽达6 cm，先端渐尖，基部楔形或心形，边缘微波状，两面均无毛；叶柄长达3 cm。花3～6朵簇生枝端，晨、夕开放而午收，有红、黄、白各色，或红黄相杂。雄蕊5，花丝细长，常伸出花外，花药球形；花柱单生，线形，伸出花外，柱头头状。果实球形，熟时成黑色，有棱；胚乳白色，粉质。花期7～9月；果期8～10月。

原产热带美洲。全国各地均有栽培。

栽培供观赏。

种子的胚乳干后碾成白粉，加香料可作化妆品。根、叶供药用，有清热解毒、活血滋补的功效。

马齿苋 Portulaca oleracea

马齿苋科 Portulacaceae
马齿苋属 Portulaca

一年生肉质匍匐草本。茎基部分枝，淡绿色或带紫色。叶片长圆形或倒卵形，长达 2.5 cm，宽达 15 mm，无毛，先端钝圆或平截或微凹，基部楔形，上面暗绿色，下面淡绿色或暗红色，中脉微隆起。花小，直径达 5 mm，两性，单生或 3～5 簇生枝端；无花梗；总苞片 4～5，薄膜质；萼片 2，绿色，阔椭圆形，背部有隆脊，基部与子房贴生；花瓣 4～5，黄色，倒卵状长圆形，先端微凹；雄蕊 8～12，基部合生；花柱比雄蕊稍长，顶端 4～5 裂；子房半下位，1 室，特立中央胎座，胚珠多数。蒴果卵球形，棕色，盖裂。种子多数，细小，肾状卵圆形，有小疣状突起，黑褐色，有光泽。花期 6～8 月；果期 8～9 月。

生于菜园、农田、路旁、荒地，为田间常见杂草。广泛分布于全国各地。

全草药用，有清热解毒、治菌痢的功效。种子明目；又可作农药和兽药。嫩茎叶可食，民间常作蔬菜；又可作家畜饲料。

女娄菜 Silene aprica

石竹科 Caryophyllaceae
蝇子草属 Silene

一年或二年生草本。高达 70 cm；茎直立，密生短柔毛。叶披针形至条状披针形，长达 7 cm，宽达 8 mm，密生短柔毛；上部叶无柄。聚伞花序顶生及腋生；苞片披针形；花梗长短不一，长达 20 mm；萼圆筒形，长 6～8 mm，密被短柔毛，有 10 条脉，先端有 5 齿，萼齿边缘宽膜质，有缘毛，果期萼筒膨大成卵状圆筒形，长达 8～10 mm；花瓣 5，白色或粉红色，与萼片等长或稍长，先端 2 裂，基部渐狭成爪，喉部有 2 鳞片状附属物；雄蕊 10，略短于花瓣，花丝基部密被毛；子房长圆状圆筒形，花柱 3。蒴果卵形，长 8～9 mm，6 齿裂，含多数种子。种子圆肾形，黑褐色，有钝或尖的瘤状突起。

生于山坡、山沟、路边草丛。广泛分布于全国各地。

全草入药，治乳汁少、体虚浮肿等。

长蕊石头花 Gypsophila oldhamiana

石竹科 Caryophyllaceae
石头花属 Gypsophila

多年生草本。高达 1 m；全株无毛，带粉绿色。主根粗壮。茎簇生。叶长圆状披针形至狭披针形，长达 8 cm，宽达 12 mm，先端尖，基部稍狭，微抱茎。聚伞花序顶生或腋生，再排列成圆锥状，花较小，密集；苞片卵形，膜质，先端锐尖；花梗长达 5 mm；花萼钟状，长达 2.5 mm，萼齿 5，卵状三角形，边缘膜质，有缘毛；花瓣 5，粉红色或白色，倒卵形，长 4～5.5 mm；雄蕊 10，比花瓣长；子房椭圆形，花柱 2，超出花瓣。蒴果卵状球形，比萼长，顶端 4 裂。种子近肾形，长达 1.5 mm，灰褐色。

生于向阳山坡草丛。国内分布于辽宁、河北、山西、江苏、河南、陕西等省份。

根供药用，有清热凉血、消肿止痛、化腐生肌长骨之功效。根的水浸剂可防治蚜虫、红蜘蛛、地老虎等。

木防己 Cocculus orbiculatus

防己科 Menispermaceae
木防己属 Cocculus

缠绕性落叶藤本。长达 3 m；全株有淡褐色短柔毛。根圆柱形，棕褐色或黑褐色。茎木质化，小枝细，表面密生柔毛；老枝近无毛，有条纹。单叶，互生；叶片阔卵形或卵状椭圆形，有时 3 浅裂，长达 6 cm，宽达 4 cm，先端锐尖至钝圆，顶部常有小突尖，基部心形或截形，幼时两面密生灰白色柔毛；叶柄长达 3 cm，密生灰白色柔毛。花黄色，雌雄异株；聚伞状圆锥花序腋生；花有短梗，总花轴和总花梗被柔毛，小苞片 2，卵形；雄花萼片 6，2 轮，内轮 3 片大，外轮 3 片小，长 1~1.5 mm；花瓣 6，卵状披针形，长 1.5~3.5 mm，先端 2 裂，基部两侧有耳并内折；雄蕊 6，离生，与花瓣对生，花药球形；雌花序较短，花少数，萼片和花瓣与雄花相似，有退化雄蕊 6，心皮 6，离生，子房半球形，无毛，花柱短，向外弯曲。核果近球形，直径达 8 mm，蓝黑色，表面有白粉，内果皮坚硬，背脊和两侧有横小肋。种子 1 枚。花期 5~7 月；果期 7~9 月。

生于山坡、路旁、沟岸及灌木丛中。国内分布于除西北和西藏以外的其他地区。

根状茎入药，有祛风除湿、通经活络、解毒、止痛、利尿、消肿、降血压的功效。根含淀粉，可酿酒。茎含纤维，质坚韧，可作纺织原料和造纸原料。

费菜 Sedum aizoon

景天科 Crassulaceae

景天属 Sedum

多年生草本。根状茎粗短；块根胡萝卜状。全株肉质肥厚，茎高达 50 cm，直立，无毛，不分枝。叶互生，狭披针形至卵状倒披针形，长达 8 cm，宽达 2 cm，先端渐尖，基部楔形，边缘有不整齐锯齿；几无柄。聚伞花序多花；无小花梗；萼片 5，条形，肉质，不等长，长 3～5 mm，先端钝；花瓣 5，黄色，长圆形至椭圆状披针形，长达 10 mm，有短尖；雄蕊 10，较花瓣短；鳞片 5，长 0.3 mm；心皮 5，基部合生，腹面凸出；花柱长钻形。蓇葖果星芒状排列，长 7 mm。种子椭圆形，长约 1 mm。花期 6～7 月；果期 8～9 月。

生于山坡、路边及山谷岩石缝中。国内分布于华东、华北、华中、东北、西北地区及四川等省份。

全草药用，有止血散瘀、安神镇痛的功效。

刺槐 Robinia pseudoacacia

豆科 Leguminosae

刺槐属 Robinia

落叶乔木。高达 25 m；树皮褐色，有深沟，小枝光滑。奇数羽状复叶，小叶 7～25；小叶椭圆形或卵形，长达 5 cm，宽达 2 cm，先端圆形或微凹，有小尖头，基部圆形或阔楔形，全缘，无毛或幼时生短毛。总状花序腋生，长达 20 cm，下垂；花萼杯状，浅裂；花白色，长达 2 cm，旗瓣有爪，基部常有黄色斑点。荚果扁平，条状长圆形，腹缝线有窄翅，长 4～10 cm，红褐色，无毛。种子 3～13，黑色，肾形。花期 4～5 月；果期 9～10 月。

原产于美国东部。广泛分布于全国各地。

木质坚硬，可作枕木、农具。叶可作家畜饲料。种子含油 12%，可作制肥皂及油漆的原料。花可提取香精，又是较好的蜜源植物。

长萼鸡眼草 Kummerowia stipulacea

豆科 Leguminosae

鸡眼草属 Kummerowia

一年生草本。茎匍匐或直立；枝和茎上有向上的硬毛，老枝上毛较少或无毛。三出掌叶，小叶倒卵形或椭圆形，长达 19 mm，宽达 1 cm，先端微凹或截形，基部楔形，全缘，上面无毛，下面中脉及边缘有白色硬毛，侧脉平行，托叶卵形或卵状披针形，与叶柄近等长，嫩时淡绿色，后为褐色，膜质。1～3 花簇生于叶腋，花梗有毛，基部有 2 苞片，萼下有 3 小苞片，在关节处有 1 小苞片；萼钟状，淡绿色，长约 1 mm，萼齿 5，近卵形；花冠紫红色，长达 7 mm，旗瓣椭圆形，基部有 2 个紫色斑点，翼瓣披针形，与旗瓣近等长，较龙骨瓣短，龙骨瓣上部有暗紫斑点。荚果椭圆形，比萼长 3～4 倍，顶端圆形，有小刺尖；成熟种子黑色。花期 7～8 月；果期 8～9 月。

生于山坡、路旁、荒野。国内分布于东北、华北、西北、中南地区。

全草药用，有清热解毒、健脾利湿、收敛固脱的作用。可作绿肥及牧草。

紫穗槐 Amorpha fruticosa

豆科 Leguminosae

紫穗槐属 Amorpha

落叶灌木。高达 4 m；幼枝密被毛。奇数羽状复叶，小叶 9～25；小叶椭圆形或披针状椭圆形，长达 4 cm，宽达 15 mm，先端圆或微凹，有短尖，基部圆形或阔楔形，两面幼时有白色短柔毛，有透明腺点。总状花序集生于枝条上部，长达 15 cm；花萼钟状，密被短毛并有腺点；花冠蓝紫色，旗瓣倒心形，无翼瓣和龙骨瓣；雄蕊 10，包于旗瓣之中，伸出瓣外。荚果下垂，弯曲，长达 9 mm，宽约 3 mm，棕褐色，有瘤状腺点。花期 6～7 月；果期 8～10 月。

原产于美国。全国各地均有栽培。

为保持水土、固沙造林和防护林带低层树种。枝条可编筐。嫩枝和叶可作家畜饲料及绿肥。荚果和叶的粉末或煎汁可作农药杀虫。蜜源植物。

合萌 Aeschynomene indica

豆科 Leguminosae

合萌属 *Aeschynomene*

一年生草本。高达1 m；无毛或微有毛；茎直立，中空。偶数羽状复叶，小叶20～30对；小叶条状长圆形，叶脉1，长达9 mm，宽达3 mm，先端钝圆，有小尖头，基部圆形，全缘；托叶卵形或披针形，基部成耳状，早落。总状花序腋生，花少数；总花梗有疏刺毛，有黏质；苞片小，披针形，长3 mm，膜质；萼深裂成二唇形，上唇2，下唇3；花冠黄色带紫纹，长达9 mm，易脱落，旗瓣长圆形，先端圆形或微凹，基部有短爪，翼瓣、龙骨瓣与旗瓣近等长，龙骨瓣弯镰形；子房有柄，花柱丝状，向内弯曲。荚果条状长圆形，长达4 cm，有4～9荚节，表面有乳头状突起，成熟时节断。花期7～8月；果期8～9月。

生于河岸沙地、稀湿润的草地及田边路旁。国内分布于东北、华北、华东、华中、华南及西南等地区。

全草药用，有清热利湿、消肿解毒的功效。又为优良绿肥和牲畜饲料。

酢浆草 Oxalis corniculata

酢浆草科 Oxalidaceae
酢浆草属 Oxalis

多年生草本。全株有疏柔毛。根状茎细长。茎匍匐或斜升，多分枝。叶互生；三出掌叶，小叶倒心形，无柄；叶柄长达 4 cm；托叶小，与叶柄贴生。伞形花序腋生；总花梗与叶柄近等长；花黄色；萼片 5，披针形或长圆形，长达 4 mm；花瓣 5，长圆状倒卵形，长达 8 mm；雄蕊 10，花丝基部合生；子房长圆柱形，有毛，花柱 5。蒴果长圆柱形，长达 1.5 cm。种子多数，长圆状卵形，扁平，熟时红褐色。花、果期 4～9 月。

生于山坡、路边、村旁、墙根。广泛分布于全国各地。

全草入药，能解热利尿、消肿散瘀。茎叶含草酸，可用以磨镜或擦铜器，使其具光泽。牛羊食其过多可中毒致死。

斑地锦 Euphorbia maculata

大戟科 Euphorbiaceae
大戟属 *Euphorbia*

一年生平卧小草本。乳汁白色。茎纤细，多分枝，绿紫色，全株有白色细柔毛。叶对生，长圆形或椭圆形，长达 1 cm，宽达 6 mm，先端圆钝，边缘有细齿，基部偏斜，绿色或带紫色，叶中部有一紫斑，有短柄。杯状聚伞花序单生于叶腋及枝顶，总苞倒圆锥形，先端4～5裂，裂片间有腺体4，长圆形，有白色花瓣状附属物，总苞内有多数雄花及1雌花；子房有长柄，3室，花柱3，离生，顶端2裂。蒴果三棱状近球形，无毛。种子卵形，褐色，外被灰白色蜡粉。花期5～10月；果期6～10月。

生于田边、路旁、农舍附近及海滨沙地。国内分布于除海南外的其他地区。

全草药用，有清利湿热、降压、止血的功效。

冬青卫矛 Euonymus japonicus

卫矛科 Celastraceae
卫矛属 Euonymus

常绿灌木。高达 5 m；小枝绿色，四棱形，无毛。叶革质，倒卵形或狭椭圆形，长达 7 cm，宽达 4 cm，先端钝尖，基部楔形，缘有钝锯齿，侧脉不明显；叶柄长达 15 mm。二歧聚伞花序腋生；总花梗长达 5 cm；花绿白色，4 数，直径达 8 mm；萼片半圆形，长约 1 mm；花瓣椭圆形；花柱与雄蕊等长。蒴果扁球形，淡红色，径 6~8 mm。种子有橘红色假种皮。花期 6~7 月；果期 9~10 月。

原产日本。我国各地均有栽培。

作绿篱。树皮药用，有利尿、强壮之功效。

小叶鼠李 *Rhamnus parvifolia*

鼠李科 Rhamnaceae
鼠李属 *Rhamnus*

灌木。高 2 m；小枝对生或近对生，紫褐色，初被短柔毛，枝端及分叉处有针刺，芽卵形，长达 2 mm，黄褐色。叶对生或近对生，稀互生，或簇生，菱状倒卵形或菱状椭圆形，长达 3 cm，宽达 2 cm，先端钝尖或钝圆，基部楔形，边缘有圆细锯齿，上面深绿色，无毛或有疏短毛，下面脉腋孔窝内有毛，侧脉 2～4 对，两面凸；叶柄长达 15 mm，上面沟内有细毛；托叶钻形，有微毛。花单性，雌、雄异株，黄绿色，4 基数，花瓣小，常数花簇生于短枝；花梗长 6 mm，无毛；花柱 2 裂。核果球形，直径 6 mm，熟时黑色，有 2 分核，基部萼筒宿存。种子褐色，背侧纵沟长为种子 4/5。花期 4～5 月；果期 6～9 月。

生于向阳多石的干燥山坡。国内分布于东北地区及内蒙古、河北、山西、河南及陕西等省份。

葎叶蛇葡萄 Ampelopsis humulifolia

葡萄科 Vitaceae

蛇葡萄属 Ampelopsis

　　落叶木质藤本。小枝无毛或有微毛。叶近圆形至阔卵形，长达 15 cm，3～5 掌状中裂或深裂，先端渐尖，基部心形或近截形，边缘有粗齿，上面鲜绿色，有光泽，下面苍白色，无毛或脉上微有毛；叶柄与叶片等长，无毛。聚伞花序与叶对生，有细长总花梗；花小，淡黄色；萼杯状；花瓣 5；雄蕊 5，与花瓣对生；花盘浅杯状，子房 2 室。浆果球形，径 6～8 mm，淡黄色或蓝色。花期 5～6 月；果期 7～8 月。

　　生于山坡灌丛及岩石缝间。国内分布于陕西、河南、山西、河北、辽宁、内蒙古等地。根皮药用，有活血散瘀、消炎解毒的功效。

地锦 Parthenocissus tricuspidata

葡萄科 Vitaceae
地锦属 Parthenocissus

落叶木质藤本。卷须分枝，顶端有吸盘。叶宽卵形，长达20 cm，宽达17 cm，常3浅裂，先端急尖，基部心形，边缘有粗锯齿，上面无毛，下面有少数毛；叶柄长达20 cm。聚伞花序生于短枝顶端两叶之间；花5基数；花萼全缘；花瓣狭长圆形，长约2 mm；雄蕊较花瓣短，花药黄色；花柱短圆柱状。浆果球形，径6～8 mm，蓝黑色。花期6～7月；果期7～8月。

生于峭壁及岩石上。公园、街道、庭院常见栽培。广泛分布于全国各地。

根茎药用，有散瘀、消肿的功效。

山茶 *Camellia japonica*

山茶科 Theaceae
山茶属 *Camellia*

常绿灌木或小乔木。小枝淡绿色，无毛。叶倒卵形至椭圆形，长达 12 cm，宽达 4 cm，先端短渐尖，基部楔形，边缘锯齿，上面暗绿色，有光泽，下面淡绿色，两面无毛；叶柄长达 15 mm。花大，红色或白色，径达 8 cm，近无梗；单生或对生于叶腋或枝顶，花瓣 5~7，近圆形，萼片密被绒毛；子房无毛，3 室，花柱 3，离生。蒴果球形，径 2~3 cm。种子近球形或有棱角。花期 12 月至翌年 5 月；果实秋季成熟。

国内分布于秦岭—淮河以南地区。

品种繁多，为著名花木。种子榨油，食用及工业用。花为收敛止血药。

月见草 Oenothera biennis

柳叶菜科 Onagraceae
月见草属 Oenothera

二年生草本。茎高达 1 m，被白色长柔毛。叶片披针形，边缘有不明显的锯齿，两面被毛。花黄色，单生于上部叶腋，排成近穗状，无梗；花径达 5 cm，萼筒长约 3.5 cm；裂片 4，披针形，花后反折，外面被毛及腺毛；花瓣 4，倒卵状三角形，先端微凹；雄蕊 8；子房下位，4 室，花柱细长，柱头 4 裂。蒴果长圆形，长约 2.5 cm，上部渐细，疏生细长毛，成熟时 4 瓣裂。种子有棱，在果内水平排列。花、果期 6～9 月。

原产于北美洲。生于山坡、路旁、荒野草丛。

栽培供观赏。种子可榨油，含油量 22.5%，内含 γ-亚油酸 8%～9%、亚油酸 70%，可用于溶血栓、降血脂、减肥及治疗心律不齐。根药用，有强筋骨、祛风湿的功效。

滨海前胡 Peucedanum japonicum

伞形科 Umbelliferae
前胡属 Peucedanum

多年生草本。茎粗壮，呈蜿蜒状，光滑无毛，有浅槽和纵条纹。叶片宽大，一至二回三出式分裂；一回羽片卵圆形或三角状圆形，长达9 cm，3浅裂或深裂，基部心形，有长柄；二回羽片的侧裂片卵形，中间裂片倒卵形，均无脉，有3～5粗锯齿，网状脉细而清晰，两面无毛，粉绿色；基生叶有长达5 cm的叶柄，基部叶鞘宽阔抱茎，边缘膜质。伞形花序分枝，顶端花序直径约10 cm；花序梗粗壮；总苞片2～3，有时缺；伞幅15～30；小总苞片8～10；花瓣常紫色，稀白色，卵形至倒卵形，外面有毛。双悬果卵圆形至椭圆形，长达6 mm，有小硬毛，背棱条形稍突起，侧棱厚翅状；每棱槽内有油管3～4，合生面有油管8。

生于海滩。国内分布于浙江、福建、台湾等省份。

滨海珍珠菜 *Lysimachia mauritiana*

报春花科 Primulaceae
珍珠菜属 *Lysimachia*

二年生草本。全株无毛。茎簇生，高达50 cm。叶互生，草质，匙形、倒卵状长圆形，长达 12 cm，宽达 2.5 cm，先端钝圆，基部渐狭，两面散生黑色腺点；上部叶无柄，下部叶有短柄。总状花序，顶生，初时花密集而成圆头状，后渐伸长达 12 cm；苞片叶状；花萼 5 裂，分裂近达基部，裂片披针形或椭圆形，先端锐尖或圆钝，长 4～7 mm，有明显中脉和黑色腺点，花冠白色，5 深裂，裂片椭圆形，先端钝，长约 9 mm；雄蕊比花冠短，花丝贴生至花冠裂片的中下部，子房圆锥形，花柱长约 4 mm。蒴果梨形，不规则开裂。花期 5～6 月；果期 6～8 月。

生于海滨沙滩石缝中。国内分布于辽宁、江苏、浙江、福建、广东、台湾等地。

木犀 *Osmanthus fragrans*

木犀科 Oleaceae
木犀属 *Osmanthus*

常绿灌木或小乔木。高达 8 m；树皮灰褐色，冬芽有芽鳞，小枝黄褐色，无毛。单叶，对生，革质，椭圆形或椭圆状披针形，长达 10 cm，宽达 4 cm，先端急尖或渐尖，基部楔形，全缘或幼树及萌枝叶上半部疏生锯齿，两面无毛，侧脉 6~8 对，在叶上面凹下、下面凸起；叶柄长达 2 cm，无毛。3~5 花簇生叶腋，聚伞状；花梗长达 12 mm；花白色或淡黄色或橘黄色，极芳香；基部有苞片；花萼杯状，长约 1 mm，稍不整齐的 4 裂；花冠长 4 mm，4 深裂，几达基部，裂片长圆形；雄蕊 2，花丝极短，着生于冠筒近顶部；子房卵圆形，花柱短，柱头头状。核果椭圆形，长达 15 mm，熟时紫黑色。花期 9~10 月；果期翌年 4~5 月。

国内分布于西南地区。

珍贵观赏花木。花提取芳香油，配制高级香料，用于各种香脂及食品，可熏茶和制桂花糖、桂花酒等；可药用，有散寒破结、化痰生津、明目的功效。果榨油可食用。

辽东水蜡树 Ligustrum obtusifolium subsp. suave

木犀科 Oleaceae
女贞属 Ligustrum

　　落叶灌木。高达 3 m；小枝开展，有短柔毛。叶纸质，披针状长椭圆形或长椭圆状倒卵形，长达 6 cm，宽达 2.2 cm，先端钝圆或微凹，基部楔形或阔楔形，两面无毛，或下面中脉有柔毛，侧脉 4～7 对；叶柄长达 2 mm，有短柔毛或无毛。顶生圆锥花序，长达 4 cm，有短柔毛；苞片披针形，长达 7 mm，有短柔毛；花梗长达 2 mm，有短柔毛；花白色，芳香；花萼钟形，长 2 mm，有短柔毛；花冠 4 裂，裂片长达 4 mm，冠筒长达 6 mm；雄蕊 2，短于花冠裂片或达裂片的 1/2 处。核果近球形或宽椭圆形，长达 8 mm，径达 6 mm，熟时黑色。花期 5～6 月；果期 9～10 月。

　　生于山谷杂木林或灌丛。国内分布于黑龙江、辽宁及江苏沿海至浙江舟山群岛。

　　庭院绿化观赏树种。嫩叶可代茶。

萝藦 Metaplexis japonica

萝藦科 Asclepiadaceae
萝藦属 Metaplexis

多年生草质藤本。有乳汁。叶对生，卵状心形，长达 10 cm，宽达 6 cm，先端尖，全缘，基部心形，表面绿色，背面粉绿色，无毛或幼时有毛；有长柄，叶柄顶端有丛生腺体。总状聚伞花序腋生，有长花序梗；花萼 5 深裂，裂片披针形，外面及边缘被柔毛；花冠钟形或近辐状，白色带淡紫红色斑纹，5 深裂，裂片披针形，先端反卷，里面被柔毛；副花冠环状，5 浅裂；雄蕊 5，合生成圆锥状，包围雌蕊，花粉块卵圆形，下垂；子房上位，柱头延伸成 1 长喙，顶端 2 裂。蓇葖果纺锤形，长达 9 cm，直径达 2 cm，表面无毛，有瘤状突起。种子扁卵圆形，褐色，顶端具白色绢质种毛。花期 7～8 月；果期 9～10 月。

生于山坡，林边、荒野、路边。国内分布于东北、华北、华东、华中地区及甘肃、陕西、贵州等省份。

根供药用，可治跌打、蛇咬、疔疮、瘰疬等。种毛可止血。民间用全草治气管炎。茎皮纤维坚韧，可制人造棉。

肾叶打碗花 Calystegia soldanella

旋花科 Convolvulaceae
打碗花属 Calystegia

多年生草本。茎平卧，不缠绕，有细棱翅，无毛。叶肾形，长达 4 cm，宽达 5.5 cm，先端圆或凹，有小尖头，基部凹缺，边缘全缘或波状，叶柄长于叶片。花单生于叶腋；花梗长达 5 cm，有细棱，无毛；苞片宽卵形，比萼片短，长达 1.5 cm，宿存；萼片 5，外萼片长圆形，内萼片卵形，长达 16 mm；花冠钟状漏斗形，粉红色，长达 5.5 cm，5 浅裂；雄蕊 5，花丝基部扩大，无毛；子房 2 室，柱头 2 裂。蒴果卵形，长约 16 mm。种子黑褐色，光滑。花期 5～6 月；果期 6～8 月。

生于海滨沙滩或海岸岩石缝上。国内分布于辽宁、河北、江苏、浙江、台湾等沿海省份。

枸杞 *Lycium chinense*

茄科 Solanaceae

枸杞属 *Lycium*

蔓性灌木。高达 2 m；枝条有短刺或无。单叶互生或簇生，叶片卵形至卵状披针形，先端尖或钝，全缘，基部楔形。花单生或 2~4 簇生叶腋；花萼钟形，3~5 裂，裂片阔卵形；花冠漏斗状，淡紫色，长达 12 mm，5 深裂，裂片先端圆钝，平展或稍向外反曲，边缘有缘毛；雄蕊 5，伸出花冠外，花丝基部及花冠筒内壁密生 1 圈绒毛；子房 2 室，花柱稍伸出雄蕊，细长，柱头球形。浆果卵形或长卵形，长约达 18 mm，直径达 8 mm，熟时鲜红色。

生于田边、路旁、庭院前后及墙边。广泛分布于全国各地。

根皮药用，清热凉血。果实也可药用，滋补肝肾、强壮筋骨、益精明目。

辣椒 Capsicum annuum

茄科 Solanaceae
辣椒属 *Capsicum*

一年生草本。高达 1 m。单叶互生，枝顶端簇生状；叶片卵状披针形，长达 10 cm，宽达 4 cm，全缘，先端渐尖或急尖，基部狭楔形。花单生于叶腋或枝腋，花梗下垂；花萼杯状，不显著 5 齿裂；花冠白色，5 裂，花药灰紫色。浆果下垂，长指状，先端渐尖，稍弯曲，少汁液，果皮和胎座间有空腔，未成熟时绿色，成熟后红色，味辣。种子扁肾形，淡黄色，长达 5 mm。

果实为蔬菜和调味品。根茎药用，有清热解毒的功效。

列当 Orobanche coerulescens

列当科 Orobanchaceae
列当属 Orobanche

多年生寄生草本。高达35 cm；全株被蛛丝状长绵毛。根状茎肥厚。茎单一，圆柱形，基部肥大。叶卵状披针形或狭卵形，先端近钝圆，长达1.5 cm，宽近6 mm。穗状花序长达10 cm；苞片短于花冠，近三角形，先端钝圆；萼2深裂，裂片先端又2裂，长约为花冠的1/2；花冠长约2 cm，蓝紫色至淡紫色，唇形，上唇宽，先端微凹，下唇3裂，边缘波状；雄蕊4，着生于花冠中部，花药无毛，花丝有柔毛；雌蕊花柱长，常无毛，柱头2浅裂。蒴果狭椭圆形，长约1 cm。种子多数，黑色。花期6～8月；果期8～9月。

生于干旱山坡，常寄生于菊科蒿属植物的根部。

全草药用，有滋补强壮的功效。

茜草 *Rubia cordifolia*

茜草科 Rubiaceae
茜草属 *Rubia*

多年生攀援草本。根赤黄色。茎四棱，棱上生倒刺。叶常4片轮生，纸质；叶片卵形至卵状披针形，长达9 cm，宽达4 cm，先端渐尖，基部圆形至心形，上面粗糙，下面脉上和叶柄常有倒生小刺，基出3脉或5脉；叶柄长达10 cm。聚伞花序通常排成大而疏松的圆锥花序，腋生和顶生，花萼筒近球形，无毛；花冠黄白色或白色，辐状，5裂；雄蕊5，着生于花冠筒上，花丝极短；子房2室，无毛，花柱2，柱头头状。浆果近球形，径约5 mm，黑色或紫黑色；内有1种子。花期6～7月；果期9～10月。

生于山野荒坡、路边灌草丛。广泛分布于全国各地。

根供药用，有凉血、止血、活血祛瘀的功效。

忍冬 Lonicera japonica

忍冬科 Caprifoliaceae
忍冬属 Lonicera

半常绿攀援藤本。幼枝密生黄褐色柔毛和腺毛。单叶，对生；叶片卵形至卵状披针形，长达8 cm，宽达4 cm，先端急尖或渐尖，基部圆形或近心形，全缘，边缘有缘毛，上面深绿色，下面淡绿色，小枝上部的叶两面密生短糙毛，下部叶近无毛；侧脉6～7对；叶柄长达8 mm，密生短柔毛。两花并生1总梗，生于小枝叶腋，与叶柄等长或稍短，下部梗较长，长达4 cm，密被短柔毛及腺毛；苞片大，叶状，卵形或椭圆形，长达3 cm，两面均被短柔毛或近无毛；小苞片先端圆形或平截，长约1 mm，有短糙毛和腺毛；萼筒长约2 mm，无毛，萼齿三角形，外面和边缘有密毛；花冠先白后黄，长达5 cm，二唇形，下唇裂片条状而反曲，筒部稍长于裂片，外面被疏毛和腺毛；雄蕊和花柱均伸出花冠。浆果，离生，球形，径达7 mm，熟时蓝黑色。种子褐色，长约3 mm，中部有1凸起的脊，两面有浅横沟纹。花期5～6月；果期9～10月。

生于山坡、沟边灌丛。广泛分布于全国各地。

花药用，称"金银花"或"双花"，有清热解毒的功效。为良好的园林植物及水土保持树种。

小马泡 Cucumis bisexualis

葫芦科 Cucurbitaceae
黄瓜属 Cucumis

一年生匍匐草本。根白色，柱状。茎、枝及叶柄粗糙；卷须纤细，单一。叶片肾形或近圆形，质稍硬，长、宽均达 11 cm，常 5 浅裂，裂片钝圆，边缘稍反卷，两面粗糙，有腺点，掌状脉，脉上有腺质短柔毛。花两性，在叶腋内单生或双生；花梗细，长达 4 cm；花梗和花萼被白色短柔毛；花萼筒杯状，裂片条形；花冠黄色，钟状，裂片倒阔卵形，先端钝，有 5 脉；雄蕊 3，生于花被筒的口部，花丝极短或无，药室 2 回折曲；子房纺锤形，密被白色细绵毛，花柱极短，基部有 1 浅杯状的盘，柱头 3，靠合，2 裂。果实椭圆形，长约达 3.5 cm，径约达 3 cm；幼时有柔毛，后光滑。种子多数，卵形，扁压，黄白色。花期 5～7 月；果期 7～9 月。

生于山坡、田间、路旁。国内分布于安徽、江苏等省份。

西瓜 Citrullus lanatus

葫芦科 Cucurbitaceae
西瓜属 Citrullus

一年生蔓生草本。全株有长柔毛。卷须2分枝。叶片轮廓三角状卵形，长达20 cm，宽达15 cm，3深裂，中裂片较长，各裂片又羽状或二回羽状浅裂或深裂，边缘波状或有锯齿；叶柄有长柔毛。雌雄同株，雌、雄花均单生叶腋；雄花花萼筒阔钟形，密被长柔毛，花萼裂片狭披针形，花冠辐状，淡黄色，裂片卵状长圆形，外被长柔毛，雄蕊3，近离生，药室折曲；雌花花被同雄花，子房卵形，密被长柔毛，柱头3，肾形。果实大型，球形或椭圆形，肉质，多汁，果皮表面光滑，有各种颜色和条纹，果肉主要为胎座，红色、黄色或白色。种子卵形，两面平滑，基部钝圆，边缘稍拱起。花期6~7月；果期7~9月。

原产于非洲热带地区。广泛分布于全国各地。

果实为夏季水果，果肉味甜，能降温去暑。种子含油，可榨油或炒食。果皮药用，有清热、利尿、降血压的功效。

狗娃花 Heteropappus hispidus

菊科 Asteraceae

狗娃花属 Heteropappus

一年或二年生草本。茎常单生，高达50 cm至1 m，上部有分枝，有上曲或开展的粗毛。基生叶和茎下部叶在花期枯萎，倒卵形至倒披针形，长达13 cm；茎中部叶长圆状披针形或倒披针形，长达7 cm，宽达1.5 cm，全缘；茎上部叶条形；全部叶质薄，两面有疏毛或无毛，边缘有毛。头状花序在枝顶排成伞房状；总苞半球形；总苞片2层，近等长，条状披针形，草质，或内层菱状披针形而下部及边缘膜质，外面及边缘有粗毛，常有腺点；舌状花约30，浅红色或白色，条状长圆形，长达2 cm；管状花长达7 mm，裂片5，不等大，其中1片较大，冠毛在舌状花极短，白色，膜片状，或部分红色，糙毛状，在管状花糙毛状，初白色，后带红褐色，与花冠近长。瘦果倒卵形，扁，长3 mm，有细边肋，密被毛。花期7～8月；果期9月。

生于山坡、林下、林缘、路边、荒地。国内分布于东北、华东、华北、西北地区及四川、湖北等省份。

钻叶紫菀 Symphyotrichum subulatus

菊科 Asteraceae

联毛紫菀属 Symphyotrichum

一年生草本。茎直立，高达 80 cm，无毛，上部有分枝，基部略带红色。基部叶倒披针形，花后凋萎；茎中部叶条状披针形，长达 10 cm，宽达 1 cm，全缘，无毛，无柄；上部叶渐狭窄成条形。头状花序小，径约 1 cm，多数，排裂成圆锥状；总苞钟状；总苞片 3～4 层，外层较短，内层较长，条状钻形，无毛，草质，背部绿色，边缘膜质，先端略带红色；舌状花细狭，舌片紫红色，与冠毛等长或稍长；管状花短于冠毛。瘦果略有毛。花、果期 8～11 月。

原产于北美洲。生于水边湿地。

小蓬草 *Conyza canadensis*

菊科 Asteraceae

白酒草属 *Conyza*

一年生草本。茎直立，高达 1 m 或更高，圆柱状，有棱，有条纹，被疏长硬毛。下部叶倒披针形，长达 10 cm，宽达 1.5 cm，先端尖或渐尖，基部渐狭成柄，边缘有疏锯齿或全缘；中、上部叶较小，条状披针形或条形，无柄或近无柄，全缘或少有 1~2 浅齿，两面常有上弯的硬缘毛。头状花序多数，小，直径 4 mm，排列成顶生多分枝的大圆锥花序，花序梗细，长达 1 cm；总苞近圆柱状，长达 4 mm，总苞片 2~3 层，淡绿色，条状披针形或条形，先端渐尖，外层短于内层约一半，背面有疏毛，内层长 3.5 mm，宽约 0.3 mm，边缘干膜质，无毛；花托平，直径 2.5 mm，有不明显的突起；雌花多数，舌状，白毛，长 3.5 mm，舌片小，条形，先端有 2 个钝小齿；两性花淡黄色，花冠管状，上端有 4 或 5 齿裂，管部上部被疏微毛。瘦果条状披针形，长 1.5 mm，稍扁压，被贴微毛；冠毛污白色，1 层，糙毛状，长 3 mm。花、果期 5~9 月。

生于旷野、荒地、田边和路旁。广泛分布于全国各地。

嫩茎和叶可作猪饲料。全草药用，具有消炎、止血、祛风湿的功效。

婆婆针 Bidens bipinnata

菊科 Asteraceae

鬼针草属 Bidens

一年生草本。茎直立，高达 1 m，下部略有四棱，无毛或上部被稀疏柔毛。叶对生；叶柄长达 6 cm；叶片长达 14 cm，二回羽状分裂，第 1 次分裂深达中脉，裂片再次羽状分裂，小裂片三角形或菱状披针形，有 1～2 对缺刻或深裂，顶生裂片狭，先端渐尖，边缘有稀疏不规整的粗齿，两面均被疏柔毛。头状花序直径达 1 cm；花序梗长达 5 cm；总苞杯形，基部有柔毛；外层苞片 5～7，条形，内层苞片膜质，椭圆形；托片狭披针形，长约 5 mm；舌状花常 1～3，不育，舌片黄色，椭圆形或倒卵状披针形，长 5 mm，宽达 3.2 mm；管状花黄色，长约 4.5 mm，冠檐 5 齿裂。瘦果条形，略扁，有 3～4 棱，长达 18 mm，宽约 1 mm，有瘤状突起及小刚毛；顶生芒刺 3～4，稀 2，长 3～4 mm，有倒刺毛。

生于路边、荒地、山坡、田间及沼泽地。广泛分布于全国各地。

全草药用，功效与"小花鬼针草"相同。

野菊 Dendranthema indicum

菊科 Asteraceae
菊属 Dendranthema

多年生草本。高达 1 m；有地下匍匐茎；茎直立，茎枝有稀疏毛，或上部的毛较密。茎生叶卵形或长卵形，长达 7 cm，宽达 4 cm，羽状深裂或浅裂，裂片边缘有大小不等的锯齿或缺刻状齿，上面绿色，疏被柔毛，下面浅绿色或灰绿色，柔毛较密；叶柄长约 1 cm 或近无柄。头状花序，直径达 2 cm，在枝端排成疏散的伞房圆锥花序；总苞片约 5 层，外层卵形或长卵形，长达 4 mm，中内层卵形至椭圆状披针形，长达 7 mm，边缘及顶部有白色或浅褐色宽膜质，顶端圆钝；舌状花 1 层，黄色，舌片长椭圆形，长达 12 mm，先端全缘或 2～3 浅齿；管状花多数，基部无鳞片。瘦果无冠毛。花、果期 10～11 月。

生于山坡、海滨沙滩上。国内广布于东北、华北、华中、华南及西南地区。

花、叶及全株入药，有清热解毒、疏风散热、明目、降血压的功效。

茵陈蒿 Artemisia capillaris

菊科 Asteraceae
蒿属 Artemisia

多年生草本。茎直立，基部坚硬，近灌木状，高达 1 m，有纵棱，绿色或老时带紫色，秋季常自基部或茎部发出不育枝，枝上的叶密集，呈莲座状，幼嫩时被绢毛，老时近无毛。早春末抽茎前及秋季近果期时自基部重发的基生叶有柄，长或短；叶片轮廓近卵圆形或长卵形，一至三回羽状全裂或掌裂，裂片条形、条状披针形或长卵形，春季基生叶密被顺展的白绢毛，秋季重发者被较疏的白绢毛；茎中部的叶于花期无柄，一至二回羽状全裂；上部的叶逐渐变小，叶最终裂片狭线形，基部半抱茎，上面近光滑。头状花序密，排列成复总状；总苞卵形或近球形，光滑，长约 2 mm，宽约 1.5 mm，暗绿色或黄绿色；苞片 3~4 层，边缘膜质，花序托近球形，有腺毛；雌花花冠初时管状，近果期时呈类壶形，先端 3 裂，黄绿色；两性花不育，花冠近柱形，先端 5 裂，黄绿色，近上部有时带紫红色，花冠外有腺毛。瘦果长圆形，长约 0.8 mm，有纵条纹。花期 8~9 月；果期 9~10 月。

国内分布于华东、华中、华南地区及辽宁、河北、陕西、四川等省份。

幼苗供药用，能清湿热、利肝胆，为治疗黄疸型肝炎的要药。

猪毛蒿 *Artemisia scoparia*

菊科 Asteraceae
蒿属 *Artemisia*

多年生或一、二年生草本。有浓烈香气。主根狭纺锤形；根状茎粗短，常有细的营养枝，枝上密生叶。茎常单生，高达 1.3 m，红褐色或褐色，有纵纹；下部分枝开展，上部枝多斜上展；茎、枝幼时被灰白色或灰黄色绢质柔毛。基生叶与营养枝叶两面被灰白色绢质柔毛。叶近圆形，二至三回羽状全裂，具长柄，花期叶凋谢；茎下部叶初时两面密被灰白色或灰黄色略带绢质的短柔毛，叶长卵形或椭圆形，长达 3.5 cm，宽达 3 cm，二至三回羽状全裂，每侧有裂片 3～4，再次羽状全裂，每侧具小裂片 1～2，小裂片狭线形，长约 5 mm，宽约 1 mm，不再分裂或具小裂齿，叶柄长达 4 cm；中部叶初时两面被短柔毛，叶长圆形或长卵形，长达 2 cm，宽达 1.5 cm，一至二回羽状全裂，每侧具裂片 2～3，不分裂或再 3 全裂，小裂片丝线形或毛发状，长 4～8 mm，宽约 0.3（～0.5）mm，多少弯曲；茎上部叶与分枝上叶及苞片叶 3～5 全裂或不分裂。头状花序近球形，极多数，直径约 1.5（～2）mm，具极短梗，基部有线形小苞叶，在分枝上偏向外侧生长，并排成复总状或复穗状花序，在茎上再组成大型、开展的圆锥花序；总苞片 3～4 层，外层总苞片草质、卵形，背面绿色、无毛，边缘膜质，中、内层总苞片长卵形或椭圆形，半膜质；花序托小，凸起；雌花 5～7，花冠狭圆锥状或狭管状，冠檐具 2 裂齿，花柱线形，伸出花冠外，先端 2 叉，叉端尖；不育两性花 4～10，花冠管状，花药线形，先端附属物尖，长三角形，花柱短，先端膨大，2 裂，不叉开，退化子房不明显。瘦果倒卵形或长圆形，褐色。花、果期 7～10 月。

广泛分布于全国各地。

亦作"青蒿"（即"黄花蒿"）的代用品。

花叶滇苦菜 Sonchus asper

菊科 Asteraceae
苦苣菜属 Sonchus

一年或二年生草本。高达 70 cm；茎不分枝或上部分枝，无毛或上部有腺毛。叶卵状狭长椭圆形，厚纸质，长达 10 cm，宽达 5 cm，不分裂或缺刻状半裂，或羽状全裂，裂片边缘密生长而硬的刺状尖齿，下部叶叶柄有翅，中上部叶无柄，基部有圆耳，抱茎。头状花序在茎顶密集成伞房状；梗无毛或有腺毛；总苞钟状；总苞片 2~3 层，暗绿色；舌状花黄色，两性，结实。瘦果长椭圆状倒卵形，压扁，两面各有 3 条纵肋，肋间无横纹；冠毛白色，毛状。花、果期 5~8 月。

生于路旁、田边、沟渠。广泛分布于全国各地。

长裂苦苣菜 Sonchus brachyotus

菊科 Asteraceae

苦苣菜属 Sonchus

多年生草本。高达 50 cm。有横走根状茎，白色。茎直立，无毛，下部常带紫红色，常不分枝。基生叶阔披针形或长圆状披针形，灰绿色，长达 20 cm，宽达 5 cm，先端钝或锐尖，基部渐狭成柄，边缘有牙齿或缺刻；茎生叶无柄，基部耳状抱茎，两面无毛。头状花序，在茎顶成伞房状，直径约 2.5 cm；总花梗密被蛛丝状毛或无毛；总苞钟状，长达 2 cm，宽达 1.5 cm；总苞片 3~4 层，外层苞片椭圆形，较短，内层较长，披针形；舌状花黄色，80 余，长 1.9 cm。瘦果纺锤形，长约 3 mm，褐色，稍扁，两面各有 3~5 条纵肋，微粗糙；冠毛白色，长约 1.2 cm。花、果期 6~9 月。

生于田边、路旁湿地。国内分布于东北、华北、西北、华南地区及江苏、湖北、江西、四川、云南等省份。

全草药用，具有清热解毒、消肿排脓、祛瘀止痛的功效。

苦苣菜 Sonchus oleraceus

菊科 Asteraceae

苦苣菜属 Sonchus

一年或二年生草本。高达 80 cm；茎不分枝或上部分枝，无毛或上部有腺毛。叶柔软，无毛，长椭圆状阔披针形，长达 25 cm，宽达 6 cm，羽状分裂，大头羽状全裂或半裂，顶裂片大，宽三角形，侧裂片长圆形或三角形，边缘有不规则的刺状尖齿，下部叶柄有翅，基部扩大抱茎；中上部叶无柄，基部宽大戟状耳形抱茎。头状花序数个，在茎顶排成伞房状，直径约 1.5 cm；梗或总苞下部疏生腺毛；总苞钟状，长达 12 mm，宽达 15 mm，暗绿色；总苞片 2～3 层，先端尖，背面疏生腺毛和微毛，外层苞片卵状披针形，内层苞片披针形；舌状花黄色，长约 1.3 cm。瘦果长椭圆状倒卵形，压扁，长约 3 mm，褐色或红褐色，边缘有微齿，两面各有 3 条高起的纵肋，肋间有横纹；冠毛白色，毛状，长约 7 mm。花、果期 5～8 月。

国内分布于华东、华中、华北、西南、西北地区及辽宁。

茎叶可作牲畜饲料。全草亦可药用，具有清热、凉血、解毒的功效。

翅果菊 Pterocypsela indica

菊科 Asteraceae

翅果菊属 Pterocypsela

一年或二年生草本。高达 1.5 m，无毛，上部有分枝。叶形变化大，全部叶有狭窄膜片状长毛，下部叶花期枯萎；中部叶披针形、长椭圆形或条状披针形，长达 30 cm，宽达 8 cm，羽状全裂或深裂，有时不分裂而基部扩大戟形半抱茎，裂片边缘缺刻状或锯齿状，无柄，基部抱茎，两面无毛或下面主脉上疏生长毛，带白粉；最上部叶变小，披针形至条形。头状花序，多数在枝端排列成狭圆锥状；总苞近圆筒形，长达 15 mm，宽达 6 mm；总苞片 3～4 层，先端钝或尖，常带红紫色，外层苞片宽卵形，内层苞片长圆状披针形，边缘膜质；舌状花淡黄色。瘦果宽椭圆形，黑色，压扁，边缘不明显，内弯，每面仅有 1 条纵肋；喙短而明显，长约 1 mm；冠毛白色，长约 8 mm。花、果期 7～9 月。

生于山坡、田间、荒地、路旁。国内分布于华东、华南、华北、华中、西南地区及吉林、陕西等省份。

根及全草药用，有清热解毒、消炎、健胃的功效。为优良饲用植物，可作猪、禽的青饲料。

多裂翅果菊 Pterocypsela laciniata

菊科 Asteraceae

翅果菊属 Pterocypsela

多年生草本。根粗厚，分枝呈萝卜状。茎单生，高达 2 m，上部圆锥状花序分枝，茎枝无毛。中下部茎叶倒披针形、椭圆形或长椭圆形，规则或不规则二回羽状深裂，长达 30 cm，宽达 17 cm，无柄，基部宽大，顶裂片狭线形，一回侧裂片 5 对或更多，中上部的侧裂片较大，向下的侧裂片渐小，二回侧裂片线形或三角形，全部茎叶或中下部茎叶极少一回羽状深裂，披针形或长椭圆形，长达 30 cm，宽达 8 cm，侧裂片 1～6 对，镰刀形、长椭圆形，顶裂片线形、披针形、宽线形；向上的茎叶渐小。头状花序多数，在茎枝顶端排成圆锥花序。总苞果期卵球形，长达 3 cm，宽 9 mm；总苞片 4～5 层，外层卵形、宽卵形或卵状椭圆形，长达 9 mm，宽达 3 mm，中内层长披针形，长 1.4 cm，宽 3 mm，全部总苞片顶端急尖或钝，边缘或上部边缘染红紫色；舌状小花 21 枚，黄色。瘦果椭圆形，压扁，棕黑色，长 5 mm，宽 2 mm，边缘有宽翅，每面有 1 条高起的细脉纹，顶端急尖成长 0.5 mm 的粗喙。冠毛 2 层，白色，长 8 mm，几为单毛状。花、果期 7～10 月。

国内分布于东北、华东、华北、华中、西南地区及陕西、广东等省份。

幼嫩茎叶可作蔬菜食用。

蒲公英 Taraxacum mongolicum

菊科 Asteraceae

蒲公英属 Taraxacum

多年生草本。有乳汁；高达25 cm。叶基生，匙形或倒披针形，长达15 cm，宽达4 cm，羽状分裂，侧裂片4~5对，长圆状倒披针形或三角形，有齿，顶裂片较大，戟状长圆形，羽状浅裂或仅有波状齿，基部渐狭成短柄，疏被蛛丝状毛或几无毛。花葶数个，与叶近等长，被蛛丝状毛；头状花序单生于花葶顶端；总苞钟状，淡绿色；外层总苞片披针形，边缘膜质，被白色长柔毛，先端有或无小角状突起，内层苞片条状披针形，长于外层苞片1.5~2倍，先端有小角状突起；舌状花黄色，长达1.7 cm，外层舌片的外侧中央有红紫色宽带。瘦果，褐色，长4 mm，有多条纵沟，并有横纹相连，全部有刺状突起，喙长6~8 mm；冠毛白色，长6~8 mm。花、果期3~6月。

生于田间、堤堰、路边、河岸、庭院。国内分布于东北、华北、华东、华中、西北、西南等地区。

全草药用，具有清热解毒、利尿散结的功效。

香蒲 Typha orientalis

香蒲科 Typhaceae
香蒲属 Typha

多年生沼生植物。植株高达 2 m。根状茎粗壮。叶片带状，扁平，长约达 70 cm，宽达 9 mm，基部扩大成鞘，抱茎，开裂，叶鞘边缘白色膜质。雌雄花序紧密相连；花序上有膜质的叶状苞片；雄花序长达 9.2 cm；雄花由 2～4 雄蕊组成，基部有一柄，花药长约 2.5 mm；雌花序长达 15.2 cm，圆柱状，果期花各部增长；雌花全长约 8 mm；不孕花长约 6 mm；雌花基部的白色柔毛长约 7 mm，比柱头稍长或等长；无小苞片。果实长 1 mm。花、果期 6～8 月。

生于湖泊、池沼、沟塘浅水处。国内分布于东北、华北、华东地区及湖南、陕西、广东、云南等省份。

花粉药用，称"蒲黄"，有行瘀利尿的功效，炒炭可收敛止血。雌花称"蒲绒"，可作填充用。茎叶纤维柔韧，是编织、造纸的原料。

疏花雀麦 Bromus remotiflorus

禾本科 Gramineae
雀麦属 Bromus

多年生草本。秆直立，高达120 cm，有细短毛。叶鞘闭合几达顶部，常密被倒生柔毛；叶舌较硬，长约1 mm；叶片长达45 cm，宽达8 mm，上面有毛，下面粗糙。圆锥花序开展，长达30 cm，熟时下垂，每节2～4分枝；小穗长20～35 mm（芒除外），常暗绿色；颖狭披针形，先端有小尖头，第一颖长4～7 mm，1脉，第二颖长8～10 mm，3脉；外稃披针形，第一外稃先端生有5～10 mm细直的芒，7脉；内稃狭，短于外稃。颖果贴生于稃内。花、果期6～9月。

生于山坡、林下及河沟、水溪边湿润处。国内分布于西北、西南、华东地区。

雀麦 Bromus japonicus

禾本科 Gramineae
雀麦属 Bromus

一年生草本。秆直立，丛生，高达 1 m。叶鞘紧密贴生秆上，有白色柔毛；叶舌透明膜质，先端不规则齿裂，长 1.5～2 mm；叶片长达 30 cm；宽达 8 mm，两面有毛或背面无毛。圆锥花序开展，下垂，长可达 30 cm，每节有 3～7 细分枝；小穗幼时圆柱形，成熟后压扁，长 17～34 mm（含芒），含 7～14 小花；颖披针形，有膜质边缘，第一颖 3～5 脉，长 5～6 mm，第二颖 2～9 脉，长 7～9 mm；稃卵圆形，边缘膜质，7～9 脉，先端 2 裂，其下 2 mm 处生有长 5～10 mm 的芒；内稃较狭，短于外稃，背有疏刺毛。颖果压扁，长约 7 mm。花、果期 5～7 月。

生于路边、山坡、河滩、溪边、荒草丛。国内分布于长江及黄河流域。

可作牧草。颖果可提取淀粉。

朝阳隐子草 *Cleistogenes hackelii*

禾本科 Gramineae

隐子草属 *Cleistogenes*

多年生草本。秆丛生，基部具鳞芽，高30～85 cm，径0.5～1 mm，具多节。叶鞘长于或短于节间，常疏生疣毛，鞘口具较长的柔毛；叶舌具长0.2～0.5 mm的纤毛，叶片长3～10 cm，宽2～6 mm，两面均无毛，边缘粗糙，扁平或内卷。圆锥花序开展，长4～10 cm，基部分枝长3～5 cm；小穗长5～7 mm，含2～4小花；颖膜质，具1脉，第一颖长1～2 mm，第二颖长2～3 mm；外稃边缘及先端带紫色，背部具青色斑纹，具5脉，边缘及基盘具短纤毛，第一外稃长4～5 mm，先端芒长2～5 mm，内稃与外稃近等长。花、果期7～11月。

国内分布甘肃、河北、山西、山东、河南、陕西、江苏、安徽、湖北、湖南、四川、福建、贵州等地；多生于山坡林下或林缘灌丛。

知风草 Eragrostis ferruginea

禾本科 Gramineae
画眉草属 Eragrostis

多年生草本。秆丛生，直立或基部倾斜，极压扁；高达 110 cm。叶鞘极压扁，鞘口有毛，脉上常有腺点；叶舌退化成短毛状，长约 0.3 mm；叶片扁平或内卷，长达 40 cm，宽达 6 mm，上部叶超出花序之上。圆锥花序大而开展，长达 30 cm，基部常包于顶生叶鞘内，分枝单生，或 2～3 聚生，枝腋间无毛；小穗柄长达 15 mm，中部或靠上部有 1 腺点，在小枝中部也常存在，腺体多为长圆形，稍凸起；小穗常紫色或淡紫色，长 5～10 mm，宽 2～2.5 mm，含 7～12 小花；颖开展，披针形，1 脉，第一颖长 1.4～2 mm，第二颖长 2～3 mm；外稃卵状披针形，先端稍钝，侧脉明显，第一外稃长约 3 mm；内稃短于外稃，脊上有小纤毛，宿存；花药长约 1 mm。颖果棕红色，长约 1.5 mm。花、果期 8～12 月。

生于路边、荒地及山坡草丛。广泛分布于全国各地。

根系发达，可作保土、固堤植物。又是优良牧草。

芦苇 Phragmites communis

禾本科 Gramineae
芦苇属 Phragmites

多年生高大草本。根状茎粗壮。秆高达3 m，径达1 cm，节下常有白粉。叶鞘圆筒形；叶舌极短，截平，或成一圈纤毛；叶片扁平，长达45 cm，宽达3.5 cm。圆锥花序顶生，疏散，长达40 cm，稍下垂，下部分枝腋部有白柔毛；小穗通常含4～7小花，长12～16 mm；颖3脉，第一颖长3～7 mm，第二颖长5～11 mm；第一小花常为雄性，其外稃长9～16 mm；基盘细长，有长6～12 mm的柔毛；内稃长约3.5 mm。颖果长圆形。花、果期7～11月。

生于池塘、湖泊、河道、海滩和湿地。广泛分布于全国各地。

秆为造纸原料或作编席织帘及建棚材料；茎、叶嫩时为饲料；根状茎供药用。为固堤造陆的先锋环保植物。

鹅观草 Roegneria kamoji

禾本科 Gramineae
鹅观草属 Roegneria

秆直立或倾斜，高达 1 m。叶鞘外侧边缘常有纤毛；叶片长达 40 cm，宽达 13 mm。穗状花序下垂或弯曲，长达 20 cm；小穗绿色或带紫色，含 3～10 小花，长 13～25 mm（芒除外）；颖卵状披针形至长圆状披针形，边缘膜质，先端锐尖、渐尖或有长 2～7 mm 的短芒，有 3～5 明显的脉，第一颖长 4～6 mm，第二颖长 5～9 mm（芒除外）；外稃披针形，边缘宽膜质，背部常无毛或稍粗糙，第一外稃长 8～11 mm，先端有直芒或上部稍曲折；内稃约与外稃等长，先端钝，脊上有明显的翼。花期早春。

生于山坡、林下、路旁、草地。国内分布于除青海、新疆、西藏以外其他地区。

叶质柔软而繁盛，产草量大，可食性高，可作牲畜的饲料。

牛筋草 *Eleusine indica*

禾本科 Gramineae
穆属 *Eleusine*

　　一年生草本。秆常斜生且开展，基部压扁，高达 90 cm。叶鞘压扁，无毛或疏生疣毛，鞘口常有柔毛；叶舌长 1 mm；叶片扁平或卷褶，长达 15 cm，宽达 5 mm，无毛或上面有疣基柔毛。穗状花序 2~7，很少单生，呈指状簇生茎顶端；每小穗长 4~7 mm，宽 2~3 mm，含 3~6 小花；颖披针形，脊上粗糙，第一颖长 1.5~2 mm，第二颖长 2~3 mm；第一外稃长 3~4 mm，有脊，脊上有翅；内稃短于外稃，具 2 脊，沿脊上有纤毛。囊果长 1.5 mm；种子卵形，有明显波状皱纹。花、果期 6~10 月。

　　生于荒地、路边。广泛分布于全国各地。

　　可作牧草。全草药用，具有活血、补气的功效。秆叶坚韧，可作造纸原料。

虎尾草 Chloris virgata

禾本科 Gramineae
虎尾草属 Chloris

一年生草本。秆丛生，直立或膝曲，光滑无毛，高达 75 cm。叶鞘无毛，背部有脊，松弛，秆最上部叶鞘常包藏花序；叶舌长约 1 mm，无毛或具纤毛；叶片长达 25 cm，宽达 6 mm，平滑或上面及边缘粗糙。穗状花序 5～10 余枚，指状生于茎顶部，长达 5 cm；小穗长 3～4 mm（芒除外），幼时淡绿色，成熟后常带紫色；颖 1 脉，膜质，第一颖长约 1.8 mm，第二颖长约 3 mm，有长 0.5～1.5 mm 的芒；第一外稃长 3～4 mm，3 脉，边脉上有长柔毛，芒由先端下部伸出，长 5～15 mm；内稃短于外稃，具 2 脊，脊上有纤毛；不孕外稃先端截平，长约 2 mm。花、果期 6～10 月。

生于路边、荒地、墙头、房檐上。广泛分布于全国各地。

可作牧草。

狗牙根 Cynodon dactylon

禾本科 Gramineae
狗牙根属 Cynodon

多年生草本。有根状茎。秆匍匐地面可长达 1 m，直立部分高达 30 cm，光滑。叶片条形，长达 12 cm，宽达 3 mm，互生，在秆上部之叶，因节间短而似对生状，光滑。穗状花序长达 5（6）cm，（2～）3～5（6）生于茎顶，指状排列；小穗灰绿色或带紫色，常含 1 小花，长 2～2.5 mm；颖 1 脉，有膜质边缘，长 1.5～2 mm，2 颖几等长，或第二颖稍长；外稃 3 脉，与小穗等长；内稃 2 脉，与外稃等长；花药淡紫色；子房无毛，柱头紫红色。颖果长圆柱形。花、果期 5～10 月。

生于墙边、路边和荒地上。国内分布于黄河以南地区。

根状茎发达，可铺草坪，又可用作保土植物；药用，有清血的功效。茎叶可作牧草。

鼠尾粟 *Sporobolus fertilis*

禾本科 Gramineae
鼠尾粟属 *Sporobolus*

多年生草本。秆直立，丛生，高达 1.2 m，无毛。叶鞘平滑无毛；叶舌极短，纤毛状，长约 0.2 mm；叶片质较硬，无毛或上面基部疏生柔毛，常内卷，长达 65 cm，宽达 5 mm。圆锥花序紧缩呈线形，长达 44 cm，宽达 1.2 cm，分枝直立，其上密生长约 2 mm 的小穗；小穗灰绿色且略带紫色，含 1 花；颖膜质，第一颖无脉，长约 0.5 mm，第二颖 1 脉，长 1～1.5 mm；外稃有 1 主脉及不明显的 2 侧脉，与小穗等长；雄蕊 3，花药黄色，长 0.8～1 mm。囊果成熟后红褐色，明显短于外稃和内稃，长 1～1.2 mm，顶端平截。花、果期 3～12 月。

生于路边、山坡和草地。国内分布于长江流域以南及陕西。

嫩时为牧草；老秆可供编织及造纸。

稗 *Echinochloa crusgalli*

禾本科 Gramineae

稗属 *Echinochloa*

一年生草本。秆基部斜或膝曲，常丛生，高达1.5 m。叶鞘疏松无毛；叶舌缺，叶片长达40 cm，宽达2 cm。圆锥花序近尖塔形，长达20 cm，主轴有棱而粗糙，每分枝及小枝上都有硬刺疣毛；小穗长约3 mm（芒除外）；第一颖长约为小穗的1/3～1/2，3～5脉，三角形，基部包卷小穗，有短硬毛或疣毛；第二颖与小穗等长，先端成小尖头，5脉，脉上有硬刺疣毛；第一外稃草质，7脉，脉上有硬刺疣毛，先端有长5～15（～30）mm的粗糙芒；第一内稃与外稃等长，薄膜质，有粗糙2脊；两性花的外稃外凸内平，先端有粗糙小尖头；内稃先端外露。颖果长2.5～3 mm，椭圆形，坚硬。花、果期7～9月。

生于水边、沼泽及湿地，为各地常见杂草。广泛分布于全国各地。

颖果可酿酒、制糖。秆叶为饲料。

马唐 Digitaria sanguinalis

禾本科 Gramineae
马唐属 Digitaria

一年生草本。秆基部常倾斜，节着土即生根，高达 80 cm。叶鞘常疏生疣基软毛，稀无毛；叶舌长 1～3 mm；叶片长达 15 cm，宽达 12 mm，两面疏生软毛或无毛，边缘变厚而粗糙。总状花序 4～12 枚，指状排列于茎顶端；小穗成对着生穗轴各节，披针形，长 3～3.5 mm，1 有长柄，1 近无柄；第一颖长约 0.2 mm，钝三角形；第二颖长为小穗的 1/2～3/4，狭窄，有不明显的 3 脉，边缘有纤毛；第一外稃与小穗等长，具 7 脉，中部 3 脉明显，脉间距离较宽而无毛，侧脉很接近或不明显，无毛或在脉间贴生柔毛。颖果灰绿色。花、果期 6～9 月。

生于田间、荒地及路边。广泛分布于全国各地。

茎叶为秋季优良牧草。颖果加工后洁白如谷粒。

狗尾草 Setaria viridis

禾本科 Gramineae
狗尾草属 Setaria

一年生草本。秆直立或基部膝曲，高达 1 m。叶鞘较松弛，无毛或有柔毛；叶舌纤毛状，长 1~2 mm；叶片长达 30 cm，宽达 18 mm。圆锥花序紧密排列成长圆柱状或基部稍疏离，直立或稍弯曲，长达 15 cm；小穗长达 2.5 mm，先端钝，2 至数枚簇生，刚毛小枝 1~6 枚；第一颖卵形，长约为小穗的 1/3，3 脉；第二颖与小穗等长，5~7 脉；第一外稃与小穗等长，5~7 脉，有 1 狭窄内稃。颖果有细点状皱纹，成熟后很少膨胀。花、果期 5~10 月。

生于海拔 4000 m 以下的荒野、路旁及田埂。广泛分布于全国各地。

秆、叶可作饲料，也可入药，治痈瘀、面癣。全草加水煮沸 20 min 后，滤出液可喷杀菜虫。

结缕草 *Zoysia japonica*

禾本科 Gramineae
结缕草属 *Zoysia*

多年生草本。有匍匐茎，株高达 20 cm。下部叶鞘松弛，上部叶鞘紧密抱茎；叶舌不明显，有白柔毛，长约 1.5 mm；叶片质较硬，扁平或稍卷折，长达 5 cm，宽达 4 mm。总状花序穗状，长达 4 cm，宽达 5 mm；小穗卵圆形，长达 3.5 mm，宽约达 1.5 mm，小穗柄可长于小穗并且常弯曲；外稃膜质，1 脉，长 2.5~3 mm；雄蕊 3，花丝短，花药长约 1.5 mm。颖果卵形，长 1.5~2 mm。花、果期 5~8 月。

生于干旱山坡、路旁。广泛分布于全国各地。

植株矮，根状茎发达，又耐践踏，是理想的草坪植物，尤宜铺设足球场。

芒 Miscanthus sinensis

禾本科 Gramineae
芒属 Miscanthus

多年生苇状草本。高达 2 m；无毛或在花序下疏生柔毛。叶鞘长于节间，无毛，仅鞘口有长柔毛；叶舌长达 3 mm，圆钝，先端有小纤毛；叶片长达 50 cm，宽达 1 cm。圆锥花序扇形，主轴只延伸到中部以下，分枝强而直立，长达 40 cm；每节有 1 短柄和 1 长柄小穗；小穗柄无毛，长柄长 4～6 mm，短柄长约 2 mm；小穗披针形，长 4.5～5 mm，基盘有与小穗近等长或稍短的白色或淡黄褐色的丝状毛；第一颖 2 脊 3 脉，无毛；第二颖舟形，先端渐尖，无毛，边缘有小纤毛；第一外稃较颖稍短；第二外稃较颖短 1/3，在先端 2 裂齿间伸出一长 8～10 mm 的芒，芒稍扭转、膝曲；内稃小，长仅及外稃的 1/2。花、果期 7～12 月。

生于山坡、河滩、堤岸。广泛分布于全国各地。

茎秆高而坚强，可作篱墙。幼茎可药用，有散血、去毒的功效；亦可为牧草。秆皮可造纸、编草鞋。花序可做扫帚。

白茅 Imperata cylindrica

禾本科 Gramineae
白茅属 Imperata

多年生草本。根状茎发达。秆高达 90 cm，具 2～4 节，节上生有长达 10 mm 的柔毛。叶鞘老时常破碎成纤维状，无毛或上部边缘及鞘口有纤毛；叶舌干膜质，长约 1 mm，顶端有细纤毛；叶片先端渐尖，主脉在背面明显突出，长达 40 cm，宽达 8 mm；顶生叶短小，长达 3 cm。圆锥花序穗状，长达 15 cm，宽达 2 cm，分枝短，排列紧密；小穗成对或单生，基部生有细长丝状柔毛，毛长 10～15 mm，小穗长 2.5～3.5（～4）mm；小穗柄长短不等；2 颖相等，具 5 脉，中脉延伸至上部，背部脉间疏生长于小穗本身 3～4 倍的丝状长毛，边缘有纤毛；第一外稃卵状长圆形，长为颖的一半或更短，顶端尖；第二外稃长约 1.5 mm，内稃宽约 1.5 mm，无芒，具微小的齿裂；雄蕊 2，花药黄色，长 2～3 mm，先于雌蕊而成熟；柱头 2，紫黑色。花、果期 5～8 月。

生于山坡、草地、路边、田埂及荒地。广泛分布于全国各地。

优良牧草。根状茎药用，有清凉利尿的功效。秆叶作造纸原料。

白羊草 *Bothriochloa ischaemum*

禾本科 Gramineae
孔颖草属 *Bothriochloa*

多年生草本。根状茎短。秆丛生，基部膝曲，高达 70 cm，3 至多节，节无毛或有白色髯毛。叶舌约 1 mm，有纤毛；叶片长达 16 cm，宽达 3 mm，两面疏生疣基柔毛或背面无毛。4 至多枚总状花序在秆顶端呈指状或伞房状排列，长达 6.5 cm，灰绿色或带紫色，穗轴节间与小穗柄两侧有丝状毛；无柄小穗长 4～5 mm，基盘有髯毛；第一颖背部中央稍下凹，5～7 脉，下部 1/3 处常有丝状柔毛，边缘内卷，上部 2 脊，脊上粗糙；第二颖舟形，中部以上有纤毛；第一外稃长圆状披针形，长约 3 mm，边缘上部疏生纤毛；第二外稃退化成条形，先端延伸成一膝曲的芒；有柄小穗雄性，无芒。花、果期 6～10 月。

生于低山坡、草地、田埂、路边。广泛分布于全国各地。

是重要的保持水土禾草。秆及叶嫩时为优良牧草。

黄背草 Themeda japonica

禾本科 Gramineae
菅草属 Themeda

多年生草本。秆基部压扁，高达 1.5 m。叶鞘紧裹茎秆，常有硬疣毛；叶舌长 1～2 mm；叶片长达 50 cm，宽达 8 mm。伪圆锥花序较狭窄，由具佛焰苞的总状花序组成，总状花序长达 1.7 cm，佛焰苞长达 3 cm，舟形，托在下部；每总状花序有小穗 7，基部 2 对小穗雄性或中性，生在同一平面上，很像轮生的总苞，上部 3 枚小穗中有 1 枚为两性，有一至二回膝曲的芒而无柄，2 枚为雄性或中性，有柄而无芒。花、果期 6～12 月。

生于山坡、草地及道旁。国内分布于除新疆、西藏、青海、甘肃、内蒙古以外的其他地区。

优良的水土保持植物。秆可用于造纸及盖屋；嫩茎叶可作牧草。全草药用，有利尿、祛湿热的功效。

萤蔺 Scirpus juncoides

莎草科 Cyperaceae
藨草属 Scirpus

根状茎短，密生须根。秆丛生，高达 60 cm，圆柱状，有时有棱角，平滑，基部有 2~3 个叶鞘，鞘口斜截形，无叶片。苞叶 1，为秆的延长，长达 15 cm；小穗 2~5 个聚成头状，假侧生，卵形或长圆状卵形，长 8~17 mm，宽 3.5~4 mm，棕色或淡棕色，有多数花；鳞片宽卵形或卵形，长约 4 mm，先端钝，有短尖，有 1 脉，两侧有棕色条纹，近纸质；下位刚毛 5~6，有倒刺；雄蕊 3；花柱中等长，柱头 2，稀为 3。小坚果阔倒卵形或卵形，平凸状，长约 2 mm，熟时黑褐色，稍有横皱纹。

生于湿地或水边。国内分布于除内蒙古、甘肃、西藏以外的其他省份。

全草可药用，有清热解毒、凉血利尿、止咳明目的功效。

具芒碎米莎草 Cyperus microiria

莎草科 Cyperaceae
莎草属 Cyperus

一年生草本。无根状茎。秆丛生，细弱或稍粗壮，高达50 cm，扁三棱形。叶短于秆，宽2～5 mm，叶鞘常呈棕红色。叶状苞片3～5，下面2片常长于花序；长侧枝花序复出，有辐射枝4～9；穗状花序卵形或长圆状卵形，长1～4 cm，有5至多数小穗；小穗排列松散，斜展，长圆形、披针形或条状披针形，压扁，长4～10 mm，宽约2 mm，有6～22花；小穗轴有白色的狭翅；鳞片排列疏松，宽倒卵形，顶端微凹，有明显突出于鳞片先端的短尖，背面有龙骨状突起，绿色，有3～5条脉，两侧呈黄色或麦秆黄色；雄蕊3，花药短；花柱短，柱头3。小坚果三棱状倒卵形或椭圆形，与鳞片近等长，褐色，有密的细点。花、果期6～10月。

生于田间、水边湿地。广泛分布于全国各地。

糙叶薹草 Carex scabrifolia

莎草科 Cyperaceae
薹草属 Carex

多年生草本。有细长匍匐根状茎。秆高达 60 cm，三棱形，基部叶鞘紫红褐色，腹面有网状细裂。叶短于秆或上面的稍长于秆，宽 2~3 mm。苞片叶状，长于花序，无鞘；小穗 3~5；上部 2~3 雄性，条状圆柱形，长 1~3.5 cm；其余雌性，长椭圆形，长 1.5~2 cm，密生花；雌花鳞片卵状三角形或披针状宽卵形，长约 5 mm，黄褐色，先端渐尖，有 3 脉，边缘膜质。果囊长椭圆形，长 6~8.5 mm，黄褐色或棕褐色，革质或近木质，有多数凹陷脉，上部急缩成短喙，喙口微凹；小坚果长圆形，有 3 棱，长约 5 mm；花柱短，柱头 3，短。

生于海边沙滩。国内分布于辽宁、河北、江苏、浙江、台湾等省份。

鸭跖草 Commelina communis

鸭跖草科 Commelinaceae
鸭跖草属 Commelina

一年生草本。株高达 60 cm；茎肉质多分枝，基部匍匐，上部近直立。单叶，互生；披针形或卵状披针形，长达 9 cm，宽达 2 cm，先端锐尖；无柄或几无柄，基部有膜质短叶鞘，白色，有绿纹，鞘口有白色纤毛。佛焰苞有柄，心状卵形，边缘对合折叠，基部不相连，有毛；花两性，两侧对称；萼片3，薄膜质；花瓣3，蓝色，后方的2片较大，卵圆形，前方的1片卵状披针形；能育雄蕊3。蒴果2室，每室2枚种子；种子表面有皱纹。花、果期6～10月。

生于路旁、林厂、山涧、水沟边较阴湿处。广泛分布于全国各地。

全草药用，有清热解毒、利尿的功效；也可作饲料。

饭包草 Commelina bengalensis

鸭跖草科 Commelinaceae
鸭跖草属 Commelina

与"鸭跖草"相似，主要区别是：本种为多年生；茎多分枝，长可达70 cm；叶为阔卵形至卵状椭圆形，先端钝，有明显的短叶柄；佛焰苞下部合生成漏斗状；聚伞花序有数花，几不伸出佛焰苞外；蒴果3室；花、果期7～10月。

生于路边、水溪边及林下阴湿处。国内分布于秦岭—淮河流域以南地区及河北。

全草药用，有清热解毒、消肿利水的功效。

黄花菜 Hemerocallis citrina

百合科 Liliaceae

萱草属 Hemerocallis

根先端膨大呈纺锤状。叶长达60 cm，宽达3.5 cm。花葶高达1 m，顶端分枝，有花6～12或更多，排列为总状或圆锥状，花梗短；苞片卵状披针形；花橘红色或橘黄色，无香气；花被管长达3.5 cm，花被裂片长约9 cm，开展而反卷，内轮花被片中部有褐红色的粉斑，边缘波状皱褶。花期6～8月；果期8～9月。

生于山坡、林缘，或栽培于田边。国内分布于秦岭以南地区及河北、山西等省份。

花蕾供食用，经蒸晒后加工为金针菜，为美味菜肴的原料，还有健胃、利尿、消肿等功效。根可以酿酒。

萱草 Hemerocallis fulva

百合科 Liliaceae
萱草属 *Hemerocallis*

根先端膨大呈纺锤状。叶长达 60 cm，宽达 3.5 cm。花葶高达 1 m，顶端分枝，有花 6～12 或更多，排列为总状或圆锥状，花梗短；苞片卵状披针形；花橘红色或橘黄色，无香气；花被管长达 3.5 cm，花被裂片长约 9 cm，开展而反卷，内轮花被片中部有褐红色的粉斑，边缘波状皱褶。花期 6～8 月；果期 8～9 月。

生于山沟、草丛或岩缝中，或栽培于田边地头。国内分布于秦岭以南地区。

常栽培为观赏植物。

薤白 Allium macrostemon

百合科 Liliaceae

葱属 Allium

鳞茎近球形，径达 15 mm；鳞茎外皮带黑色，纸质或膜质，外皮脱落后现出白色内皮。叶 3~5，近半圆柱形，中空，表面有沟槽。花葶圆柱形，高达 70 cm，下部有叶鞘；总苞 2 裂；伞形花序半球形或球形，花密集或稀疏，杂有肉质珠芽或有时全部特化为珠芽，芽暗紫色；花梗近等长；花淡紫色或淡红色，初开时色深，后渐变淡；花被片有 1 深色脉，花丝等长，伸出花被外；子房球形，腹缝线基部有带帘的凹陷蜜穴。蒴果近球形。花期 5~6 月；果期 6~7 月。

生于山坡草丛或林缘。国内分布于除新疆、青海以外其他省份。鳞茎药用，有健胃、理气、祛痰的功效。

薤白 *Allium macrostemon*

百合科 Liliaceae

葱属 *Allium*

鳞茎近球状，粗 0.7～2 cm，基部常具小鳞茎；鳞茎外皮带黑色，纸质或膜质，不破裂。叶 3～5 枚，半圆柱状，或因背部纵棱发达而为三棱状半圆柱形，中空，上面具沟槽，比花葶短。花葶圆柱状，高 30～70 cm，1/4～1/3 被叶鞘；总苞 2 裂，比花序短；伞形花序半球状至球状，具多而密集的花，或间具珠芽或有时全为珠芽；小花梗近等长，比花被片长 3～5 倍，基部具小苞片；珠芽暗紫色，基部亦具小苞片；花淡紫色或淡红色；花被片矩圆状卵形至矩圆状披针形，长 4～5.5 mm，宽 1.2～2 mm，内轮的常较狭；花丝等长，比花被片稍长直到比其长 1/3，在基部合生并与花被片贴生，分离部分的基部呈狭三角形扩大，向上收狭成锥形，内轮的基部约为外轮基部宽的 1.5 倍；子房近球状，腹缝线基部具有帘的凹陷蜜穴；花柱伸出花被外。花、果期 5～7 月。

生于海拔 1500 m 以下的山坡、丘陵、山谷或草地上。除新疆、青海外，全国其他地区均有分布。

鳞茎作药用，也可作蔬菜食用，在少数地区已有栽培。

卷丹 Lilium lancifolium

百合科 Liliaceae

百合属 Lilium

多年生草本。高达 80 cm。鳞茎卵状球形，直径达 6 cm，鳞片白色，宽卵形，长达 3 cm，宽达 2 cm。茎直立，绿色或淡紫色，有白色绵毛。叶互生；叶片卵状披针形或披针形，长达 16 cm，宽达 1.8 cm，先端渐尖，边缘有乳头状突起，两面疏被短毛或渐脱落近无毛，有 5~7 条脉；上部叶腋有珠芽。花 3~10，排成总状花序；花橘红色，下垂；苞片叶状，卵状披针形，长达 2 cm，宽达 1 cm；花梗长达 10 cm，有白色绵毛；花被片 6，披针形，反卷，长达 10 cm，宽达 2 cm，内侧有紫黑色斑点，蜜腺两边有乳头状突起和白色短毛；雄蕊 6，花丝无毛，花药长圆形，紫色，四面开裂；雌蕊 1，柱头 3 浅裂，子房圆柱形。蒴果狭长倒卵形，长 3~4 cm。种子多数。花期 6~7 月；果期 8~9 月。

生于山坡、林缘、山沟路旁草丛中。国内分布于华东、华北、西北、华中地区及吉林、广西、四川等省份。

鳞茎含淀粉，可供食用；还可入药，有滋补强壮、润肺止咳、镇静安神等功效。花大，色泽鲜艳、美丽，可栽培供观赏。

薯蓣 *Dioscorea opposita*

薯蓣科 Dioscoreaceae
薯蓣属 *Dioscorea*

多年生缠绕草本。地下茎圆柱形，垂直长达1 m，直径达7 cm，外皮灰褐色，生多数须根，肉质，质脆，断面白色，带黏性；茎纤细而长，常带紫色，有棱线，光滑无毛，右旋。叶对生或3叶轮生；叶腋常生珠芽；叶片三角状卵形或三角状阔卵形，全缘，通常3裂，侧裂片圆耳状，中裂片先端渐尖，基部心形；叶脉7~9，自叶基部伸出，网脉明显；叶柄带紫色。花单性，雌雄异株；花小，排成穗状花序，雄花序直立，雌花序下垂；花被片6；雄花有6雄蕊；雌花花柱3，柱头2裂。蒴果有3棱，呈翅状。种子扁圆形，有宽翅。花期6~9月；果期7~11月。

生于向阳山坡或疏林下土层深厚疏松的砂质土壤上；或栽培。广泛分布于全国各地。

根状茎含淀粉及蛋白质，为重要蔬菜；也可药用，能健脾胃、补肺肾，治消化不良、食欲不振及病后虚弱等症。

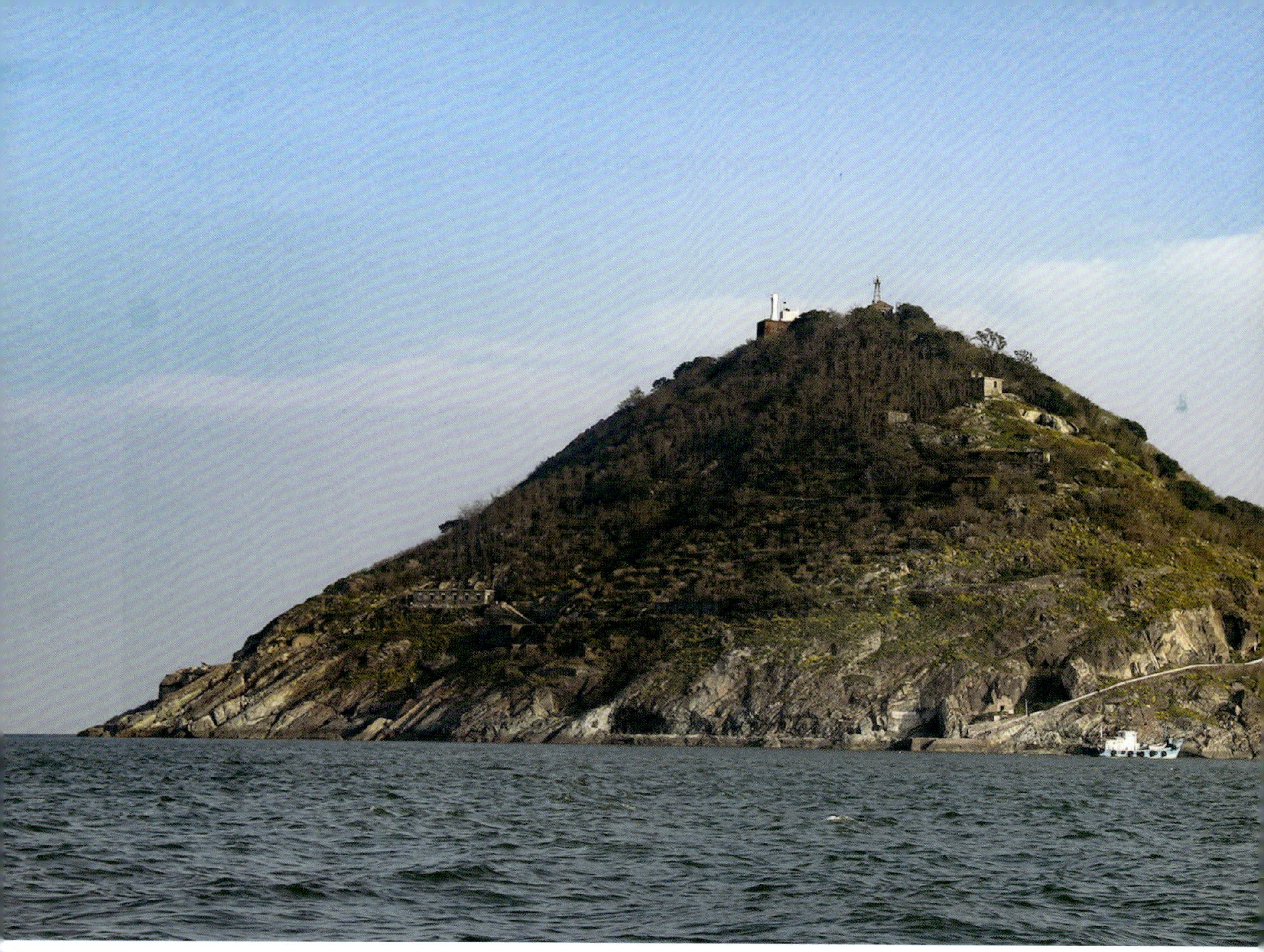

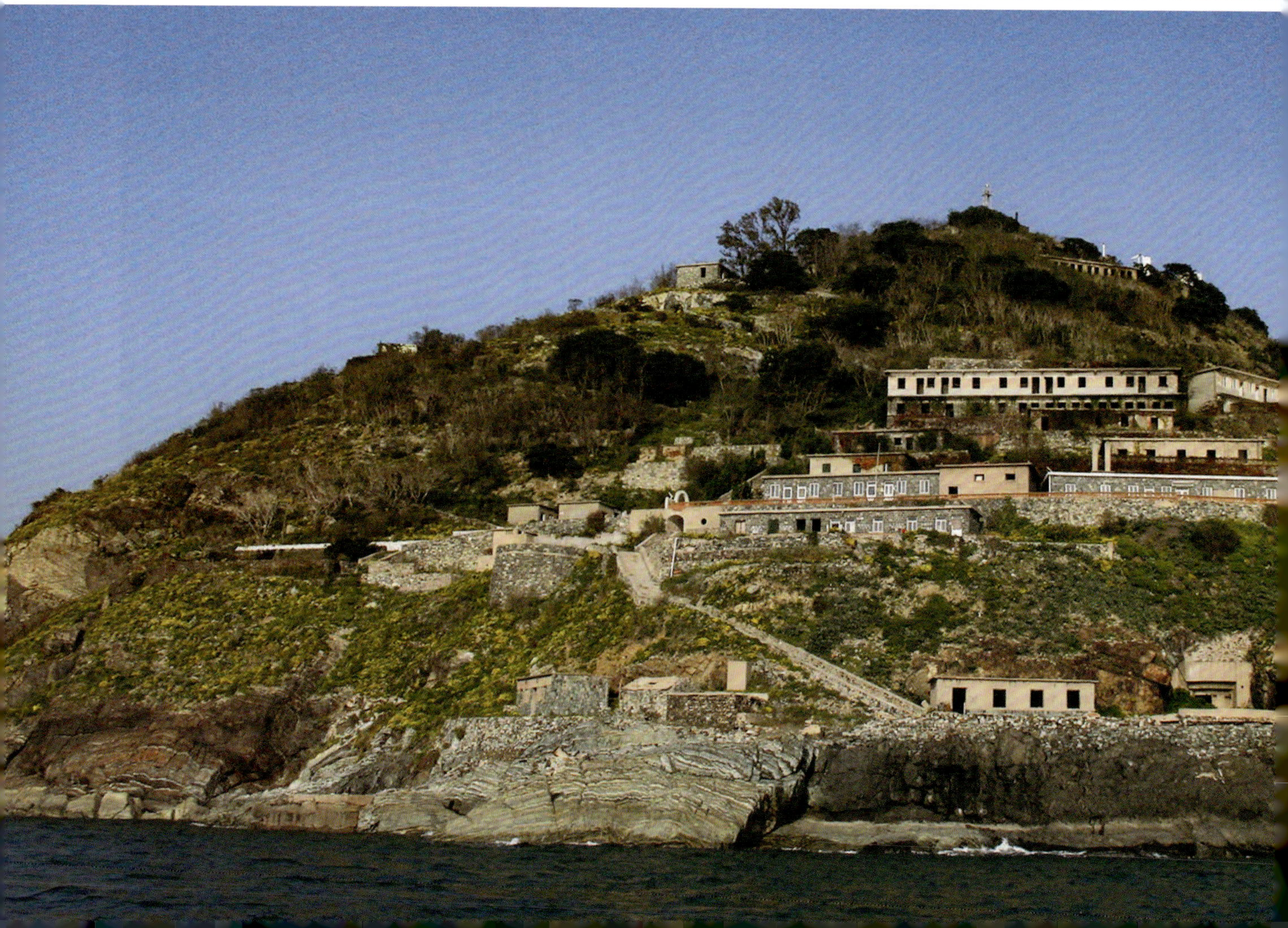

大公岛全貌

大公岛近景

大公岛

大公岛隶属于山东省青岛市，属无居民海岛，地理位置 35°57′39″N、120°29′33″E。该岛东西长 0.5 km，南北宽 0.4 km，海拔 120 m，岛陆投影面积约 14.4 hm², 岛岸线长约 1.6 km。该岛投影呈椭圆形。

在大公岛上共发现 42 科 89 属 103 种植物，其中乔木 15 种、灌木 10 种、草本 70 种、藤本 8 种。菊科 14 种，占总数 13%；禾本科 10 种，占总数 10%；蓼科 7 种，占总数 7%；十字花科 4 种，占总数 4%；桑科 4 种，占总数 4%；茄科 4 种，占总数 4%；葡萄科 4 种，占总数 4%；葫芦科 4 种，占总数 4%；其余科 52 种，共占总数的 50%。

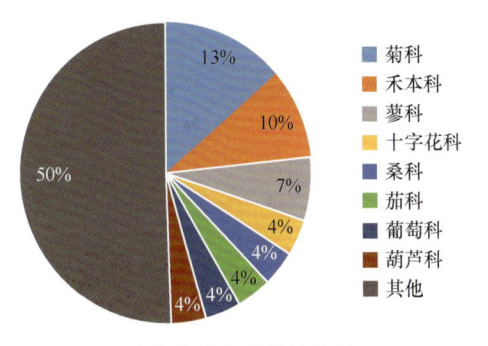

大公岛植物各科的占比

全缘贯众 Cyrtomium falcatum

鳞毛蕨科 Dryopteridaceae
贯众属 Cyrtomium

植株高 25～60 cm。根状茎短粗，直立，密被鳞片；鳞片大，棕褐色，质厚，阔卵形或卵形，有缘毛。叶簇生；叶柄长 10～25 cm，粗约 4 mm，禾秆色，密被大鳞片，向上渐稀疏；叶片长圆状披针形，长 10～35 cm，宽 8～15 cm，一回羽状；顶生羽片有长柄，与侧生羽片分离，卵状披针形或呈 2~3 叉状；侧生羽片 3~11 对或更多，互生或近对生，略斜展，有短柄，卵状镰刀形，中部的略大，长 6～10 cm，宽 2～4 cm，先端尾状渐尖或长渐尖，基部圆形，上侧多少呈耳状凸起，下侧圆楔形，全缘，有时波状缘或多少有浅粗齿，有加厚的边，其余向上各对羽片渐狭缩，向下近等大或略小；叶脉网状，每网眼有内藏小脉 1～3 条；叶革质，仅沿叶轴有少数纤维状小鳞片。孢子囊群圆形，生于内藏小脉中部；囊群盖圆盾形，边缘略有微齿；孢子周壁有疣状褶皱，其表面有细网状纹饰。

生于沿海潮水线以上的岩石壁上。国内分布于江苏、浙江、福建、广东、台湾等省份。

根状茎药用，有清热解毒、驱钩虫和蛔虫等功效。

银杏 *Ginkgo biloba*

银杏科 Ginkgoaceae
银杏属 *Ginkgo*

落叶乔木。高可达 30～40 m，胸径 4 m；壮龄树冠圆锥形，老树树冠呈卵圆形；树皮幼时浅纵裂，老则深纵裂；雌株树枝开展，雄株树枝常向上伸。叶柄长；叶片扇形，上缘常呈浅波状或不规则浅裂，幼树及萌芽枝上的叶常先端 2 深裂。雌、雄球花均着生于短枝顶端的鳞片状叶腋；雄球花柔荑花序状，下垂，雄蕊有短柄，花药 2；雌球花 6～7 簇生，有长柄，顶端 2 叉，各生胚珠 1。常 1 种子成熟，肉质外种皮成熟时黄色，有白粉，有臭味，中种皮白色，骨质，有 2～3 棱，内种皮膜质，淡红褐色，胚乳丰富，子叶 2。花期 4～5 月；种子 9～10 月成熟。

全国各地均有栽培，浙江天目山尚有野生状态的树木。

树形优美，为观赏绿化树。木材优良，可供建筑、家具、雕刻及绘图板等用。种子名"白果"，可食用，亦可入药，有温肺益气、镇咳祛痰的功效。叶片可杀虫，亦可作肥料。

构 *Broussonetia papyrifera*

桑科 Moraceae
构属 *Broussonetia*

乔木。高达18 m；树皮灰色或灰褐色，平滑或不规则纵裂；小枝灰褐色或红褐色，密被灰色长毛。叶卵形或阔卵形，长达26 cm，宽达20 cm，先端渐尖或锐尖，基部阔楔形、截形、圆形或心形，偏斜，不裂或有2～5不规则的缺裂，边缘有粗锯齿，上面绿色，被灰色粗毛，下面灰绿色，密被灰柔毛；叶柄长达12 cm，有长柔毛；托叶膜质，卵状披针形。雌雄异株；雄花序为柔荑花序，长4～8 cm，总梗及雄花花被上均有毛；雌花序头状，直径2 cm，总梗长1.5 cm；雌花有筒状的花被及棒状的苞片，被白色细毛，花柱细长，灰色或紫红色。聚花果球形，直径2～3 cm，瘦果由肉质的子房柄挺出于球形果序外，橘红色。种子扁球形，红褐色。花期4～5月；果熟期7～9月。

多生于荒坡及石灰岩风化的土壤地区，喜钙。广泛分布于全国各地。

适应性强，抗干旱、瘠薄及烟害，适宜作城镇及工矿区的绿化用树。茎皮纤维长而柔韧，为优质的人造棉及纤维工业原料。根、皮及果实药用，有利尿、补肾、明目、健胃的功效；叶及皮内乳汁可治疮癣等皮肤病。

柘 *Cudrania tricuspidata*

桑科 Moraceae
柘属 *Cudrania*

落叶灌木或小乔木。高达8 m；树皮灰褐色，片状剥落；小枝暗绿褐色，光滑无毛或幼时有细毛；枝刺深紫色，圆锥形，长达3.5 cm。叶卵形、倒卵形、椭圆状卵形或椭圆形，长达17 cm，宽5 cm，先端圆钝或渐尖，基部近圆形或阔楔形，全缘或上部2~3裂或呈浅波状，上面深绿色，下面浅绿色，嫩时两面被疏毛，老时仅下面沿主脉有细毛，近革质；叶柄长达15 mm，有毛。雌雄花序头状，均有短梗，单一或成对腋生；雄花序直径5 mm，花被片长2 mm，肉质，苞片2；雌花序直径1.5 cm，开花时花被片陷于花托内；子房又埋藏于花被下部，每花1花柱。聚花果近球形，成熟时橙黄色或橘红色，直径达2.5 cm。花期5~6月；果熟期9~10月。

生于山坡、荒地、地堰及路旁。国内分布于华东、华北、中南、西南地区。

为良好的护坡及绿篱树种。木材可做家具及细工用材。茎皮纤维强韧，可代麻供打绳、织麻袋及造纸。根皮药用，有清凉、活血、消炎的功效。椹果可酿酒及食用。叶可饲蚕，为桑叶的代用品。

无花果 Ficus carica

桑科 Moraceae
榕属 Ficus

落叶灌木或小乔木。高可达 3 m；树皮灰褐色或暗褐色；枝直立，节间明显。叶倒卵形或圆形，掌状 3~5 深裂，长与宽均可达 20 cm，裂缘有波状粗齿或全缘，先端钝尖，基部心形或近截形，上面粗糙，深绿色，下面黄绿色，沿叶脉有白色硬毛，厚纸质；叶柄长达 13 cm；托叶三角状卵形，脱落。隐头花序单生叶腋。隐花果扁球形或倒卵形、梨形，直径 3 cm，长达 6 cm，黄色、绿色或紫红色。种子卵状三角形，橙黄色或褐黄色。

原产地中海一带。全国各地引种栽培。

为庭院观赏植物。隐花果营养丰富，可生吃，也可制干及加工成各种食品，并有药用价值。叶片药用，治疗痔疾有效。

葎草 *Humulus scandens*

桑科 Moraceae

葎草属 *Humulus*

一年生蔓性草本。长达 5 m；茎生倒钩刺。单叶，肾形或近五角形，掌状 5~7 深裂，长达 10 cm，宽达 15 cm，裂片卵圆形，先端渐尖，缘有粗锯齿，叶片基部多心形，叶上面绿色，粗糙，下面灰绿色，疏生刺状刚毛或短柔毛，常有黄色腺点；叶柄长达 20 cm，有短刺毛。雌雄异株；雄株花小，排成圆锥花序；雄花花被片淡黄绿色；雌株的花多排成球形花穗；花穗为多数卵状披针形的苞片组成，每苞片内有 2 花或 1 花；花被片退化成 1 膜质薄片，花柱 2，红褐色，有细刺毛。瘦果扁球形，直径 3 mm，外皮坚硬，有黄褐色的腺点及斑纹；苞片先端短尾状，宿存。花期 7~8 月；果熟期 8~9 月。

生于山坡、路旁、田边。国内分布于除新疆、青海以外的其他地区。

茎皮纤维强韧，可代麻用。全草药用，有健胃、清热、解毒、利尿等功效。种子榨油，含油量约 30%，可作润滑油及制油墨、肥皂等工业原料用油。

萹蓄 *Polygonum aviculare*

蓼科 Polygonaceae

蓼属 *Polygonum*

  一年生草本。茎匍匐或斜展，有沟纹。叶片条形至披针形，长 4 cm，宽 1 cm，先端钝或急尖，基部楔形，有关节，两面无毛，全缘；有短柄或近无柄；托叶鞘膜质，有明显脉纹，先端数裂。花 1~5 簇生于叶腋，全露或半露出于托叶鞘之外；花梗短，基部有关节；花被 5 深裂，暗绿色，边缘白色或淡红色；雄蕊 8，比花被片短；花柱 3，甚短，柱头头状。瘦果卵形，有 3 棱，长约 3 mm，黑色或褐色，无光泽，有不明显的线状小点，微露出于宿存花被外。

  生于路边、田野。广泛分布于全国各地。

  全草药用，有利尿、清湿热、消炎、止泻、驱虫的功效；也可作饲料。

红蓼 Polygonum orientale

蓼科 Polygonaceae
蓼属 Polygonum

一年生草本。茎直立，粗壮，高 1~2 m，上部多分枝，密被开展的长柔毛。叶宽卵形、宽椭圆形或卵状披针形，长 10~20 cm，宽 5~12 cm，顶端渐尖，基部圆形或近心形，微下延，边缘全缘，密生缘毛，两面密生短柔毛，叶脉上密生长柔毛；叶柄长 2~10 cm，具开展的长柔毛；托叶鞘筒状，膜质，长 1~2 cm，被长柔毛，具长缘毛，通常沿顶端具草质、绿色的翅。总状花序呈穗状，顶生或腋生，长 3~7 cm，花紧密，微下垂，通常数个再组成圆锥状；苞片宽漏斗状，长 3~5 mm，草质，绿色，被短柔毛，边缘具长缘毛，每苞内具 3~5 花；花梗比苞片长；花被 5 深裂，淡红色或白色；花被片椭圆形，长 3~4 mm；雄蕊 7，比花被长；花盘明显；花柱 2，中下部合生，比花被长，柱头头状。瘦果近圆形，双凹，直径 3~3.5 mm，黑褐色，有光泽，包于宿存花被内。花期 6~9 月；果期 8~10 月。

酸模叶蓼 Polygonum lapathifolium

蓼科 Polygonaceae
蓼属 Polygonum

一年生草本。高达 1.5 m；茎直立，上部分枝，无毛，节部膨大。叶片披针形，先端渐尖或急尖，基部楔形，上面绿色，中央常有黑褐色新月形斑块，两面沿脉及叶缘有伏生的粗硬毛，全缘，下面有腺点；叶柄短，有短硬毛；托叶鞘筒状，膜质，淡褐色，无毛，先端截形，无缘毛。数枚花穗构成圆锥花序；苞片膜质，漏斗状，顶端斜形，有稀疏缘毛，内有数花；花被淡绿色或粉红色，长 2～2.5 mm，常 4 深裂，裂片椭圆形，有腺点，外面 2 裂片各有 3 条显著凸起的脉纹，脉纹先端叉分为 2 钩状分枝；雄蕊常 6；花柱 2，向外弯曲。瘦果卵圆形，扁平，两面微凹，黑褐色，有光泽。

生于路边、山坡及水边湿地。广泛分布于全国各地。

果实药用，有利尿的功效，主治水肿和疮毒。

水蓼 *Polygonum hydropiper*

蓼科 Polygonaceae

蓼属 *Polygonum*

一年生草本。高达 80 cm；茎直立，有时下部斜展，无毛；节膨大，节下有一红色的环，基部节上常生须根。叶片披针形，长达 7 cm，宽达 15 mm，先端渐尖，基部楔形，两面常有腺点，无毛或中脉及叶缘上有小刺状毛，有辣味；托叶鞘筒状，膜质，紫褐色，先端截形，有缘毛，长 1～4 mm，有时短。花序穗状，细长，花簇间断；苞片钟形，疏生缘毛或无；花淡绿色或淡红色；花被 5 深裂，有明显腺点；雄蕊常 6，稀 8；花柱 2～3。瘦果卵形，一面凸、一面平，少有三棱形，暗褐色，表面有小点，稍有光泽。

生于山谷、溪边、河滩、田边湿地。广泛分布于全国各地。

全草药用，有消肿解毒、利尿、止痢的功效。

杠板归 Polygonum perfoliatum

蓼科 Polygonaceae

蓼属 *Polygonum*

一年生攀援草本。茎四棱形，暗红色，沿棱有倒钩刺，无毛。叶片正三角形，叶柄盾状着生，长达 6 cm，下部宽达 6 cm，先端微尖，基部截形或微心形，上面绿色，无毛，下面淡绿色，沿脉疏生钩刺；叶柄长 2～8 cm，有倒钩刺；托叶鞘叶状，近圆形，穿茎。花序短穗状，长 1～3 cm，顶生或腋生，常包于叶鞘内；苞片圆形；淡红色或白色，花被 5 深裂，长约 2.5 mm，果期增大，肉质，深蓝色；雄蕊 8，短于花被；花柱 3，中部以下合生。瘦果球形，直径 3 mm，黑色，有光泽，包于蓝色肉质的花被内。

生于山坡、路边草丛。国内分布于东北、华东、华中、华南、西南地区及河北、陕西、甘肃等省份。

茎叶可药用，有清热止咳、散瘀解毒、止痛止痒的功效；治疗百日咳、淋浊效果显著。叶可制靛蓝，用作染料。

巴天酸模 Rumex patientia

蓼科 Polygonaceae
酸模属 Rumex

多年生草本。高 1~1.5 m。主根粗大，断面黄色。茎直立，有沟纹，无毛。基生叶和下部叶长椭圆形或长圆状披针形，长达 30 cm，宽达 10 cm，先端钝或急尖，基部圆形、浅心形或楔形，全缘或边缘皱波状；叶柄腹面有沟，长达 8 cm；茎上部叶狭小，长圆状披针形至狭披针形，有短柄；托叶鞘筒状，膜质。圆锥花序顶生和腋生；花两性，花簇轮生，花梗与花被片等长或稍长，中部以下有关节；花被片 6，2 轮，果期内轮花被片增大，呈宽心形，宽约 5 mm，全缘，有网纹，1 片或全部有瘤状突起；雄蕊 6；柱头 3，柱头画笔状。瘦果三棱形，褐色，有光泽，长约 5 mm。

国内分布于东北、华北、西北、华中地区及四川、西藏等地。

根、叶药用，生品能活血散瘀、止血、清热解毒、润肠通便，酒制品能止泻、补血。根可提取栲胶。

皱叶酸模 *Rumex crispus*

蓼科 Polygonaceae
酸模属 *Rumex*

多年生草本。高达 1 m。根粗大，断面黄色。茎直立，不分枝或上部分枝，有浅沟纹。基生叶有长柄；叶片长圆状披针形，长达 25 cm，宽达 4 cm，先端渐尖，基部楔形，边缘皱波状，两面无毛；茎上部叶渐小，披针形，有短柄，托叶鞘筒状，膜质。花序为数枚腋生的总状花序合成一狭长的圆锥花序；花簇轮生；花两性，花被片 6，2 轮，果期内轮花被片增大呈宽卵形，宽约 4 mm，边缘全缘或有不明显的微齿，表面有网纹，全部有瘤状突起；雄蕊 6；柱头 3，画笔状。瘦果卵状三棱形，褐色，有光泽。

生于山坡、荒野、河边湿草地。国内分布于华北、东北、西北地区及四川、河南、湖北、贵州、云南等省份。

根、叶含鞣质，可提取栲胶。根药用，有清热、通便、杀虫、散瘀的功效。

藜 Chenopodium album

藜科 Chenopodiaceae
藜属 *Chenopodium*

一年生草本。高达 1.5 m；茎直立，有条棱及绿色或紫红色色条，多分枝。叶片菱状卵形至阔披针形，长达 6 cm，宽达 5 cm，先端急尖或钝，基部楔形至阔楔形，上面常无粉，有时嫩叶的上面有紫红色粉，下面多少有粉，边缘有不整齐锯齿；叶柄与叶片多等长。花两性，簇生于枝上部，排列成穗状圆锥花序或圆锥花序；花被5 裂，阔卵形至椭圆形，背面有隆脊，有粉；雄蕊 5；柱头 2。胞果包于花被。种子横生，双凸镜形，直径 1.2～1.5 mm，黑色，有光泽，表面有浅沟纹，胚环形。

生于田间、路旁、村边荒地。广泛分布于全国各地。

全草药用，能止泻痢、止痒。幼苗可食用。

地肤 Kochia scoparia

藜科 Chenopodiaceae
地肤属 Kochia

一年生草本。高达 1 m；茎直立，淡绿色或带紫红色，有条棱，稍有短柔毛或几无毛。叶披针形或条状披针形，长达 5 cm，宽达 7 mm，无毛或稍有毛，先端渐尖，基部渐狭成短柄，常有 3 明显主脉，边缘有疏生的锈色绢状缘毛，茎上部叶小，无柄，1 脉。花两性或兼有雌性；常 1～3 生于上部叶腋，构成疏穗状圆锥花序；花下有时有锈色长柔毛，花被绿色，花被裂片近三角形，无毛或先端稍有毛，基部合生，黄绿色，果期自背部生出横翅，翅端附属物三角形至倒卵形，有时近扇形，脉不明显，边缘微波状或有缺刻；雄蕊 5；花柱极短，柱头 2。胞果扁球形。种子卵形，黑褐色，长 1.5～2 mm，胚环形，胚乳块状。

生于田边、路边、海滩荒地。广泛分布于全国各地。

果实药用，称"地肤子"，有利尿消肿、祛风除湿的功效。嫩叶可食用。

碱蓬 *Suaeda glauca*

藜科 Chenopodiaceae
碱蓬属 *Suaeda*

一年生草本。高达 1 m；茎直立，有条棱，上部多分枝。叶半圆柱形或略扁，长达 5 cm，宽 1.5 mm，灰绿色，无毛，稍向上弯曲，先端微尖，基部收缩。花两性兼有雌性，单生或 2~5 簇生成团伞花序，其总花梗与叶基部合生，似花序着生于叶柄上；两性花花被杯状，长 1~1.5 mm，黄绿色；雌花花被近球形，直径约 0.7 mm，较肥厚，灰绿色；花被片 5 裂，裂片卵状三角形，果期增厚，使花被呈五角星形，干后变黑；雄蕊 5；柱头 2。胞果包在花被内；种子横生或斜升，双凸镜形，黑色，直径 2 mm，表面有清晰的颗粒状点纹。

生于盐碱荒地。国内分布于华东、华北、西北地区及黑龙江。

种子含油 25% 左右，可以榨油供工业用。

紫茉莉 *Mirabilis jalapa*

紫茉莉科 Nyctaginaceae
紫茉莉属 *Mirabilis*

一年生或多年生草本。高达 1 m。根圆锥形，深褐色。茎多分枝，圆柱形，无毛或近无毛，节膨大。叶片卵形或三角状卵形，长达 9 cm，宽达 6 cm，先端渐尖，基部楔形或心形，边缘微波状，两面均无毛；叶柄长达 3 cm。花 3~6 朵簇生枝端，晨、夕开放而午收，有红、黄、白各色，或红黄相杂。雄蕊 5，花丝细长，常伸出花外，花药球形；花柱单生，线形，伸出花外，柱头头状。果实球形，熟时成黑色，有棱；胚乳白色，粉质。花期 7~9 月；果期 8~10 月。

原产热带美洲。全国各地均有栽培。

栽培供观赏。种子的胚乳干后碾成白粉，加香料可作化妆品。根、叶供药用，有清热解毒、活血滋补的功效。

垂序商陆 Phytolacca americana

商陆科 Phytolaccaceae
商陆属 Phytolacca

多年生草本。高达 1.5 m。肉质主根肥大，圆锥形。茎直立，绿色或常带紫红色，角棱明显。叶片长椭圆形，长达 15 cm，宽达 10 cm，先端尖或渐尖，全缘，基部楔形；叶柄长达 3 cm。总状花序略下垂；苞片条形或披针形，细小；花萼 5，白色或淡粉红色，宿存；无花瓣；雄蕊 10；心皮 10，基部合生。果穗下垂；浆果扁球形，熟时紫黑色。花期 6～8 月；果期 8～10 月。

原产北美洲。国内分布于河北、陕西、山东、江苏、浙江、江西、福建、河南、湖北、广东、四川、云南等省份。多地逸生。

根供药用，同"商陆"。种子利尿，叶可解热，全草可作农药。

马齿苋 Portulaca oleracea

马齿苋科 Portulacaceae
马齿苋属 Portulaca

一年生肉质匍匐草本。茎基部分枝，淡绿色或带紫色。叶片长圆形或倒卵形，长达 2.5 cm，宽达 15 mm，无毛，先端钝圆或平截或微凹，基部楔形，上面暗绿色，下面淡绿色或暗红色，中脉微隆起。花小，直径达 5 mm，两性，单生或 3～5 簇生枝端；无花梗；总苞片 4～5，薄膜质；萼片 2，绿色，阔椭圆形，背部有隆脊，基部与子房贴生；花瓣 4～5，黄色，倒卵状长圆形，先端微凹；雄蕊 8～12，基部合生；花柱比雄蕊稍长，顶端 4～5 裂；子房半下位，1 室，特立中央胎座，胚珠多数。蒴果卵球形，棕色，盖裂。种子多数，细小，肾状卵圆形，有小疣状突起，黑褐色，有光泽。花期 6～8 月；果期 8～9 月。

生于菜园、农田、路旁、荒地，为田间常见杂草。广泛分布于全国各地。

全草药用，有清热解毒、治菌痢的功效。种子明目；又可作农药和兽药。嫩茎叶可食，民间常作蔬菜；又可作家畜饲料。

木防己 Cocculus orbiculatus

防己科 Menispermaceae
木防己属 Cocculus

缠绕性落叶藤本。长达3 m；全株有淡褐色短柔毛。根圆柱形，棕褐色或黑褐色。茎木质化，小枝细，表面密生柔毛；老枝近无毛，有条纹。单叶，互生；叶片阔卵形或卵状椭圆形，有时3浅裂，长达6 cm，宽达4 cm，先端锐尖至钝圆，顶部常有小突尖，基部心形或截形，幼时两面密生灰白色柔毛；叶柄长达3 cm，密生灰白色柔毛。花黄色，雌雄异株；聚伞状圆锥花序腋生；花有短梗，总花轴和总花梗被柔毛，小苞片2，卵形；雄花萼片6，2轮，内轮3片大，外轮3片小，长1~1.5 mm；花瓣6，卵状披针形，长1.5~3.5 mm，先端2裂，基部两侧有耳并内折；雄蕊6，离生，与花瓣对生，花药球形；雌花序较短，花少数，萼片和花瓣与雄花相似，有退化雄蕊6，心皮6，离生，子房半球形，无毛，花柱短，向外弯曲。核果近球形，直径达8 mm，蓝黑色，表面有白粉，内果皮坚硬，背脊和两侧有横小肋。种子1枚。花期5~7月；果期7~9月。

生于山坡、路旁、沟岸及灌木丛中。国内分布于除西北和西藏以外的其他地区。

根状茎入药，有祛风除湿、通经活络、解毒、止痛、利尿、消肿、降血压的功效。根含淀粉，可酿酒。茎含纤维，质坚韧，可作纺织原料和造纸原料。

播娘蒿 Descurainia sophia

十字花科 Cruciferae
播娘蒿属 Descurainia

一年生草本。高 20～80 cm；有毛或无毛，毛为叉状毛，以下部茎生叶为多，向上渐少；茎直立，分枝多，常于下部成淡紫色。叶为 3 回羽状深裂，长 2～12（～15）cm，末端裂片条形或长圆形，裂片长（2～）3～5（～10）mm，宽 0.8～1.5（～2）mm，下部叶具柄，上部叶无柄。花序伞房状，果期伸长；萼片直立，早落，长圆条形，背面有分叉细柔毛；花瓣黄色，长圆状倒卵形，长 2～2.5 mm，或稍短于萼片，具爪；雄蕊 6 枚，比花瓣长 1/3。长角果圆筒状，长 2.5～3 cm，宽约 1 mm，无毛，稍内曲，与果梗不成 1 条直线，果瓣中脉明显；果梗长 1～2 cm。种子每室 1 行，种子形小，多数，长圆形，长约 1 mm，稍扁，淡红褐色，表面有细网纹。花期 4～5 月。

萝卜 Raphanus sativus

十字花科 Cruciferae
萝卜属 Raphanus

二年生或一年生草本。高 20～100 cm。直根肉质，长圆形、球形或圆锥形，外皮绿色、白色或红色。茎有分枝，无毛，稍有粉霜。基生叶和下部茎生叶大头羽状浅裂，长 8～30 cm，宽 3～5 cm，顶裂片卵形，侧裂片 4～6 对，长圆形，有钝齿，疏生粗毛，上部叶长圆形，有锯齿或近全缘。总状花序顶生及腋生；花白色或粉红色，直径 1～2 cm；花梗长 5～15 cm；萼片长圆形，长 5～7 mm；花瓣倒卵形，长 1～2 cm，有紫纹，下部有长 5 mm 的爪。长角果圆柱形，长 3～6 cm，宽约 1 cm，种子间处缢缩，并形成海绵质横隔，顶端喙长 1～2 cm，果梗长 1～2 cm。种子 1～6，卵形，微扁，长约 3 mm，红棕色，有细网纹。花期 4～5 月；果期 5～6 月。

全国各地均有栽培。

根作蔬菜。种子药用，有化痰消积的功效；也可榨油供工业用或食用。

芥菜 *Brassica juncea*

十字花科 Cruciferae
芸苔属 *Brassica*

一年生草本。高达 1.5 m；常无毛，有时幼茎及叶有刺毛，带粉霜，有辣味；茎直立，有分枝。基生叶宽卵形至倒卵形，长达 25 cm，先端圆钝，基部楔形，大头羽裂，有 2～3 对裂片，或不裂，边缘有缺刻或牙齿，叶柄长达 9 cm，有小裂片；茎下部叶较小，边缘有缺刻或牙齿，有时有圆钝锯齿，不抱茎；茎上部叶狭披针形，长达 5 cm，宽达 9 mm，边缘有不明显疏齿或全缘。总状花序顶生；花黄色，直径达 10 mm；花柄长达 9 mm；萼片淡黄色，长椭圆形，长达 5 mm，直立、开展，花瓣倒卵形，长达 10 mm，爪长达 5 mm。长角果长达 5 cm，宽达 4 mm。果瓣有一突出中脉，喙长达 12 mm。种子球形，直径约 1 mm，紫褐色。花期 3～5 月；果期 5～6 月。

广泛分布于全国各地。

叶片盐腌供食用。种子及全株药用，有消肿止痛、化痰平喘的功效。种子磨成粉为芥末；种子榨油为芥子油，可作调味料。开花时为优良蜜源植物。

菥蓂 *Thlaspi arvense*

十字花科 Cruciferae

菥蓂属 *Thlaspi*

一年生草本。高9～60 cm；无毛；茎直立，不分枝或分枝，具棱。基生叶倒卵状长圆形，长3～5 cm，宽1～1.5 cm，顶端圆钝或急尖，基部抱茎，两侧箭形，边缘具疏齿；叶柄长1～3 cm。总状花序顶生；花白色，直径约2 mm；花梗细，长5～10 mm；萼片直立，卵形，长约2 mm，顶端圆钝；花瓣长圆状倒卵形，长2～4 mm，顶端圆钝或微凹。短角果倒卵形或近圆形，长13～16 mm，宽9～13 mm，扁平，顶端凹入，边缘有翅宽约3 mm。种子每室2～8个，倒卵形，长约1.5 mm，稍扁平，黄褐色，有同心环状条纹。花期3～4月；果期5～6月。

费菜 Sedum aizoon

景天科 Crassulaceae
景天属 Sedum

多年生草本。根状茎粗短；块根胡萝卜状。全株肉质肥厚，茎高达 50 cm，直立，无毛，不分枝。叶互生，狭披针形至卵状倒披针形，长达 8 cm，宽达 2 cm，先端渐尖，基部楔形，边缘有不整齐锯齿；几无柄。聚伞花序多花；无小花梗；萼片 5，条形，肉质，不等长，长 3～5 mm，先端钝；花瓣 5，黄色，长圆形至椭圆状披针形，长达 10 mm，有短尖；雄蕊 10，较花瓣短；鳞片 5，长 0.3 mm；心皮 5，基部合生，腹面凸出；花柱长钻形。蓇葖果星芒状排列，长 7 mm。种子椭圆形，长约 1 mm。花期 6～7 月；果期 8～9 月。

生于山坡、路边及山谷岩石缝中。国内分布于华东、华北、华中、东北、西北地区及四川等省份。

全草药用，有止血散瘀、安神镇痛的功效。

轮叶八宝 Hylotelephium verticillatum

景天科 Crassulaceae

八宝属 Hylotelephium

多年生草本。须根细。茎高40～50 cm，直立，不分枝。4叶，少有5叶轮生，下部的常为3叶轮生或对生，叶比节间长，长圆状披针形至卵状披针形，长4～8 cm，宽2.5～3.5 cm，先端急尖、钝，基部楔形，边缘有整齐的疏牙齿，叶下面常带苍白色，叶有柄。聚伞状伞房花序顶生；花密生，顶半圆球形，直径2～6 cm；苞片卵形；萼片5，三角状卵形，长0.5～1 mm，基部稍合生；花瓣5，淡绿色至黄白色，长圆状椭圆形，长3.5～5 mm，先端急尖，基部渐狭，分离；雄蕊10，对萼的较花瓣稍长，对瓣的稍短；鳞片5，线状楔形，长约1 mm，先端有微缺；心皮5，倒卵形至长圆形，长2.5～5 mm，有短柄，花柱短。种子狭长圆形，长0.7 mm，淡褐色。花期7～8月；果期9月。

国内分布于东北、华北、西北、华东、华中、西南地区。各地作为观赏植物栽培。

全草有活血化瘀、解毒消肿的功效。

八宝 Hylotelephium erythrostictum

景天科 Crassulaceae
八宝属 Hylotelephium

多年生草本。有胡萝卜状块根。茎直立，高30～70 cm，不分枝。叶对生，稀为互生或3叶轮生，长圆形至卵状长圆形，长4.5～7 cm，宽2～3.5 cm，先端急尖或钝，基部渐狭，边缘有疏锯齿，无柄。伞房状聚伞花序顶生；花密生，直径约1 cm，花梗长约1 cm；萼片5，卵形，长1.5 mm；花瓣5，白色或粉红色，宽披针形，长5～6 mm，渐尖；雄蕊10，与花瓣等长或稍短，花药紫色，鳞片5，长圆状楔形，长1 mm，先端有微缺；心皮5，直立，基部几分离。花期8～10月。

生于山坡草地或山谷。国内分布于华东、华中、华北、东北、西南地区及陕西。

全草药用，有清热解毒、散瘀消肿的功效。观赏花卉。

华茶藨 Ribes fasciculatum var. chinense

虎耳草科 Saxifragaceae
茶藨子属 Ribes

灌木。高达 2 m；老枝紫褐色，片状剥裂，小枝灰绿色，无刺，嫩时被毛。叶互生或簇生短枝；叶片圆形，3～5 裂，裂片阔卵形，有不整齐的锯齿，长达 4 cm，宽几与长相等，基部微心形，两面疏生柔毛，下面脉上密生柔毛，叶柄长达 2 cm，有柔毛。花单性，雌雄异株；雄花 4～9，雌花 2～4，伞状簇生于叶腋，花黄绿色，有香气，花梗长达 9 mm，有关节，上部加粗；花萼浅碟形，裂片长圆状倒卵形，长 3～4 mm，先端钝圆；花瓣 5，极小，半圆形，先端圆或平截；雄蕊 5，花丝极短，花药扁宽，椭圆形；退化雌蕊比雄蕊短，有盾形微 2 裂的柱头；雌花子房无毛。果实近球形，径达 1 cm，红褐色，花萼宿存。花期 4～5 月；果期 8～9 月。

生于山坡疏林中。国内分布于辽宁、河北、山西、河南、江苏、浙江、湖北、陕西、四川等省份。

绿化观赏植物。果实可酿酒或做果酱。

白梨 Pyrus bretschneideri

蔷薇科 Rosaceae
梨属 Pyrus

落叶乔木。高达 8 m；树皮灰黑色，粗块状裂；枝圆柱形，黄褐色至紫褐色，幼时有密毛；芽鳞棕黑色，边缘或先端微有毛。叶卵形至椭圆状卵形，长达 11 cm，宽达 6 cm，先端渐尖或尾尖，基部宽楔形，缘有尖锯齿，齿尖刺芒状微向前贴附，上、下两面有绒毛，后脱落；叶柄长达 7 cm；托叶条状披针形，缘有腺齿。伞房花序由 6～10 花组成；花梗嫩时有绒毛；苞片膜质，条形；花直径达 3.5 cm；萼片三角状披针形，缘有腺齿，外面无毛，内面有褐色绒毛；花瓣圆卵形至椭圆形，基部有爪；雄蕊 20；花柱 5，稀 4。果实卵形、倒卵形或球形，径大于 2 cm，萼脱落；梗长 3～4 cm，熟时颜色多黄色或绿黄色，稀褐色。花期 4 月；果期 8～9 月。

国内分布于河北、河南、山西、陕西、甘肃、青海等省份。

果肉脆甜，品质好，适于生吃，也可加工成各种梨食品，富营养，有止咳、平喘等功效，可治慢性支气管炎。木材褐色，致密，是良好的雕刻材。花供观赏。

桃 Amygdalus persica

蔷薇科 Rosaceae
桃属 Amygdalus

乔木。高达 8 m；树皮暗褐色，鳞片状；枝红褐色，嫩枝绿色，无毛或微有毛，有顶芽，侧芽常 2～3 并生，中间为叶芽，两侧为花芽。叶披针形，长达 12 cm，宽达 3 cm，先端长渐尖，基部宽楔形，缘有锯齿，齿端有腺或无，上面暗绿色，无毛，下面淡绿色，在脉腋间有少量短柔毛，侧脉 7～12 对；叶柄长 2 cm，在顶端靠近叶基处多有腺体。侧芽每芽生 1 花；花梗短或无；花直径达 3.5 cm；萼筒钟状，萼片卵圆形，外被短柔毛或带紫红色斑点；花瓣倒卵形，粉红色，稀白色；雄蕊 10～20；雌蕊 1，花柱与雄蕊略等长。核果卵形、椭圆形或扁球形，顶端通常有钩状尖，腹缝线纵沟较明显，径常 3～7 cm，外被密短绒毛；核大，椭圆形或扁球形，两侧有棱或扁圆，有较多的深沟纹及蜂窝状的孔穴。花期 4～5 月；果期 6～11 月。

生于山坡、沟谷杂木林，公园、果园、庭院有栽培。国内分布于华北、华中及西北地区。

常见栽培果树及观赏树种。果可鲜食，亦可加工成罐头、果酱、桃脯等食品。木材可用于小细工。枝叶、根皮、花、果及种仁都可药用。

杏 Armeniaca vulgaris

蔷薇科 Rosaceae
杏属 Armeniaca

乔木。高达 8 m；树皮暗灰褐色；小枝浅红褐色，光滑；冬芽 2～3 个簇生于枝侧。叶圆形或卵状圆形，长达 9 cm，宽达 8 cm，先端有短尖头或尾尖，基部圆形或近心形，缘有圆钝锯齿，侧脉 4～6 对，上面无毛，下面仅在脉腋间有毛；叶柄长达 3 cm，近叶基处有 1～6 腺体。花单生，常在枝侧 2～3 花集合一起；花梗短或近无；花直径达 3 cm；萼筒狭圆筒形，紫红色微带绿色，基部微有短毛，萼片卵圆形至椭圆形，开花时反折；花瓣圆形或倒卵形，白色或稍带粉红色；雄蕊 25～45；心皮被短柔毛。核果球形或倒卵形，有浅纵沟，径常在 2.5 cm 以上，成熟时白色、浅黄色或棕黄色，常带有红晕，被短毛；核扁平圆形或倒卵形，两侧不对称，有锐边及不明显的网纹；核仁扁球形，味苦或甜。花期 3 月；果期 6～7 月。

生于山坡、沟谷杂木林，或栽培于梯田堰边、庭院。国内分布于西北、东北、华北、西南地区及长江流域。

常见果树，果肉酸甜，可生吃，也可加工成罐头及杏干、杏脯。种仁药用，有镇咳定喘的功效。木材可作器具及雕刻用材。

刺槐 Robinia pseudoacacia

豆科 Leguminosae

刺槐属 Robinia

落叶乔木。高达 25 m；树皮褐色，有深沟，小枝光滑。奇数羽状复叶，小叶 7～25；小叶椭圆形或卵形，长达 5 cm，宽达 2 cm，先端圆形或微凹，有小尖头，基部圆形或阔楔形，全缘，无毛或幼时生短毛。总状花序腋生，长达 20 cm，下垂；花萼杯状，浅裂；花白色，长达 2 cm，旗瓣有爪，基部常有黄色斑点。荚果扁平，条状长圆形，腹缝线有窄翅，长 4～10 cm，红褐色，无毛。种子 3～13，黑色，肾形。花期 4～5 月；果期 9～10 月。

原产于美国东部。广泛分布于全国各地。

木质坚硬，可作枕木、农具。叶可作家畜饲料。种子含油 12%，可作制肥皂及油漆的原料。花可提取香精，又是较好的蜜源植物。

贼小豆 Vigna minima

豆科 Leguminosae

豇豆属 Vigna

一年生缠绕草本。疏被倒生硬毛。三出羽叶；顶生小叶卵形至卵状披针形，长达6 cm，宽达4 cm，先端渐尖，基部圆形或楔形，全缘，两面疏生硬毛；侧生小叶斜卵形或卵状披针形；托叶披针形；小托叶狭披针形或条形。总状花序腋生，远长于叶柄，在花序轴节上的两花之间有矩形腺体；花萼斜杯状，萼齿三角形，最下面1较长；花冠淡黄色，旗瓣近肾形或扁椭圆形，翼瓣倒长卵形，有爪和耳，龙骨瓣卷曲不超过1圈，其中1瓣中部有角状突起。荚果细圆柱形，长达7 cm，宽达6 mm，无毛。种子矩形，扁，褐红色。花期7～8月；果期8～9月。

生于溪边、灌丛及草地中。国内分布于东北、华北、华东、华中、华南等地区。

紫穗槐 *Amorpha fruticosa*

豆科 Leguminosae

紫穗槐属 *Amorpha*

　　落叶灌木。高达 4 m；幼枝密被毛。奇数羽状复叶，小叶 9～25；小叶椭圆形或披针状椭圆形，长达 4 cm，宽达 15 mm，先端圆或微凹，有短尖，基部圆形或阔楔形，两面幼时有白色短柔毛，有透明腺点。总状花序集生于枝条上部，长达 15 cm；花萼钟状，密被短毛并有腺点；花冠蓝紫色，旗瓣倒心形，无翼瓣和龙骨瓣；雄蕊 10，包于旗瓣之中，伸出瓣外。荚果下垂，弯曲，长达 9 mm，宽约 3 mm，棕褐色，有瘤状腺点。花期 6～7 月；果期 8～10 月。

　　原产于美国。全国各地均有栽培。

　　为保持水土、固沙造林和防护林带低层树种。枝条可编筐。嫩枝和叶可作家畜饲料及绿肥。荚果和叶的粉末或煎汁可作农药杀虫。蜜源植物。

酢浆草 Oxalis corniculata

酢浆草科 Oxalidaceae
酢浆草属 Oxalis

多年生草本。全株有疏柔毛。根状茎细长。茎匍匐或斜升，多分枝。叶互生；三出掌叶，小叶倒心形，无柄；叶柄长达 4 cm；托叶小，与叶柄贴生。伞形花序腋生；总花梗与叶柄近等长；花黄色；萼片 5，披针形或长圆形，长达 4 mm；花瓣 5，长圆状倒卵形，长达 8 mm；雄蕊 10，花丝基部合生；子房长圆柱形，有毛，花柱 5。蒴果长圆柱形，长达 1.5 cm。种子多数，长圆状卵形，扁平，熟时红褐色。花、果期 4～9 月。

生于山坡、路边、村旁、墙根。广泛分布于全国各地。

全草入药，能解热利尿、消肿散淤。茎叶含草酸，可用以磨镜或擦铜器，使其具光泽。牛羊食其过多可中毒致死。

野花椒 *Zanthoxylum simulans*

芸香科 Rutaceae
花椒属 *Zanthoxylum*

落叶灌木。高达2 m；树皮灰色，有扁宽而锐尖的皮刺；小枝褐灰色，幼时被疏毛。奇数羽状复叶，有小叶5~9；小叶片卵圆形、椭圆形、披针形或菱状宽卵形，长达5 cm，宽达3.5 cm，先端尖或微凹，基部略偏斜，边缘有细钝锯齿，齿缝间有明显的油点，上面中脉凹陷，侧脉不明显，有粗大的油点和疏密不等的刚毛状针刺；下面被疏柔毛，沿中脉有较多的刚毛状针刺；总叶柄及叶轴有狭翅，上面及小叶柄的基部常有长短不等的小弯刺。聚伞状圆锥花序顶生；花单性、单被，花被片5~8；雄花有雄蕊5~7；雌花有心皮1~2，子房基部有长柄，外面有粗大半透明腺点。蓇葖果倒卵状球形，基部伸长，熟时黄棕色至紫红色，外果皮有较粗大的半透明油点。种子近球形，径4 mm。花期5~6月；果期7~9月。

生于山坡灌丛及石隙间。国内分布于华北、华东、华中地区。

果皮、嫩叶可作调料，但风味、品质不如"花椒"。种子榨油叫"野花椒油"，功用同"花椒"。

臭椿 Ailanthus altissima

苦木科 Simaroubaceae
臭椿属 *Ailanthus*

落叶乔木。高达 20 m；树皮灰色至灰黑色，微纵裂；小枝褐黄色至红褐色，初被细毛。奇数羽状复叶，连总柄在内长可近 1 m，小叶 13~25，披针形或卵状披针形，长达 14 cm，宽达 4.5 cm，先端渐尖，基部圆形、截形或宽楔形，略偏斜，全缘，近基部叶缘的 1/4 处常有 1~2 对腺齿，上面深绿色，下面淡绿色；小叶柄长达 1.2 cm。大形圆锥花序顶生，花杂性或雌、雄异株；花萼三角状卵形，绿色或淡绿色；花瓣近长圆形，淡黄色或黄白色。有恶臭味，雄株尤浓。翅果扁平，纺锤形，长达 5 cm，宽达 1.2 cm，两端钝圆，初黄绿色，有时顶部或边缘微现红色，熟时淡褐色或灰黄褐色。种子扁平，圆形或倒卵形。花期 5~6 月；果期 9~10 月。

生于向阳山坡杂木林或林缘及村边、房前屋后。广泛分布于全国各地。

用材、纤维、绿化、油料等多种用途林木树种。木材质地轻韧，适用于农具、建材等。木纤维丰富，可产优质纸浆。树皮可提制栲胶。叶可饲樗蚕。种子可榨油。根皮及翅果可药用，有收敛、止血、利湿、清热等功效。抗污染能力强，是城镇工矿区较好的绿荫树及行道树。

斑地锦 *Euphorbia maculata*

大戟科 Euphorbiaceae
大戟属 *Euphorbia*

一年生平卧小草本。乳汁白色。茎纤细，多分枝，绿紫色，全株有白色细柔毛。叶对生，长圆形或椭圆形，长达 1 cm，宽达 6 mm，先端圆钝，边缘有细齿，基部偏斜，绿色或带紫色，叶中部有一紫斑，有短柄。杯状聚伞花序单生于叶腋及枝顶，总苞倒圆锥形，先端 4~5 裂，裂片间有腺体 4，长圆形，有白色花瓣状附属物，总苞内有多数雄花及 1 雌花；子房有长柄，3 室，花柱 3，离生，顶端 2 裂。蒴果三棱状，近球形，无毛。种子卵形，褐色，外被灰白色蜡粉。花期 5~10 月；果期 6~10 月。

生于田边、路旁、农舍附近及海滨沙地。国内分布于除海南以外的其他地区。

全草药用，有清利湿热、降压、止血的功效。

黄连木 Pistacia chinensis

漆树科 Anacardiaceae
黄连木属 Pistacia

落叶乔木。高达 20 m；树皮暗褐色，鳞片状剥落；枝、叶有特殊气味。偶数羽状复叶，互生，有小叶 10～12；小叶片卵状披针形至披针形，长达 8 cm，宽达 2 cm，先端渐尖，基部斜楔形，全缘，幼时有毛；小叶柄长达 2 mm。雄花排列成密圆锥花序，长达 8 cm，雌花序疏松，长达 20 cm，花梗长约 1 mm，先花后叶；雄花花被片 2～4，披针形，大小不等，长达 1.5 mm，雄蕊 3～5，花丝极短；雌花花被片 7～9，大小不等，无不育雄蕊，子房球形，花柱极短，柱头 3，红色。核果球形，略扁，径约 5 mm，熟时变紫红色、紫蓝色，有白粉，内果皮骨质。花期 4～5 月上旬；果期 9～10 月。

生于山坡、沟谷杂木林或为栽培。国内分布于长江以南及华北、西北地区。

木材坚硬细致，可供建筑、家具、农具等用材。果实、叶可提取栲胶。种子榨油可作润滑油及肥皂，油饼可作饲料。幼叶可充蔬菜并可代茶。

胶州卫矛 Euonymus kiautschovicus

卫矛科 Celastraceae
卫矛属 Euonymus

直立或蔓性半常绿灌木。下部常匍匐。冬芽卵形，长达 7 mm。叶对生，革质，多为倒卵形，长达 8 cm，宽达 4 cm，先端尖或圆，基部楔形，边缘有粗锯齿；叶柄长约 1 cm。聚伞花序腋生，分枝平展，花梗较长，形成疏松聚伞花序；总花梗长达 7 cm；花绿白色，4 数，直径达 8 mm；萼片半圆形，长约 1 mm；花瓣近圆形，长 3 mm；雄蕊生花盘边缘，花丝 2 mm；花柱 1.5 mm。蒴果球形，淡红色，径约 1 cm。种子椭圆形，淡红褐色，有橘红色假种皮。花期 6～7 月；果期 10 月。

生于山谷岩石处。国内分布于青岛、胶州湾一带。

枝常攀附他物，可作为遮掩墙壁及假山等垂直绿化材料。

冬青卫矛 Euonymus japonicus

卫矛科 Celastraceae
卫矛属 Euonymus

常绿灌木。高达 5 m；小枝绿色，四棱形，无毛。叶革质，倒卵形或狭椭圆形，长达 7 cm，宽达 4 cm，先端钝尖，基部楔形，缘有钝锯齿，侧脉不明显；叶柄长达 15 cm。二歧聚伞花序腋生；总花梗长达 5 cm；花绿白色，4 数，直径达 8 mm；萼片半圆形，长约 1 mm；花瓣椭圆形；花柱与雄蕊等长。蒴果扁球形，淡红色，径 6～8 mm。种子有橘红色假种皮。花期 6～7 月；果期 9～10 月。

原产日本。全国各地均有栽培。

作绿篱。树皮药用，有利尿、强壮之功效。

南蛇藤 Celastrus orbiculatus

卫矛科 Celastraceae

南蛇藤属 Celastrus

落叶木质藤本。长达 12 m；枝皮孔明显。叶倒卵形或长圆状倒卵形，长达 10 cm，宽达 8 cm，先端短尖，基部阔楔形至近圆形，边缘粗钝锯齿，上面绿色，两面无毛；叶柄长达 2.5 cm。聚伞花序，3~7 花，在雌株上腋生，在雄株上腋生兼顶生，顶生者成短总状；花黄绿色；萼三角状卵形，长约 1 mm；花瓣狭长圆形，长 4 mm；雄蕊生花盘边缘，长约 3 mm，有退化雌蕊；雌花有退化雄蕊，花柱柱状，柱头 3 裂。蒴果近球形，黄色，径约 1 cm。种子红褐色，有红色假种皮。

生于山坡、沟谷及疏林中。国内分布于东北、华北、华东地区及河南、陕西、甘肃、湖北、四川等省份。

根、茎、叶、果药用，有活血行气、消肿解毒的功效；又可制杀虫农药。

山葡萄 Vitis amurensis

葡萄科 Vitaceae
葡萄属 Vitis

木质藤本。小枝圆柱形，无毛，嫩枝疏被蛛丝状绒毛。卷须2~3分枝，每隔2节间断与叶对生。叶阔卵圆形，长6~24 cm，宽5~21 cm，3稀5浅裂或中裂，或不分裂，叶片或中裂片顶端急尖或渐尖，裂片基部常缢缩或间有宽阔，裂缺凹成圆形，稀呈锐角或钝角，叶基部心形，基缺凹成圆形或钝角，边缘每侧有28~36个粗锯齿，齿端急尖，微不整齐，上面绿色，初时疏被蛛丝状绒毛，以后脱落；基生脉5出，中脉有侧脉5~6对，上面明显或微下陷，下面突出，网脉在下面明显，除最后一级小脉外，或多或少突出，常被短柔毛或脱落几无毛；叶柄长4~14 cm，初时被蛛丝状绒毛，以后脱落无毛；托叶膜质，褐色，长4~8 mm，宽3~5 mm，顶端钝，边缘全缘。圆锥花序疏散，与叶对生，基部分枝发达，长5~13 cm，初时常被蛛丝状绒毛，以后脱落几无毛；花梗长2~6 mm，无毛；花蕾倒卵圆形，高1.5~30 mm，顶端圆形；萼碟形，高0.2~0.3 mm，几全缘，无毛；花瓣5，呈帽状粘合脱落；雄蕊5，花丝丝状，长0.9~2 mm，花药黄色，卵椭圆形，长0.4~0.6 mm，在雌花内雄蕊显著短而败育；花盘发达，5裂，高0.3~0.5 mm；雌蕊1，子房锥形，花柱明显，基部略粗，柱头微扩大。果实直径1~1.5 cm。种子倒卵圆形，顶端微凹，基部有短喙，种脐在种子背面中部呈椭圆形，腹面中棱脊微突起，两侧洼穴狭窄呈条形，向上达种子中部或近顶端。花期5~6月；果期7~9月。

葎叶蛇葡萄 Ampelopsis humulifolia

葡萄科 Vitaceae

蛇葡萄属 Ampelopsis

落叶木质藤本。小枝无毛或有微毛。叶近圆形至阔卵形，长达 15 cm，3～5 掌状中裂或深裂，先端渐尖，基部心形或近截形，边缘有粗齿，上面鲜绿色，有光泽，下面苍白色，无毛或脉上微有毛；叶柄与叶片等长，无毛。聚伞花序与叶对生，有细长总花梗；花小，淡黄色；萼杯状；花瓣 5；雄蕊 5，与花瓣对生；花盘浅杯状，子房 2 室。浆果球形，径 6～8 mm，淡黄色或蓝色。花期 5～6 月；果期 7～8 月。

生于山坡灌丛及岩石缝间。国内分布于陕西、河南、山西、河北、辽宁及内蒙古等地。

根皮药用。有活血散瘀、消炎解毒的功效。

地锦 Parthenocissus tricuspidata

葡萄科 Vitaceae
地锦属 Parthenocissus

落叶木质藤本。卷须分枝，顶端有吸盘。叶宽卵形，长达 20 cm，宽达 17 cm，常 3 浅裂，先端急尖，基部心形，边缘有粗锯齿，上面无毛，下面有少数毛；叶柄长达 20 cm。聚伞花序生于短枝顶端两叶之间；花 5 基数；花萼全缘；花瓣狭长圆形，长约 2 mm；雄蕊较花瓣短，花药黄色；花柱短圆柱状。浆果球形，径 6～8 mm，蓝黑色。花期 6～7 月；果期 7～8 月。

生于峭壁及岩石上。公园、街道、庭院常见栽培。广泛分布于全国各地。

根茎药用，有散瘀、消肿的功效。

乌蔹莓 Cayratia japonica

葡萄科 Vitaceae
乌蔹莓属 Cayratia

草质藤本。茎有纵棱，有卷须，幼枝有毛。鸟足状复叶，小叶5，小叶椭圆形至狭卵形，长达8 cm，宽达3.5 cm，顶生小叶大，先端急尖或短渐尖，基部钝圆或阔楔形，边缘每侧有8～12齿，两面沿脉有毛或无，侧脉6～8对。聚伞花序腋生；花小，黄绿色，有短梗，有毛或无，花两性，4基数；萼不明显；花瓣三角状卵形，长约2 mm；雄蕊与花瓣对生，花药长方形；花盘浅杯形，红色；子房2室，陷于花盘内，花柱锥形，长约1 mm。浆果倒卵形，径6～8 mm，黑色。花期6～7月；果期7～8月。

生于低山路旁较湿润处。国内分布于长江以南地区。

全草药用，有清热解毒、活血散瘀、消肿利尿的功效。

光果田麻 Corchoropsis psilocarpa

椴树科 Tiliaceae
田麻属 Corchoropsis

一年生草本。高达 60 cm；茎有白色短柔毛及平展长柔毛。叶卵形至长卵形，长达 4 cm，宽达 2.2 cm，边缘有钝牙齿，两面密生星状毛，基出 3 脉；叶柄长达 1.2 cm；托叶钻形，长约 3 mm，脱落。花单生叶腋，直径 6 mm；萼片 5，狭披针形，长约 2.5 mm；花瓣 5，黄色，倒卵形；发育雄蕊与退化雄蕊等长；雌蕊无毛。蒴果角状圆筒形，长达 2.5 cm，无毛，3 瓣裂。种子卵形，长约 2 mm。花期 6~7 月；果期 9~10 月。

生于山坡、田边、路旁及多石砾处。国内分布于辽宁、河北、河南、甘肃、湖北、安徽、江苏等省份。

茎皮纤维可代麻，做麻袋、绳索等。

圆叶锦葵 Malva rotundifolia

锦葵科 Malvaceae

锦葵属 Malva

多年生草本。高达50 cm；分枝多平卧，被粗毛。叶肾形，长达3 cm，宽达4 cm，基部心形，边缘具细圆齿，偶5～7浅裂，上面疏被长柔毛，下面疏被星状柔毛；叶柄长达12 cm，被星状长柔毛，托叶小，卵状渐尖。花3～4簇生叶腋，花梗不等长，长达5 cm，疏被星状柔毛；小苞片3，披针形，长约5 mm，被星状柔毛；萼钟形，长6 mm，被星状柔毛，裂片5，三角状渐尖；花白色至浅粉色，长12 mm，花瓣5，倒心形；雄蕊柱被短柔毛。花柱分枝13～15。果扁圆形，径5～6 mm，分果爿13～15，不为网状，被短柔毛。种子肾形，径约1 mm，被网纹或无网纹。花、果期5～8月。

生于荒野、草坡及路边草丛中。广泛分布于全国各地。

苘麻 Abutilon theophrasti

锦葵科 Malvaceae
苘麻属 Abutilon

一年生草本。高达 2 m；茎枝有柔毛。叶互生，圆心形，长达 10 cm，先端长渐尖，基部心形，边缘有细圆锯齿，两面密生星状柔毛；叶柄长达 12 cm，有星状细柔毛；托叶早落。花单生叶腋；花梗长达 3 cm，有柔毛，近顶端有关节；花萼杯状，密生短柔毛，裂片 5，卵形，长约 6 mm；花黄色，花瓣倒卵形，长约 1 cm；雄蕊柱无毛；心皮 15～20，长达 1.5 cm，顶端平截，有扩展、被毛的 2 长芒，排成轮状，密生软毛。果半球形，直径约 2 cm，长约 1.2 cm，分果爿 15～20，有粗毛。种子肾形，褐色，被星状柔毛。花期 7～8 月；果期 9 月。

生于路边、荒地和田野。国内分布丁除青藏高原以外的其他地区。

茎皮纤维色白，有光泽，可编织麻袋、搓绳索、编麻鞋等。种子含油量 15%～16%，作制皂、油漆和工业用润滑油的原料。种子药用，称"冬葵子"，为润滑性利尿剂，并有通乳、消乳腺炎、顺产等功效。

柽柳 *Tamarix chinensis*

柽柳科 Tamaricaceae
柽柳属 *Tamarix*

多灌木。高达5 m；老干紫褐色，条状裂；枝暗棕色至棕红色；小枝蓝绿色，细而下垂。鳞叶钻形或卵状披针形，长达3 mm，先端渐尖或钝，下面有隆起的脊，基部呈鞘状贴附枝上，无柄。总状花序生枝侧或枝顶，组成复合的大圆锥花序，常下弯，每总状花序基部及小花各有1小苞片，长1 mm，条状钻形，比小花梗及总梗柄短；萼片5，卵形，先端钝尖；花瓣5，长圆形，长1.5 mm，离生，开花时张开，粉红色或近白色；雄蕊5，多长于花瓣，花药淡红色；花盘暗紫色，10裂或5裂，先端有浅缺；子房瓶状，浅紫红色，柱头3，棒状。蒴果，长圆锥形，长4~5 mm，先端长尖，3瓣裂。花期5~8月，可3次开花；果期7~10月。

生于沙荒、盐碱地及沿海滩涂。国内分布于华北以及长江流域以南地区。

盐碱地土壤改良及绿化树种。枝条可编制筐篮。嫩枝及叶可药用，有发汗、透疹、解毒、利尿等功效。蜜源植物。

滨海前胡 Peucedanum japonicum

伞形科 Umbelliferae
前胡属 Peucedanum

多年生草本。茎粗壮，呈蜿蜒状，光滑无毛，有浅槽和纵条纹。叶片宽大，一至二回三出式分裂；一回羽片卵圆形或三角状圆形，长达 9 cm，3 浅裂或深裂，基部心形，有长柄；二回羽片的侧裂片卵形，中间裂片倒卵形，均无脉，有 3~5 粗锯齿，网状脉细而清晰，两面无毛，粉绿色；基生叶有长达 5 cm 的叶柄，基部叶鞘宽阔抱茎，边缘膜质。伞形花序分枝，顶端花序直径约 10 cm；花序梗粗壮；总苞片 2~3，有时缺；伞幅 15~30；小总苞片 8~10；花瓣常紫色，稀白色，卵形至倒卵形，外面有毛。双悬果卵圆形至椭圆形，长达 6 mm，有小硬毛，背棱条形稍突起，侧棱厚翅状；每棱槽内有油管 3~4，合生面有油管 8。

生于海滩。国内分布于浙江、福建、台湾。

萝藦 *Metaplexis japonica*

萝藦科 Asclepiadaceae
萝藦属 *Metaplexis*

多年生草质藤本。有乳汁。叶对生，卵状心形，长达 10 cm，宽达 6 cm，先端尖，全缘，基部心形，表面绿色，背面粉绿色，无毛或幼时有毛；有长柄，叶柄顶端有丛生腺体。总状聚伞花序腋生，有长花序梗；花萼 5 深裂，裂片披针形，外面及边缘被柔毛；花冠钟形或近辐状，白色带淡紫红色斑纹，5 深裂，裂片披针形，先端反卷，里面被柔毛；副花冠环状，5 浅裂；雄蕊 5，合生成圆锥状，包围雌蕊，花粉块卵圆形，下垂；子房上位，柱头延伸成 1 长喙，顶端 2 裂。蓇葖果纺锤形，长达 9 cm，直径达 2 cm，表面无毛，有瘤状突起。种子扁卵圆形，褐色，顶端具白色绢质种毛。花期 7~8 月；果期 9~10 月。

生于山坡、林边、荒野、路边。国内分布于东北、华北、华东、华中地区及甘肃、陕西、贵州等省份。

根供药用，可治跌打、蛇咬、疔疮、瘰疬等。种毛可止血。民间用全草治气管炎。茎皮纤维坚韧，可制人造棉。

圆叶牵牛 Ipomoea purpurea

旋花科 Convolvulaceae

番薯属 Ipomoea

一年生草本。全株有硬毛。茎缠绕。叶互生，心形，长达 12 cm，多全缘，掌状脉；叶柄长达 9 cm。花序腋生，有 1～5 花，总花梗与叶柄近等长；花梗结果时上部膨大；苞片 2，条形；萼片 5，外面 3 长椭圆形，渐尖，内面 2 条状披针形，长达 1.5 cm，外面有粗硬毛；花冠漏斗状，紫色、淡红色、白色等，长达 5 cm，顶端 5 浅裂；雄蕊 5，不等长，内藏，花丝基部有毛；子房 3 室，每室 2 胚珠，柱头头状，3 裂。蒴果球形。种子卵圆形，黑色或米黄色，有极短的糠秕状毛。花期 6～9 月；果期 9～10 月。

广泛分布于全国各地。

供观赏。种子药用，称"二丑"，有泻水利尿、逐痰、杀虫的功效。

海州常山 Clerodendrum trichotomum

马鞭草科 Verbenaceae
大青属 Clerodendrum

灌木。嫩枝和叶柄有黄褐色短柔毛，枝髓横隔片淡黄色。叶片宽卵形至卵状椭圆形，长达16 cm，宽达13 cm，先端渐尖，基部截形或宽楔形，全缘或有波状齿，两面疏生短柔毛或无毛；叶柄长达8 cm。伞房状聚伞花序顶生或腋生；花萼蕾期绿白色，后紫红色，有5棱脊，5裂几达基部，裂片卵状椭圆形；花冠白色或带粉红色；花柱不超出雄蕊。核果近球形，成熟时蓝紫色。

生于山坡、路旁或村边。国内分布于华北、华东、华中、华南、西南地区。

根、茎、叶、花药用，有祛风除湿、降血压、治疟疾的功效。

益母草 Leonurus japonicus

唇形科 Labiatae
益母草属 Leonurus

一年或二年生草本。茎直立，高达 1.2 m，钝四棱形，有倒向糙伏毛。茎下部叶轮廓为卵形，掌状 3 裂，达基部，裂片再羽状裂；中部叶轮廓为菱形，3 深裂；花序上的叶呈条形或条状披针形，全缘或有牙齿；叶柄长达 3 cm 或无柄。轮伞花序腋生，有 8～15 花，呈圆球形；小苞片刺状；花萼管状钟形，长达 8 mm，外面有微柔毛，内面上部有微柔毛，有 5 脉，萼齿 5，前 2 齿靠合，后 3 齿较短；花冠粉红色至浅紫红色，长达 1.2 cm，冠筒长约 6 mm，内面近基部有毛环，冠檐二唇形，上唇直伸，内凹，全缘，有缘毛，下唇 3 裂，中裂片倒心形；雄蕊 4，前对较长；花柱顶端 2 浅裂，裂片相等。小坚果长圆状三棱形，长 2.5 mm，淡褐色。花期 6～9 月；果期 9～10 月。

生于山坡、沟谷、路边、村头荒地。广泛分布于全国各地。

全草药用，有治疗月经不调、子宫出血、闭经、痛经等多种妇科疾病的功效。种子药用，称"茺蔚子"，有利尿、治眼疾的功效。

枸杞 Lycium chinense

茄科 Solanaceae
枸杞属 Lycium

蔓性灌木。高达 2 m；枝条有短刺或无。单叶互生或簇生，叶片卵形至卵状披针形，先端尖或钝，全缘，基部楔形。花单生或 2~4 簇生叶腋；花萼钟形，3~5 裂，裂片阔卵形；花冠漏斗状，淡紫色，长达 12 mm，5 深裂，裂片先端圆钝，平展或稍向外反曲，边缘有缘毛；雄蕊 5，伸出花冠外，花丝基部及花冠筒内壁密生 1 圈绒毛；子房 2 室，花柱稍伸出雄蕊，细长，柱头球形。浆果卵形或长卵形，长达 18 mm，直径达 8 mm，熟时鲜红色。

生于田边、路旁、庭院前后及墙边。广泛分布于全国各地。

根皮药用，清热凉血。果实也可药用，滋补肝肾、强壮筋骨、益精明目。

龙葵 Solanum nigrum

茄科 Solanaceae

茄属 *Solanum*

一年生草本。高达 1 m；茎直立，绿色或紫色，近无毛或疏被短柔毛。单叶互生，叶片卵圆形，长达 10 cm，宽达 5 cm，先端渐尖，边缘波状，基部楔形，下延至柄，两面疏被短白毛；叶柄长达 2 cm。花序短蝎尾状或近伞状，有 4～10 花；花萼杯状，绿色，5 裂，裂片卵圆形；花冠钟状，冠檐长约 2.5 mm，5 深裂，裂片卵状三角形，长约 3 mm；雄蕊 5，花丝短，花药椭圆形，黄色；雌蕊 1，子房球形，花柱下部密生柔毛，柱头圆形。浆果圆形，深绿色，成熟时紫黑色，直径约 8 mm。种子卵圆形。花期 6～8 月；果期 7～10 月。

生于田边、路旁、山坡草地。广泛分布于全国各地。

全草药用，有清热解毒、利水消肿之功效。

曼陀罗 Datura stramonium

茄科 Solanaceae
曼陀罗属 Datura

一年生草本。高达 2 m；全株光滑，幼嫩部分有短柔毛；茎直立，多分枝，淡绿色或带紫色，下部木质化。叶互生，阔卵形，先端尖，基部楔形，边缘有不规则波状浅裂；叶柄半圆形。花单生于叶腋或枝叉间；花梗直立；花萼筒状，长达 4.5 cm，先端 5 浅裂，筒部有 5 棱，花后自基部环状断裂，宿存部分随果实增大并向外反折；花冠漏斗状，上半部白色或紫色，下半部淡绿色，长达 10 cm，直径达 5 cm，先端 5 浅裂；雄蕊 5，内藏；子房卵形，密生柔针毛，柱头头状。蒴果直立，卵形，表面生有不等长坚硬针刺，规则 4 瓣裂。种子多数，肾形，黑色，表面有细孔状网纹。花期 6～8 月；果期 8～10 月。

生于村边、路旁、垃圾堆、荒地及海边沙滩。广泛分布于全国各地。

花药用，有镇痉、镇痛、止咳的功效。

毛曼陀罗 Datura inoxia

茄科 Solanaceae
曼陀罗属 Datura

一年生草本。高达 2 m；全株密生白色细腺毛和短柔毛。茎直立，多分枝，分枝灰绿色或微带紫色，下部灰白色。单叶互生；叶片阔卵形，先端急尖，基部不对称圆形，全缘、微波状或有不规则的疏齿；叶柄半圆形。花单生于叶腋或枝叉间，直立或斜升；花萼圆筒状而无棱角，长达 14 cm，先端 5 裂，花后花萼筒基部环状断裂，宿存部分增大呈五角形，向外反折；花冠白色，开放后呈喇叭状，长达 20 cm，先端 5 浅裂，裂片间有三角状突起；雄蕊 5；子房卵圆形，外面密生白色柔软细刺，花丝丝状，柱头头状。蒴果下垂，球形或卵球形，表面密生柔软的长针刺，果熟时不规则开裂。种子多数，略呈肾形，黄褐色。花期 7～9 月；果期 10 月。

生于村边、路旁、垃圾堆、荒地。广泛分布于全国各地。

花药用，有镇痉、镇痛、止咳的功效。

茜草 *Rubia cordifolia*

茜草科 Rubiaceae
茜草属 *Rubia*

多年生攀援草本。根赤黄色。茎4棱，棱上生倒刺。叶常4，轮生，纸质；叶片卵形至卵状披针形，长达9 cm，宽达4 cm，先端渐尖，基部圆形至心形，上面粗糙，下面脉上和叶柄常有倒生小刺，基出3脉或5脉；叶柄长达10 cm。聚伞花序通常排成大而疏松的圆锥花序，腋生和顶生，花萼筒近球形，无毛；花冠黄白色或白色，辐状，5裂；雄蕊5，着生于花冠筒上，花丝极短；子房2室，无毛，花柱2，柱头头状。浆果近球形，径约5 mm，黑色或紫黑色；内有1种子。花期6~7月；果期9~10月。

生于山野荒坡、路边灌草丛。广泛分布于全国各地。

根供药用，有凉血、止血、活血祛瘀的功效。

接骨木 Sambucus williamsii

忍冬科 Caprifoliaceae
接骨木属 Sambucus

　　落叶灌木或小乔木。高达 6 m。髓心淡黄褐色。奇数羽状复叶，对生，小叶 5～7，有短柄；小叶椭圆形或长圆状披针形，长达 12 cm，宽达 5 cm，先端渐尖或尾尖，基部楔形，常不对称，缘有细锯齿，揉碎有臭味，上面绿色，初被疏短毛，下面浅绿色，无毛。聚伞圆锥花序，顶生，无毛；花小，白色；花萼裂齿三角状披针形，稍短于筒部；花冠辐状，5 裂，径约 3 mm，筒部短；雄蕊 5，与花冠等长而互生，开展；子房下位，3 室，花柱短，3 裂。浆果状核果，近球形，直径达 5 mm，红色，稀蓝紫色；分核 2～3，每核 1 种子。花期 4～5 月；果期 6～9 月。

　　生于山坡阴湿之处。各地庭院常见栽培。国内分布于东北、华北、华东、华中、华南、西北、西南地区。

　　茎、根皮及叶供药用，有舒筋活血、镇痛止血、清热解毒的功效，主治骨折、跌打损伤、烫烧伤等。亦为观赏植物。

绣球荚蒾 Viburnum macrocephalum

忍冬科 Caprifoliaceae
荚蒾属 Viburnum

落叶或半常绿灌木。高达 4 m；树皮灰褐色或灰白色；芽、幼枝、叶柄及花序均密被灰白色或黄白色簇状短毛，后渐变无毛。叶临冬至翌年春季逐渐落尽，纸质，卵形至椭圆形或卵状矩圆形，长 5～11 cm，顶端钝或稍尖，基部圆或有时微心形，边缘有小齿，上面初时密被簇状短毛，后仅中脉有毛，下面被簇状短毛，侧脉 5～6 对，近缘前互相网结，连同中脉上面略凹陷，下面凸起；叶柄长 10～15 mm。聚伞花序直径 8～15 cm，全部由大型不孕花组成，总花梗长 1～2 cm，第一级辐射枝 5，花生于第三级辐射枝上；萼筒筒状，长约 2.5 mm，宽约 1 mm，无毛，萼齿与萼筒几等长，矩圆形，顶钝；花冠白色，辐状，直径 1.5～4 cm，裂片圆状倒卵形，筒部甚短；雄蕊长约 3 mm，花药小，近圆形；雌蕊不育。花期 4～5 月。

国内分布于北京、江苏、浙江、安徽、福建、江西、山东、河南、湖南。

绿化观赏。

小马泡 Cucumis bisexualis

葫芦科 Cucurbitaceae
黄瓜属 Cucumis

一年生匍匐草本。根白色，柱状。茎、枝及叶柄粗糙；卷须纤细，单一。叶片肾形或近圆形，质稍硬，长、宽均达11 cm，常5浅裂，裂片钝圆，边缘稍反卷，两面粗糙，有腺点，掌状脉，脉上有腺质短柔毛。花两性，在叶腋内单生或双生；花梗细，长达4 cm；花梗和花萼被白色短柔毛；花萼筒杯状，裂片条形；花冠黄色，钟状，裂片倒阔卵形，先端钝，有5脉；雄蕊3，生于花被筒的口部，花丝极短或无，药室2回折曲；子房纺锤形，密被白色细绵毛，花柱极短，基部有1浅杯状的盘，柱头3，靠合，2裂。果实椭圆形，长达3.5 cm，径达3 cm；幼时有柔毛，后光滑。种子多数，卵形，扁压，黄白色。花期5~7月；果期7~9月。

生于山坡、田间、路旁。国内分布于安徽、江苏等省份。

甜瓜 Cucumis melo

葫芦科 Cucurbitaceae
黄瓜属 Cucumis

一年生匍匐或攀援草本。茎有糙硬毛和瘤状凸起；卷须单一。叶片近圆形或肾形，长、宽均达 15 cm，不分裂或 3~7 浅裂，边缘有锯齿，两面有糙硬毛。雌雄同株；雄花数朵簇生于叶腋，花萼筒狭钟形，密被白色长柔毛，花萼裂片钻形，直立或开展，花冠黄色，长 2 cm，裂片卵状长圆形，先端急尖，雄蕊 3，药室 S 形折曲；雌花单生，子房长椭圆形，密被长柔毛和长糙硬毛，柱头 3，靠合。果实常卵圆形、椭圆形，稍有纵沟或斑纹，幼时有毛，后变光滑，无刺和瘤；果肉黄色、白色或黄绿色，有香气和甜味。种子灰白色，扁压，两端尖。花期 6~7 月；果期 8~9 月。

世界温带至热带地区广泛栽培。各景区普遍栽培。

果实为盛夏的水果之一。全草和种子药用：全草有消炎败毒、催吐、除湿、退黄疸的功效；甜瓜子能清热排脓。

西瓜 *Citrullus lanatus*

葫芦科 Cucurbitaceae
西瓜属 *Citrullus*

一年生蔓生草本。全株有长柔毛；卷须2分枝。叶片轮廓三角状卵形，长达20 cm，宽达15 cm，3深裂，中裂片较长，各裂片又羽状或二回羽状浅裂或深裂，边缘波状或有锯齿；叶柄有长柔毛。雌雄同株，雌、雄花均单生叶腋；雄花花萼筒阔钟形，密被长柔毛，花萼裂片狭披针形，花冠辐状，淡黄色，裂片卵状长圆形，外被长柔毛，雄蕊3，近离生，药室折曲；雌花花被同雄花，子房卵形，密被长柔毛，柱头3，肾形。果实大型，球形或椭圆形，肉质，多汁，果皮表面光滑，有各种颜色和条纹，果肉主要为胎座，红色、黄色或白色。种子卵形，两面平滑，基部钝圆，边缘稍拱起。花期6～7月；果期7～9月。

原产于非洲热带地区。广泛分布于全国各地。

果实为夏季水果，果肉味甜，能降温去暑。种子含油，可榨油或炒食。果皮药用，有清热、利尿、降血压的功效。

小蓬草 Conyza canadensis

菊科 Asteraceae

白酒草属 Conyza

一年生草本。茎直立，高达 1 m 或更高，圆柱状，有棱，有条纹，被疏长硬毛。下部叶倒披针形，长达 10 cm，宽达 1.5 cm，先端尖或渐尖，基部渐狭成柄，边缘有疏锯齿或全缘；中、上部叶较小，条状披针形或条形，无柄或近无柄，全缘或少有 1~2 浅齿，两面常有上弯的硬缘毛。头状花序多数，小，直径 4 mm，排列成顶生多分枝的大圆锥花序，花序梗细，长达 1 cm；总苞近圆柱状，长达 4 mm，总苞片 2~3 层，淡绿色，条状披针形或条形，先端渐尖，外层短于内层约一半，背面有疏毛，内层长 3.5 mm，宽约 0.3 mm，边缘干膜质，无毛；花托平，直径 2.5 mm，有不明显的突起；雌花多数，舌状，白毛，长 3.5 mm，舌片小，条形，先端有 2 个钝小齿；两性花淡黄色，花冠管状，上端有 4 或 5 齿裂，管部上部被疏微毛。瘦果条状披针形，长 1.5 mm，稍扁压，被贴微毛；冠毛污白色，1 层，糙毛状，长 3 mm。花、果期 5~9 月。

生于旷野、荒地、田边和路旁。广泛分布于全国各地。

嫩茎、叶可作猪饲料。全草药用，具有消炎、止血、祛风湿的功效。

旋覆花 Inula japonica

菊科 Asteraceae

旋覆花属 Inula

多年生草本。根状茎短，横走或斜升。茎单生或2～3个簇生，直立，高达70 cm，有细沟，被长伏毛，上部有上升或开展的分枝，全部有叶。基部叶常较小，在花期枯萎；中部叶长圆形、长圆状披针形，长达13 cm，宽达3.5 cm，常有圆形半抱茎的小耳，无柄，先端稍尖或渐尖，边缘有小尖头状疏齿或全缘，上面有疏毛或近无毛，下面有疏伏毛和腺点，中脉和侧脉有较密长毛；上部叶渐狭小，条状披针形。头状花序径达4 cm，排列成疏散的伞房花序；花序梗细长；总苞半球形，径达17 mm，长8 mm；总苞片约5层，条状披针形，近等长，但最外层较长，外层基部革质，上部叶质，有缘毛，内层除绿色中脉外干膜质，渐尖，有腺点和缘毛；舌状花黄色，舌片条形，长达13 mm；管状花花冠长约5 mm，有三角状披针形裂片；冠毛1层，白色，有20余条微糙毛，与管状花近等长。瘦果长1.2 mm，圆柱形，有10沟，顶端截形，被疏短毛。花期6～10月；果期9～11月。

生于山坡、路旁、坑塘边、湿润草地、河岸和田埂上。国内分布于华东、华中、华南、华北、东北等地区。

供药用，根及叶治刀伤、疔毒，煎服可平喘镇咳。花是健胃祛痰药，也治胸中痞满、胃部膨胀、嗳气、咳嗽、呕逆等。古方祛痰、除湿、利肠，又为治疗水肿的要药。

苍耳 *Xanthium sibiricum*

菊科 Asteraceae
苍耳属 *Xanthium*

一年生草本。高达 90 cm；茎直立；下部圆柱形，上部有纵沟，有灰白色糙伏毛。叶三角状卵形或心形，长达 9 cm，宽达 10 cm，近全缘，或有 3~5 不明显浅裂，先端尖或钝，基部稍心形或截形，边缘有不规则粗锯齿，基出 3 脉，侧脉弧形，直达叶缘，脉上密被糙伏毛，上面绿色，下面苍白色，有糙伏毛；叶柄长达 11 cm。雄性的头状花序球形，直径达 6 mm，总苞片长圆状披针形，长 1.5 mm，有短柔毛，花托柱状，托片倒披针形，长约 2 mm，先端尖，有微毛，雄花多数，花冠钟形，管部上端有 5 宽裂片，花药长圆状条形；雌性的头状花序椭圆形，外层小苞片小，披针形，长约 3 mm，有短柔毛，内层总苞片结合成囊状，宽卵形或椭圆形，绿色、淡黄绿色或有时带红褐色，在瘦果成熟时坚硬，连同喙部长达 1.5 cm，宽达 7 mm，外面有疏生钩状刺，刺细而直，长 1.5 mm，基部有柔毛，常有腺点，或无毛，喙坚硬，锥形，上端略呈镰刀状，长达 2.5 mm。瘦果 2，倒卵形。花期 7~8 月；果期 9~10 月。

生长于平原、丘陵、低山、荒野路旁和田边。广泛分布于全国各地。

种子可榨油，供工业用。果实药用，能祛风湿、通鼻窍、止痒。

鬼针草 Bidens pilosa

菊科 Asteraceae

鬼针草属 Bidens

一年生直立草本。高达 1 m；钝四棱形，无毛或上部被稀疏柔毛。茎下部叶较小，3 裂或不分裂，开花前枯萎，中部叶具长达 5 cm 无翅的柄，小叶 3，很少为具 5（～7）小叶的羽状复叶，两侧小叶椭圆形或卵状椭圆形，长达 4.5 cm，宽达 2.5 cm，先端锐尖，基部近圆形或阔楔形，有时偏斜，具短柄，边缘有锯齿，顶生小叶较大，长椭圆形或卵状长圆形，长达 7 cm，先端渐尖，基部渐狭或近圆形，具长 1～2 cm 的柄，边缘有锯齿，无毛或被极稀疏的短柔毛，上部叶小，3 裂或不分裂，条状披针形。头状花序直径 9 mm，有长 1～6（果时长 3～10）cm 的花序梗。总苞基部被短柔毛，苞片 7～8，条状匙形，上部稍宽，开花时长 3～4 mm，果时长至 5 mm，草质，边缘疏被短柔毛或几无毛，外层托片披针形，果时长 5～6 mm，干膜质，背面褐色，具黄色边缘，内层较狭，条状披针形。无舌状花，盘花筒状，长约 4.5 mm，冠檐 5 齿裂。瘦果黑色，条形，略扁，具棱，长达 13 mm，宽约 1 mm，上部具稀疏瘤状突起及刚毛，顶端芒刺 3～4，长达 2.5 mm，具倒刺毛。

生于村旁、路边及荒地中。国内分布于华东、华中、华南、西南地区。

蒿子杆 Chrysanthemum carinatum

菊科 Asteraceae

筒蒿属 *Chrysanthemum*

一年生草本。株高 70 cm；茎光滑。花期基生叶枯萎；中下部叶倒卵形至长椭圆形，长达 10 cm，二回羽状分裂，一回裂片 3～8 对，二回裂片深裂或浅裂，裂片披针形、斜三角形或条形，宽达 4 mm。头状花序，常 2～8 生茎枝顶端，有长花序梗；总苞直径达 2.5 cm；苞片 4 层，内层长约 1 cm；舌状花黄色，舌片长达 25 mm。舌状花瘦果有 3 宽翅肋，特别是腹面 1 翅肋延伸于瘦果顶端并超出于花冠基部，伸长成喙状或芒尖状，间肋不明显或背面的间肋略明显，管状花瘦果两侧压扁，有 2 突起肋。花、果期 6～8 月。

原产地中海地区。

为春夏普通蔬菜。

野菊 Dendranthema indicum

菊科 Asteraceae

菊属 Dendranthema

多年生草本。高达 1 m；有地下匍匐茎；茎直立，茎枝有稀疏毛，或上部的毛较密。茎生叶卵形或长卵形，长达 7 cm，宽达 4 cm，羽状深裂或浅裂，裂片边缘有大小不等的锯齿或缺刻状齿，上面绿色，疏被柔毛，下面浅绿色或灰绿色，柔毛较密；叶柄长约 1 cm 或近无柄。头状花序，直径达 2 cm，在枝端排成疏散的伞房圆锥花序；总苞片约 5 层，外层卵形或长卵形，长达 4 mm，中内层卵形至椭圆状披针形，长达 7 mm，边缘及顶部有白色或浅褐色宽膜质，顶端圆钝；舌状花 1 层，黄色，舌片长椭圆形，长达 12 mm，先端全缘或 2~3 浅齿；管状花多数，基部无鳞片。瘦果无冠毛。花、果期 10~11 月。

生于山坡、海滨沙滩上。国内分布于东北、华北、华中、华南及西南地区。

花、叶及全株入药，有清热解毒、疏风散热、明目、降血压的功效。

野艾蒿 *Artemisia lavandulaefolia*

菊科 Asteraceae
蒿属 *Artemisia*

多年生草本。被绒毛，有香气。茎高达1.2 m。叶的形态个体间差异较大，基部叶的轮廓近卵形，二回羽裂，裂片宽窄不一，边缘有少数齿裂或全缘；有长柄；下部叶的轮廓近倒卵形或卵形，二回羽状全裂，终裂片条状披针形或条形，先端钝尖，有柄，有假托叶；中部叶的轮廓近卵圆形或长圆形，长达 11 cm，宽达 9 cm，一至二回羽状全裂，或第一回为羽状全裂而第二回为羽状深裂，侧裂片2~3对，终裂片长椭圆形、近条状披针形或条形，边缘有1~2小齿或全缘，先端钝尖，叶基部渐狭成柄，柄长达 1.5 cm，有假托叶；上部叶渐小，花序下的叶3裂，裂片近长披针形，基部楔形，几无柄；花序间的叶近条形，全缘，叶上面初微被绒毛，有白色腺点及小凹点，下面除主脉外密被绒毛，边缘反卷。头状花序多数，排列成复总状，有短梗及细长苞叶；总苞长圆形，长约 3 mm，宽约 2.5 mm，被绒毛；总苞片3层；雌花4~9，花冠管状，长约 1.5 mm，黄色；两性花10~20，花冠喇叭筒状，长约 2.4 mm，黄色，上部有时带紫色；花冠外被腺毛；子房长椭圆形或近长卵形，花序托平突或稍突，呈圆顶状。瘦果近长卵形，长约 1.3 mm，有纵纹，棕色。花期9月；果期10月。

生于山坡、林缘及路旁。广泛分布于全国各地。

入药，作"艾"（家艾）的代用品，有散寒、祛湿、温经、止血的功效。嫩苗作菜蔬或腌制酱菜食用。鲜草作饲料。

大刺儿菜 Cirsium setosum

菊科 Asteraceae

蓟属 Cirsium

多年生草本。茎直立，高达 1 m，上部分枝。基生叶和中部茎生叶椭圆形、长椭圆形或椭圆状倒披针形，长达 15 cm，宽达 10 cm，羽状浅裂、半裂或边缘有粗大圆齿，先端钝或圆形，基部楔形，常无柄；上部叶渐小，全缘或微有齿，全部茎生叶同色。头状花序单生茎端或多数头状花序排成伞房状；总苞卵形，直径达 2 cm，总苞片约 6 层，覆瓦状排列，向内层渐长，中外层苞片顶端有长不足 0.5 mm 的短针刺，内层及最内层渐尖，膜质，短针刺状；小花紫红色或白色，雌花花冠长达 2.4 cm，两性花花冠长 1.8 cm。瘦果淡黄色，椭圆形或斜椭圆形，压扁，长约 3.5 mm；冠毛污白色，羽毛状，多层。花、果期 5～9 月。

生于平原、山地、丘陵的荒地、田间及草丛。国内分布于除西藏、云南、广东、广西以外的其他省份。

全草药用，具有凉血止血、散瘀消肿的功效，用于高血压及妇女子宫出血和其他出血症。

长裂苦苣菜 Sonchus brachyotus

菊科 Asteraceae

苦苣菜属 Sonchus

多年生草本。高达 50 cm。有横走根状茎，白色。茎直立，无毛，下部常带紫红色，常不分枝。基生叶阔披针形或长圆状披针形，灰绿色，长达 20 cm，宽达 5 cm，先端钝或锐尖，基部渐狭成柄，边缘有牙齿或缺刻；茎生叶无柄，基部耳状抱茎，两面无毛。头状花序，在茎顶成伞房状，直径约 2.5 cm；总花梗密被蛛丝状毛或无毛；总苞钟状，长达 2 cm，宽达 1.5 cm；总苞片 3~4 层，外层苞片椭圆形，较短，内层较长，披针形；舌状花黄色，80 余，长 1.9 cm。瘦果纺锤形，长约 3 mm，褐色，稍扁，两面各有 3~5 纵肋，微粗糙；冠毛白色，长约 1.2 cm。花、果期 6~9 月。

生于田边、路旁湿地。国内分布于东北、华南、华北、西北地区及江苏、湖北、江西、四川、云南等省份。

全草药用，具有清热、解毒、消肿排脓、祛瘀止痛的功效。

苦苣菜 Sonchus oleraceus

菊科 Asteraceae
苦苣菜属 Sonchus

一年或二年生草本。高达 80 cm；茎不分枝或上部分枝，无毛或上部有腺毛。叶柔软，无毛，长椭圆状阔披针形，长达 25 cm，宽达 6 cm，羽状分裂，大头羽状全裂或半裂，顶裂片大，宽三角形，侧裂片长圆形或三角形，边缘有不规则的刺状尖齿，下部叶柄有翅，基部扩大抱茎；中上部叶无柄，基部宽大戟状耳形抱茎。头状花序数个，在茎顶排成伞房状，直径约 1.5 cm；梗或总苞下部疏生腺毛；总苞钟状，长达 12 mm，宽达 15 mm，暗绿色；总苞片 2～3，先端尖，背面疏生腺毛和微毛，外层苞片卵状披针形，内层苞片披针形；舌状花黄色，长约 1.3 cm。瘦果长椭圆状倒卵形，压扁，长约 3 mm，褐色或红褐色，边缘有微齿，两面各有 3 高起的纵肋，肋间有横纹；冠毛白色，毛状，长约 7 mm。花、果期 5～8 月。

国内分布于华东、华中、华北、西南、西北地区及辽宁。

茎叶可作牲畜饲料。全草亦可药用，具有清热、凉血、解毒的功效。

多裂翅果菊 *Pterocypsela laciniata*

菊科 Asteraceae

翅果菊属 *Pterocypsela*

多年生草本。根粗厚，分枝成萝卜状。茎单生，高达 2 m，上部圆锥状花序分枝，茎枝无毛。中下部茎叶倒披针形、椭圆形或长椭圆形，规则或不规则二回羽状深裂，长达 30 cm，宽达 17 cm，无柄，基部宽大，顶裂片狭线形，一回侧裂片 5 对或更多，中上部的侧裂片较大，向下的侧裂片渐小，二回侧裂片线形或三角形，全部茎叶或中下部茎叶极少一回羽状深裂，披针形或长椭圆形，长达 30 cm，宽达 8 cm，侧裂片 1~6 对，镰刀形、长椭圆形，顶裂片线形、披针形、宽线形；向上的茎叶渐小。头状花序多数，在茎枝顶端排成圆锥花序。总苞果期卵球形，长达 3 cm，宽 9 mm；总苞片 4~5 层，外层卵形、宽卵形或卵状椭圆形，长达 9 mm，宽达 3 mm，中内层长披针形，长 1.4 cm，宽 3 mm，全部总苞片顶端急尖或钝，边缘或上部边缘染红紫色；舌状小花 21，黄色。瘦果椭圆形，压扁，棕黑色，长 5 mm，宽 2 mm，边缘有宽翅，每面有 1 条高起的细脉纹，顶端急尖成长 0.5 mm 的粗喙。冠毛 2 层，白色，长 8 mm，几为单毛状。花、果期 7~10 月。

国内分布于东北、华东、华北、华中、西南地区及陕西、广东等省份。

幼嫩茎叶可作蔬菜食用。

黄瓜菜 Paraixeris denticulata

菊科 Asteraceae

黄瓜菜属 Paraixeris

一年或二年生草本。高达120 cm；茎单生，直立，无毛。基生叶及下部茎叶花期枯萎脱落；中下部茎叶卵形、琴状卵形、椭圆形、长椭圆形或披针形，不分裂，长达10 cm，宽达5 cm，顶端急尖或钝，有宽翼柄，基部圆形，耳部圆耳状扩大抱茎，或无柄，向基部稍收窄而基部突然扩大圆耳状抱茎，或向基部渐窄成长或短的不明显叶柄，基部稍扩大，耳状抱茎，边缘大锯齿或重锯齿或全缘；上部及最上部茎叶与中下部茎叶同形，但渐小，边缘大锯齿或重锯齿或全缘，无柄，向基部渐宽，基部耳状扩大抱茎，全部叶两面无毛。头状花序多数，在茎枝顶端排成伞房花序或伞房圆锥状花序，含15舌状小花；总苞圆柱状，长约9 mm；总苞片2层，外层极小，卵形，长、宽不足0.5 mm，顶端急尖，内层长，披针形或长椭圆形，长约9 mm，宽约1.4 mm，顶端钝，有时在外面顶端之下有角状突起，背面沿中脉海绵状加厚，全部总苞片外面无毛；舌状小花黄色。瘦果长椭圆形，压扁，黑色或黑褐色，长2.1 mm，有10～11高起的钝肋，上部沿脉有小刺毛，向上渐尖成粗喙，喙长0.4 mm；冠毛白色，糙毛状，长3.5 mm。花、果期5～11月。

生于山坡、林缘、岩石缝间。国内分布于黑龙江、吉林、辽宁、河北、山西、甘肃、江苏、安徽、浙江、江西、河南、湖北、广东、四川、贵州等省份。

嫩茎叶可作饲料。全草药用，具有清热、解毒、消肿的功效。

羽裂黄瓜菜 Paraixeris pinnatipartita

菊科 Asteraceae

黄瓜菜属 Paraixeris

一年生草本。高达 1 m；茎单生，常紫红色，中部以上分枝，分枝开展，无毛。基生叶花期枯萎脱落；中下部茎叶椭圆形、长椭圆形或披针形，长达 14 cm，宽达 6.5 cm，羽状浅裂至深裂，有宽翼柄，柄基扩大圆耳状抱茎，侧裂片 2~4 对，长椭圆形或斜三角形，顶端急尖或圆形，边缘有锯齿、单齿或全缘，顶裂片三角状卵形或长椭圆形，边缘少锯齿或无，顶端圆形或急尖；上部茎叶与中下部茎叶同形并等样，基部圆耳状扩大抱茎；全部叶两面无毛。头状花序多数，在茎枝顶端成伞房花序状，约含 12 舌状小花；总苞圆柱状，长达 8 mm；总苞片 2 层，外层卵形或长卵形，长约 1 mm，宽约 0.5 mm，内层长，长椭圆形，长约 8 mm，宽 1 mm，全部总苞片外面无毛，顶端急尖。瘦果褐色或黑色，长椭圆形，长 2.8 mm，宽 0.8 mm，有 10 钝纵肋，肋上有小刺毛，向顶端渐尖成粗喙，喙长 0.4 mm；冠毛白色，长 4 mm，糙毛状。花、果期 6~11 月。

生于山坡、河谷潮湿地及岩石间。国内分布于北京、吉林、河北、山西、湖南、四川等省份。

蒲公英 Taraxacum mongolicum

菊科 Asteraceae

蒲公英属 Taraxacum

多年生草本。有乳汁；高达 25 cm。叶基生，匙形或倒披针形，长达 15 cm，宽达 4 cm，羽状分裂，侧裂片 4～5 对，长圆状倒披针形或三角形，有齿，顶裂片较大，戟状长圆形，羽状浅裂或仅有波状齿，基部渐狭成短柄，疏被蛛丝状毛或几无毛。花葶数个，与叶近等长，被蛛丝状毛；头状花序单生于花葶顶端；总苞钟状，淡绿色；外层总苞片披针形，边缘膜质，被白色长柔毛，先端有或无小角状突起，内层苞片条状披针形，长于外层苞片 1.5～2 倍，先端有小角状突起；舌状花黄色，长达 1.7 cm，外层舌片的外侧中央有红紫色宽带。瘦果，褐色，长 4 mm，有多条纵沟，并有横纹相连，全部有刺状突起，喙长 6～8 mm；冠毛白色，长 6～8 mm。花、果期 3～6 月。

生于田间、堤堰、路边、河岸、庭院。国内分布于东北、华北、华东、华中、西北、西南等地区。全草药用，具有清热解毒、利尿散结的功效。

朝阳隐子草 Cleistogenes hackelii

禾本科 Gramineae

隐子草属 Cleistogenes

多年生草本。秆丛生，基部具鳞芽，高30～85 cm，径0.5～1 mm，具多节。叶鞘长于或短于节间，常疏生疣毛，鞘口具较长的柔毛；叶舌具长0.2～0.5 mm的纤毛，叶片长3～10 cm，宽2～6 mm，两面均无毛，边缘粗糙，扁平或内卷。圆锥花序开展，长4～10 cm，基部分枝长3～5 cm；小穗长5～7 mm，含2～4小花；颖膜质，具1脉，第一颖长1～2 mm，第二颖长2～3 mm；外稃边缘及先端带紫色，背部具青色斑纹，具5脉，边缘及基盘具短纤毛，第一外稃长4～5 mm，先端芒长2～5 mm，内稃与外稃近等长。花、果期7～11月。

国内分布甘肃、河北、山西、山东、河南、陕西、江苏、安徽、湖北、湖南、四川、福建、贵州等地；多生于山坡林下或林缘灌丛。

秋画眉草 Eragrostis autumnalis

禾本科 Gramineae

画眉草属 Eragrostis

一年生草本。秆单生或丛生，基部常膝曲或斜升，高达 45 cm，具 3~4 节，在基部二、三节处常有分枝。叶鞘压扁，鞘口有或无柔毛；叶舌成一圈毛，长约 0.5 mm；叶片多为内卷或反折，长达 12 cm，宽达 3 mm。圆锥花序较紧缩或开展，长达 15 cm，宽达 5 cm，分枝直立或上升，密生小穗，上部分枝单生，枝腋无毛，下部分枝常簇生，枝腋有长柔毛；小穗长 3~5 mm，宽约 2 mm，含 3~10 小花，灰绿色或草黄色，有时略带紫色；颖 1 脉，先端尖或稍钝，第一颖长约 1.5 mm，第二颖长约 2 mm；外稃卵状披针形，侧脉明显，第一外稃长约 2 mm，具 3 脉；内稃长约 1.5 mm，具 2 脊，脊上有纤毛，较外稃迟落或宿存；雄蕊 3，花药长约 0.5 mm。颖果红褐色，椭圆形，长约 1 mm。花、果期 7~11 月。

国内分布于华北、华东地区。

可作牧草。

芦苇 *Phragmites australis*

禾本科 Gramineae

芦苇属 *Phragmites*

多年生高大草本。根状茎粗壮。秆高达3 m，径达1 cm，节下常有白粉。叶鞘圆筒形；叶舌极短，截平，或成一圈纤毛；叶片扁平，长达45 cm，宽达3.5 cm。圆锥花序顶生，疏散，长达40 cm，稍下垂，下部分枝腋部有白柔毛；小穗通常含4～7小花，长12～16 mm；颖3脉，第一颖长3～7 mm，第二颖长5～11 mm；第一小花常为雄性，其外稃长9～16 mm；基盘细长，有长6～12 mm的柔毛；内稃长约3.5 mm。颖果长圆形。花、果期7～11月。

生于池塘、湖泊、河道、海滩和湿地。广泛分布于全国各地。

秆可编织、造纸和盖屋。嫩叶可作饲料。根状茎药用，有健胃、利尿的功效。

牛筋草 Eleusine indica

禾本科 Gramineae
穆属 Eleusine

　　一年生草本。秆常斜生且开展，基部压扁，高达 90 cm。叶鞘压扁，无毛或疏生疣毛，鞘口常有柔毛；叶舌长 1 mm；叶片扁平或卷褶，长达 15 cm，宽达 5 mm，无毛或上面有疣基柔毛。穗状花序 2～7，很少单生，呈指状簇生茎顶端；每小穗长 4～7 mm，宽 2～3 mm，含 3～6 小花；颖披针形，脊上粗糙，第一颖长 1.5～2 mm，第二颖长 2～3 mm；第一外稃长 3～4 mm，有脊，脊上有翅；内稃短于外稃，具 2 脊，沿脊上有纤毛。囊果长 1.5 mm。种子卵形，有明显波状皱纹。花、果期 6～10 月。

　　生于荒地、路边。广泛分布于全国各地。

　　可作牧草。全草药用，有活血、补气的功效。秆叶坚韧，可作造纸原料。

无芒稗 Echinochloa crusgalli var. mitis

禾本科 Gramineae

稗属 Echinochloa

稗的变种，与稗的主要区别是：小穗无芒或有极短的芒，芒长不超过 0.5 mm。花、果期 7～9 月。

生于水边、路旁湿草地和稻田。国内分布于华东、华南、西南地区。

是稻田有害杂草之一。

马唐 Digitaria sanguinalis

禾本科 Gramineae
马唐属 Digitaria

一年生草本。秆基部常倾斜，节着土即生根，高达 80 cm。叶鞘常疏生疣基软毛，稀无毛；叶舌长 1~3 mm；叶片长达 15 cm，宽达 12 mm，两面疏生软毛或无毛，边缘变厚而粗糙。总状花序 4~12，指状排列于茎顶端；小穗成对着生穗轴各节，披针形，长 3~3.5 mm，1 有长柄，1 近无柄；第一颖长约 0.2 mm，钝三角形；第二颖长为小穗的 1/2~3/4，狭窄，有不明显的 3 脉，边缘有纤毛；第一外稃与小穗等长，具 7 脉，中部 3 脉明显，脉间距离较宽而无毛，侧脉很接近或不明显，无毛或在脉间贴生柔毛。颖果灰绿色。花、果期 6~9 月。

生于田间、荒地及路边。广泛分布于全国各地。

茎叶为秋季优良牧草。颖果加工后洁白如谷粒。

狗尾草 *Setaria viridis*

禾本科 Gramineae
狗尾草属 *Setaria*

一年生草本。秆直立或基部膝曲，高达 1 m。叶鞘较松弛，无毛或有柔毛；叶舌纤毛状，长 1～2 mm；叶片长达 30 cm，宽达 18 mm。圆锥花序紧密排列成长圆柱状或基部稍疏离，直立或稍弯曲，长达 15 cm；小穗长达 2.5 mm，先端钝，2 至数枚簇生，刚毛小枝 1～6；第一颖卵形，长约为小穗的 1/3，3 脉；第二颖与小穗等长，5～7 脉；第一外稃与小穗等长，5～7 脉，有 1 狭窄内稃。颖果有细点状皱纹，成熟后很少膨胀。花、果期 5～10 月。

生于海拔 4000 m 以下的荒野、路旁及田埂。广泛分布于全国各地。

秆、叶可作饲料，也可入药，治痈瘀、面癣。全草加水煮沸 20 min 后，滤出液可喷杀菜虫。

芒 Miscanthus sinensis

禾本科 Gramineae
芒属 Miscanthus

　　多年生苇状草本。高达 2 m；无毛或在花序下疏生柔毛。叶鞘长于节间，无毛，仅鞘口有长柔毛；叶舌长达 3 mm，圆钝，先端有小纤毛；叶片长达 50 cm，宽达 1 cm。圆锥花序扇形，主轴只延伸到中部以下，分枝强而直立，长达 40 cm；每节有 1 短柄和 1 长柄小穗；小穗柄无毛，长柄长 4～6 mm，短柄长约 2 mm；小穗披针形，长 4.5～5 mm，基盘有与小穗近等长或稍短的白色或淡黄褐色的丝状毛；第一颖 2 脊 3 脉，无毛；第二颖舟形，先端渐尖，无毛，边缘有小纤毛；第一外稃较颖稍短；第二外稃较颖短 1/3，在先端 2 裂齿间伸出一长 8～10 mm 的芒，芒稍扭转、膝曲；内稃小，长仅及外稃的 1/2。花、果期 7～12 月。

　　生于山坡、河滩、堤岸。广泛分布于全国各地。

　　茎秆高而坚强，可作篱墙。幼茎可药用，有散血去毒的功效；亦可作为牧草。秆皮可造纸、编草鞋。花序可做扫帚。

白茅 Imperata cylindrica

禾本科 Gramineae
白茅属 Imperata

多年生草本。根状茎发达。秆高达 90 cm，具 2～4 节，节上生有长达 10 mm 的柔毛。叶鞘老时常破碎成纤维状，无毛或上部边缘及鞘口有纤毛；叶舌干膜质，长约 1 mm，顶端有细纤毛；叶片先端渐尖，主脉在背面明显突出，长达 40 cm，宽达 8 mm；顶生叶短小，长达 3 cm。圆锥花序穗状，长达 15 cm，宽达 2 cm，分枝短，排列紧密；小穗成对或单生，基部生有细长丝状柔毛，毛长 10～15 mm，小穗长 2.5～3.5（～4）mm；小穗柄长短不等；2 颖相等，具 5 脉，中脉延伸至上部，背部脉间疏生长于小穗本身 3～4 倍的丝状长毛，边缘有纤毛；第一外稃卵状长圆形，长为颖的一半或更短，顶端尖；第二外稃长约 1.5 mm，内稃宽约 1.5 mm，无芒，具微小的齿裂；雄蕊 2，花药黄色，长 2～3 mm，先于雌蕊而成熟；柱头 2，紫黑色。花、果期 5～8 月。

生于山坡、草地、路边、田埂及荒地。广泛分布于全国各地。

优良牧草。根状茎药用，有清凉利尿的功效。秆叶作造纸原料。

黄背草 Themeda japonica

禾本科 Gramineae
菅属 Themeda

多年生草本。秆基部压扁，高达 1.5 m。叶鞘紧裹茎秆，常有硬疣毛；叶舌长 1～2 mm；叶片长达 50 cm，宽达 8 mm。伪圆锥花序较狭窄，由具佛焰苞的总状花序组成，总状花序长达 1.7 cm，佛焰苞长达 3 cm，舟形，托在下部；每总状花序有小穗 7，基部 2 小穗雄性或中性，生在同一平面上，很像轮生的总苞，上部 3 小穗中有一为两性，有 1～2 膝曲的芒而无柄，2 为雄性或中性，有柄而无芒。花、果期 6～12 月。

生于山坡、草地及道旁。国内分布于除新疆、西藏、青海、甘肃、内蒙古以外其他地区。

优良的水土保持植物。秆可用于造纸及盖屋。嫩茎叶可作牧草。全草药用，有利尿、祛湿热的功效。

具芒碎米莎草 Cyperus microiria

莎草科 Cyperaceae

莎草属 Cyperus

一年生草本。无根状茎。秆丛生，细弱或稍粗壮，高达 50 cm，扁三棱形。叶短于秆，宽 2~5 mm，叶鞘常呈棕红色。叶状苞片 3~5，下面 2 片常长于花序；长侧枝花序复出，有辐射枝 4~9；穗状花序卵形或长圆状卵形，长 1~4 cm，有 5 至多数小穗；小穗排列松散，斜展，长圆形、披针形或条状披针形，压扁，长 4~10 mm，宽约 2 mm，有 6~22 花；小穗轴有白色的狭翅；鳞片排列疏松，宽倒卵形，顶端微凹，有明显突出于鳞片先端的短尖，背面有龙骨状突起，绿色，有 3~5 脉，两侧呈黄色或麦秆黄色；雄蕊 3，花药短；花柱短，柱头 3。小坚果三棱状倒卵形或椭圆形，与鳞片近等长，褐色，有密的细点。花、果期 6~10 月。

生于田间、水边湿地。广泛分布于全国各地。

半夏 Pinellia ternata

天南星科 Araceae

半夏属 Pinellia

多年生草本。高达 35 cm。块茎近球形，直径达 2 cm。叶单一或裂成 3 小叶；当年生幼株叶多为单叶，叶片卵状心形，先端尖，全缘或波状，基部心形；老株叶 3 全裂，裂片长椭圆形至披针形，长达 10 cm，宽达 3 cm，先端尖，全缘或浅波状，基部楔形，侧脉羽状，近边缘处弧曲，连接成集合脉 2 圈；叶柄长 10～20 cm，基部有鞘，鞘内或叶柄顶端有白色珠芽。花序梗长于叶柄，长 15～30 cm；佛焰苞绿色，管部圆柱形，长 5～7 cm，檐部微张开；肉穗花序顶端有长鞭状附属器。浆果卵圆形，黄绿色，顶端有残留花柱基。花期 5～6 月；果期 7～8 月。

生于低山坡林缘、林下、田边较阴湿的砂土地，或栽培于田间。国内分布于除内蒙古、新疆、青海、西藏以外的其他省份。

块茎供药用，有祛痰、镇咳、消肿散结、和胃止呕的功效。

鸭跖草 *Commelina communis*

鸭跖草科 Commelinaceae
鸭跖草属 *Commelina*

一年生草本。株高达 60 cm；茎肉质，多分枝，基部匍匐，上部近直立。单叶，互生；披针形或卵状披针形，长达 9 cm，宽达 2 cm，先端锐尖；无柄或几无柄，基部有膜质短叶鞘，白色，有绿纹，鞘口有白色纤毛。佛焰苞有柄，心状卵形，边缘对合折叠，基部不相连，有毛；花两性，两侧对称；萼片 3，薄膜质；花瓣 3，蓝色，后方 2 较大，卵圆形，前方的 1 片卵状披针形；能育雄蕊 3。蒴果 2 室，每室 2 枚种子。种子表面有皱纹。花、果期 6～10 月。

生于路旁、林厂、山涧、水沟边较阴湿处。广泛分布于全国各地。

全草药用，有清热解毒、利尿的功效；也可作饲料。

饭包草 Commelina bengalensis

鸭跖草科 Commelinaceae
鸭跖草属 Commelina

与"鸭跖草"相似，主要区别是：本种为多年生；茎多分枝，长可达 70 cm；叶为阔卵形至卵状椭圆形，先端钝，有明显的短叶柄；佛焰苞下部合生成漏斗状；聚伞花序有数花，几不伸出佛焰苞外；蒴果 3 室；花、果期 7～10 月。

生于路边、水溪边及林下阴湿处。国内分布于秦岭—淮河流域以南地区及河北。

全草药用，有清热解毒、消肿利水的功效。

黄花菜 Hemerocallis citrina

百合科 Liliaceae

萱草属 Hemerocallis

植株较高大。根稍肉质，中下部常纺锤状膨大。叶达20片，长达1 m，宽达2 cm。花葶稍长于叶，基部三棱形，上部近圆柱形，有分枝；苞片披针形，自下向上渐短；花梗短，长不及1 cm；花多数，淡黄色，花蕾期有时先端带黑紫色；花被管长3～5 cm，花被裂片长达8 cm。蒴果钝三棱状椭圆形。种子多数，黑色，有棱。花期6～7月；果期9月。

生于山坡、林缘，或栽培于田边。国内分布于秦岭以南地区及河北、山西等省份。

花蕾供食用，经蒸晒后加工为金针菜，为美味菜肴的原料，还有健胃、利尿、消肿等功效。根可以酿酒。

萱草 Hemerocallis fulva

百合科 Liliaceae
萱草属 Hemerocallis

根先端膨大呈纺锤状。叶长达 60 cm，宽达 3.5 cm。花葶高达 1 m，顶端分枝，有花 6～12 或更多，排列为总状或圆锥状，花梗短；苞片卵状披针形；花橘红色或橘黄色，无香气；花被管长达 3.5 cm，花被裂片长约 9 cm，开展而反卷，内轮花被片中部有褐红色的粉斑，边缘波状皱褶。花期 6～8 月；果期 8～9 月。

生于山沟、草丛或岩缝中，或栽培于田边地头。国内分布于秦岭以南地区。

常栽培为观赏植物。

韭 Allium tuberosum

百合科 Liliaceae
葱属 Allium

多年生草本。根状茎横生并倾斜。鳞茎簇生，近圆柱形；鳞茎外皮黄褐色，破裂成纤维状或网状。叶扁平条形，实心，宽达 7 mm，边缘平滑。花葶细圆柱状，常有 2 纵棱，比叶长，高达 50 cm，下部有叶鞘；总苞单侧开裂，或 2～3 裂，宿存；伞形花序近球形，花稀疏；花梗近等长，基部有小苞片；数枚花梗的基部还有1共同的苞片；花白色或微带红色，花被片有黄绿色的中脉。蒴果，有倒心形的果瓣。种子近扁卵形，黑色。花期 7～8 月；果期 8～9 月。

原产亚洲东部和南部。广泛分布于全国各地。

叶、花葶及花均为蔬菜。种子供药用，为兴奋、强壮、健胃、补肾药。根外用能消瘀止血，内服能止汗。

薤白 Allium macrostemon

百合科 Liliaceae

葱属 Allium

鳞茎近球状，粗 0.7～2 cm，基部常具小鳞茎；鳞茎外皮带黑色，纸质或膜质，不破裂。叶 3～5 枚，半圆柱状，或因背部纵棱发达而为三棱状半圆柱形，中空，上面具沟槽，比花葶短。花葶圆柱状，高 30～70 cm，1/4～1/3 被叶鞘；总苞 2 裂，比花序短；伞形花序半球状至球状，具多而密集的花，或间具珠芽或有时全为珠芽；小花梗近等长，比花被片长 3～5 倍，基部具小苞片；珠芽暗紫色，基部亦具小苞片；花淡紫色或淡红色；花被片矩圆状卵形至矩圆状披针形，长 4～5.5 mm，宽 1.2～2 mm，内轮的常较狭；花丝等长，比花被片稍长直到比其长 1/3，在基部合生并与花被片贴生，分离部分的基部呈狭三角形扩大，向上收狭成锥形，内轮的基部约为外轮基部宽的 1.5 倍；子房近球状，腹缝线基部具有帘的凹陷蜜穴；花柱伸出花被外。花、果期 5～7 月。

生于海拔 1500 m 以下的山坡、丘陵、山谷或草地上。除新疆、青海外，全国其他地区均有分布。

鳞茎作药用，也可作蔬菜食用，在少数地区已有栽培。

达山岛

达山岛地理位置 35°00′02″N，119°54′12″E，是我国黄海海域最远的岛屿，无岛民，无淡水，但乔木林资源丰富。岛长 470 m，宽 370 m，总面积 11.5 hm²。

达山岛全貌

在达山岛共发现 38 科 63 属 66 种植物，其中乔木 8 种、灌木 6 种、草本 48 种、藤本 4 种。菊科 13 种，占总数 20%；禾本科 11 种，占总数 17%；蓼科 3 种，占总数 4%；藜科 2 种，占总数 3%；石竹科 2 种，占总数 3%；莎草科 2 种，占总数 3%；百合科 2 种，占总数 3%；其余 31 科均为 1 种，共占总数的 47%。

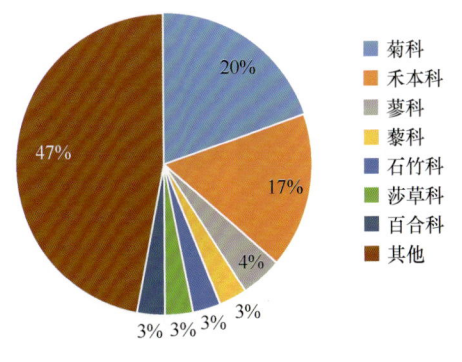

达山岛植被各科的占比

全缘贯众 Cyrtomium falcatum

鳞毛蕨科 Dryopteridaceae
贯众属 Cyrtomium

植株高 25～60 cm。根状茎短粗，直立，密被鳞片；鳞片大，棕褐色，质厚，阔卵形或卵形，有缘毛。叶簇生；叶柄长 10～25 cm，粗约 4 mm，禾秆色，密被大鳞片，向上渐稀疏；叶片长圆状披针形，长 10～35 cm，宽 8～15 cm，一回羽状；顶生羽片有长柄，与侧生羽片分离，卵状披针形或呈 2～3 叉状；侧生羽片 3~11 对或更多，互生或近对生，略斜展，有短柄，卵状镰刀形，中部的略大，长 6～10 cm，宽 2～4 cm，先端尾状渐尖或长渐尖，基部圆形，上侧多少呈耳状凸起，下侧圆楔形，全缘，有时波状缘或多少有浅粗齿，有加厚的边，其余向上各对羽片渐狭缩，向下近等大或略小；叶脉网状，每网眼有内藏小脉 1～3 条；叶革质，仅沿叶轴有少数纤维状小鳞片。孢子囊群圆形，生于内藏小脉中部；囊群盖圆盾形，边缘略有微齿；孢子周壁有疣状褶皱，其表面有细网状纹饰。

生于沿海潮水线以上的岩石壁上。国内分布于江苏、浙江、福建、广东、台湾等省份。

根状茎药用，有清热解毒、驱钩虫和蛔虫等功效。

银杏 Ginkgo biloba

银杏科 Ginkgoaceae
银杏属 Ginkgo

落叶乔木。高可达30～40 m，胸径4 m；壮龄树冠圆锥形，老树树冠呈卵圆形；树皮幼时浅纵裂，老则深纵裂；雌株树枝开展，雄株树枝常向上伸。叶柄长；叶片扇形，上缘常呈浅波状或不规则的浅裂，幼树及萌芽枝上的叶常较大，先端2深裂。雌、雄球花均着生于短枝顶端的鳞片状叶腋；雄球花葇荑花序状，下垂，雄蕊有短柄，花药2；雌球花6～7簇生，有长柄，顶端2叉，各生胚珠1。常1种子成熟，肉质外种皮成熟时黄色，有白粉，有臭味，中种皮白色，骨质，有2～3棱，内种皮膜质，淡红褐色，胚乳丰富，子叶2。花期4～5月；种子9～10月成熟。

全国各地均有栽培，浙江天目山尚有野生状态的树木。

树形优美，为观赏绿化树。木材优良，可供建筑、家具、雕刻及绘图板等用。种子名"白果"，可食用，亦可入药，有温肺益气、镇咳祛痰的功效。叶片可杀虫，亦可作肥料。

黑松 Pinus thunbergii

松科 Pinaceae

松属 *Pinus*

常绿乔木。高达 30 m，胸径 2 m；树皮灰黑色，片状脱落；一年生枝淡黄褐色，无毛；冬芽银白色，圆柱形。叶 2 针 1 束，长 1 mm，径 2 mm，粗硬；树脂道 6～11，中生；叶鞘宿存。球果卵圆形或卵形，长 6 cm；种鳞卵状椭圆形，鳞盾肥厚，横脊明显，鳞脐微凹，有短刺；种子倒卵状椭圆形，连翅长达 1.8 cm，翅灰褐色，有深色条纹；中部种鳞卵状椭圆形，鳞盾微肥厚，横脊显著，鳞脐微凹，有短刺；子叶 5～10（多为 7～8），初生叶条形，叶缘具疏生短刺毛，或近全缘。花期 4～5 月；球果第二年 10 月成熟。

原产日本及朝鲜南部海岸地区。全国各地均有栽培。

木材可作建筑、矿柱、器具、板料及薪炭等用材；亦可提取树脂。

龙柏 Sabina chinensis cv. Kaizuca

柏科 Cupressaceae

圆柏属 Sabina

乔木。树皮深灰色，纵裂，成条片开裂；幼树的枝条通常斜上伸展，形成尖塔形树冠，老则下部大枝平展，形成广圆形的树冠；树皮灰褐色，纵裂，裂成不规则的薄片脱落；小枝通常直或稍成弧状弯曲，生鳞叶的小枝近圆柱形或近四棱形。叶二型，即刺叶及鳞叶；刺叶生于幼树之上，老龄树则全为鳞叶，壮龄树兼有刺叶与鳞叶；生于一年生小枝的一回分枝的鳞叶三叶轮生，直伸而紧密，近披针形，先端微渐尖，背面近中部有椭圆形微凹的腺体；刺叶三叶交互轮生，斜展，疏松，披针形，先端渐尖，上面微凹，有两条白粉带。雌雄异株，稀同株，雄球花黄色，椭圆形，雄蕊5～7，常有3～4花药。球果近圆球形，两年成熟，熟时暗褐色，被白粉或白粉脱落，有1～4种子。种子卵圆形，扁，顶端钝，有棱脊及少数树脂槽；子叶2，出土，条形，先端锐尖，下面有2条白色气孔带，上面则不明显。

为普遍栽培的庭院树种。

可作房屋建筑、家具、文具及工艺品等用材。树根、树干及枝叶可提取柏木脑的原料及柏木油。枝叶入药，能祛风散寒、活血消肿、利尿。种子可提取润滑油。

旱柳 Salix matsudana

杨柳科 Salicaceae

柳属 Salix

乔木。高达18 m；树皮暗灰黑色，纵裂，枝直立或斜展，褐黄绿色，后变褐色，无毛，幼枝有毛；芽褐色，微有毛。叶披针形，长5～10 cm，宽1～1.5 cm，先端长渐尖，基部窄圆形或楔形，上面绿色，无毛，下面苍白色，幼时有丝状柔毛，叶缘有细锯齿，齿端有腺体；叶柄短，长5～8 mm，上面有长柔毛；托叶披针形或无，缘有细腺齿。花序与叶同时开放；雄花序圆柱形，长1.5～2.5 cm，稀3 cm，粗6～8 mm，多少有花序梗，花序轴有长毛；雄蕊2，花丝基部有长毛，花药黄色；苞片卵形，黄绿色，先端钝，基部多少被短柔毛；腺体2；雌花序长达2 cm，粗4～5 mm，3～5小叶生于短花序梗上，花序轴有长毛；子房长椭圆形，近于无柄，无毛，无花柱或很短，柱头卵形，近圆裂；苞片同雄花，腺体2，背生和腹生。果序长达2.5 cm。花期4月；果期4～5月。

国内分布于东北和华北平原、西北黄土高原，西至甘肃、青海，南至淮河流域，以及浙江、江苏。

木材白色，轻软，供建筑、器具、造纸及火药等用。细枝可编筐篮。为早春蜜源树种和固沙保土、四旁绿化树种。叶为冬季羊饲料。

春蓼 *Polygonum persicaria*

蓼科 Polygonaceae

蓼属 *Polygonum*

一年生草本。高 40～150 cm；茎直立，有分枝，无毛或有稀疏的硬伏毛。叶片披针形或狭披针形，长 4～10 cm，宽 0.5～2 cm，先端长渐尖，基部楔形，主脉及叶缘有硬毛；叶柄短或近无柄，下部者较长，长不超过 1 cm，有硬毛；托叶鞘筒状，膜质，紧贴茎上，有毛，先端截形，有缘毛。由多数花穗构成圆锥状花序；花穗圆柱状，直立，较紧密，长 1.5～5 cm，顶生及腋生；花穗梗近无毛，有时有腺点；苞片漏斗状，紫红色，先端斜形，有疏缘毛；花被粉红色或白色，长 2.5～3 mm，5 深裂；雄蕊 7～8，能育 6，短于花被；花柱 3，稀 3，外弯。瘦果广卵形，两面扁平或稍凸出，稀三棱形，黑褐色，有光泽，长 1.8～2.5 mm，包于宿存花被内。

生于水沟、溪边、山坡、路边湿草地。国内分布于东北、华北、西北、华中地区及广西、四川、贵州等省份。

杠板归 Polygonum perfoliatum

蓼科 Polygonaceae
蓼属 Polygonum

一年生攀援草本。茎四棱形，常带暗红色，沿棱有倒钩刺，无毛。叶片正三角形，叶柄盾状着生，长4～6 cm，下部宽3～6 cm，先端微尖，基部截形或微心形，上面绿色，无毛，下面淡绿色，沿脉疏生钩刺；叶柄细，长2～8 cm，生有倒钩刺；托叶鞘叶状，近圆形，穿茎。花序短穗状，长1～3 cm，顶生或生于上部叶腋，常包于叶鞘内；苞片圆形；花淡红色或白色，花被5深裂，长约2.5 mm，果期增大，肉质，变为深蓝色；雄蕊8，短于花被；花柱3，中部以下合生。瘦果球形，直径约3 mm，黑色，有光泽，包于蓝色肉质的花被内。

生于山坡、路边草丛。国内分布于东北、华东、华中、华南、西南地区及河北、陕西、甘肃等省份。

茎叶可药用，有清热止咳、散瘀解毒、止痛止痒的功效；治疗百日咳、淋浊效果显著。叶可制靛蓝，用作染料。

巴天酸模 *Rumex patientia*

蓼科 Polygonaceae

酸模属 *Rumex*

多年生草本。高达 1.5 m。主根粗大，断面黄色。茎直立，粗壮，不分枝或分枝，有沟纹，无毛。基生叶和茎下部叶长椭圆形或长圆状披针形，长 15～30 cm，宽 4～10 cm，先端钝或急尖，基部圆形、浅心形或楔形，全缘或边缘皱波状；叶柄粗壮，腹面有沟，长 4～8 cm；茎上部叶狭小，长圆状披针形至狭披针形，有短柄；托叶鞘筒状，膜质。圆锥花序大型，顶生和腋生；花两性，花簇轮生，密接，花梗与花被片等长或稍长，中部以下有关节；花被片 6，排成 2 轮，果期内轮花被片增大，呈宽心形，宽约 5 mm，全缘，有网纹，1 片或全部有瘤状突起；雄蕊 6；柱头 3，柱头画笔状。瘦果三棱形，褐色，有光泽，长约 5 mm。

国内分布于东北、华北、西北、华中地区及四川、西藏等省份。

根、叶药用，生品能活血散瘀、止血、清热解毒、润肠通便，酒制品能止泻、补血。根可提取栲胶。

牛膝 Achyranthes bidentata

苋科 Amaranthaceae
牛膝属 *Achyranthes*

多年生草本。高达 1.2 m。根圆柱形，直径达 1 cm，土黄色。茎直立，有棱角或四棱形，绿色或带紫红色，有白色贴生毛或开展柔毛，或近无毛，分枝对生，节部膨大。叶片椭圆形或椭圆状披针形，长达 12 cm，宽达 7.5 cm，先端尾尖，基部楔形或阔楔形，两面有柔毛；叶柄长达 3 cm，有柔毛。穗状花序顶生及腋生，长达 5 cm；总花梗长 2 cm，有白色柔毛；花多数，密生，长约 5 mm，花期直立，花后反折，贴向穗轴；苞片阔卵形，长 3 mm，先端长渐尖；小苞片刺状，长 3 mm，先端弯曲，基部两侧各有 1 卵形膜质小片，长约 1 mm；花被片 5，披针形，长 5 mm，光亮，先端急尖，有 1 中脉；雄蕊 5，长 2.5 mm，基部合生成浅杯状，退化雄蕊顶端平圆，稍有缺刻状细锯齿。胞果长圆形，长 2.5 mm，黄褐色，光滑。种子长圆形，长 1 mm，黄褐色，光滑。种子矩圆形，长 1 mm，黄褐色。花期 7～9 月；果期 9～10 月。

生于山沟、溪边等阴湿肥沃的土壤中。国内分布于除东北地区以外的其他地区。

根药用，有通经活血、舒筋活络的功效。

紫茉莉 *Mirabilis jalapa*

紫茉莉科 Nyctaginaceae
紫茉莉属 *Mirabilis*

一年生或多年生草本。高达 1 m。根圆锥形，深褐色。茎多分枝，圆柱形，无毛或近无毛，节膨大。叶片卵形或三角状卵形，长达 9 cm，宽达 6 cm，先端渐尖，基部楔形或心形，边缘微波状，两面均无毛；叶柄长达 3 cm。花 3～6 簇生枝端，晨、夕开放而午收，有红、黄、白各色，或红黄相杂。雄蕊 5，花丝细长，常伸出花外，花药球形；花柱单生，线形，伸出花外，柱头头状。果实球形，熟时黑色，有棱。胚乳白色，粉质。花期 7～9 月；果期 8～10 月。

原产热带美洲。全国各地均有栽培。

栽培供观赏。种子的胚乳干后碾成白粉加香料，可作化妆品。根、叶供药用，有清热解毒、活血滋补的功效。

马齿苋 Portulaca oleracea

马齿苋科 Portulacaceae
马齿苋属 Portulaca

一年生肉质匍匐草本。茎基部分枝，淡绿色或带紫色。叶片长圆形或倒卵形，长达 2.5 cm，宽达 15 mm，无毛，先端钝圆或平截或微凹，基部楔形，上面暗绿色，下面淡绿色或暗红色，中脉微隆起。花小，直径达 5 mm，两性，单生或 3~5 簇生枝端；无花梗；总苞片 4~5，薄膜质；萼片 2，绿色，阔椭圆形，背部有隆脊，基部与子房贴生；花瓣 4~5，黄色，倒卵状长圆形，先端微凹；雄蕊 8~12，基部合生；花柱比雄蕊稍长，顶端 4~5 裂；子房半下位，1 室，特立中央胎座，胚珠多数。蒴果卵球形，棕色，盖裂；种子多数，细小，肾状卵圆形，有小疣状突起，黑褐色，有光泽。花期 6~8 月；果期 8~9 月。

生于菜园、农田、路旁、荒地，为田间常见杂草。广泛分布于全国各地。

全草药用，有清热解毒、治菌痢的功效。种子明目；又可作农药和兽药。嫩茎叶可食，民间常作蔬菜；又可作家畜饲料。

瞿麦 Dianthus superbus

石竹科 Caryophyllaceae
石竹属 Dianthus

多年生草本。高30～60 mm；茎直立，丛生，无毛，上部分枝。叶条状披针形或条形，长5～10 cm，宽4～5 mm，全缘，两面无毛，边缘有缘毛，先端渐尖，基部渐狭成短鞘围抱节上。花单生或数朵集成疏聚伞圆锥花序；萼下苞片2～3对，苞片倒卵形或阔卵形，先端有长或短突尖，长为萼的1/4；萼圆筒形，长2.5～3.5 cm，绿色或常带紫红色，萼齿5；花瓣5，瓣片淡红色，阔倒卵状楔形，先端流苏状，深裂达中部或更深，基部有长爪，喉部有须毛；雌雄蕊柄长约1 mm；雄蕊10；花柱2，丝状。蒴果狭圆筒形，长于萼筒，顶端4齿裂。种子扁卵圆形，边缘有宽翅。

生于潮湿的山坡、林下、林缘草丛中。国内分布于东北、华北、西北地区及江苏、浙江、江西、河南、湖北、贵州、四川等省份。

全草药用，有清热利尿、通经的功效。也可作农药。

长蕊石头花 Gypsophila oldhamiana

石竹科 Caryophyllaceae
石头花属 Gypsophila

多年生草本。高达 1 m；全株无毛，带粉绿色。主根粗壮。茎簇生。叶长圆状披针形至狭披针形，长达 8 cm，宽达 12 mm，先端尖，基部稍狭，微抱茎。聚伞花序顶生或腋生，再排列成圆锥状，花较小，密集；苞片卵形，膜质，先端锐尖；花梗长达 5 mm；花萼钟状，长达 2.5 mm，萼齿 5，卵状三角形，边缘膜质，有缘毛；花瓣 5，粉红色或白色，倒卵形，长 4～5.5 mm；雄蕊 10，比花瓣长；子房椭圆形，花柱 2，超出花瓣。蒴果卵状球形，比萼长，顶端 4 裂。种子近肾形，长达 1.5 mm，灰褐色。

生于向阳山坡草丛。国内分布于辽宁、河北、山西、江苏、河南、陕西等省份。

根药用，有清热凉血、消肿止痛、化腐生肌长骨之功效。根的水浸剂可防治蚜虫、红蜘蛛、地老虎等。

木防己 Cocculus orbiculatus

防己科 Menispermaceae
木防己属 Cocculus

缠绕性落叶藤本。长2~3 m；全株有淡褐色短柔毛。根圆柱形，稍弯曲，直径1.5~3.5 cm，表面棕褐色或黑褐色，有弯曲纵沟及少数横皱纹。茎木质化，小枝纤细，表面密生柔毛；老枝近于无毛，有条纹。单叶，互生；叶片阔卵形或卵状椭圆形，有时3浅裂，长3~6 cm，宽1.5~4 cm，先端锐尖至钝圆，顶部常有小突尖，基部略为心形，或近于截形，幼时两面密生灰白色柔毛，老时上面毛渐疏，下面较密；叶柄长1~3 cm，密生灰白色柔毛。花黄色，雌雄异株；聚伞状圆锥花序腋生；花有短梗，总轴和总花梗均被柔毛，小苞片2，卵形；雄花萼片6，排列成2轮，内轮3较大，外轮3较小，长1~1.5 mm；花瓣6，卵状披针形，长1.5~3.5 mm，先端2裂，基部两侧有耳并内折；雄蕊6，离生，与花瓣对生，花药球形；雌花序较短，花少数，萼片和花瓣与雄花相似，有退化雄蕊6，心皮6，离生，子房半球形，无毛，花柱短，向外弯曲。核果近球形，直径6~8 mm，蓝黑色，表面有白粉，内果皮坚硬，两侧压扁，马蹄形，背脊和两侧有横小肋。种子1。花期5~7月；果期7~9月。

生于山坡、路旁、沟岸及灌木丛中。国内分布于除西北和西藏以外的其他地区。

根状茎入药，有祛风除湿、通经活络、解毒、止痛、利尿、消肿、降血压的功效。根含淀粉，可酿酒。茎含纤维，质坚韧，可作纺织原料和造纸原料。

萝卜 Raphanus sativus

十字花科 Cruciferae
萝卜属 Raphanus

二年生或一年生草本。高 20~100 cm。直根肉质，长圆形、球形或圆锥形，外皮绿色、白色或红色。茎有分枝，无毛，稍有粉霜。基生叶和下部茎生叶大头羽状浅裂，长 8~30 cm，宽 3~5 cm，顶裂片卵形，侧裂片 4~6 对，长圆形，有钝齿，疏生粗毛，上部叶长圆形，有锯齿或近全缘。总状花序顶生及腋生；花白色或粉红色，直径 1~2 cm；花梗长 5~15 cm；萼片长圆形，长 5~7 mm；花瓣倒卵形，长 1~2 cm，有紫纹，下部有长 5 mm 的爪。长角果圆柱形，长 3~6 cm，宽约 1 cm，种子间处缢缩，并形成海绵质横隔，顶端喙长 1~2 cm，果梗长 1~2 cm。种子 1~6，卵形，微扁，长约 3 mm，红棕色，有细网纹。花期 4~5 月；果期 5~6 月。

全国各地均有栽培。

根作蔬菜。种子药用，有化痰消积的功效；也可榨油供工业用或食用。

芸薹 Brassica campestris

罂粟科 Papaveraceae
芸薹属 Brassica

二年生草本。茎直立，分枝或不分枝，高 30～90 cm，稍有粉霜。基生叶大头羽裂，顶裂片圆形或卵形，边缘有不整齐弯缺牙齿，侧裂片 1 至数对，卵形，叶柄宽，长 2～6 cm，基部抱茎，下部茎生叶羽状半裂，长 6～10 cm，基部扩展且抱茎，两面有硬毛及缘毛；上部茎生叶长圆状倒卵形、长圆形或长圆状披针形，长 2～18 cm，宽 1～5 cm，基部心形，抱茎，两侧有垂耳，全缘或有波状细齿。总状花序在花期成伞房状，花后伸长，花鲜黄色，直径 7～10 mm；萼片长圆形，长 3～5 mm，直立、开展，先端圆形，边缘透明，稍有毛；花瓣倒卵形，长 7～9 mm，先端近微缺，基部有爪。长角果条形，长 3～8 cm，宽 2～4 mm，果瓣有中脉及网纹，喙直立，长 0.9～2.4 cm；果梗长 0.5～1.5 cm。种子球形，直径约 1.5 mm，紫褐色。花、果期 3～5 月。

国内分布于陕西、江苏、安徽、浙江、湖北、湖南、四川、甘肃等省份。

为主要油料作物，油可食用。嫩茎叶和花梗作蔬菜。种子药用，有消肿、行血散结的功效。

瓦松 Orostachys fimbriata

景天科 Crassulaceae

瓦松属 Orostachys

二年生肉质草本。一年生的莲座叶条形，先端增大成半圆形白色软骨质，其边缘有流苏状齿。二年生花茎高 5~40 cm。茎上叶互生，条形至披针形，长可达 3 cm，宽达 5 mm，先端有刺尖。花序总状，紧密，成宽 20 cm 金字塔形；苞片条形，先端渐尖；花梗长达 1 cm；萼片 5，长圆形，长 3 mm；花瓣 5，红色，披针状椭圆形，长 6 mm，宽 1.5 mm，先端渐尖，基部 1 mm 合生；雄蕊 10，多与花瓣同长，花药紫色；鳞片 5，近四方形，长 0.4 mm，先端稍凹。蓇葖果 5，长圆形，长 5 mm，有长 1 mm 的细喙。种子多数，卵形，细小。花期 8~9 月；果期 9~10 月。

生于干燥山坡或屋瓦上。国内分布于华东、华北、华中、西北、东北地区。

全草药用，有止血、活血、敛疮的功效，但有小毒，宜慎用。

海桐 Pittosporum tobira

海桐花科 Pittosporaceae
海桐花属 *Pittosporum*

常绿小乔木，栽培通常为灌木型。高 1~2 m；树冠呈圆球形，枝条近轮生，嫩枝上被褐色柔毛。叶多聚生枝顶，倒卵形或倒卵状披针形，长 4~10 cm，宽 1.5~4 cm，先端圆或微凹，基部楔形，革质，全缘，周边略向下反卷，羽状脉，侧脉 6~8 对，在近边缘处网结，两面无毛或近叶柄处疏生短柔毛；叶柄长 1~2 cm。伞形花序或伞房状伞形花序顶生或近顶生，总梗及苞片上均被褐色毛；花白色，后变黄色，径约 1 cm；萼片卵形，长 3~4 mm；花瓣倒披针形，长 1~1.2 cm，离生，基部狭常呈爪状；雄蕊 2 型，退化雄蕊的花丝长 2~3 mm，花药近不发育，正常雄蕊的花丝长 5~6 mm，花药黄色，长圆形；子房长卵形，密生短柔毛。蒴果圆球形，长 0.7~1.5 cm，3 瓣裂，果瓣木质，内侧有横格。种子多角形，暗红色，长约 4 mm。花期 5月；果期 10月。

广泛分布于全国各地。

供观赏。在沿海地区的城镇，可作绿篱树试植。叶可以代替明矾作媒染剂用。根、种子及叶药用，分别有散淤、涩肠、解毒的功效。

一球悬铃木 Platanus occidentalis

悬铃木科 Platanaceae
悬铃木属 Platanus

落叶乔木。高可达 40 m；树皮灰褐色，片状剥落，内皮呈乳白色；嫩枝被黄褐色毛。叶阔卵形或近五角形，长 10～22 cm，3～5 浅裂，裂缘有齿牙，中央的裂片宽大于长，基部截形、阔楔形或浅心形，下面初时被灰黄色绒毛，后脱落仅在脉上有毛，离基三出脉；叶柄长 4～7 cm，密被绒毛；托叶长 2～3 cm，上部常扩大呈喇叭形，早落。花常 4～6，单性，成球形的头状花序；雌花心皮 4～6。果序球单生，稀 2 球一串，直径 3 cm 或更大，宿存花柱不突起；小坚果顶端钝，基部的绒毛长为坚果的一半，不突出于头状果序之外。花期 5 月上旬；果期 9～10 月。

原产北美洲。全国各地均有栽培。

作行道树观赏。

茅莓 *Rubus parvifolius*

蔷薇科 Rosaceae

悬钩子属 *Rubus*

落叶灌木。高达 2 m。小叶 3，偶有 5；小叶菱状圆形或宽楔形，上面伏生疏柔毛，下面密被灰白色绒毛，边缘有不整齐粗锯齿，常有浅裂；叶柄长达 5 cm，顶生小叶柄长达 2 cm，有柔毛和稀疏皮刺；托叶条形，长达 7 mm，有柔毛。伞房花序顶生或腋生；花梗长达 1.5 cm，有柔毛和稀疏皮刺；苞片条形，有柔毛；花径 1 cm；花萼外面密生柔毛和针刺，萼片卵状披针形，先端渐尖，有时条裂；花瓣卵圆形或长圆形，粉红色至紫红色，基部有爪；雄蕊短于花瓣；子房有柔毛。聚合果橙红色，球形，直径达 1.5 cm。花期 5～6 月；果期 7～8 月。

生于山坡杂木林下、向阳山谷、路边或荒野地。广泛分布于全国各地。

果可食用、酿酒、制醋等。根和叶含单宁，可提取栲胶。全株药用，有止痛、活血、祛风湿及解毒的功效。

刺槐 Robinia pseudoacacia

豆科 Leguminosae

刺槐属 Robinia

落叶乔木。高达 25 m；树皮褐色，有深沟，小枝光滑。奇数羽状复叶，小叶 7～25；小叶椭圆形或卵形，长 2～5 cm，宽 1～2 cm，先端圆形或微凹，有小尖头，基部圆形或阔楔形，全缘，无毛或幼时疏生短毛。总状花序腋生，长 10～20 cm，下垂；花萼杯状，浅裂；花白色，芳香，长 1.5～2 cm，旗瓣有爪，基部常有黄色斑点。荚果扁平，条状长圆形，腹缝线有窄翅，长 4～10 cm，红褐色，无毛。种子 3～13，黑色，肾形。花期 4～5 月；果期 9～10 月。

原产于美国东部。广泛分布于全国各地。

木质坚硬，可作枕木、农具。叶可作家畜饲料。种子含油 12%，可作制肥皂及油漆的原料。花可提取香精，又是较好的蜜源植物。

酢浆草 Oxalis corniculata

酢浆草科 Oxalidaceae
酢浆草属 Oxalis

多年生草本。全株有疏柔毛。根状茎细长。茎匍匐或斜升，多分枝。叶互生；三出掌叶，小叶倒心形，无柄；叶柄长达 4 cm；托叶小，与叶柄贴生。伞形花序腋生；总花梗与叶柄近等长；花黄色；萼片 5，披针形或长圆形，长达 4 mm；花瓣 5，长圆状倒卵形，长达 8 mm；雄蕊 10，花丝基部合生；子房长圆柱形，有毛，花柱 5。蒴果长圆柱形，长达 1.5 cm。种子多数，长圆状卵形，扁平，熟时红褐色。花、果期 4~9 月。

生于山坡、路边、村旁、墙根。广泛分布于全国各地。

全草入药，能解热利尿、消肿散淤。茎叶含草酸，可用以磨镜或擦铜器，使其具光泽。牛羊食其过多可中毒致死。

楝 Melia azedarach

楝科 Meliaceae

楝属 Melia

落叶乔木。高达10 m；树皮暗褐色，纵裂；幼枝被星状毛，老时紫褐色，皮孔多而明显。二至三回奇数羽状复叶，长20~45 cm；小叶卵形、椭圆形或披针形，长3~5 cm，宽2~3 cm，先端短渐尖或渐尖，基部阔楔形或近圆形，稍偏斜，边缘有钝锯齿，下面幼时被星状毛，后两面无毛；叶柄长达12 cm，基部膨大。圆锥花序腋生；花芳香，长约1 cm，有花梗；苞片条形，早落；花萼5深裂，裂片长卵形，长约3 mm，外面被短柔毛；花瓣5，淡紫色，倒卵状匙形，长约1 cm，两面均被短柔毛；雄蕊10~12，长7~10 mm，紫色，花丝合成管状，花药黄色，着生于雄蕊管上端内侧；子房球形，3~6室，无毛，每室有2胚珠，柱头顶端有5齿，隐藏于管内。核果，椭圆形或近球形，长1~2 cm，径约1 cm，4~5室，每室有1种子。花期5月；果期9~10月。

景区有栽植或有野生者。国内分布于黄河以南地区。

木材供建筑、家具、农具等用材。皮、叶、果药用，有祛湿、止痛及驱蛔虫的作用。根、茎皮可提取栲胶。种子油可制肥皂、润滑油。

冬青卫矛 Euonymus japonicus

卫矛科 Celastraceae

卫矛属 Euonymus

常绿灌木。高达 5 m；小枝绿色，四棱形，无毛。叶革质，倒卵形或狭椭圆形，长达 7 cm，宽达 4 cm，先端钝尖，基部楔形，缘有钝锯齿，侧脉不明显；叶柄长达 15 mm。二歧聚伞花序腋生；总花梗长达 5 cm；花绿白色，4 数，直径达 8 mm；萼片半圆形，长约 1 mm；花瓣椭圆形；花柱与雄蕊等长。蒴果扁球形，淡红色，径 6～8 mm。种子有橘红色假种皮。花期 6～7 月；果期 9～10 月。

原产日本。全国各地均有栽培。

作绿篱。树皮药用，有利尿、强壮之功效。

葎叶蛇葡萄 Ampelopsis humulifolia

葡萄科 Vitaceae
蛇葡萄属 Ampelopsis

落叶木质藤本。小枝无毛或偶有微毛。叶硬纸质，近圆形至阔卵形，长10～15 cm，3～5掌状中裂或近深裂，先端渐尖，基部心形或近截形，边缘有粗齿，上面鲜绿色，有光泽，下面苍白色，无毛或脉上微有毛；叶柄与叶片等长或稍短，无毛。聚伞花序与叶对生，疏散，有细长总花梗；花小，淡黄色；萼杯状；花瓣5；雄蕊5，与花瓣对生；花盘浅杯状，子房2室。浆果球形，径6～8 mm，淡黄色或蓝色。花期5～6月；果期7～8月。

生于山坡灌丛及岩石缝间。国内分布于陕西、河南、山西、河北、辽宁及内蒙古等地。

根皮药用，有活血散瘀、消炎解毒的功效。

地锦 *Parthenocissus tricuspidata*

葡萄科 Vitaceae

地锦属 *Parthenocissus*

落叶木质藤本。卷须分枝，顶端有吸盘。叶宽卵形，长达 20 cm，宽达 17 cm，常 3 浅裂，先端急尖，基部心形，边缘有粗锯齿，上面无毛，下面有少数毛；叶柄长达 20 cm。聚伞花序生于短枝顶端两叶之间；花 5 基数；花萼全缘；花瓣狭长圆形，长约 2 mm；雄蕊较花瓣短，花药黄色；花柱短圆柱状。浆果球形，径 6～8 mm，蓝黑色。花期 6～7 月；果期 7～8 月。

生于峭壁及岩石上，公园、街道、庭院常见栽培。广泛分布于全国各地。

根茎药用，有散瘀、消肿的功效。

大叶胡颓子 *Elaeagnus macrophylla*

胡颓子科 Elaeagnaceae
胡颓子属 *Elaeagnus*

常绿攀援灌木。高可达 4 m；树皮及老枝灰黑色；嫩枝有圆滑棱脊，无棘刺。叶薄革质，卵形、宽椭圆形至近圆形，长达 9 cm，宽达 6 cm，先端突尖、钝尖或圆形，基部圆形，全缘，幼叶两面密生银灰色腺鳞，上面呈深绿色，侧脉 6～8 对；叶柄扁圆形，长达 2 cm，银灰色。通常 1～8 花生于叶腋短枝上；花梗长 4 mm；萼筒钟形，长 5 mm，在裂片下面开展，在子房上方骤缩，裂片 4，卵状三角形，先端钝尖，两面密生银灰色腺鳞；雄蕊与裂片互生，花药长圆形，长约 3 mm；花柱被鳞片及星状毛，顶端略弯曲，高于雄蕊。果长椭圆形，密被银灰色腺鳞，长达 2 cm，径达 8 mm，两端圆或钝尖，顶端有小尖头。果核两端钝尖，淡黄褐色，有 8 条纵肋。花期 10～11 月；翌年 5～6 月果实成熟。

生于向阳山坡的崖缝及峭壁的树丛间，常与野生的山茶共生组成群落。国内分布于江苏、浙江的沿海岛屿及台湾。

可供观赏。果可生吃。根、叶可药用，有收敛、止泻、平喘、镇咳的功效。

滨海前胡 Peucedanum japonicum

伞形科 Umbelliferae
前胡属 *Peucedanum*

多年生草本。茎粗壮，近直立，常呈蜿蜒状，光滑无毛，有浅槽和纵条纹。叶片宽大，质厚，一至二回三出式分裂；一回羽片卵圆形或三角状圆形，长 7～9 cm，3 浅裂或深裂，基部心形，有长柄；二回羽片的侧裂片卵形，中间裂片倒卵形，均无脉，有 3～5 粗锯齿，网状脉非常细致而清晰，两面无毛，粉绿色；基生叶有长 4～5 cm 的叶柄，基部叶鞘宽阔抱茎，边缘膜质。伞形花序分枝，顶端花序直径约 10 cm；花序梗粗壮；总苞片 2～3，有时缺；伞幅 15～30；小总苞片 8～10；花瓣通常紫色，稀白色，卵形至倒卵形，外面有毛。双悬果卵圆形至椭圆形，长 4～6 mm，有小硬毛，背棱条形稍突起，侧棱厚翅状；每棱槽内有油管 3～4，合生面有油管 8。

生于海滩。国内分布于浙江、福建、台湾等省份。

忍冬 Lonicera japonica

忍冬科 Caprifoliaceae
忍冬属 Lonicera

半常绿攀援藤本。幼枝密生黄褐色柔毛和腺毛。单叶，对生；叶片卵形至卵状披针形，长达 8 cm，宽达 4 cm，先端急尖或渐尖，基部圆形或近心形，全缘，边缘有缘毛，上面深绿色，下面淡绿色，小枝上部的叶两面密生短糙毛，下部叶近无毛；侧脉 6~7 对；叶柄长达 8 mm，密生短柔毛。两花并生 1 总梗，生于小枝叶腋，与叶柄等长或稍短，下部梗较长，长达 4 cm，密被短柔毛及腺毛；苞片大，叶状，卵形或椭圆形，长达 3 cm，两面均被短柔毛或近无毛；小苞片先端圆形或平截，长约 1 mm，有短糙毛和腺毛；萼筒长约 2 mm，无毛，萼齿三角形，外面和边缘有密毛；花冠先白后黄，长达 5 cm，二唇形，下唇裂片条状而反曲，筒部稍长于裂片，外面被疏毛和腺毛；雄蕊和花柱均伸出花冠。浆果，离生，球形，径达 7 mm，熟时蓝黑色。种子褐色，长约 3 mm，中部有 1 凸起的脊，两面有浅横沟纹。花期 5~6 月；果期 9~10 月。

生于山坡、沟边灌丛。广泛分布于全国各地。

花药用，称"金银花"或"双花"，有清热解毒的功效。为良好的园林植物及水土保持树种。

全叶马兰 Aster pekinensis

菊科 Asteraceae

紫菀属 Aster

多年生草本。直根纺锤状。茎直立，高达70 cm，单生或丛生，被细硬毛，中部以上有近直立的帚状分枝。下部叶在花期枯萎；中部叶多而密，条状披针形、倒披针形，长达4 cm，宽达6 mm，先端钝或渐尖，常有小尖头，基部渐狭无柄，全缘，边缘稍反卷，上部叶较小，条形，全缘；全部叶下面灰绿色，两面密被粉状短绒毛，中脉在下面凸起。头状花序单生枝端且排列成疏伞房状；总苞半球形，径8 mm，长4 mm；总苞片3层，覆瓦状排列，外层近条形，长1.5 mm，内层长圆状披针形，长达4 mm，先端尖，上部有短粗毛及腺点；舌状花1层，管长1 mm，有毛，舌片淡紫色，长1.1 cm，宽2.5 mm；管状花，花冠长3 mm，管部长1 mm，有毛。瘦果倒卵形，长2 mm，宽1.5 mm，浅褐色，扁，有浅色边肋，或一面有肋而果呈三棱形，上部有短毛及腺；冠毛带褐色，长0.5 mm，不等长，易脱落。花期6～10月；果期7～11月。

生于山坡、林缘、灌丛、路旁。国内分布于东北、华中、华东、华北地区及四川、陕西等省份。

菊芋 Helianthus tuberosus

菊科 Asteraceae

向日葵属 Helianthus

多年生草本。高达3 m。有姜状根状茎。茎直立，有分枝，被白色短糙毛或刚毛。叶常对生，有叶柄，但上部叶互生，下部叶卵圆形或卵状椭圆形，长达16 cm，宽达6 cm，基部宽楔形或圆形，有时微心形，先端渐尖，边缘有细锯齿，离基三出脉，上面有白色短粗毛，下面被柔毛，有长柄；上部叶长椭圆形或阔披针形，基部渐狭，下延成短翅状，先端渐尖，短尾状。头状花序单生枝端，排列成伞房状，有1～2个条状披针形苞叶，直立，径达5 cm；总苞片多层，披针形，先端长渐尖，背面被短伏毛，边缘被开展的缘毛；托片长圆形，长8 mm，背面有肋，上端不等3浅裂；舌状花通常12～20，舌片黄色，开展，长椭圆形，长达3 cm；管状花黄色，长6 mm。瘦果小，楔形，上端有2～4个有毛的锥状扁芒。花期8～9月。

全国各地均有栽培。

块茎俗称"洋姜"，盐渍可供食用；块茎含有丰富的淀粉，是优良的多汁饲料；还可制菊糖及酒精。新鲜的茎和叶可作青贮饲料，营养价值比"向日葵"还高。

大花金鸡菊 Coreopsis grandiflora

菊科 Asteraceae
金鸡菊属 Coreopsis

多年生草本。高 20~100 cm；茎直立，下部常有稀疏的糙毛，上部有分枝。叶对生；基部叶有长柄，披针形或匙形；下部叶羽状全裂，裂片长圆形；中部及上部叶 3~5 深裂，裂片条形或披针形，中裂片较大。头状花序单生于枝端，径 4~5 cm，有长花序梗；总苞片外层较短，披针形，内层卵形或卵状披针形；舌状花 6~10，舌片宽大，黄色，长 1.5~2.5 cm；管状花长 5 mm，两性。瘦果椭圆形或近圆形，长 2.5~3 mm，边缘有膜质宽翅，顶端有 2 短鳞片。花期 5~9 月；果期 8~11 月。

原产于美洲。广泛分布于全国各地。

观赏植物。花序药用，能止血。根可用于提取菊糖。

野菊 Dendranthema indicum

菊科 Asteraceae

菊属 Dendranthema

多年生草本。高达 1 m；有地下匍匐茎；茎直立，茎枝有稀疏毛，或上部的毛较密。茎生叶卵形或长卵形，长达 7 cm，宽达 4 cm，羽状深裂或浅裂，裂片边缘有大小不等的锯齿或缺刻状齿，上面绿色，疏被柔毛，下面浅绿色或灰绿色，柔毛较密；叶柄长约 1 cm 或近无柄。头状花序，直径达 2 cm，在枝端排成疏散的伞房圆锥花序；总苞片约 5 层，外层卵形或长卵形，长达 4 mm，中内层卵形至椭圆状披针形，长达 7 mm，边缘及顶部有白色或浅褐色宽膜质，顶端圆钝；舌状花 1 层，黄色，舌片长椭圆形，长达 12 mm，先端全缘或 2～3 浅齿；管状花多数，基部无鳞片。瘦果无冠毛。花、果期 10～11 月。

生于山坡、海滨沙滩上。国内分布于东北、华北、华中、华南及西南地区。

花、叶及全株入药，有清热解毒、疏风散热、明目、降血压的功效。

茵陈蒿 *Artemisia capillaris*

菊科 Asteraceae
蒿属 *Artemisia*

多年生草本。茎直立，基部坚硬，近灌木状，高达 1 m，有纵棱，绿色或老时带紫色，秋季常自基部或茎部发出不育枝，枝上的叶密集，呈莲座状，幼嫩时被绢毛，老时近无毛。早春末抽茎前及秋季近果期时自基部重发的基生叶有柄，长或短；叶片轮廓近卵圆形或长卵形，一至三回羽状全裂或掌裂，裂片条形、条状披针形或长卵形，春季基生叶密被顺展的白绢毛，秋季重发者被较疏的白绢毛；茎中部的叶于花期无柄，一至二回羽状全裂；上部的叶逐渐变小，叶最终裂片狭线形，基部半抱茎，上面近光滑。头状花序密，排列成复总状；总苞卵形或近球形，光滑，长约 2 mm，宽约 1.5 mm，暗绿色或黄绿色；苞片 3～4 层，边缘膜质，花序托近球形，有腺毛；雌花花冠初时管状，近果期时呈类壶形，先端 3 裂，黄绿色；两性花不育，花冠近柱形，先端 5 裂，黄绿色，近上部有时带紫红色，花冠外有腺毛。瘦果长圆形，长约 0.8 mm，有纵条纹。花期 8～9 月；果期 9～10 月。

国内分布于华东、华中、华南地区及辽宁、河北、陕西及四川等省份。

幼苗供药用，能清湿热、利肝胆，为治疗黄疸型肝炎的要药。

猪毛蒿 Artemisia scoparia

菊科 Asteraceae

蒿属 Artemisia

多年生或一、二年生草本。有浓烈香气。主根狭纺锤形；根状茎粗短，常有细的营养枝，枝上密生叶。茎常单生，高达 1.3 m，红褐色或褐色，有纵纹；下部分枝开展，上部枝多斜上展；茎、枝幼时被灰白色或灰黄色绢质柔毛。基生叶与营养枝叶两面被灰白色绢质柔毛。叶近圆形，二至三回羽状全裂，具长柄，花期叶凋谢；茎下部叶初时两面密被灰白色或灰黄色略带绢质的短柔毛，叶长卵形或椭圆形，长达 3.5 cm，宽达 3 cm，二至三回羽状全裂，每侧有裂片 3~4，再次羽状全裂，每侧具小裂片 1~2，小裂片狭线形，长约 5 mm，宽约 1 mm，不再分裂或具小裂齿，叶柄长达 4 cm；中部叶初时两面被短柔毛，叶长圆形或长卵形，长达 2 cm，宽达 1.5 cm，一至二回羽状全裂，每侧具裂片 2~3，不分裂或再 3 全裂，小裂片丝线形或毛发状，长 4~8 mm，宽约 0.3（~0.5）mm，多少弯曲；茎上部叶与分枝上叶及苞片叶 3~5 全裂或不分裂。头状花序近球形，极多数，直径约 1.5（~2）mm，具极短梗，基部有线形小苞叶，在分枝上偏向外侧生长，并排成复总状或复穗状花序，在茎上再组成大型、开展的圆锥花序；总苞片 3~4 层，外层总苞片草质、卵形，背面绿色、无毛，边缘膜质，中、内层总苞片长卵形或椭圆形，半膜质；花序托小，凸起；雌花 5~7，花冠狭圆锥状或狭管状，冠檐具 2 裂齿，花柱线形，伸出花冠外，先端 2 叉，叉端尖；不育两性花 4~10，花冠管状，花药线形，先端附属物尖，长三角形，花柱短，先端膨大，2 裂，不叉开，退化子房不明显。瘦果倒卵形或长圆形，褐色。花、果期 7~10 月。

广泛分布于全国各地。

亦作"青蒿"（即"黄花蒿"）的代用品。

艾 *Artemisia argyi*

菊科 Asteraceae
蒿属 *Artemisia*

草本。被绒毛，有香气。常有横卧地下根状茎。茎高达 1.2 m，上部有开展及斜生的花序枝。茎下部的叶片阔卵形，羽状浅裂或深裂，裂片边缘有锯齿，基部下延成长柄，花期枯萎；茎中部的叶片近长倒卵形，长达 10 cm，宽达 8 cm，羽状深裂或浅裂，侧裂片常为 2 对，裂片近长卵形或卵状披针形，全缘或有 1～2 锯齿，齿先端钝尖，顶裂片呈明显或不明显的浅裂，基部近楔形，下延成急狭的短柄，柄长多不及 5 mm，有假托叶；上部叶渐小，2～3 浅裂，或不裂，近无柄；上面绿色，有白色腺点和小凹点，初被灰白色短柔毛，后逐渐脱落，下面被绒毛，呈灰白色。头状花序多数，排列成复总状；总苞近卵形，长约 3 mm，宽约 2.5 mm；总苞片 3 层，被绒毛；雌花约 10，花冠管状，长约 1.3 mm，黄色；两性花 10 余，花冠近喇叭筒状，长约 2 mm，黄色，有时上部带紫色；花冠外被腺毛；子房近柱状，花序托稍突出，呈圆顶状。花期 9～10 月；果期 11 月。

国内除极干旱与高寒地区外，广泛分布于全国各地。

叶供药用，有散寒除湿、温经止血的功效。又为艾绒的原料，供针灸用。

牛蒡 Arctium lappa

菊科 Asteraceae

牛蒡属 Arctium

二年生草本。有粗大的肉质直根。茎直立，高达 2 m，粗壮，基部直径可达 2 cm，全部茎枝有稀疏的乳突状短毛及长蛛丝状毛并混有棕黄色小腺点。基生叶宽卵形，长达 30 cm，宽达 21 cm，边缘有稀疏的浅波状凹齿或齿尖，基部心形，叶柄 20～30 cm，两面异色，上面绿色，下面灰白色，叶柄灰白色，有稠密的蛛丝状绒毛；茎生叶与基生叶同形但较小。头状花序在茎枝顶端排成伞房或圆锥状伞房花序；总苞片多层，顶端有软骨质钩刺；小花紫红色，花冠裂片长约 2 mm。瘦果倒长卵形或偏斜倒长卵形，长 5～7 mm，宽 2～3 mm，两侧压扁；冠毛糙毛状，不等长，基部不连合。花、果期 6～9 月。

广泛分布于全国各地。

瘦果药用称"牛蒡子"或"大力子"，具有疏散风热、透疹解毒、利咽喉的功效。

华北鸦葱 *Scorzonera albicaulis*

菊科 Asteraceae

鸦葱属 *Scorzonera*

多年生草本。根肥厚，茎基部有少数残存叶鞘。茎直立，高40～60 cm，中空，有沟纹，密被蛛丝状毛，后脱落几无毛。叶条形至阔条形，长10～30 cm，宽8～15 mm，先端渐尖，基部渐狭成有翅的长柄，边缘平展，有5～7，无毛或疏被蛛丝状毛；茎生叶基部稍扩大，抱茎。头状花序，在茎顶和侧生总花梗顶端数花序排成伞房状；总苞圆柱状，长2.5～4.5 cm，直径1～1.2 cm；总苞片多层，有蛛丝状毛或无毛；外层苞片三角状卵形，很小；中层苞片倒卵形；内层苞片条状披针形；舌状花黄色，干后红紫色，长2～3.5 cm，舌片先端有5齿。瘦果，圆柱形，长2.5 cm，上部渐狭，有多条纵肋；冠毛污黄色，长约2 cm，羽毛状，基部连合成环状。花期5～7月；果期6～8月。

生于道旁、荒地及矮山坡。国内分布于东北、华北、华东、华中地区及陕西、贵州等省份。

根可药用，具有清热、解毒、消炎、通乳的功效。

苦苣菜 Sonchus oleraceus

菊科 Asteraceae
苦苣菜属 Sonchus

一年或二年生草本。高达80 cm；茎不分枝或上部分枝，无毛或上部有腺毛。叶柔软，无毛，长椭圆状阔披针形，长达25 cm，宽达6 cm，羽状分裂，大头羽状全裂或半裂，顶裂片大，宽三角形，侧裂片长圆形或三角形，边缘有不规则的刺状尖齿，下部叶柄有翅，基部扩大抱茎；中上部叶无柄，基部宽大戟状耳形抱茎。头状花序数个，在茎顶排成伞房状，直径约1.5 cm；梗或总苞下部疏生腺毛；总苞钟状，长达12 mm，宽达15 mm，暗绿色；总苞片2～3层，先端尖，背面疏生腺毛和微毛，外层苞片卵状披针形，内层苞片披针形；舌状花黄色，长约1.3 cm。瘦果长椭圆状倒卵形，压扁，长约3 mm，褐色或红褐色，边缘有微齿，两面各有3条高起的纵肋，肋间有横纹；冠毛白色，毛状，长约7 mm。花、果期5～8月。

国内分布于华东、华中、华北、西南、西北地区及辽宁。

茎叶可作牲畜饲料。全草亦可药用，能清热、凉血、解毒。

翅果菊 *Pterocypsela indica*

菊科 Asteraceae
翅果菊属 *Pterocypsela*

一年或二年生草本。高达 1.5 m；无毛，上部有分枝。叶形变化大，全部叶有狭窄膜片状长毛，下部叶花期枯萎；中部叶披针形、长椭圆形或条状披针形，长达 30 cm，宽达 8 cm，羽状全裂或深裂，有时不分裂而基部扩大戟形半抱茎，裂片边缘缺刻状或锯齿状，无柄，基部抱茎，两面无毛或下面主脉上疏生长毛，带白粉；最上部叶变小，披针形至条形。头状花序，多数在枝端排列成狭圆锥状；总苞近圆筒形，长达 15 mm，宽达 6 mm；总苞片 3～4 层，先端钝或尖，常带红紫色，外层苞片宽卵形，内层苞片长圆状披针形，边缘膜质；舌状花淡黄色。瘦果宽椭圆形，黑色，压扁，边缘不明显，内弯，每面仅有 1 条纵肋；喙短而明显，长约 1 mm；冠毛白色，长约 8 mm。花、果期 7～9 月。

生于山坡、田间、荒地、路旁。国内分布于华东、华北、华南、华中、西南地区及吉林、陕西等省份。

根及全草药用，有清热解毒、消炎、健胃的功效。为优良饲用植物，可作猪、禽的青饲料。

朝阳隐子草 Cleistogenes hackelii

禾本科 Gramineae

隐子草属 *Cleistogenes*

多年生草本。秆丛生，基部具鳞芽，高30～85 cm，径0.5～1 mm，具多节。叶鞘长于或短于节间，常疏生疣毛，鞘口具较长的柔毛；叶舌具长0.2～0.5 mm的纤毛，叶片长3～10 cm，宽2～6 mm，两面均无毛，边缘粗糙，扁平或内卷。圆锥花序开展，长4～10 cm，基部分枝长3～5 cm；小穗长5～7 mm，含2～4小花；颖膜质，具1脉，第一颖长1～2 mm，第二颖长2～3 mm；外稃边缘及先端带紫色，背部具青色斑纹，具5脉，边缘及基盘具短纤毛，第一外稃长4～5 mm，先端芒长2～5 mm，内稃与外稃近等长。花、果期7～11月。

国内分布甘肃、河北、山西、山东、河南、陕西、江苏、安徽、湖北、湖南、四川、福建、贵州等地；多生于山坡林下或林缘灌丛。

芦苇 Phragmites australis

禾本科 Gramineae

芦苇属 Phragmites

多年生高大草本。根状茎粗壮。秆高达 3 m，径达 1 cm，节下常有白粉。叶鞘圆筒形；叶舌极短，截平，或成一圈纤毛；叶片扁平，长达 45 cm，宽达 3 cm。圆锥花序顶生，疏散，长达 4 cm，稍下垂，下部分枝腋部有白柔毛；小穗通常含 4～7 小花，长 12～16 mm；颖 3，第一颖长 3～7 mm，第二颖长 5～11 mm；第一小花常为雄性，其外稃长 9～16 mm；基盘细长，有长 6～12 mm 的柔毛；内稃长约 3.5 mm。颖果长圆形。花、果期 7～11 月。

生于池塘、湖泊、河道、海滩和湿地。广泛分布于全国各地。

秆为造纸原料，或作编席织帘及建棚材料。茎、叶嫩时为饲料。根状茎供药用，为固堤造陆先锋环保植物。

鹅观草 Roegneria kamoji

禾本科 Poaceae
鹅观草属 Roegneria

秆直立或倾斜，高达 1 m。叶鞘外侧边缘常有纤毛；叶片长达 40 cm，宽达 13 mm。穗状花序下垂或弯曲，长达 20 cm；小穗绿色或带紫色，含 3～10 小花，长 13～25 mm（芒除外）；颖卵状披针形至长圆状披针形，边缘膜质，先端锐尖、渐尖或有长 2～7 mm 的短芒，有 3～5 明显的脉，第一颖长 4～6 mm，第二颖长 5～9 mm（芒除外）；外稃披针形，边缘宽膜质，背部常无毛或稍粗糙，第一外稃长 8～11 mm，先端有直芒或上部稍曲折；内稃约与外稃等长，先端钝，脊上有明显的翼。花期早春。

生于山坡、林下、路旁、草地。国内分布于除青海、新疆、西藏外的其他地区。

叶质柔软而繁盛，产草量大，可食性高，可作牲畜的饲料。

拂子茅 *Calamagrostis epigeios*

禾本科 Gramineae

拂子茅属 *Calamagrostis*

多年生草本。有根状茎。秆直立，高45～100 cm，径2～3 mm。秆基部叶鞘长于节间，上部者短于节间，平滑或稍粗糙；叶舌长5～9 mm，先端尖而易破碎；叶片长15～27 cm，宽4～8（13）mm。圆锥花序直立，紧密，圆筒形，有间断，长10～25（30）cm；小穗条形，长5～7 mm，淡绿色或稍带紫色；2颖近等长，或第二颖稍短；外稃长约为颖的1/2，先端2齿裂，基盘有长柔毛，与颖近等长，芒自背面中部或稍上部伸出，长2～3 mm；内稃长约为外稃的2/3，先端细齿裂；花药黄色，长约1.5 mm。花、果期5～9月。

广泛分布于全国各地。

秆可编织草席，覆盖房顶。根状茎发达，能耐盐碱，是理想的护堤固沙植物，也是优良牧草。

狗牙根 Cynodon dactylon

禾本科 Gramineae
狗牙根属 Cynodon

多年生草本。有根状茎。秆匍匐地面可长达1 m，直立部分高10～30 cm，径1～1.5 mm，光滑无毛。叶片条形，长1～12 cm，宽1～3 mm，互生，在秆上部之叶，因节间短而似对生状，通常光滑无毛。穗状花序长2～5（6）cm，（2～）3～5（6）生于茎顶，指状排列；小穗灰绿色或带紫色，常含1小花，长2～2.5 mm；颖1脉，有膜质边缘，长1.5～2 mm，2颖几等长，或第二颖稍长；外稃3脉，与小穗等长；内稃2脉，与外稃等长；花药淡紫色；子房无毛，柱头紫红色。颖果长圆柱形。花、果期5～10月。

生于墙边、路边和荒地上。国内分布于黄河以南地区。

根状茎发达，可铺草坪，又可用作保土植物；药用，有清血的功效。茎叶可作牧草。

马唐 Digitaria sanguinalis

禾本科 Gramineae
马唐属 Digitaria

一年生草本。秆基部常倾斜，节着土即生根，高10～80 cm。叶鞘常疏生疣基软毛，稀无毛；叶舌长1～3 mm；叶片长5～15 cm，宽4～12 mm，两面疏生软毛或无毛，边缘变厚而粗糙。总状花序4～12，指状排列于茎顶端；小穗成对着生穗轴各节，披针形，长3～3.5 mm，1有长柄，1近无柄；第一颖长约0.2 mm，钝三角形；第二颖长为小穗的1/2～3/4，狭窄，有不明显的3脉，边缘有纤毛；第一外稃与小穗等长，具7脉，中部3脉明显，脉间距离较宽而无毛，侧脉很接近或不明显，无毛或在脉间贴生柔毛。颖果灰绿色。花、果期6～9月。

生于田间、荒地及路边。广泛分布于全国各地。

茎叶为秋季优良牧草。颖果加工后洁白如谷粒。

狗尾草 *Setaria viridis*

禾本科 Gramineae

狗尾草属 *Setaria*

一年生草本。秆直立或基部膝曲，高达 1 m。叶鞘较松弛，无毛或有柔毛；叶舌纤毛状，长 1～2 mm；叶片长达 30 cm，宽达 18 mm。圆锥花序紧密排列成长圆柱状或基部稍疏离，直立或稍弯曲，长达 15 cm；小穗长达 2.5 mm，先端钝，2 至数枚簇生，刚毛小枝 1～6；第一颖卵形，长约为小穗的 1/3，3 脉；第二颖与小穗等长，5～7 脉；第一外稃与小穗等长，5～7 脉，有 1 狭窄内稃。颖果有细点状皱纹，成熟后很少膨胀。花、果期 5～10 月。

生于海拔 4000 m 以下的荒野、路旁及田埂。广泛分布于全国各地。

秆、叶可作饲料，也可入药，治痈瘀、面癣。全草加水煮沸 20 min 后，滤出液可喷杀菜虫。

芒 *Miscanthus sinensis*

禾本科 Gramineae
芒属 *Miscanthus*

多年生苇状草本。高达 2 m；无毛或在花序下疏生柔毛。叶鞘长于节间，无毛，仅鞘口有长柔毛；叶舌长达 3 mm，圆钝，先端有小纤毛；叶片长达 50 cm，宽达 1 cm。圆锥花序扇形，主轴只延伸到中部以下，分枝强而直立，长达 40 cm；每节有 1 短柄和 1 长柄小穗；小穗柄无毛，长柄长 4～6 mm，短柄长约 2 mm；小穗披针形，长 4.5～5 mm，基盘有与小穗近等长或稍短的白色或淡黄褐色的丝状毛；第一颖 2 脊 3 脉，无毛；第二颖舟形，先端渐尖，无毛，边缘有小纤毛；第一外稃较颖稍短；第二外稃较颖短 1/3，在先端 2 裂齿间伸出一长 8～10 mm 的芒，芒稍扭转、膝曲；内稃小，长仅及外稃的 1/2。花、果期 7～12 月。

生于山坡、河滩、堤岸。广泛分布于全国各地。

茎秆高而坚强，可作篱墙。幼茎可药用，有散血去毒的功效；亦可作为牧草。秆皮可造纸、编草鞋。花序可做扫帚。

白茅 Imperata cylindrica

禾本科 Gramineae
白茅属 Imperata

多年生草本。根状茎发达。秆高达90 cm，具2～4，节上生有长10 mm的柔毛。叶鞘老时常破碎成纤维状，无毛或上部边缘及鞘口有纤毛；叶舌干膜质，长约1 mm，顶端有细纤毛；叶片先端渐尖，主脉在背面明显突出，长达40 cm，宽达8 mm；顶生叶短小，长达3 cm。圆锥花序穗状，长达15 cm，宽达2 cm，分枝短，排列紧密；小穗成对或单生，基部生有细长丝状柔毛，毛长10～15 mm，小穗长2.5～3.5（～4）mm；小穗柄长短不等；2颖相等，具5脉，中脉延伸至上部，背部脉间疏生长于小穗本身3～4倍的丝状长毛，边缘有纤毛；第一外稃卵状长圆形，长为颖的一半或更短，顶端尖；第二外稃长约1.5 mm，内稃宽约1.5 mm，无芒，具微小的齿裂；雄蕊2，花药黄色，长2～3 mm，先于雌蕊而成熟；柱头2，紫黑色。花、果期5～8月。

生于山坡、草地、路边、田埂及荒地。广泛分布于全国各地。

优良牧草。根状茎药用，有清凉利尿的功效。秆叶作造纸原料。

白羊草 Bothriochloa ischaemum

禾本科 Gramineae
孔颖草属 Bothriochloa

多年生草本。有短根状茎。秆丛生，基部膝曲，高达 70 cm，3 至多节，节无毛或有白色髯毛。叶舌长约 1 mm，有纤毛；叶片长达 16 cm，宽达 3 cm，两面疏生柔疣毛或背面无毛。4 至多枚总状花序在秆顶端呈指状或伞房状排列，长达 6.5 cm，灰绿色或带紫色，穗轴节间与小穗柄两侧有丝状毛；无柄小穗长 4～5 mm，基盘有髯毛；第一颖背部中央稍下凹，5～7，下部 1/3 处常有丝状柔毛，边缘内卷，上部 2 脊，脊上粗糙；第二颖舟形，中部以上有纤毛；第一外稃长圆状披针形，长约 3 mm，边缘上部疏生纤生；第二外稃退化成条形，先端延伸成一膝曲的芒；有柄小穗雄性，无芒。花、果期 6～10 月。

生于低山坡、草地、田梗、路边。广泛分布于全国各地。

是重要的保持水土禾草。秆及叶嫩时为优良牧草。

黄背草 Themeda japonica

禾本科 Gramineae
菅属 Themeda

多年生草本。秆基部压扁，高达 1.5 m。叶鞘紧裹茎秆，常有硬疣毛；叶舌长 1～2 mm；叶片长达 50 cm，宽达 8 mm。伪圆锥花序较狭窄，由具佛焰苞的总状花序组成，总状花序长达 1.7 cm，佛焰苞长达 3 cm，舟形，托在下部；每总状花序有小穗 7 枚，基部 2 对小穗雄性或中性，生在同一平面上，很像轮生的总苞，上部 3 枚小穗中有 1 枚为两性，有一至二回膝曲的芒而无柄，2 枚为雄性或中性，有柄而无芒。花、果期 6～12 月。

生于山坡、草地及道旁。国内分布于除新疆、西藏、青海、甘肃、内蒙古以外其他地区。

优良的水土保持植物。秆可用于造纸及盖屋。嫩茎叶可作牧草。全草药用，有利尿、祛湿热的功效。

具芒碎米莎草 Cyperus microiria

莎草科 Cyperaceae
莎草属 Cyperus

一年生草本。无根状茎。秆丛生，细弱或稍粗壮，高达 50 cm，扁三棱形。叶短于秆，宽 2～5 mm，叶鞘常呈棕红色。叶状苞片 3～5，下面 2 片常长于花序；长侧枝花序复出，有辐射枝 4～9；穗状花序卵形或长圆状卵形，长 1～4 cm，有 5 至多数小穗；小穗排列松散，斜展，长圆形、披针形或条状披针形，压扁，长 4～10 mm，宽约 2 mm，有 6～22 花；小穗轴有白色的狭翅；鳞片排列疏松，宽倒卵形，顶端微凹，有明显突出于鳞片先端的短尖，背面有龙骨状突起，绿色，有 3～5 条脉，两侧呈黄色或麦秆黄色；雄蕊 3，花药短；花柱短，柱头 3。小坚果三棱状倒卵形或椭圆形，与鳞片近等长，褐色，有密的细点。花、果期 6～10 月。

生长于河岸边、路旁或草原湿处。广泛分布于全国各地。

糙叶薹草 *Carex scabrifolia*

莎草科 Cyperaceae
薹草属 *Carex*

多年生草本。有细长匍匐根状茎。秆高20～60 cm，三棱形，基部叶鞘紫红褐色，腹面有网状细裂。叶短于或上面的稍长于秆，宽2～3 mm。苞片叶状，长于花序，无鞘；小穗3～5；上部2～3雄性，条状圆柱形，长1～3.5 cm；其余雌性，长椭圆形，长1.5～2 cm，密生花；雌花鳞片卵状三角形或披针状宽卵形，长约5 mm，黄褐色，先端渐尖，有3，边缘膜质。果囊长椭圆形，长6～8.5 mm，黄褐色或棕褐色，革质或近木质，有多数凹陷脉，上部急缩成短喙，喙口微凹；小坚果长圆形，有3棱，长约5 mm；花柱短，柱头3，短。

生于海边沙滩。国内分布于辽宁、河北、江苏、浙江、台湾等省份。

饭包草 Commelina bengalensis

鸭跖草科 Commelinaceae

鸭跖草属 Commelina

与"鸭跖草"相似，主要区别是：本种为多年生；茎多分枝，长可达 70 cm；叶为阔卵形至卵状椭圆形，先端钝，有明显的短叶柄；佛焰苞下部合生成漏斗状；聚伞花序有数花，几不伸出佛焰苞外；蒴果 3 室；花、果期 7～10 月。

生于路边、水溪边及林下阴湿处。国内分布于秦岭—淮河流域以南地区及河北。

全草药用，有清热解毒、消肿利水的功效。

凤尾丝兰 Yucca gloriosa

百合科 Liliaceae

丝兰属 Yucca

常绿乔木状灌木。高1~2 m；茎有主干，有时分枝。叶密集，螺旋状排列，质坚硬；叶片剑形，长40~80 cm，宽4~6 cm，先端锐尖，坚硬如刺，全缘，通常无白色丝状纤维，叶脉平行，不明显，上面绿色，有白粉，下面淡绿色；无柄。花葶通常高1~1.5 m；花大，乳白色或顶端带紫红头，下垂，多数，排成圆锥花序；花被片6，宽卵形，长4~5 cm；雄蕊6，花丝肉质先端约1/3向外反曲；柱头3裂。果实倒卵状长圆形，长5~6 cm，肉质，不开裂。花、果期6~9月。

原产北美洲东南部。国内分布于华北以南地区。

叶常绿，花大，美丽，花期长，可栽培供观赏。根可供药用，有凉血解毒、利尿通淋的功效。

黄花菜 Hemerocallis citrina

百合科 Liliaceae
萱草属 *Hemerocallis*

植株较高大。根稍肉质，中下部常纺锤状膨大。叶达20片，长达1 m，宽达2 cm。花葶稍长于叶，基部三棱形，上部近圆柱形，有分枝；苞片披针形，自下向上渐短；花梗短，长不及1 cm；花多朵，淡黄色，花蕾期有时先端带黑紫色；花被管长3～5 cm，花被裂片长达8 cm。蒴果钝三棱状椭圆形。种子多枚，黑色，有棱。花期6～7月；果期9月。

生于山坡、林缘，或栽培于田边。国内分布于秦岭以南地区以及河北、山西等省份。

花蕾供食用，经蒸晒后加工为金针菜，为美味菜肴的原料，还有健胃、利尿、消肿等功效。根可以酿酒。

射干 *Belamcanda chinensis*

鸢尾科 Iridaceae
射干属 *Belamcanda*

多年生直立草本。根状茎为不规则的块状，黄色或黄褐色。茎高达 1.5 m。叶剑形，扁平，革质，长达 60 cm，宽达 4 cm，先端渐尖，无中脉，有多数平行脉。花序顶生，二歧分枝，成伞房状聚伞花序；花梗细，长约 1.5 cm；苞片膜质；花橙红色，散生紫褐色的斑点；花被裂片 6，2 轮排列，内轮 3 片较外轮 3 片略小；雄蕊 3；花柱上部稍扁，顶端 3 裂，裂片边缘略向外反卷，有细而短的毛。蒴果倒卵形至椭圆形，3 室，熟时室背开裂。种子圆形，黑色，有光泽。花期 7～9 月；果期 10 月。

生于山坡草地或林缘。广泛分布于全国各地。

根状茎药用，具有清热解毒、散结消炎、消肿止痛、止咳化痰的功效。亦可栽培供观赏。

大花美人蕉 Canna generalis

美人蕉科 Cannaceae
美人蕉属 Canna

多年生草本。植株高 1～2 m；茎绿色或紫红色，有黏液，被白粉。叶大，阔椭圆形，长约 40 cm，宽约 20 cm，叶缘、叶鞘紫色。总状花序顶生；花大，比较密集，每 1 苞片内有花 1～2；萼片 3，绿色或紫红色，苞片状，长约 2.5 cm；花瓣黄绿色或紫红色，长约 6.5 cm；外轮 3 枚退化雄蕊倒卵状匙形，宽 2～5 cm，通常鲜艳，有深红、橘红、淡黄、白等各种颜色；唇瓣倒卵状匙形，宽 1.2～4 cm；能育雄蕊披针形，宽 2.5 cm。蒴果近球形，有小瘤状突起。种子黑色而坚硬。花、果期 7～10 月。

原产于美洲。公园、庭院常见栽培。广泛分布于全国各地。

供观赏。